机械制图

主　编　邓启超　汤精明
副主编　桂　珍　石　平
参　编（按姓氏笔画排序）
王银凤　邓启超
石　平　汤精明
孙丽丽　肖亚平
桂　珍

中国科学技术大学出版社

内 容 简 介

本书是根据非机械类应用型工科专业的培养目标和教学大纲要求以及教育部高等学校工程图学教学指导委员会2005年制定的《普通高等院校工程图学课程教学基本要求》,并结合当前机械制图最新国家标准以及工程图学课程教学改革的发展趋势编写而成的。本书共分13章,其内容包括:制图的基本知识和技能,点、直线和平面的投影,换面法,立体的投影,轴测投影,组合体,机件的常用表达方法,标准件和常用件,零件图,装配图,表面展开图,AutoCAD基础,建筑制图简介等;与本书配套的《机械制图习题集》也同时出版。

本书可作为高等院校机械工程图学课程的教材,也可作为有关工程技术人员的参考书。

图书在版编目(CIP)数据

机械制图/邓启超,汤精明主编.—合肥:中国科学技术大学出版社,2013.8(2021.8重印)
ISBN 978-7-312-03248-6

Ⅰ.机… Ⅱ.①邓… ②汤… Ⅲ.机械制图—高等学校—教材 Ⅳ.TH126

中国版本图书馆CIP数据核字(2013)第170109号

出版 中国科学技术大学出版社
安徽省合肥市金寨路96号,230026
http://press.ustc.edu.cn
https://zgkxjsdxcbs.tmall.com
印刷 安徽国文彩印有限公司
发行 中国科学技术大学出版社
经销 全国新华书店
开本 787 mm×1092 mm 1/16
印张 18.75
字数 480千
版次 2013年8月第1版
印次 2021年8月第6次印刷
定价 35.00元

前　　言

本书是为应用型非机械类工科学生编写的一本应用技术基础课教材，适用于普通高等学校非机械类工科各专业，其内容主要包括：画法几何、制图基础、机械制图和计算机绘图四个部分。本书是针对非机械类工科专业的特点，根据非机械类应用型工科专业的培养目标和教学大纲要求，结合作者多年的教学经验编写而成的，能满足非机械类工科专业学生在机械制图方面教学的需要。本书在编写过程中强调应用性，重点强调对学生绘制和阅读机械图样能力的培养与提高，在内容组织上力求少而精。其主要特点如下：

(1) 本书对基本理论不贪求多全，以够用为度，会用为本，内容取材恰当，举例力求结合实际。

(2) 由实践到理论，再由理论到实践。本书在内容体系安排上力求反映认知规律。

(3) 合理把握理论上的“度”。本书对“画法几何中的投影原理及应用”进行了较详细的阐述，对制图基础和专业制图的内容则以应用为主，针对不同的教学内容采用不同的教学策略，在理论教学上做到适度。

(4) 加强针对性，突出实用性，体现先进性。本书内容编排符合高等教育特点，以讲清概念、强化应用为教学重点，并考虑培养学生具有一定的可持续发展能力，特别注重机械制图在实际生产中的应用，注重吸收新技术，尤其是计算机绘图和三维造型技术在工程中的应用。

另外，本书中带 * 号的章节为选学内容，教师在教学过程中可根据学时的多少来进行选择，也可安排学生自学这些章节。

本书由邓启超、汤精明老师担任主编。其中绪论、第 2 章和第 3 章由邓启超老师编写，第 4 章和第 5 章由肖亚平老师编写，第 1 章、第 6 章和第 8 章由石平老师编写，第 7 章由桂珍老师编写，第 9 章和第 11 章由汤精明老师编写，第 10 章和第 12 章由孙丽丽老师编写，第 13 章由王银凤老师编写。全书由邓启超老师统稿。

本书在编写过程中得到了安徽工程大学部分教师的大力支持和帮助，在此表示衷心感谢！本书在编写过程中参考了国内一些同类教材，已在参考文献中列出，在此特向有关作者表示感谢！

由于编者水平有限，时间仓促，书中难免有错误和不妥之处，敬请广大读者批评指正。

编　者

2013 年 4 月

目 录

绪　论

1. 本课程的性质和任务

工程图样是工程与产品信息的载体，它能按规定的方法表达出机械、土建和水利等工程与产品的形状、大小、材料和技术要求。工程图学是研究工程与产品信息表达、交流与传递的学科，机械制图是工程图学的一个分支。在现代工业中，设计、制造、安装各种机械、电机、电器、仪表，以及采矿、冶金、化工等各方面的设备，都离不开机械图样，在使用这些机器设备时，也常常需要通过阅读这些设备的机械图样来了解它们的结构和性能。因此，每个与机械有关的工程技术人员都必须能够绘制和阅读机械图样。

本课程学习绘制和阅读工程图样的原理和方法，培养学生的形象思维能力，是一门既有系统理论又有较强实践性的技术基础课。主要内容包括以下4个方面：

(1) 画法几何

该部分内容主要包括：正投影法的原理和应用，点、线、面和基本立体的投影。

(2) 制图基础

该部分内容主要包括：与机械制图有关的国家标准的一些规定及绘制机械图样的三种方法(仪器绘图、徒手绘图、计算机绘图)、组合体三视图的绘制、阅读及其构型方法、轴测图、机件常用的表达方法。

(3) 机械制图

该部分内容主要包括：标准件和常用件的结构、规定画法及其标记、零件图的绘制与阅读、装配图的绘制与阅读、展开图和建筑制图的绘制与阅读。

(4) 计算机绘图

该部分内容主要介绍了AutoCAD绘图软件的基本功能以及如何运用该软件来绘制机械图样。

学习本课程的主要目的是：培养学生绘制和阅读机械图样的基本能力，为他们在后续的专业课学习、课程设计、毕业设计以及今后的工作中进一步巩固和提高绘制与阅读机械图样的能力打好基础。

本课程的主要任务是：

① 培养使用正投影法以二维平面图形表达三维空间物体形状的能力；

② 培养对空间物体的形象思维能力；

③ 培养创造性构型设计能力；

④ 培养使用计算机绘图软件绘制机械图样的基本能力；

⑤ 培养绘制和阅读机械图样的基本能力；

⑥ 培养工程意识和贯彻执行国家标准的意识。

此外，在教学过程中还必须有意识地培养学生的自学能力、创新能力、分析问题和解决问题的能力，从而提高学生各方面的素质。

2. 本课程的学习要求

首先，应坚持理论联系实际的学风。应在认真学习、理解投影原理的基础上，认真做习题和作业，由浅入深地通过一系列的绘图和读图实践，不断地由物画图，由图构物，分析和想象空间物体与图纸上图形之间的对应关系，逐步提高形象思维能力；应按正确的方法和顺序绘图，养成正确使用绘图仪器和工具的习惯，学会徒手绘图和计算机绘图的基本方法；熟悉机械制图的基本规定和基本知识，执行有关国家标准的规定，学会查阅和使用有关的国家标准手册。

其次，制图作业应该做到：投影关系正确、图样表达完整、视图的选择与配置恰当，图线分明、尺寸齐全、字体工整、图面整洁，符合国家标准的规定。

由于图样在生产和建设中起着很重要的作用，绘图和读图的差错都会带来严重的损失，因此在做习题和作业时，就应该培养认真负责的态度和严谨细致的工作作风。

3. 我国工程图学的发展概况

我国是世界文明古国之一，在工程图学方面也积累了很多经验，留下了丰富的历史遗产。如春秋时代的《周礼·考工记》、宋代李诫的《营造法式》和苏颂的《新仪象法要》、元代王祯的《农书》、明代宋应星的《天工开物》和徐光启的《农政全书》、清代程大位的《算法统筹》等。

虽然我国历代在工程图学学科领域里曾有过很多成就，但由于长期处于封建制度下，工农业生产发展迟缓，工程图学的发展也受到了严重阻碍。中华人民共和国成立后，工农业生产的快速发展，使我国在工程图学学科领域里的理论图学、应用图学、计算机图形学、制图技术、制图标准、图学教育等方面都得到了相应的发展和进步。尤其在制图标准方面，结束了旧中国遗留下来的混乱局面，于 1956 年由原第一机械工业部发布了第一个部颁标准《机械制图》，1959 年由国家科学技术委员会发布了第一个国家标准《机械制图》，在其他工程领域里也都分别制定了有关制图方面的国家标准和部颁标准，还按需制定了各类技术图样共同适用的国家标准《技术制图》，同时在设计和制图中还会用到一些其他的相关标准。随着科学技术的不断进步和工农业生产的快速发展，这些标准每隔几年都要进行一些修订和增颁。我国在实行改革开放后，尤其是 21 世纪以来，科学技术和工农业生产快速发展，标准的修订和增颁频繁，作为一名工程技术人员应该时刻关注、了解和严格执行现行的国家标准《机械制图》、《技术制图》及其他相关的标准。

第 1 章　制图的基本知识和技能

工程图样是工程界用以表达设计意图、交流技术思想的重要工具，必须遵循统一的规范。由国家技术监督局发布的中华人民共和国国家标准《机械制图》和《技术制图》，就是统一我国制图标准的最具权威性的文件，每一位工程技术人员都应熟悉并严格遵守国家标准的有关规定。

本章根据最新国家标准《机械制图》和《技术制图》，介绍图纸幅面和格式、比例、字体、图线、尺寸标注、图样画法等基本规定。同时，还将介绍常用绘图工具的使用方法、绘图的基本方法和步骤以及手工绘图的基本技能与技巧。

1.1　国家标准对制图的基本规定

1.1.1　图纸幅面和格式、标题栏

1. 图纸幅面和格式(GB/T 14689—2008)

为了合理利用图纸和便于图样管理，国家标准规定了 5 种标准图纸幅面，其代号和尺寸见表 1.1 所示。绘制图样时，优先采用表中规定的基本幅面尺寸。如基本幅面不能满足绘图需要，可采用加长幅面，具体尺寸可参考国家标准的规定。

表 1.1　图纸幅面　　(单位：mm)

<table>
<tr><td>幅面代号</td><td>A0</td><td>A1</td><td>A2</td><td>A3</td><td>A4</td></tr>
<tr><td>$B\times L$</td><td>841×1 189</td><td>594×841</td><td>420×594</td><td>297×420</td><td>210×297</td></tr>
<tr><td>a</td><td colspan="5">25</td></tr>
<tr><td>c</td><td colspan="3">10</td><td colspan="2">5</td></tr>
<tr><td>e</td><td colspan="2">20</td><td colspan="3">10</td></tr>
</table>

图纸可横放(X 型)或竖放(Y 型)，每张图纸上必须用粗实线画出图框线，其格式分为：需要装订和不需要装订两种，尺寸见表 1.1 所示。具体画法如图 1.1 和图 1.2 所示。

2. 标题栏(GB/T 10609.1—2008)

标题栏是由名称、代号区、签字区、更改区和其他区域组成的栏目，反映了一张图纸的综合信息。标题栏通常放在图框的右下角，其中的文字方向为绘图和看图的方向。标题栏的各部分尺寸、格式和内容可参照图 1.3，而一般学校的制图作业可采用如图 1.4 所示的简化标题栏样式。

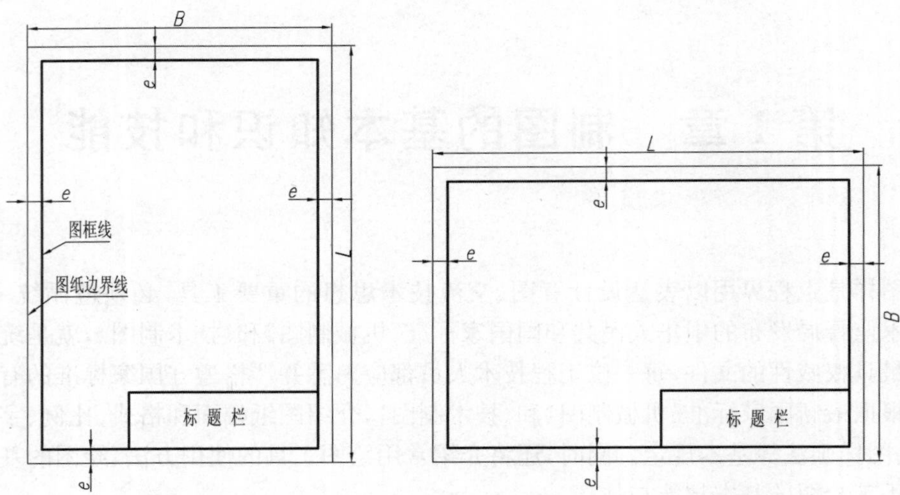

图 1.1　不需要装订的图框格式

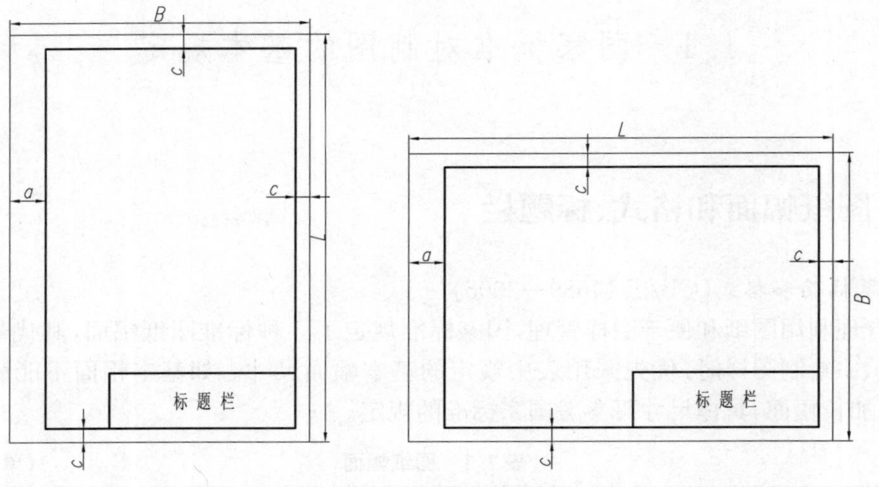

图 1.2　需要装订的图框格式

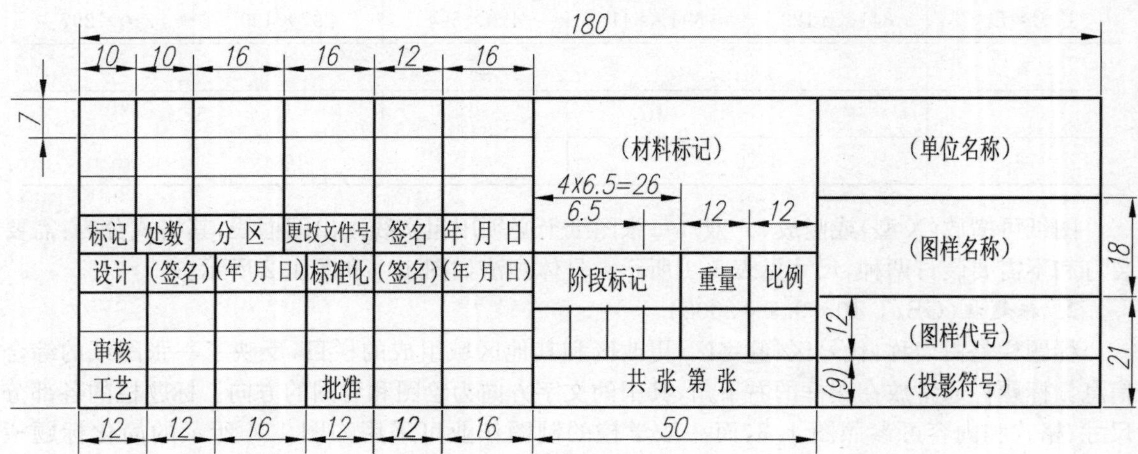

图 1.3　标准标题栏

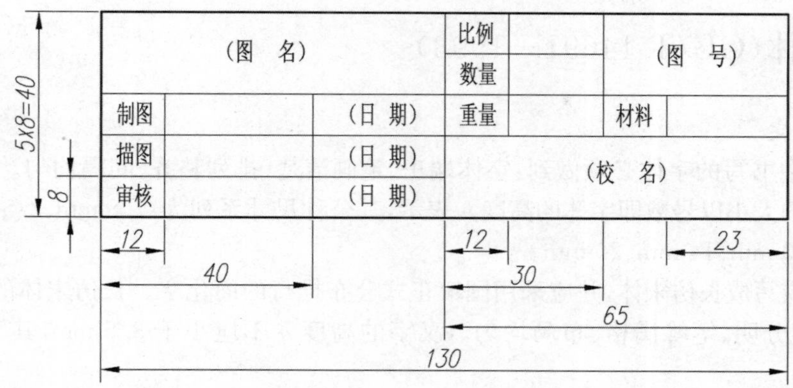

图 1.4　简化标题栏

1.1.2　比例(GB/T 14690—1993)

比例是指图样中图形与其实物相应要素的线性尺寸之比,分:原值比例、放大比例和缩小比例 3 种。绘制图形时,应按表 1.2 中所列的比例系列选取适当的比例。

表 1.2　比例

种类	比例	
原值比例	1∶1	
放大比例	优先使用	5∶1,2∶1,5×10^n∶1,2×10^n∶1,1×10^n∶1
	允许使用	4∶1,2.5∶1,4×10^n∶1,2.5×10^n∶1
缩小比例	优先使用	1∶2,1∶5,1∶10,1∶2×10^n,1∶5×10^n,1∶1×10^n
	允许使用	1∶1.5×10^n,1∶2.5×10^n,1∶3×10^n,1∶4×10^n,1∶6×10^n

注:n 为正整数。

绘制同一个机件的各个视图应选用相同的比例,一般标注在标题栏中,必要时可在视图名称的下方或右侧标出。不论采用哪种比例绘制图样,所注尺寸数值必须按机件的实际尺寸注出,与绘图比例无关,如图 1.5 所示。

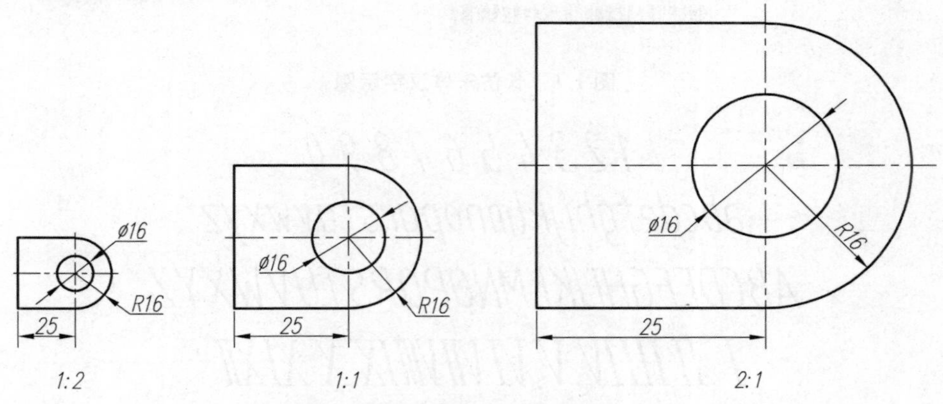

图 1.5　选用不同比例绘制同一图形的尺寸标注

1.1.3　字体(GB/T 14691—1993)

1. 一般规定

(1) 图样中书写的字体必须做到：字体端正、笔画清楚、排列整齐、间隔均匀。

(2) 字体的大小以号数即字体的高度 h 表示，其公称尺寸系列为：1.8 mm、2.5 mm、3.5 mm、5 mm、7 mm、10 mm、14 mm、20 mm。

(3) 汉字应写成长仿宋体，并应采用国家正式公布推行的简化字。长仿宋体的书写要领是：横平竖直、起落分明、笔峰满格、布局均匀。汉字的高度 h 不应小于 3.5 mm，其字宽一般约为 $0.7h$。

(4) 字母和数字分为 A 型和 B 型。A 型字体的笔画宽度 d 为字高 h 的 1/14，B 型字体的笔画宽度为字高的 1/10。字母和数字可写成斜体或直体，通常用斜体，其字头向右倾斜，与水平基准线约成 75°。用作指数、分数、极限偏差、注脚的数字及字母，一般采用小一号字体。在同一图样上，只允许选用一种字体。

(5) 图样中的数学符号、物理量符号、计量单位符号以及其他符号应分别符号国家的有关标准规定。

2. 字体示例

图 1.6 和图 1.7 所示是图样中常见字体(汉字、数字、字母)的书写示例。

10号字:

字体工整笔画清楚间隔均匀排列整齐

7号字:

横平竖直　注意起落　结构均匀　填满方格

5号字:

技术制图机械电子汽车航空土木建筑纺织服装

3.5号字:

螺纹齿轮弹簧垫片支架箱体汽缸活塞滑块真空泵阀门铸铁

图 1.6　长仿宋体汉字示例

1234567890

abcdefghijklmnopqrstuvwxyz

ABCDEFGHIJKLMNOPQRSTUVWXYZ

I II III IV V VI VII VIII IX X XI XII

图 1.7　A 型斜体阿拉伯数字、拉丁字母、罗马数字示例

1.1.4　图线(GB/T 17450—1998、GB/T 4457.4—2002)

1. 线型

我国国家标准规定机械制图用基本线型共 9 种,每种图线的名称、线型、线宽以及在图上的一般应用见表 1.3 和图 1.8。

表 1.3　图线的名称、线型、线宽及一般应用

名称	线型	线宽	一般应用
粗实线	————	d	可见棱边线、可见轮廓线、相贯线、螺纹牙顶线、螺纹长度终止线、齿顶圆(线)、剖切符号用线
细实线	————	$d/2$	尺寸线、尺寸界线、指引线、短中心线、剖面线、重合断面的轮廓线、过渡线、表示平面的对角线、螺纹牙底线、齿根线、不连续同一表面连线、成规律分布的相同要素连线
波浪线	～～～～	$d/2$	断裂边界线、视图和剖视的分界线
双折线	—∿—∿—∿—	$d/2$	断裂边界线、视图和剖视的分界线
细虚线	— — — —	$d/2$	不可见棱线、不可见轮廓线
粗虚线	— — — —	d	允许表面处理的表示线
细点画线	—— · —— · ——	$d/2$	轴线、对称中心线、分度圆(线)、孔系分布的中心线、剖切线
细双点画线	—— ·· —— ·· ——	$d/2$	相邻辅助零件的轮廓线、可动零件的极限位置的轮廓线、轨迹线、中断线
粗点画线	—— · —— · ——	d	限定范围表示线

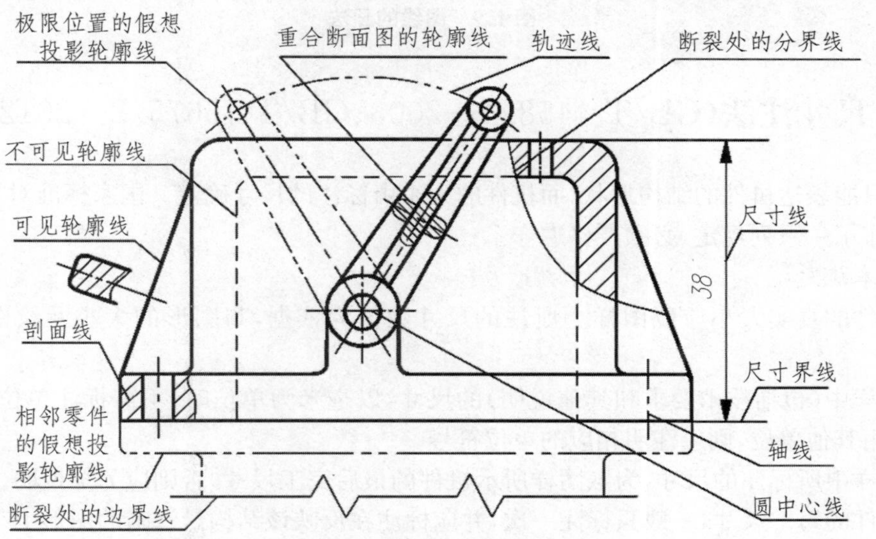

图 1.8　图线的应用举例

2. 线宽

图线分为粗、细两种，粗线的宽度 d 应按图的大小和复杂程度选用，细线宽度为粗线宽度的1/2。标准规定图线宽度系列为：0.25 mm、0.35 mm、0.5 mm、0.7 mm、1 mm、1.4 mm、2 mm，优先采用 0.5 mm 或 0.7 mm。

3. 图线的画法

(1) 同一图样中，同类图线的宽度应基本一致。虚线、点画线及双点画线的线段长度和间隔应各自大致相等。

(2) 两条平行线(包括剖面线)之间的距离应不小于粗实线的两倍宽度，其最小距离不得小于 0.7 mm。

(3) 绘制圆的对称中心线时，圆心应为线段的交点。点画线和双点画线的首末两端应是线段而不是短画线，同时其两端应超出轮廓线 2～3 mm，如图 1.9 所示。在较小的图形上绘制点画线或双点画线有困难时，可用细实线代替。

(4) 虚线及点画线与其他图线相交时，都应以线段相交，不应在空隙或短画线处相交；当虚线是粗实线的延长线时，粗实线应画到分界点，而虚线应留有空隙；当虚线圆弧和虚线直线相切时，虚线圆弧的线段应画到切点，而虚线和直线间须留有空隙，如图 1.9 所示。

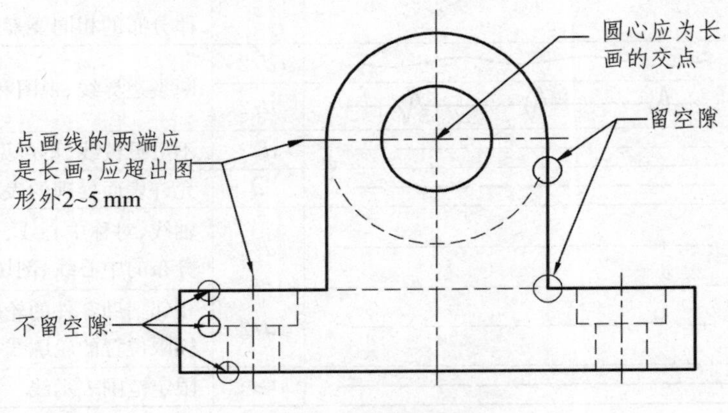

图 1.9 图线的画法

1.1.5 尺寸注法(GB/T 4458.4—2003、GB/T 16675.2—2012)

图形只能表达机件的结构形状，而机件的大小由标注的尺寸确定。国家标准对尺寸标注的基本方法作了一系列规定，必须严格遵守。

1. 基本规定

① 机件的真实大小应以图样上所注的尺寸数值为依据，与图形的大小及绘图的准确度无关。

② 图样中(包括技术要求和其他说明)的尺寸，以毫米为单位时，不需标注单位符号(或名称)，如采用其他单位，则应注明相应的单位符号。

③ 图样中所标注的尺寸，为该图样所示机件的最后完工尺寸，否则应另加说明。

④ 机件的每一尺寸，一般只标注一次，并应标注在反映该结构最清晰的图形上。

2. 尺寸要素

一个完整的尺寸应包含：尺寸界线、尺寸线和尺寸线终端、尺寸数字3组要素，如图1.10所示。

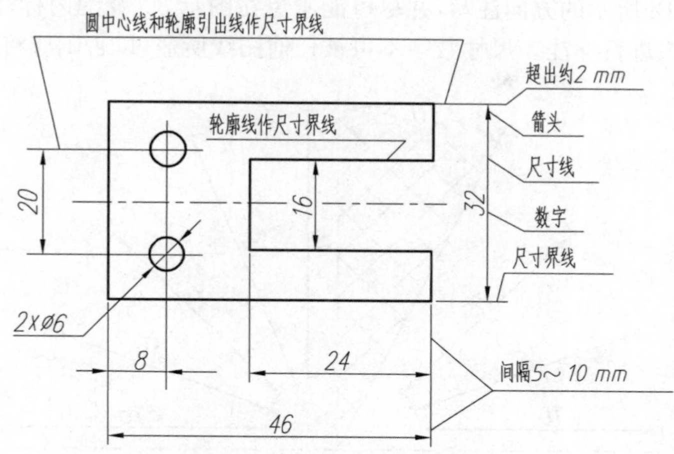

图1.10　尺寸组成及标注示例

(1) 尺寸界线

尺寸界线用细实线绘制，并应从图形的轮廓线、轴线或对称中心线处引出，也可利用轮廓线、轴线或对称中心线作尺寸界线。尺寸界线应超出尺寸线2～3 mm，一般应与尺寸线垂直，必要时才允许倾斜。

(2) 尺寸线

尺寸线用细实线绘制，不能用其他图线代替，一般也不得与其他图线重合或画在其延长线上，应尽量避免与其他尺寸线或尺寸界线相交。标注线性尺寸时，尺寸线应与所标注的线段平行，尺寸线与尺寸线或尺寸线与轮廓线的间距要均匀，间隔5～10 mm。

尺寸线的终端可以有两种形式，如图1.11所示。箭头适用于各种类型的图样；斜线用细实线绘制。当尺寸线的终端采用斜线形式时，尺寸线与尺寸界线应相互垂直。在没有足够的位置画箭头或注写数字时，允许用圆点或斜线代替箭头。

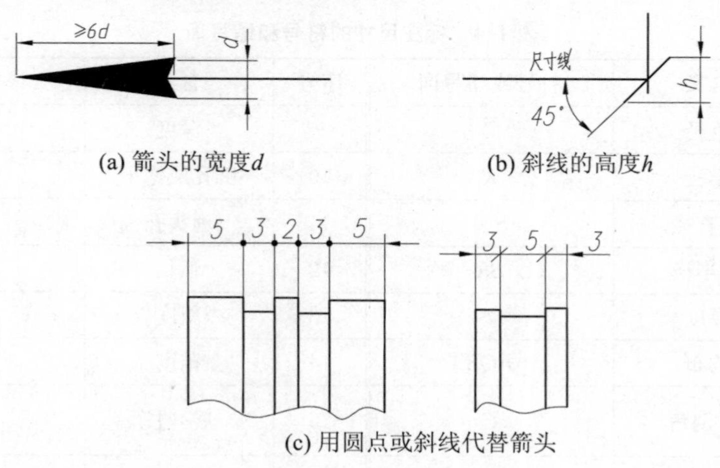

(a) 箭头的宽度d　(b) 斜线的高度h

(c) 用圆点或斜线代替箭头

图1.11　尺寸箭头

机械图样中一般采用箭头作为尺寸线的终端。

(3) 尺寸数字

线性尺寸的数字一般应注写在尺寸线的上方，也允许注写在尺寸线的中断处。线性尺寸数字的方向应按图 1.12 所示的方向注写，并尽可能避免在图示 30°范围内标注尺寸，当无法避免时，按图 1.13 的形式进行标注。尺寸数字不可被任何图线所通过，否则应将该图线断开。

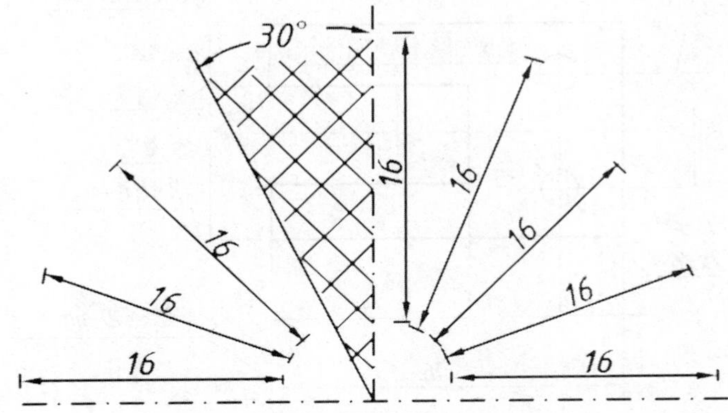

图 1.12　尺寸数字的注写方向

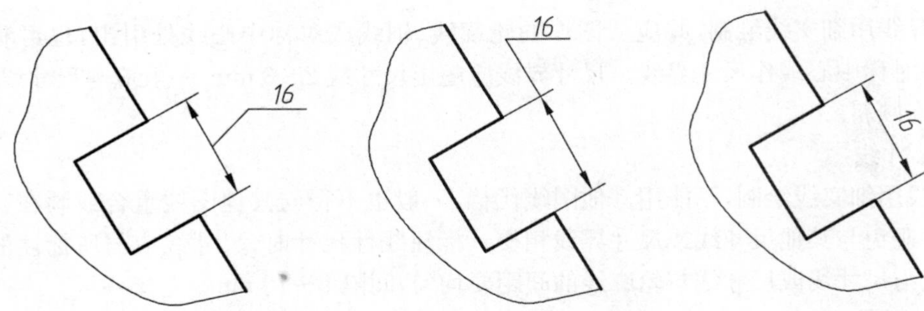

图 1.13　30°范围内尺寸数字的注写方向

国家标准还规定了注写在尺寸数字周围的标注尺寸的符号及缩写词，见表 1.4 的规定。

表 1.4　标注尺寸的符号和缩写词

序号	含义	符号或缩写词	序号	含义	符号或缩写词
1	直径	∅	9	深度	↧
2	半径	*R*	10	沉孔或锪平	⌴
3	球直径	*S*∅	11	埋头孔	⌵
4	球半径	*SR*	12	弧长	⌒
5	厚度	*t*	13	斜度	∠
6	均布	*EQS*	14	锥度	⊲
7	45°倒角	*C*	15	展开长	○→
8	正方形	□	16	型材截面形状	按 GB/T 4656.1—2000

3. 直径、半径的注法

(1) 直径

标注直径时,应在尺寸数字前加注符号$\varnothing$,尺寸线应通过圆心,尺寸线的终端画成箭头,整圆或大于 180°的圆弧标注直径,如图 1.14 所示。

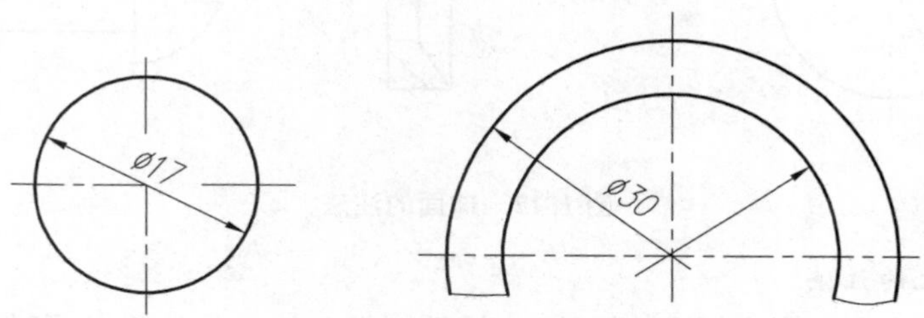

图 1.14　直径的注法

(2) 半径

标注半径时,应在尺寸数字前加注符号 R。半径尺寸必须标注在投影为圆弧的图形上,且尺寸线应自圆心引向圆弧、半圆或小于 180°的圆弧标注半径尺寸,如图 1.15 所示。

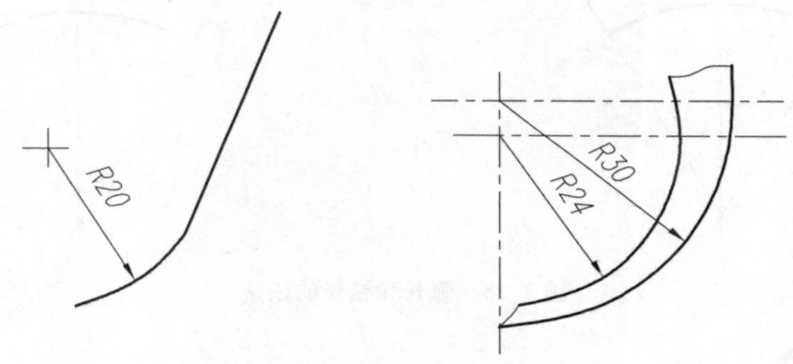

图 1.15　半径的注法

当圆弧半径过大或在图纸内无法标注其圆心位置时,可按图 1.16 所示的样式标注。

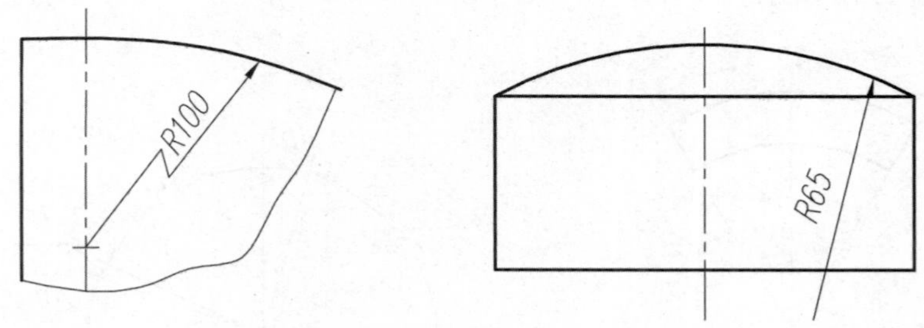

图 1.16　大圆弧的半径注法

(3) 球面

标注球面的直径或半径时,应在符号$\varnothing$或 R 前再加注符号 S,对标准件、轴及手柄的前端,在不引起误解的情况下,可省略 S,如图 1.17 所示。

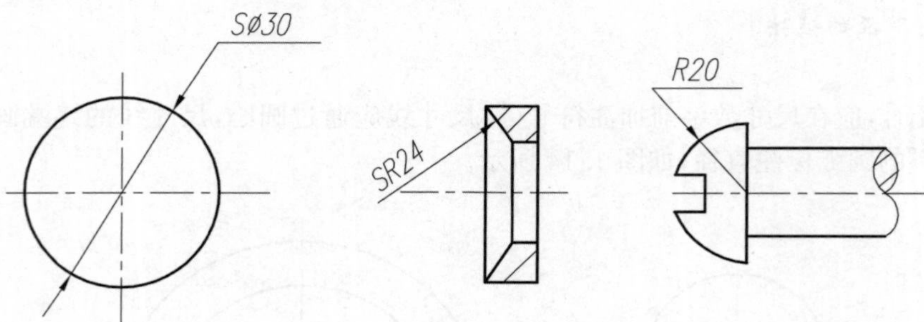

图 1.17　球面的注法

4. 弧长和弦长的注法

标注弦长尺寸时，尺寸界线应平行于该弦的垂直平分线。标注弧长尺寸时，尺寸界线应平行于该弧所对圆心角的角平分线，尺寸线用圆弧，尺寸数字左边应加"⌒"，如图 1.18 所示。

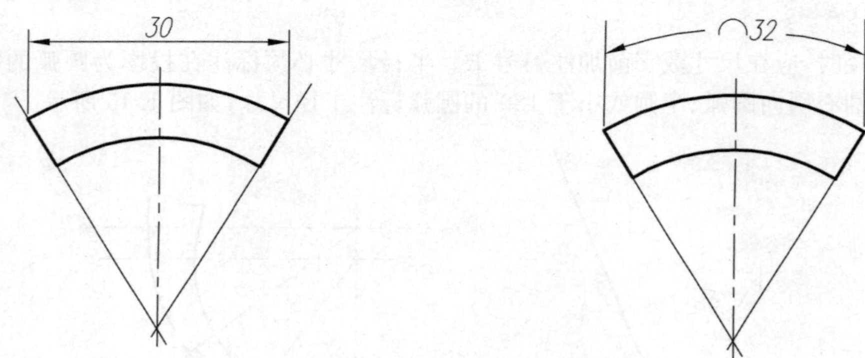

图 1.18　弧长和弦长的注法

5. 角度的注法

标注角度的尺寸界线应沿径向引出，尺寸线画成圆弧，圆心是该角的顶点。尺寸数字一律水平书写，一般注写在尺寸线的中断处，必要时也可标注在尺寸线的外侧或上方，位置不够时也可引出标注，如图 1.19 所示。

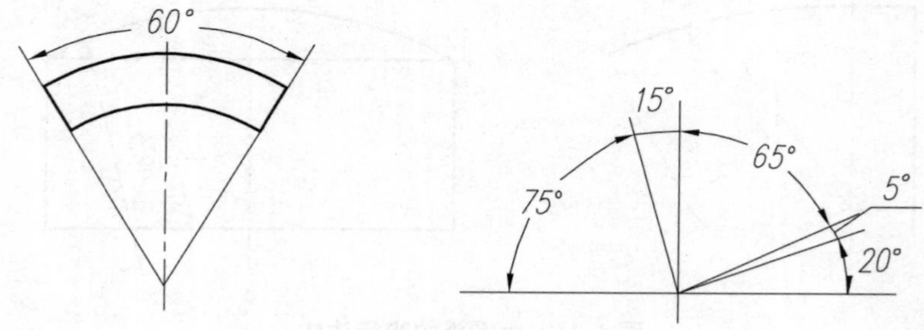

图 1.19　角度的注法

6. 光滑过渡处的尺寸注法

在光滑过渡处，必须用细实线将轮廓线延长，并从它们的交点引出尺寸界限。尺寸界限接近轮廓线时，尺寸线允许倾斜画出，如图 1.20 所示。

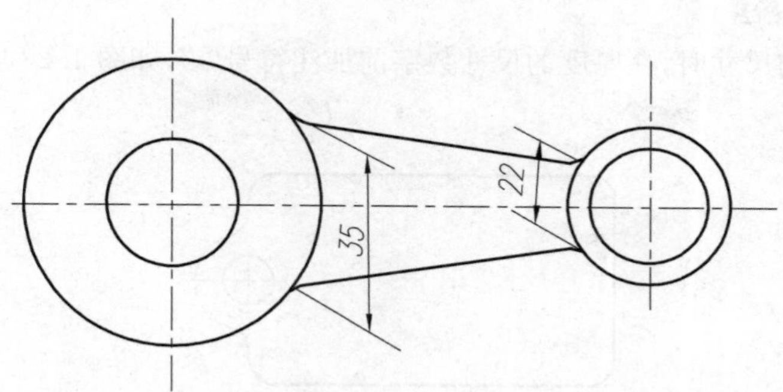

图 1.20　光滑过渡处的尺寸注法

7. 对称图形的注法

当对称机件的图形只画出一半或略大于一半时，尺寸线应略超过对称中心线或断裂处的边界，此时仅在尺寸线的一端画出箭头，如图 1.21 所示。

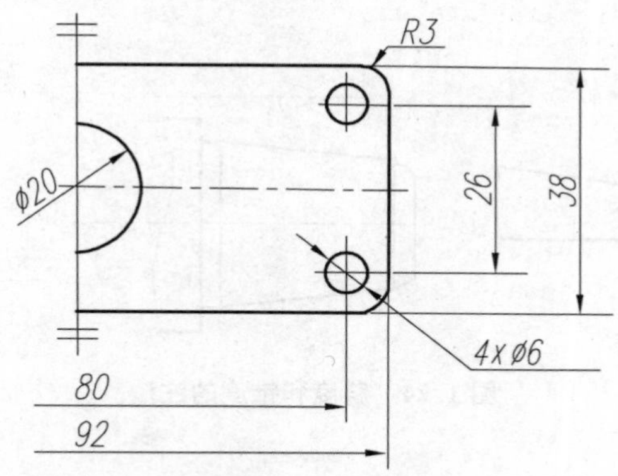

图 1.21　对称图形的注法

8. 正方形结构的注法

标注剖面为正方形结构的尺寸时，可在正方形边长尺寸数字前加注符号“□”或用“$B\times B$”注出，B 为正方形的对边距离。图中相交的两条细线是平面符号(当图形不能充分表达平面时)，如图 1.22 所示。

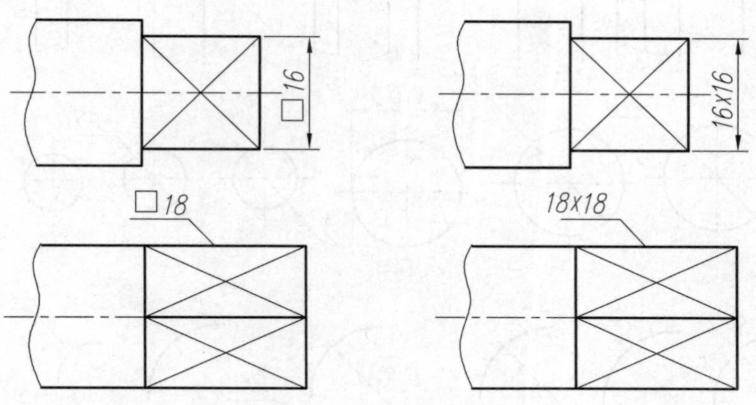

图 1.22　正方形结构的注法

9. 板状零件的注法

标注板状零件的尺寸时，在厚度的尺寸数字前加注符号“t”，如图 1.23 所示。

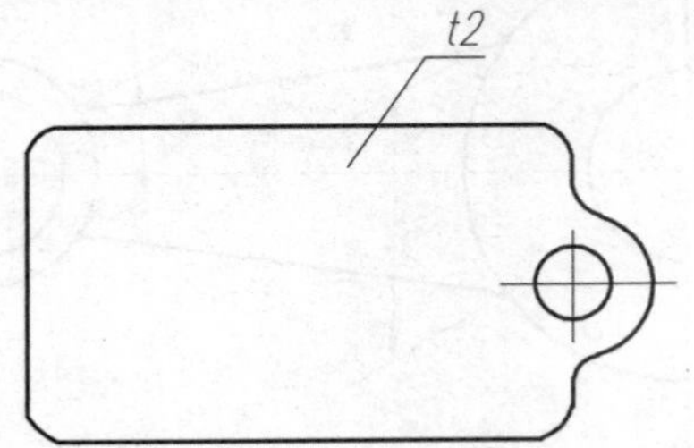

图 1.23　板状零件的注法

10. 斜度和锥度的注法

斜度和锥度的标注，其符号应与斜度、锥度的方向一致。斜度和锥度的符号如图 1.24 所示，其中 h 为尺寸数字高度，线宽为 $1/10h$。

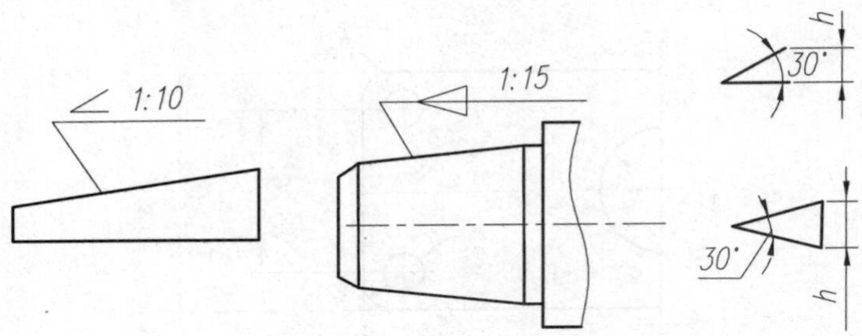

图 1.24　斜度和锥度的注法

11. 小尺寸的标注

在没有足够位置画箭头或注写尺寸时，可按图 1.25 的样式注写。

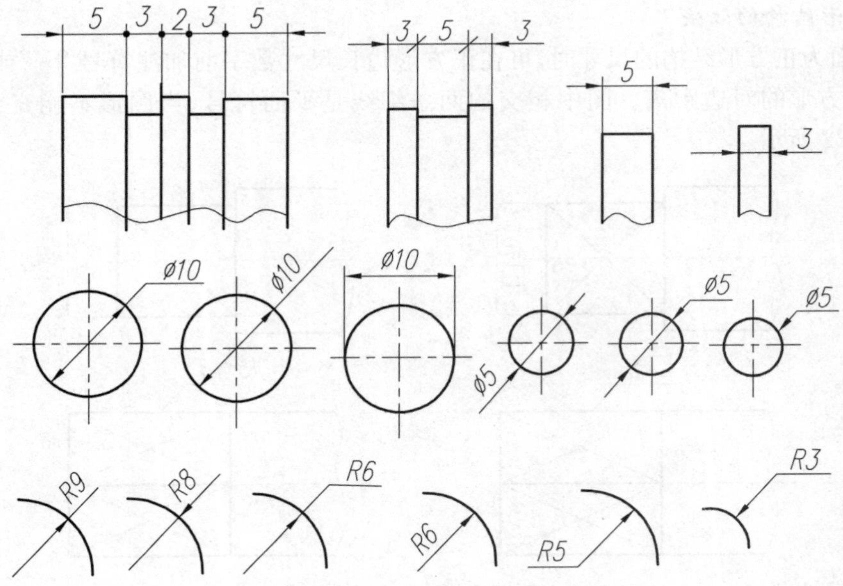

图 1.25　小尺寸的注法

1.2　绘图的基本技能

1.2.1　尺规绘图

要确保绘图质量，提高绘图速度，就必须学会正确使用绘图工具和仪器。常用的绘图工具和仪器有：图板、丁字尺、三角板、比例尺、曲线板、绘图铅笔、圆规、分规、胶带纸、削笔刀、砂纸、橡皮等。

1. 图板、丁字尺和三角板

图板、丁字尺和三角板是手工绘图必备的 3 种工具，使用时互相配合，可快速且准确地绘制各种位置的水平线、垂直线和倾斜线，如图 1.26 所示。

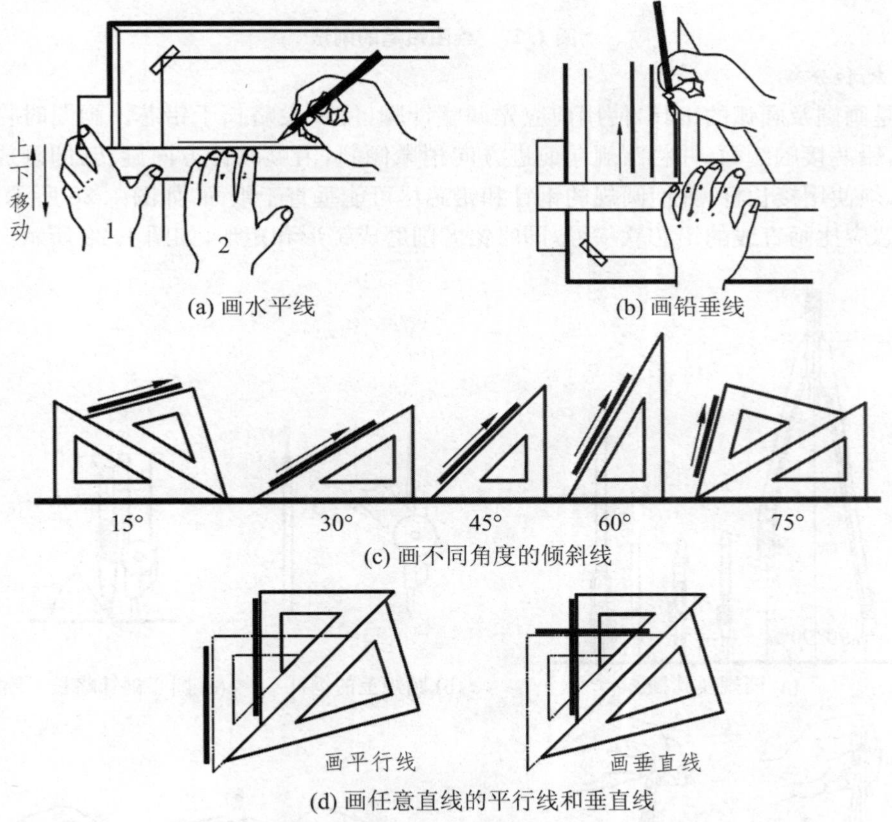

图 1.26　图板、丁字尺和三角板的配合应用

图板是用来固定图纸的，其板面应该平坦光滑，左侧导边平直。绘图前，应用胶带纸将图纸固定在图板的适当位置。

丁字尺由尺头和尺身组成，使用时须将尺头靠紧图板的左侧导边上下移动。丁字尺和图板配合使用可画水平线，其画线方向为由左向右。

一副三角板由一块45°的直角三角板和一块30°-60°的直角三角板组成。三角板与丁字尺配合使用，可画出垂直线或与水平线成15°、30°、45°、60°、75°的倾斜线；用两块三角板还能画出已知直线的平行线和垂直线。

2. 绘图铅笔

绘图时一般采用木质铅笔，其末端印有铅笔硬度的标记。B表示软铅，H表示硬铅，B或H前面的数字越大，表示铅芯越软或越硬。绘制各种细线以及底稿可用H或2H铅笔；写字、画箭头可用H或HB铅笔；绘制粗线可用B或2B铅笔。画粗线的铅芯应磨成四棱柱状，其余的应磨成圆锥状，如图1.27所示。

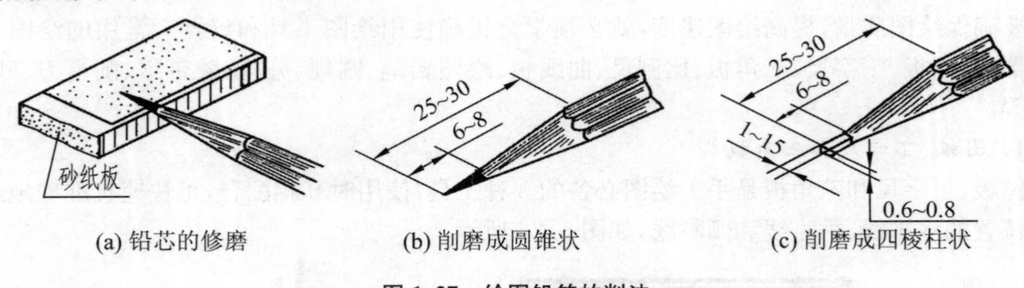

图1.27 绘图铅笔的削法

3. 圆规和分规

圆规是画圆及圆弧的工具，使用前应先调整针脚，使针尖略长于铅芯。画图时将钢针轻轻插入纸面，铅芯接触纸面，并将圆规向前进方向稍微倾斜，沿顺时针方向旋转，即画成一圆。画较大圆时，须使用接长杆，并使圆规的钢针和铅芯尽可能垂直于纸面，如图1.28所示。画圆时，圆规的铅芯应比画直线的铅芯软一号，同时铅芯削磨成铲形和矩形，如图1.29所示。

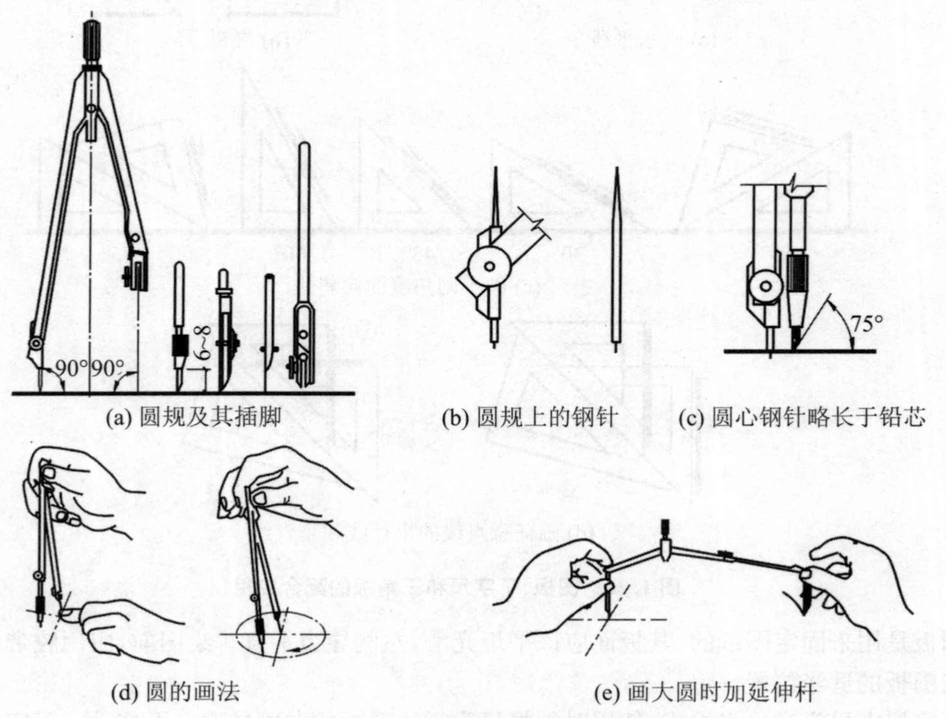

图1.28 圆规及其用法

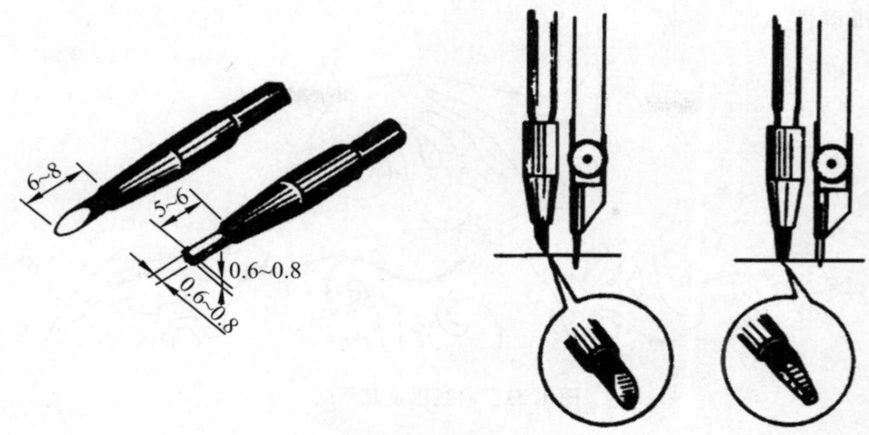

图 1.29　圆规的铅芯削法

分规是量取线段和等分线段的工具。为了准确地度量尺寸，分规的两针尖应平齐。分割线段时，将分规的两针尖调整到所需的距离，然后用右手拇指、食指捏住分规手柄，使分规两针尖沿线段交替作为圆心旋转前进，如图 1.30 所示。

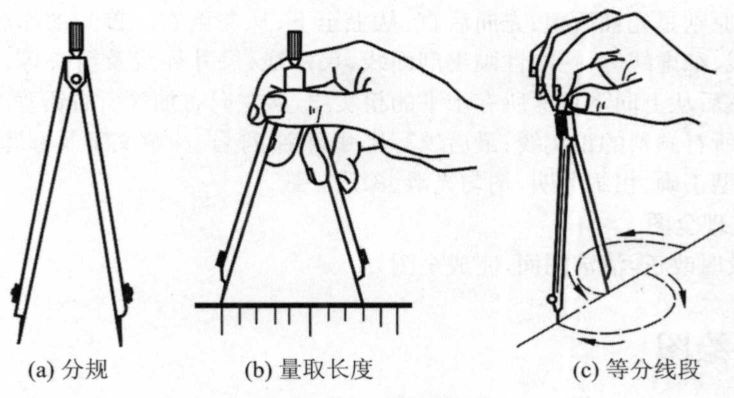
(a) 分规　(b) 量取长度　(c) 等分线段

图 1.30　分规及其用法

4. 曲线板

曲线板是用来描绘非圆曲线的一种模板，其轮廓线由多段不同曲率半径的曲线组成。作图时，先徒手用铅笔将曲线上一系列的点轻轻地连接起来，然后在曲线板上找出与该曲线吻合的部分，分段连接成光滑曲线。描绘时，至少选 4 个已知点与曲线板上的曲线重合，并与已画成的相邻曲线有重合的一部分，以保证曲线的光滑，如图 1.31 所示。

5. 尺规绘图的一般步骤

用绘图仪器和工具在图纸上准确绘图的步骤如下：

(1) 准备工具

准备好必要的绘图工具和仪器，擦净图板、丁字尺和三角板，削磨好铅笔及圆规上的铅芯。

(2) 固定图纸

根据所绘图形的大小和比例，选取合适的图纸幅面，用丁字尺校正后，用胶带固定图纸。图纸应尽量固定在图板的左边部分(便于丁字尺的使用)和下边部分(以减轻画图时的劳累)，但后者必须保证图板的底边与图纸下边图框线的距离大于丁字尺的宽度，以保证绘制图纸最下面的水平线时的准确性。

图 1.31 曲线板及其用法

(3) 画底稿

用细实线轻画图框、标题栏及图形。画图时，要考虑图形在图纸上布局应匀称、美观。先画基准线、轴线、中心线等，再画主要轮廓线，然后画细节。底稿画好后，认真检查、修改，并擦去多余线条和污垢。

(4) 铅笔加深

铅笔加深的原则是先细后粗、先曲后直、从上至下、从左至右。首先加深图中全部的细线，包括轴线、点画线、细虚线等，一次性画出剖面线、尺寸线、尺寸界线及箭头等；再加深所有的粗实线圆和圆弧；然后从上向下加深所有水平的粗实线，从左向右加深所有铅垂的粗实线，从图的左上方开始加深所有倾斜的粗实线；最后填写尺寸数字、符号、注解文字及标题栏。加深完成后要使整个图面线型正确、粗细分明、均匀光滑、深浅一致。

(5) 检查、整理全图

如有错误，及时改正，清洁图面，完成全图。

1.2.2 徒手绘图

不用绘图仪器和工具，以目测估计图形与实物的比例，按一定的画法要求徒手(或部分使用绘图仪器)画出的图样，称为徒手草图，简称草图。在实际工作中，讨论设计方案、技术交流、现场实物测绘时，为了提高绘图效率，或因现场条件、时间的限制，常采用徒手绘制草图的方式来实现工程形体的表达。徒手绘制草图的要求如下：

① 画线要稳，图线要清晰；

② 目测尺寸要准(尽量符合实际)，各部分比例匀称；

③ 绘图速度要快；

④ 标注尺寸无误，字体工整。

徒手画草图一般选用 HB 或 B、2B 铅笔，铅芯削磨成圆锥形，初学者一般采用方格纸来绘制，方格纸是 5 mm 见方的网格纸，待熟练后便可直接用白纸画。手握笔的位置要比尺规作图高一些，以利于运笔和观察目标。笔杆与纸面成 45°～60°角，执笔稳而有力。各种图形的具体画法如下：

1. 画直线

徒手画直线时，执笔力求自然，手要放松，眼睛不要死盯着笔尖，而要瞄准线段的终点，用力均匀，一次画成。画线的方向应自然，切不可为了加粗线型而来回地涂画。画短线常用手腕运笔，画长线则以手臂动作，且肘部不宜接触纸面，否则不易画直。画水平线时，图纸可放斜一点，不要将图纸固定死，以便随时可将图纸调整到画线最为顺手的位置，由左向右画出，如图1.32(a)所示；画垂直线时，自上而下运笔，如图1.32(b)所示；画斜线时的运笔方向如图1.32(c)所示，也可将图纸转平当成水平线或垂直线去画。对于较长的直线，可通过目测在直线中间定出几个点，然后分段画。

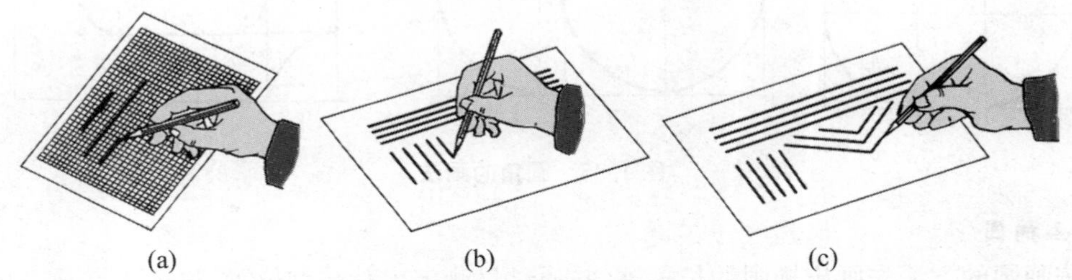

图1.32　徒手画直线的姿势与方法

2. 画特殊角度斜线

画与水平方向成30°、45°、60°等常见角度线时，可根据两直角边的近似比例关系3/5、1/1、5/3定出两端点，然后连接两点即为所画的角度线。如画10°、15°等角度线，可先画出30°角后，再等分求得，如图1.33所示。

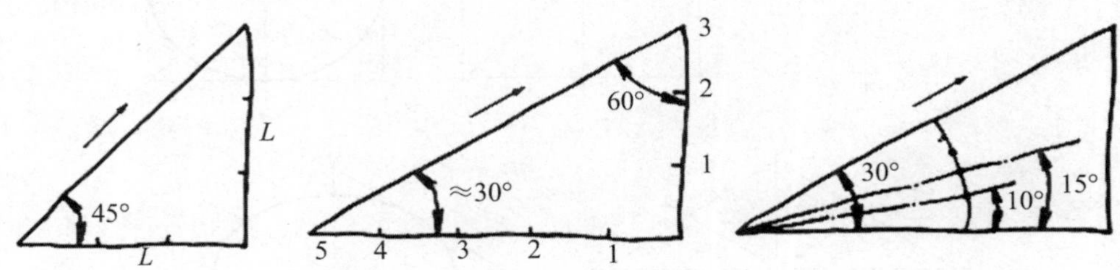

图1.33　徒手画特殊角度的斜线

3. 画圆和圆角

如图1.34所示，画圆时，先徒手绘制两条互相垂直的中心线，定出圆心。如果画直径较小的圆，用目测估计半径大小，在中心线上截得4个点，徒手将4点连接成圆。如果画直径较大的圆，为了更加准确，可过圆心再增画两条45°斜线，在斜线上截得4个点，这样就是8个点连接成圆。画粗实线圆时，往往先画细线圆，然后加粗，这样可在加粗过程中调整不圆度。为画大圆而作的限形构架细线，一般不必擦去，可一直保留，但注意不要太粗。

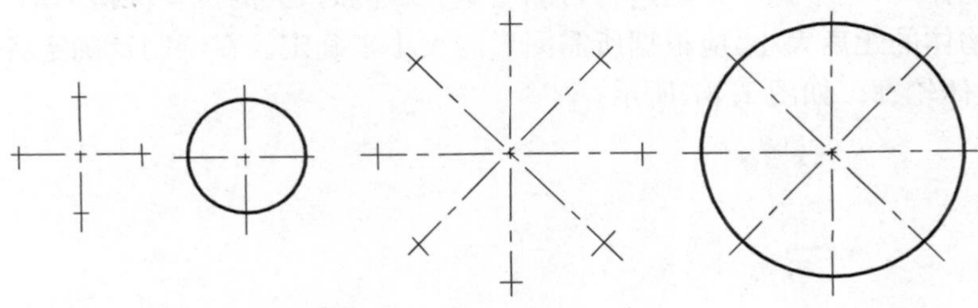

图1.34　圆的画法

如图 1.35 所示，画圆角时，先通过目测在分角线上选取圆心位置，过圆心向两边引垂直线定出圆弧的起点和终点，并在分角线上也画出一圆周点，然后徒手作圆弧把这 3 点连接起来。

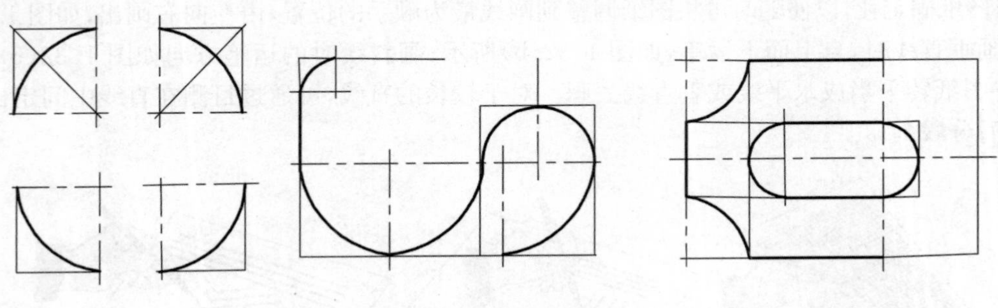

图 1.35　圆角的画法

4. 画椭圆

可按画圆的方法先画出椭圆的长短轴，并通过目测定出其端点位置，过这 4 点画一矩形，然后徒手作椭圆与此矩形相切，并注意图形的对称性。也可先画适当的外切菱形，再根据此菱形画出椭圆。如图 1.36 所示。

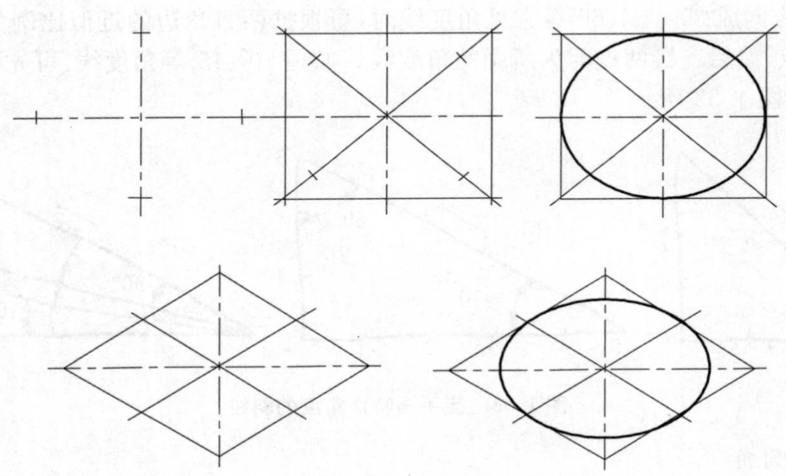

图 1.36　椭圆的画法

5. 目测的方法

画中、小物体时，可用铅笔当尺直接放在实物上测各部分的大小，然后按测量的大体尺寸画出草图。也可用此方法估计出各部分的相对比例，画出缩小的草图。

画较大的物体时，用手握一铅笔进行目测度量。目测时，人的位置保持不动，握铅笔的手臂要伸直。人和物体的距离大小，应根据所需图形的大小来确定。在绘制及确定各部分相对比例时，建议先画大体轮廓。如图 1.37 所示。

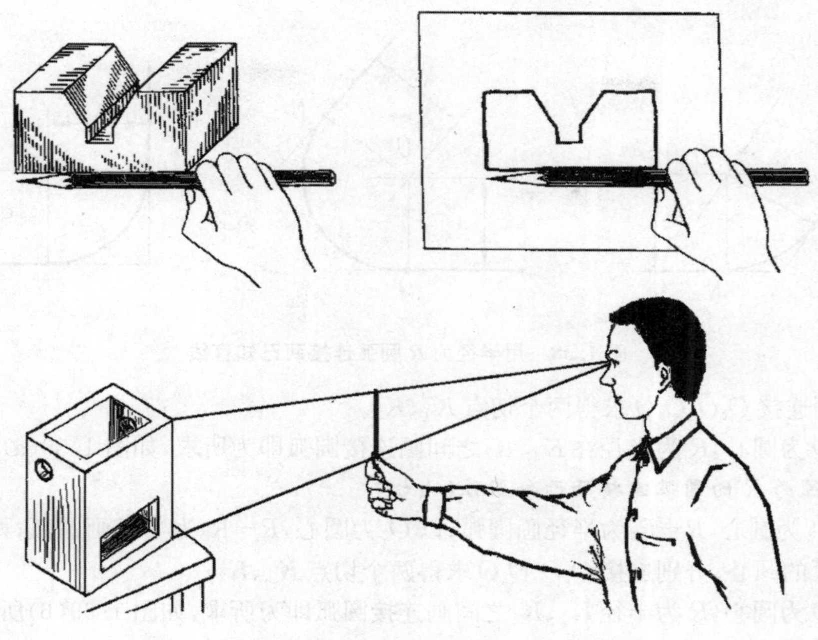

图 1.37　目测的方法

1.3　几　何　作　图

生产实际中,虽然机件的轮廓形状是多种多样的,但它们的图样基本上都是由直线、圆弧和其他曲线所组成的几何图形,如正多边形、矩形、直角三角形、等腰三角形、圆、椭圆或包含圆弧的图形。为了正确、快速地绘制图样,应熟练地掌握常见几何图形的作图方法。

1.3.1　圆弧连接

用已知半径的圆弧光滑地连接(即相切)已知直线或圆弧,称为圆弧连接,起连接作用的圆弧称为连接弧,切点称为连接点。作图时,可根据已知条件,准确地求出连接圆弧的圆心位置,以及连接圆弧与已知圆弧或直线平滑过渡的连接点(切点)的位置。

由于连接圆弧的圆心是由作图确定的,故在标注尺寸时只注半径,而不注圆心位置尺寸。

1. 用半径为 R 的圆弧连接两已知直线

(1) 作两条辅助线分别与两已知直线平行且相距为 R,交点 O 即为连接圆弧的圆心;

(2) 由点 O 分别向两已知直线作垂线,垂足 M、N 即为切点;

(3) 以点 O 为圆心,R 为半径在 M、N 两点之间画连接圆弧即为所求,如图 1.38 所示。

2. 用半径为 R 的圆弧连接两已知圆弧(外切)

(1) 以 O_1 为圆心,R_1+R 为半径画圆弧;以 O_2 为圆心,R_2+R 为半径画圆弧;两圆弧的交点

O 即为连接弧的圆心。

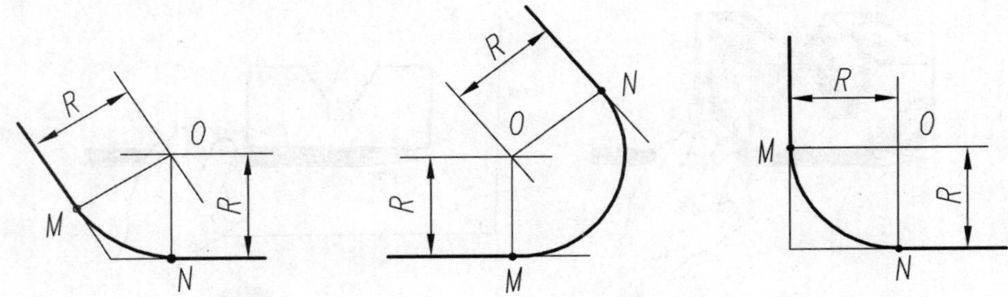

图 1.38 用半径为 *R* 圆弧连接两已知直线

(2) 分别连接 O_1O、O_2O 求得两个切点 K_1、K_2。

(3) 以 O 为圆心，R 为半径在 K_1、K_2 之间画连接圆弧即为所求，如图 1.39(a)所示。

3. 用半径为 R 的圆弧连接两已知圆弧(内切)

(1) 以 O_1 为圆心，$R-R_1$ 为半径画圆弧；以 O_2 为圆心，$R-R_2$ 为半径画圆弧；两圆弧的交点 O 即为连接弧的圆心；分别连接 O_1O、O_2O 求得两个切点 K_1、K_2；

(2) 以 O 为圆心，R 为半径 K_1、K_2 之间画连接圆弧即为所求，如图 1.39(b)所示。

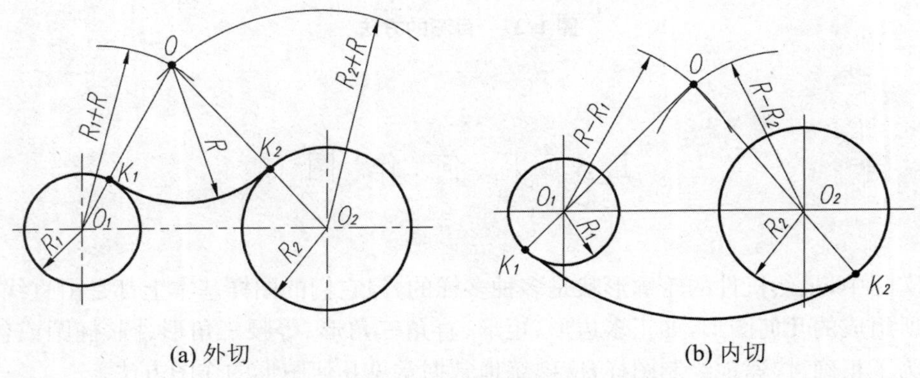

(a) 外切 (b) 内切

图 1.39 用半径为 R 的圆弧连接两已知圆弧

1.3.2 圆内接正多边形画法

已知外接圆圆心 O，半径为 R，可通过几何作图，任意等分圆周，作出圆的内接正 n 边形。

1. 作正五边形

(1) 等分外接圆半径 OM 得 O_1 点；以 O_1 为圆心，O_1A 为半径画弧，交 ON 于点 O_2。

(2) 以 A 点为圆心，O_2A 为半径画圆弧与圆周交于 B、E 两点；再以 B、E 两点为圆心，O_2A 为半径画圆弧与圆周交于 C、D 两点。

(3) 依次连接 A、B、C、D、E 五个等分点，便得圆内接正五边形，如图 1.40 所示。

2. 作正六边形

(1) 以 A、D 为圆心，R 为半径画圆弧交圆周于 B、F、C、E 四点；

(2) 依次连接 A、B、C、D、E、F 六个等分点，便得圆内接正六边形，如图 1.41 所示。

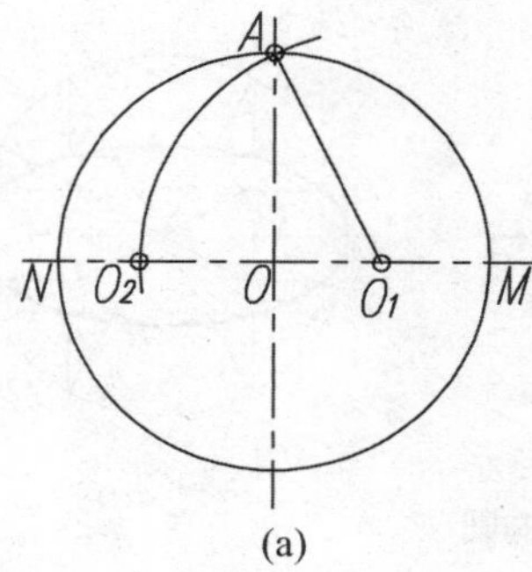

(a)

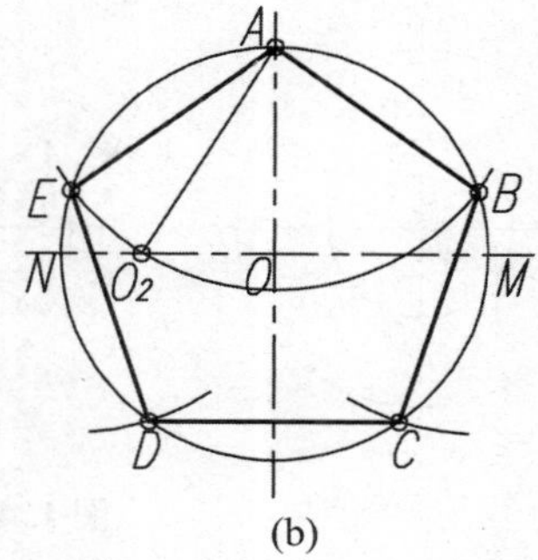

(b)

图 1.40　圆内接正五边形的画法

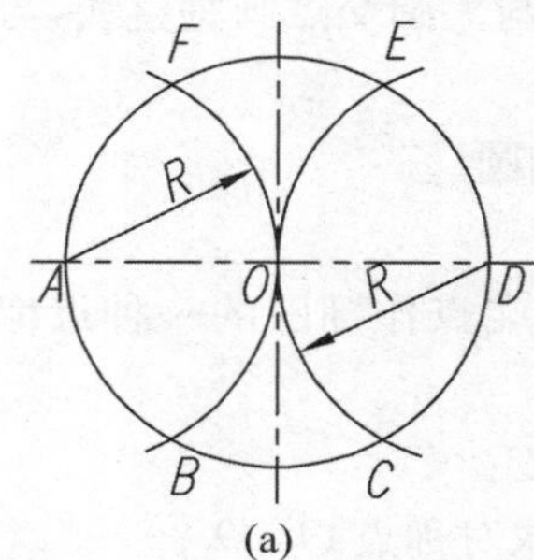

(a)

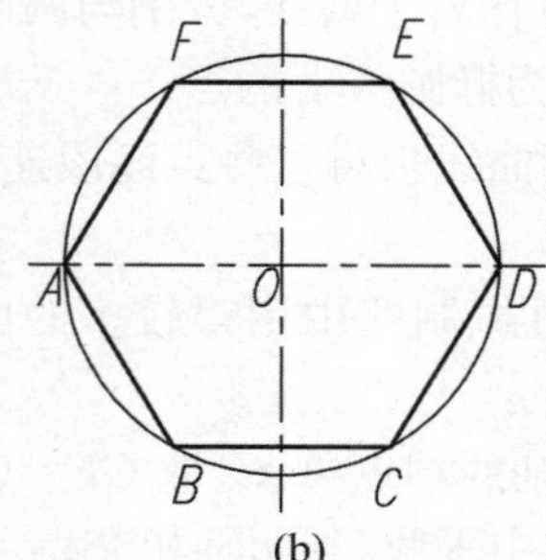

(b)

图 1.41　圆内接正六边形的画法

3. 作正七边形

(1) 将已知直径 AK 七等分，得 1、2、3、4、5、6 六点；以点 K 为圆心，直径 AK 为半径画圆弧，交直径 PQ 的延长线于 M、N 两点。

(2) 由 M、N 点作直线分别连接 AK 上等分的偶数点（或奇数点）并延长交圆周于点 B、C、D 和点 E、F、G。

(3) 一次连接 A、B、C、D、E、F、G 七个圆周等分点，便得圆内接正七边形，如图 1.42 所示。

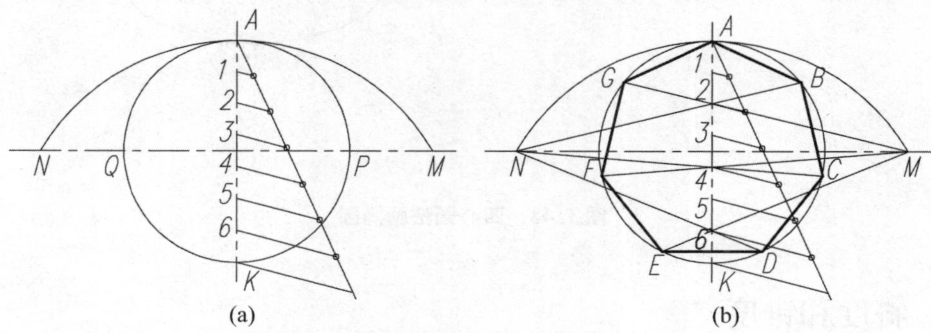

图 1.42　圆内接正七边形的画法

1.3.3　椭圆画法

1. 同心圆法

同心圆法是由长、短轴作椭圆的一种较精确的绘制方法，如图 1.43 所示。

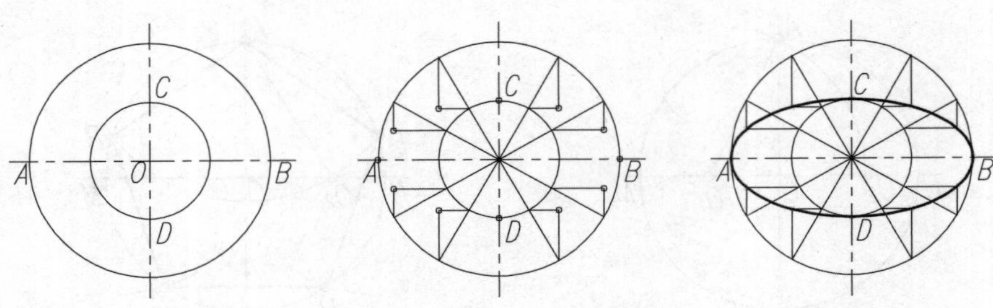

图 1.43 同心圆法画椭圆

(1) 以 O 为圆心、椭圆长半轴 OA 及短半轴 OC 为半径画圆；

(2) 由中心 O 作若干射线，分别与两圆相交，再由与大圆交点画垂直线，与小圆交点画水平线，它们的交点即为椭圆线上的点；

(3) 正确使用曲线板将这些点逐段连接，便得到椭圆。

2. 四心圆法

四心圆法是机械制图中用得较多的由长、短轴的端点作椭圆的一种近似方法，如图 1.44 所示。

(1) 连长、短轴的端点 A、C，取 $CF=CE=OA-OC$；

(2) 作 AF 的中垂线，与两轴相交得点 O_1、O_2，再取对称点 O_3、O_4；

(3) 分别以 O_1、O_2、O_3、O_4 为圆心，O_1A、O_2C、O_3B、O_4D 为半径作弧，拼成近似椭圆，切点为 K、L、M、N。

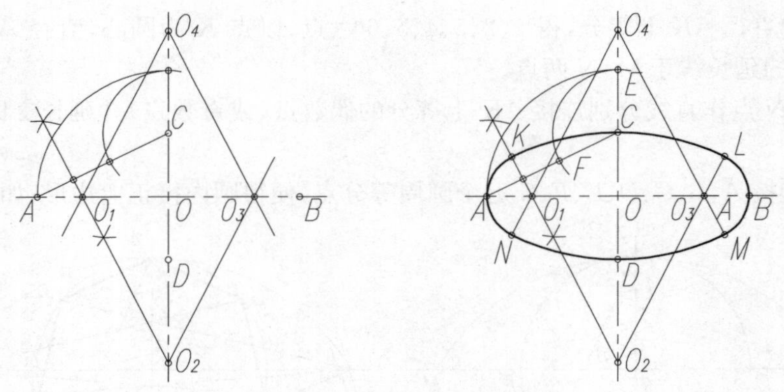

图 1.44 四心圆法画椭圆

1.3.4 斜度和锥度

1. 斜度

斜度是指一直线(或平面)对另一直线(或平面)的倾斜程度，其大小用倾斜角的正切来表示，并把比值化为 1∶n 的形式，即 $\tan\alpha=H:L=1:n$。标注斜度时，应在斜度值前标注斜度符号(图 1.24)，符号的斜线方向应与斜度方向一致。斜度的标注和画法如图 1.45 所示。

2. 锥度

锥度是指正圆锥体底圆直径与圆锥高度之比，或是圆锥台的两底圆直径之差与锥台高度之比，锥度也以 1∶n 的形式标注，即 $2\tan\alpha=D:L=(D-d):1$。标注锥度时，应在锥度值前标注锥度符号（表 1.24），符号的方向与锥度方向一致。锥度的标注和画法如图 1.46 所示。

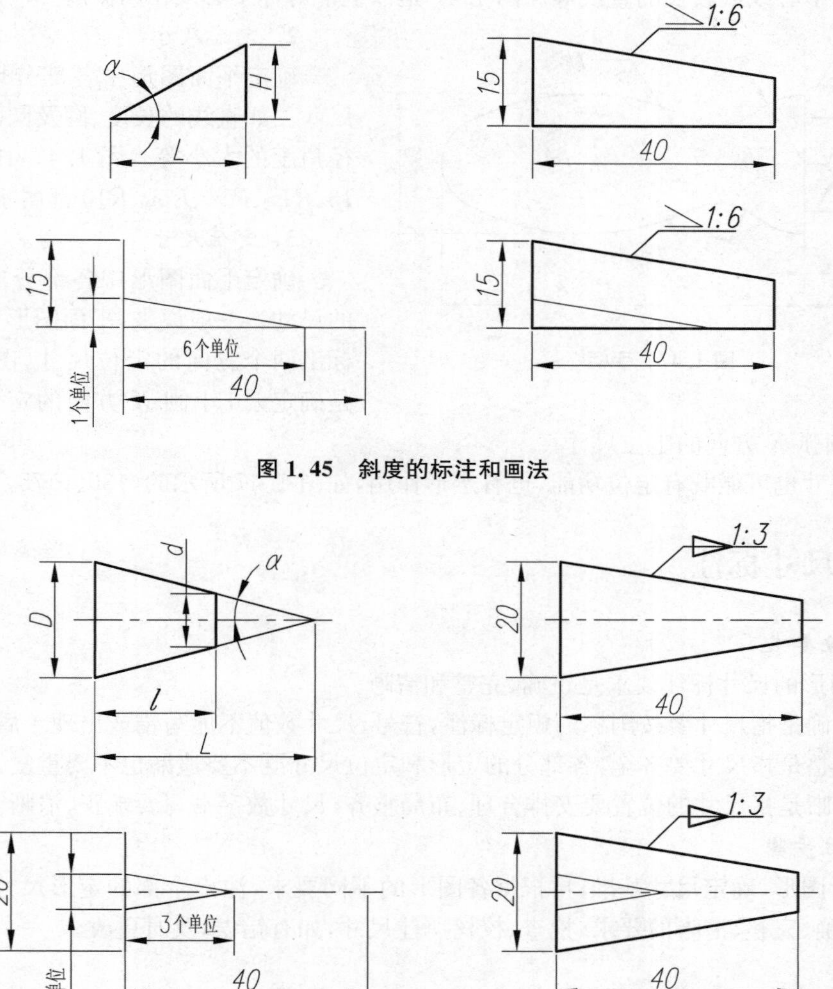

图 1.45　斜度的标注和画法

图 1.46　锥度的标注和画法

1.4　平面图形的分析及绘图步骤

1.4.1　尺寸分析

根据尺寸在平面图形中所起的作用，可分为定形尺寸和定位尺寸两大类。要想确定平面图形中线段的上下、左右位置，必须引入基准的概念。

1. 基准

图样中标注尺寸的起点称为基准。在平面图形中,基准一般选用对称图形的对称中心线、较大的圆的中心线或较长的直线等。图 1.47 是以上下对称中心线作为高度方向的基准线的。

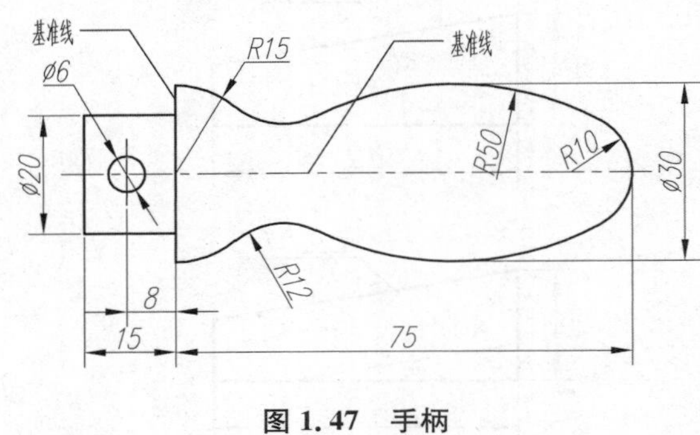

图 1.47　手柄

2. 定形尺寸

确定平面图形中各部分形状和大小的尺寸。如直线的长度、圆及圆弧的直径或半径角度的大小等。图 1.47 中的∅20、∅6、15、R15、R12、R50、R10 都属于定形尺寸。

3. 定位尺寸

确定平面图形中各部分之间相对位置的尺寸。一般说来,平面图形中每个部分要标出两个方向的定位尺寸,图 1.47 中的 8 是确定∅6 小圆 X 方向的定位尺寸,75 是确定 R10 圆弧 X 方向的定位尺寸。

有的尺寸也可能既有定位功能,也有定形作用,如图 1.47 所示的∅30、∅75。

1.4.2　尺寸标注

1. 标注要求

平面图形的尺寸标注要求是正确、完整和清晰。

(1) 正确是指尺寸要按国标的规定标注,符号、尺寸数值不能写错或出现矛盾。

(2) 完整是指尺寸要齐全,各部分的定形和定位尺寸既不要遗漏也不要重复。

(3) 清晰是指尺寸的位置要安排合理、布局整齐,尺寸数字书写要端正、清晰。

2. 标注步骤

先分析图形,确定尺寸基准;再根据各图形的不同要求,注出全部的定形尺寸和定位尺寸;最后,按正确、完整、清晰的要求,检查、校核所注尺寸,如有错误,及时更改。

1.4.3　线段分析

平面图形中的线段常见的有直线、圆弧和圆,根据所注的尺寸和连接关系,可分为 3 类:已知线段、中间线段和连接线段。

1. 已知线段

定形尺寸和定位尺寸标注齐全,能直接画出的线段称为已知线段。如图 1.47 所示的∅20、15、∅6、R15、R10 所标注的线段。

2. 中间线段

已知定形尺寸,但定位尺寸不齐全的线段称为中间线段,需根据图中所注尺寸以及与其相邻线段的连接要求才能画出。如图 1.47 所标注的 R50 圆弧,与其相邻的 R10 线段是内切关系,再由定位尺寸∅30,可求得 R50 的圆心,从而作出该中间线段。

3. 连接线段

只有定形尺寸,而无定位尺寸的线段称为连接线段,需根据图中给出的定形尺寸以及与两端相邻线段的连接要求才能画出。如图 1.47 所示的 R12 所标注的圆弧,可采用圆弧连接的方法将其画出。

1.4.4　平面图形的绘图步骤

根据以上分析可知:画平面图形时,应先画出各已知线段,再依次画出各中间线段,最后画出各连接线段。如图 1.47 所示的手柄的作图步骤如图 1.48 所示。

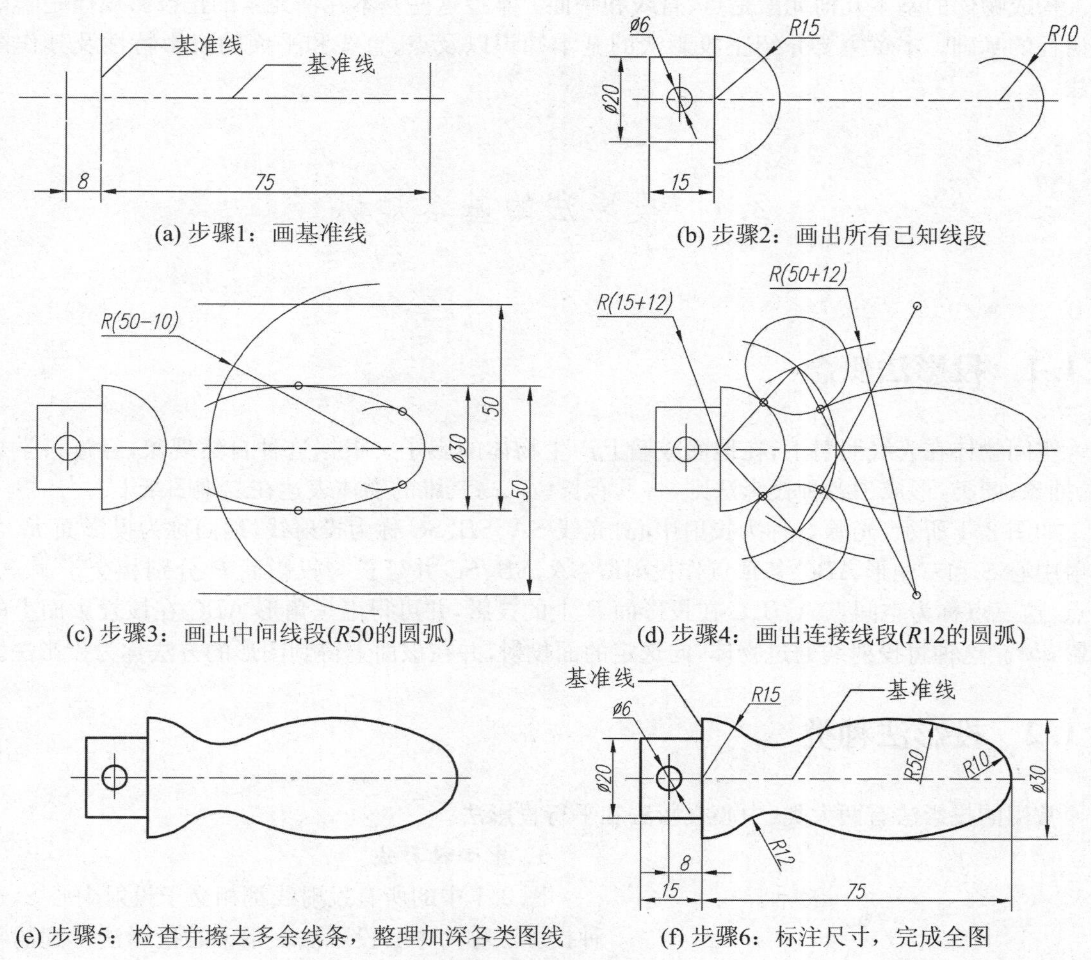

图 1.48　手柄的作图步骤

第2章　点、直线和平面的投影

构成物体的基本几何元素是点、直线和平面。掌握这些基本几何元素的正投影规律是学好本课程的基础。本章主要介绍正投影法的基本知识以及点、直线和平面的投影特性及其作图方法。

2.1　投影法的基本知识

2.1.1　投影法概念

空间物体在光线照射下，在地面或墙上产生物体的影子。根据这种自然现象，经过科学总结、抽象、归类，形成了各种投影法则，将具有长、宽、高三维的物体表达在二维图纸上。

如图2.1所示，光源S称为投射中心，光线SA、SB、SC称为投射线，地面称为投影面P，过投射中心S和三角形ABC各顶点作投射线SA、SB、SC并延长与投影面P分别相交于a、b、c三点，这三点称为空间点A、B、C在投影面P上的投影，并可得出三角形ABC在该投影面上的投影abc。这种将投射线通过物体，向选定的面投射，并在该面上得到图形的方法称为投影法。

2.1.2　投影法种类

常用的投影法有两大类：中心投影法和平行投影法。

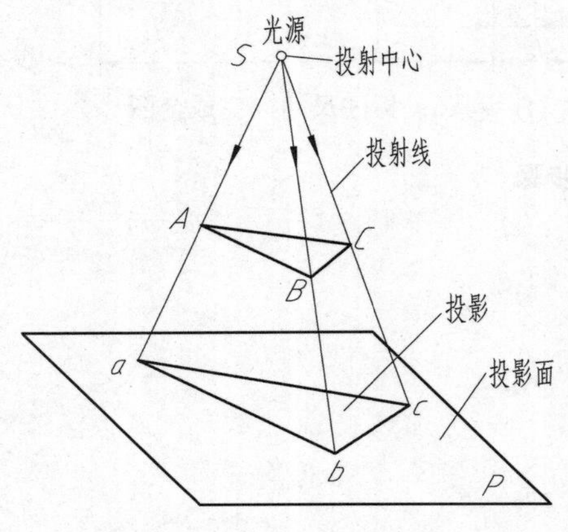

图2.1　中心投影法

1. 中心投影法

图2.1中的所有投射线都相交于投射中心S，这种投影法称为中心投影法。用中心投影法得到的物体的投影，其大小与物体的位置有关，当物体靠近或远离投影面时，它的投影就会变小或变大，且一般不能反映物体的真实大小。中心投影法主要用于建筑制图，通过它可以得到立体感较强的透视图，但机械制图中很少采用。

2. 平行投影法

若将投射中心S移至无穷远处，则所有投射线就相互平行，这种投影法称为平行投影法，如图2.2所示。

在平行投影法中，根据投射线是否垂直于投影面又分为两种：

① 正投影法：投射线与投影面垂直的平行投影法，如图 2.2(a)所示。

② 斜投影法：投射线与投影面倾斜的平行投影法，如图 2.2(b)所示。

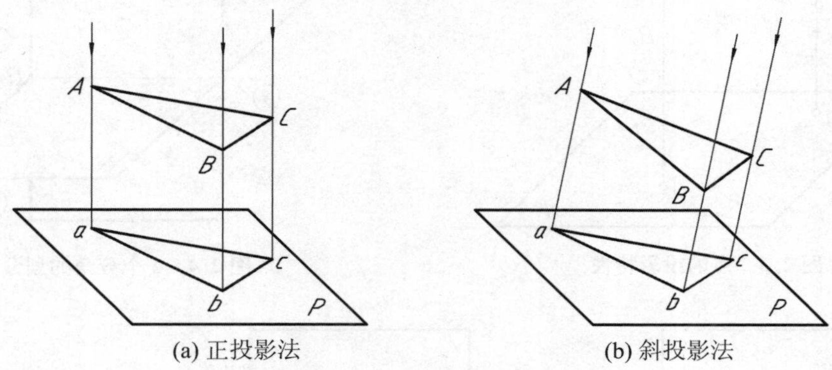

(a) 正投影法　(b) 斜投影法

图 2.2　平行投影法

正投影法能准确地表达物体的形状结构，而且度量性好，因而在工程上有广泛应用。机械图样主要用正投影法绘制，它是本课程学习的主要内容。除有特别说明外，本书所述的投影均指正投影。

2.2　点 的 投 影

点是构成立体最基本的几何元素。点的投影仍然是点，而且是唯一的，如图 2.3 所示的空间点 A，在平面上的投影为唯一点 a。但根据点的一个投影却不能确定点的空间位置，如图 2.3 所示的投影 b 就不能确定唯一的空间点 B 与其对应。因此，常将几何形体放置在相互垂直的两个或多个投影面之间，分别向这些投影面作投影，形成多面正投影。

2.2.1　点在两投影面体系第一分角中的投影

如图 2.4 所示，以相互垂直的两个平面作为投影面，组成两投影面体系。正立放置的投影面称为正立投影面，简称正面，用 V 表示；水平放置的投影面称为水平投影面，简称水平面，用 H 表示。相互垂直的投影面之间的交线称为投影轴，用 OX 表示。

图 2.4 中，V 面和 H 面将空间分成的 4 个区域称为分角，分别是：第一分角、第二分角、第三分角、第四分角。将物体置于第一分角内，并使其处于观察者与投影面之间而得到正投影的方法称为第一角画法，我国采用第一角画法。

如图 2.5(a)所示，由第一分角中的点 A 分别作垂直于 V 面、H 面的投射线 Aa'、Aa，且与 V 面、H 面交得的垂足为 a'、a，分别称为 A 点的正面投影和水平投影。

由于平面 $Aa'a$ 分别与 V 面、H 面垂直，所以这 3 个互相垂直的平面必定交于一点 a_X，且 3 条交线互相垂直，即 $a_Xa' \perp a_Xa$，$a_Xa \perp OX$，$a_Xa' \perp OX$。又因四边形 $Aa'a_Xa$ 是矩形，所以 $a_Xa' = aA$，$a_Xa = a'A$，亦即：点 A 的 V 面投影 a' 到投影轴 OX 的距离，等于点 A 到 H 面的距

离；点 A 的 H 面投影 a 到投影轴 OX 的距离，等于点 A 到 V 面的距离。

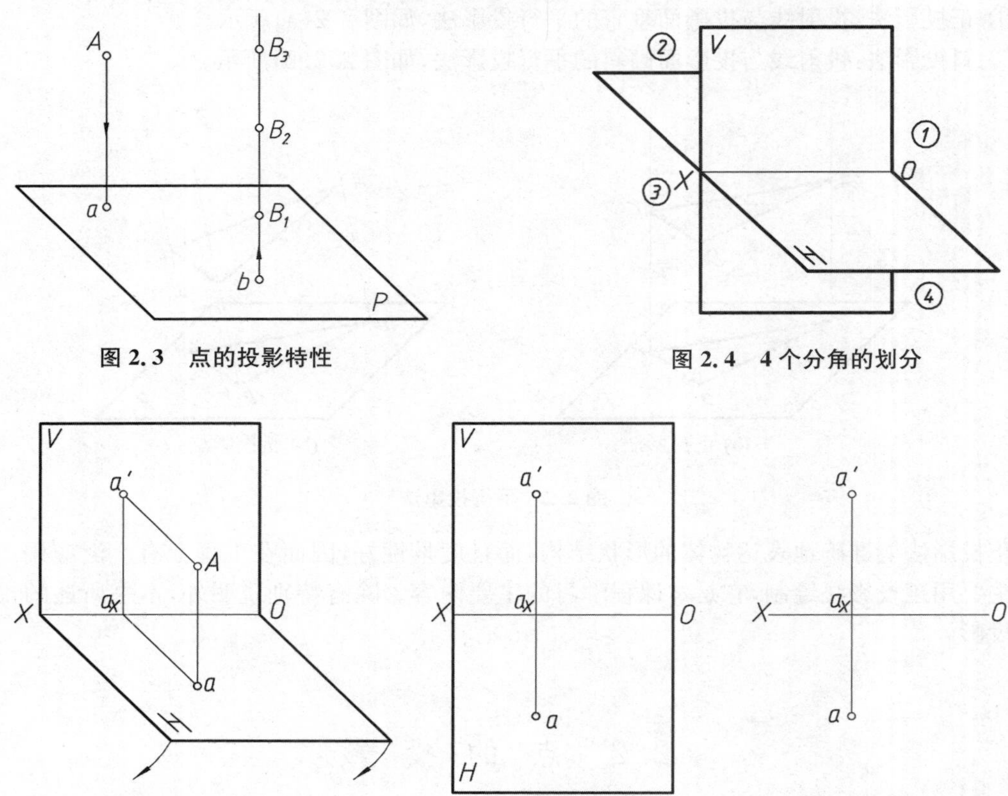

图 2.3　点的投影特性

图 2.4　4 个分角的划分

(a) 立体图　　(b) 投影面展开后　　(c) 投影图

图 2.5　点在两投影面体系中的投影

为使各投影画在同一图面上，规定 V 面保持不动，将 H 面及其上的投影绕 OX 轴向下旋转 90°，使其与 V 面共面，如图 2.5(b)所示。由于在同一平面上，过 OX 轴上的一点 a_X 只能作 OX 轴的一条垂线，所以 a'、a_X、a 共线，即 $a'a \perp OX$。点在互相垂直的投影面上的投影，在投影面展开成同一平面后的连线，称为投影连线。

在画投影图时，一般不必画出投影面第一分角的边框，如图 2.5(c)所示。

由此可以概括出点在两投影面体系中的投影特性：

① 点的投影连线垂直于投影轴，即 $a'a \perp OX$。

② 点的投影到投影轴的距离，等于该点到相邻投影面的距离，即 $a_Xa'=aA$，$a_Xa=a'A$。

2.2.2　点在三投影面体系第一分角中的投影

虽然由点的两面投影已能确定该点的空间位置，但有时某些立体的两面投影还不能唯一确定其空间形状，为此，再设一个与 V 面、H 面都垂直的侧立投影面，简称侧面，用 W 表示，形成三投影面体系，如图 2.6(a)所示。3 个投影面之间的交线，即 3 条投影轴 OX、OY、OZ 必定互相垂直。

1. 点的三面投影的形成

如图 2.6(a)所示，由空间点 A 分别作投射线垂直于 H、V、W 投影面，投射线与投影面交得

的垂足分别为点 A 的水平投影 a、正面投影 a' 和侧面投影 a''。

为使各投影画在同一图面上，规定 V 面保持不动，分别将 H 面及其上的投影绕 OX 轴向下旋转 90°，将 W 面及其上的投影绕 OZ 轴向右旋转 90°，从而使 H、V、W 共面，如图 2.6(b)所示。画投影图时，一般不必画出投影面的边框，如图 2.6(c)所示。

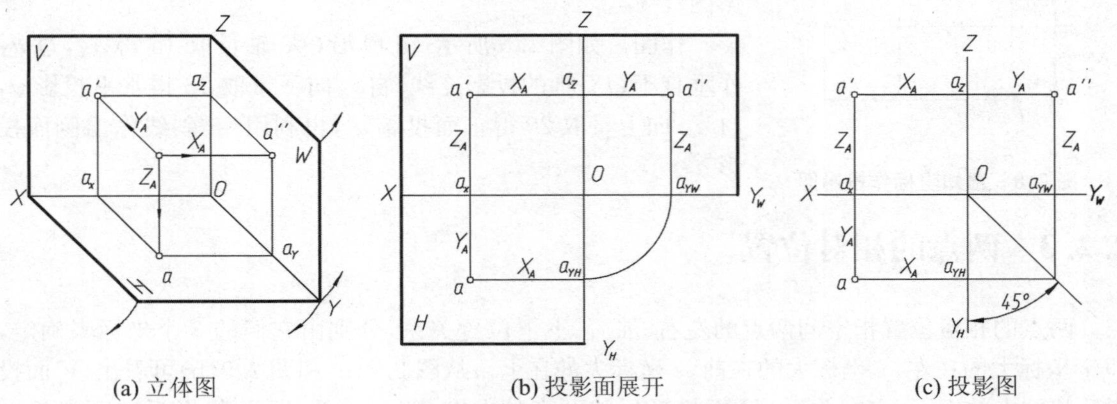

(a) 立体图　(b) 投影面展开　(c) 投影图

图 2.6　点在三面投影体系中的投影

2. 点的三面投影特性

由图 2.6 不难证明，点的三面投影具有下列投影特性：

① 点的正面投影和水平投影的连线垂直于 OX 轴；点的正面投影到 OZ 轴的距离和点的水平投影到 OY_H 轴的距离相等，都反映了空间点的 X 坐标，即 $a'a \perp OX$ 轴，$a_Z a' = a_{YH} a = X_A$。

② 点的正面投影和侧面投影的连线垂直于 OZ 轴；点的正面投影到 OX 轴的距离和点的侧面投影到 OY_W 轴的距离相等，都反映了空间点的 Z 坐标，即 $a'a'' \perp OZ$ 轴，$a_X a' = a_{YW} a'' = Z_A$。

③ 点的水平投影到 OX 轴的距离和点的侧面投影到 OZ 轴的距离相等，都反映了空间点的 Y 坐标，即 $a_X a = a_Z a'' = Y_A$。

点的三面投影特性可归纳为"两垂直，一相等"，即 $aa' \perp OX$，$a'a'' \perp OZ$，$aa_X = a''a_Z$。

根据上述投影特性，在点的投影中，只要知道其中任意两个面的投影，就可以很方便地求出第 3 个投影。

例 2.1　如图 2.7(a)所示，已知点 B 的正面投影 b' 及侧面投影 b''，试求其水平投影 b。

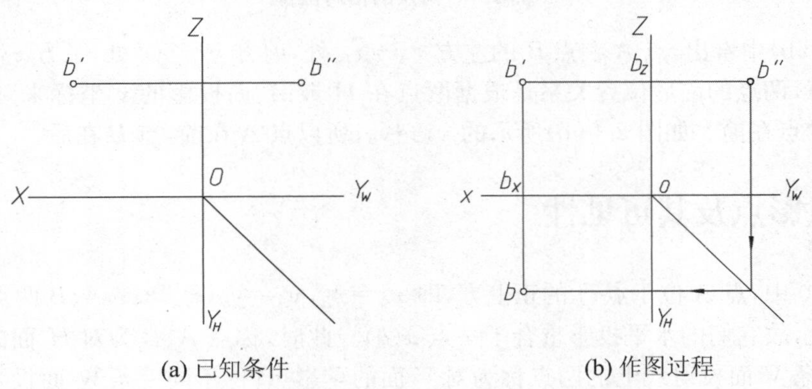

(a) 已知条件　(b) 作图过程

图 2.7　求第三面投影

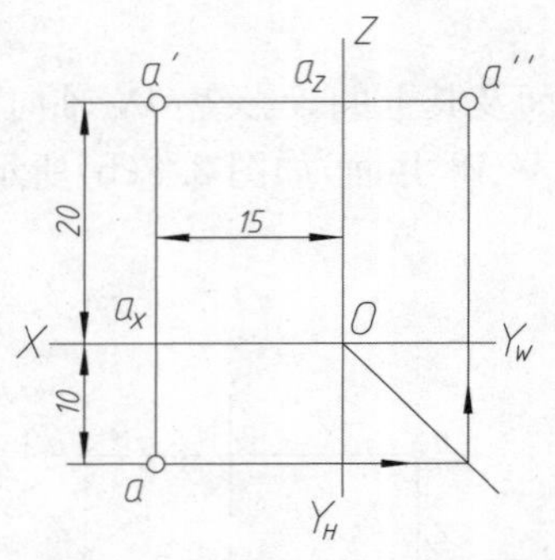

图 2.8 已知坐标作投影图

作图 b 与 b' 的连线垂直于 OX 轴，b 一定在过 b' 且垂直于 OX 轴的直线上。b 至 OX 轴的距离必等于 b'' 至 OZ 轴的距离，即 $b_Xb=b_Zb''$，故可定出 b 的位置，如图 2.7(b)所示。

例 2.2 已知点 A 的坐标为(15,10,20)，作点 A 的三面投影图。

作图 如图 2.8 所示，由 O 沿 OX 轴量取 15 得 a_X，过 a_X 作垂直于 OX 轴的投影连线；自 a_X 向下量取 10 得水平投影 a，自 a_X 向上量取 20 得正面投影 a'，再利用 45°斜线作出侧面投影 a''。

2.2.3 两点的相对位置

两点的相对位置指空间两点的左右、前后、上下位置关系，分别由它们的 3 个坐标来确定，即 x 坐标大的在左，y 坐标大的在前，z 坐标大的在上。从图 2.9(a)和图 2.9(b)可看出，V 面投影反映两点的上下、左右关系；H 面投影反映两点的左右、前后关系；W 面投影反映两点的上下、前后关系。

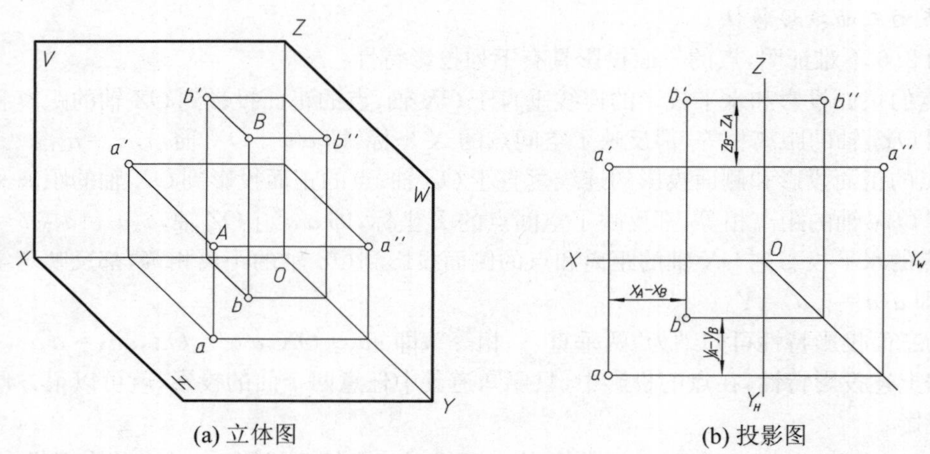

(a) 立体图 (b) 投影图

图 2.9 两点的相对位置

从图 2.9(b)中看出，点 A 在点 B 的左方 x_A-x_B 处，前方 y_A-y_B 处，下方 z_B-z_A 处。

必须注意，两点的前后位置关系是根据两点在 H 或 W 面投影的 y 坐标来判断的，其中 y 坐标值较大的点在前。如图 2.9(b)所示的 $y_A>y_B$，所以点 A 在前，点 B 在后。

2.2.4 重影点及其可见性

在图 2.10 中，点 A 位于点 B 的正上方，即 $x_A=x_B$，$y_A=y_B$，$z_A>z_B$，A、B 两点在同一条 H 面的投射线上，故它们的水平投影重合于一点 $a(b)$。此时，称点 A、B 为对 H 面的重影点。同理，位于同一条 V 面投射线上的两点称为对 V 面的重影点；位于同一条 W 面投射线上的两点称为对 W 面的重影点。

两点重影，必有一点被“遮盖”，故有可见与不可见之分。如图 2.10 所示，因点 A 在点 B 之上($z_A > z_B$)，它们在 H 面上重影时，点 A 的投影 a 为可见，点 B 的投影 b 为不可见，并加括号表示，以示区别。同理，如两点在 V 面上重影，则 y 坐标值大的点，其 V 面投影为可见的；在 W 面上重影，则 x 坐标值大的点，其 W 面投影为可见的。因此，重影点可见性的判别规则可用“上遮下、前遮后、左遮右”9 个字加以概括。

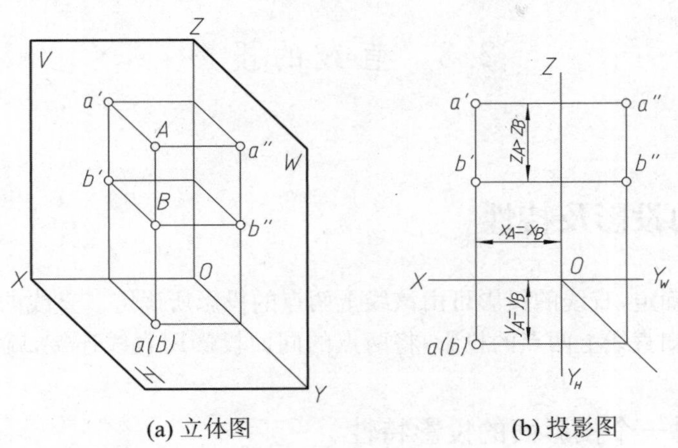

(a) 立体图　(b) 投影图

图 2.10　重影点

例 2.3　如图 2.11(a)所示，已知点 A 的三面投影，且知点 B 在点 A 的右方 10、后方 6、上方12，点 C 在点 B 的正下方 8。画出点 B 和点 C 的三面投影。

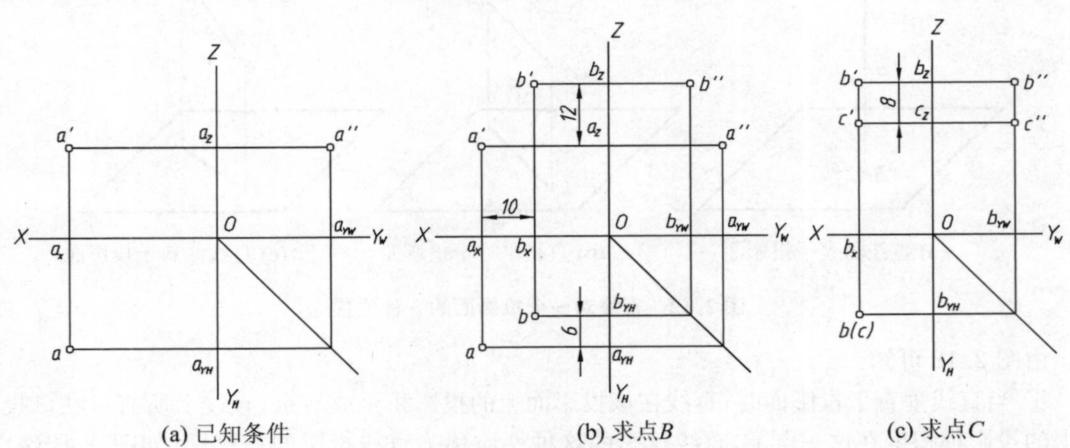

(a) 已知条件　(b) 求点B　(c) 求点C

图 2.11　由点 A 确定点 B、由点 B 确定点 C 的相对位置

分析　根据题意，A、B、C 三点的坐标之间必存在下述关系：$x_B - x_A = -10$，$y_B - y_A = -6$，$z_B - z_A = 12$，$x_C = x_B$，$y_C = y_B$，$z_C - z_B = -8$。据此，可先以点 A 为基准画出点 B 的投影，如图 2.11(b)所示。再以点 B 为基准画出点 C 的投影，如图 2.11(c)所示。

作图　① 画点 B 的两面投影 b'、b。如图 2.11(b)所示，过点 a_X 沿 OX 轴向右量取 $a_Xb_X=10$；过点 b_X 作 OX 轴的垂线，在垂线上分别量取 $b'b_X = a'a_X + 12$，$bb_X = aa_X - 6$，求得 b'、b。

② 由 b'、b 求出 b''。过 b' 作 $b'b_Z \perp OZ$，在 $b'b_Z$ 延长线上量取 $b''b_Z = bb_X$，b'' 即为所求。经检查，点 B 与点 A 的相对位置符合题意。

③ 求点 C 的投影。点 C 在点 B 的正下方，B、C 两点必是对 H 投影面的重影点。在该投影

方向上，点 B 必遮挡点 C，如图 2.11(c)所示，点 B、C 在 H 面的投影表示为 $b(c)$；分别沿 $b'b_X$、$b''b_{YW}$ 向下量取 $b'c'=b''c''=z_B-z_C=8$，求得 c'、c''，如图 2.11(c)所示。经检查，点 B 和点 C 的相对位置符合题意。

2.3 直线的投影

2.3.1 直线的投影及特性

直线可由两点确定，直线的投影可由该线上两点的投影所确定。直线的投影仍可归结为点的投影问题。如已知直线上两点的投影，将两点的同面投影用直线连接，就得到该直线的同面投影。

2.3.1.1 直线对一个投影面的投影特性

直线对单一投影面的相对位置有：垂直于投影面、平行于投影面和倾斜于投影面 3 种情况，如图 2.12 所示。

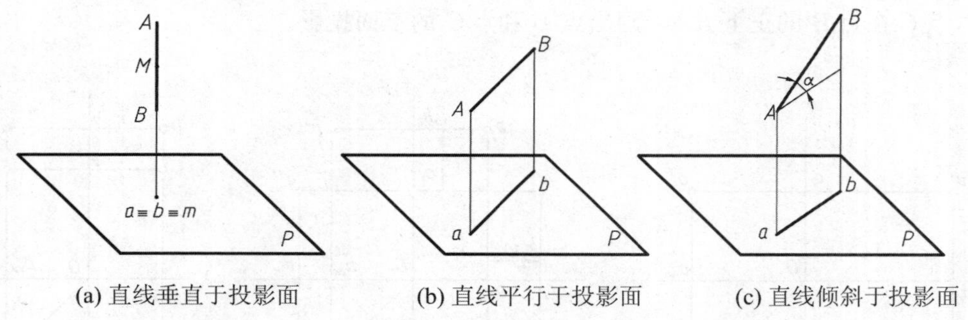

(a) 直线垂直于投影面　(b) 直线平行于投影面　(c) 直线倾斜于投影面

图 2.12 直线对一个投影面的 3 种位置

由图 2.12 可知：

① 当直线垂直于投影面时，直线在该投影面上的投影积聚成一点，直线上所有点在该投影面上的投影都积聚在这一点上，直线投影的这种性质称为直线投影的积聚性，如图 2.12(a)所示的直线 AB 和 AB 上的任一点 M 在投影面上的投影积聚成一点，即 $a\equiv b\equiv m$。

② 当直线平行于投影面时，直线在该投影面上的投影反映空间直线的实长，如图 2.12(b)所示的 $ab=AB$。

③ 当直线倾斜于投影面时，直线在该投影面上的投影是较空间直线缩短了的线段。如图 2.12(c)中 $ab=AB\cos\alpha$（α 为直线 AB 与投影面形成的倾斜角）。

2.3.1.2 直线对 3 个投影面的投影特性

根据直线在 3 投影面体系中所处的位置不同，将直线分为：投影面垂直线、投影面平行线和一般位置直线 3 类。前两类直线称为特殊位置直线，后一类直线称为一般位置直线。

1. 一般位置直线

与 3 个投影面都倾斜的直线称为一般位置直线。直线与直线在该投影面上投影所夹的角，称为直线对该投影面的倾角，它反映了直线对该投影面的倾斜程度。并规定：直线对 H、V、W 面的倾角分别用 α、β、γ 表示。

如图 2.13 所示，一般位置直线 AB 对 H 面的倾角为 α，对 V 面的倾角为 β，对 W 面的倾角为 γ，则直线的实长、投影长度和倾角之间的关系为

$$ab = AB\cos\alpha, \quad a'b' = AB\cos\beta, \quad a''b'' = AB\cos\gamma$$

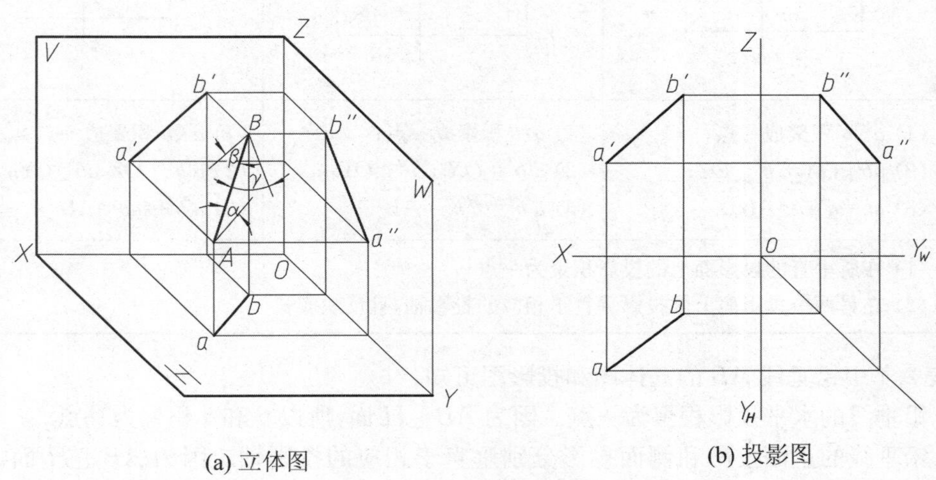

(a) 立体图　　(b) 投影图

图 2.13　一般位置直线的投影特性

也就是说，一般直线的三面投影都小于其实长。因此一般位置直线具有下述投影特性：

(1) 3 个投影都倾斜于投影轴，都不反映实长。

(2) 3 个投影与投影轴的夹角都不反映直线对投影面的真实倾角。

2. 投影面垂直线

垂直于某一个投影面且与另外两个投影面都平行的直线称为该投影面的垂线。垂直于正面的称为正垂线，垂直于水平面的称为铅垂线，垂直于侧面的称为侧垂线。

表 2.1 列出了 3 种投影面垂直线的立体图、投影图及其投影特性。

表 2.1　投影面垂直线的投影特性

名称	正垂线($AB\perp V$ 面)	铅垂线($AB\perp H$ 面)	侧垂线($AB\perp W$ 面)
立体图			

续表

名称	正垂线($AB\perp V$ 面)	铅垂线($AB\perp H$ 面)	侧垂线($AB\perp W$ 面)
投影图			
投影特性	(1) a'、b'积聚成一点； (2) $ab\perp OX$，$a''b''\perp OZ$； (3) $ab=a''b''=AB$	(1) a、b 积聚成一点； (2) $a'b'\perp OX$，$a''b''\perp OY_W$； (3) $a'b'=a''b''=AB$	(1) a''、b''积聚成一点； (2) $a'b'\perp OZ$，$ab\perp OY_H$； (3) $a'b'=ab=AB$
	(1) 在所垂直的投影面上的投影积聚为一点； (2) 在另两个投影面上的投影垂直于相应的投影轴，且反映实长		

从表 2.1 中铅垂线 AB 的立体图和投影图可知：

(1) 铅垂线的水平投影积聚为一点。因为 $AB\perp H$ 面，所以 a 和 b 积聚为一点。

(2) 铅垂线的正面投影和侧面投影分别垂直于相应的投影轴。因为 $AB\perp H$ 面，$AB/\!/V$ 面，$AB/\!/W$ 面，所以 $a'b'\perp OX$，$a''b''\perp OY_W$。

(3) 铅垂线的正面投影和侧面投影都能反映直线实长。因为 $AB/\!/V$ 面，$AB/\!/W$ 面，AB 上各点的 y、x 坐标分别相等，所以 $a'b'/\!/OZ$，$a''b''/\!/OZ$，$a'b'=a''b''=AB$。

同理，也可得出并证明正垂线和侧垂线的投影特性。

由表 2.1，概括出投影面垂直线的投影特性如下：

(1) 在所垂直的投影面上的投影积聚为一点；

(2) 在另两个投影面上的投影垂直于相应的投影轴，且反映实长。

3. 投影面平行线

仅平行于某一投影面的直线称为投影面平行线。仅平行于 V 面的直线称为正平线。仅平行于 H 面的直线称为水平线。仅平行于 W 面的直线称为侧平线。

表 2.2 列出了 3 种投影面平行线的立体图、投影图及其投影特性。

表 2.2 投影面平行线的投影特性

名称	正平线($AB/\!/V$ 面)	水平线($AB/\!/H$ 面)	侧平线($AB/\!/W$ 面)
立体图	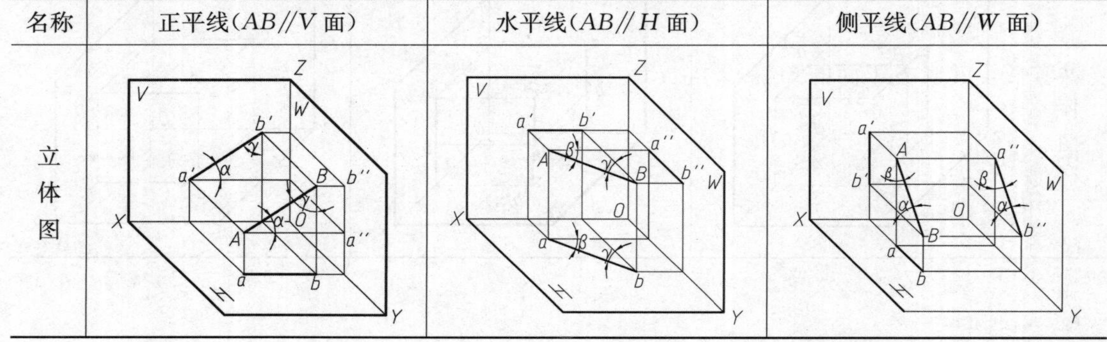		

续表

<table>
<tr><td>名称</td><td>正平线（AB//V 面）</td><td>水平线（AB//H 面）</td><td>侧平线（AB//W 面）</td></tr>
<tr><td>投影图</td><td>Z b′ b″ a′ α γ a″ X O Y_W a b Y_H</td><td>Z a′ b′ a″ b″ X O Y_W a β γ b Y_H</td><td>Z a′ a″ β α b′ b″ X O Y_W a b Y_H</td></tr>
<tr><td rowspan="2">投影特性</td><td>(1) $a'b'=AB$；V 面投影反映 α、γ；
(2) $ab//OX$，$ab<AB$，$a''b''//OZ$，$a''b''<AB$</td><td>(1) $ab=AB$；H 面投影反映 β、γ；
(2) $a'b'//OX$，$a'b'<AB$，$a''b''//OY_W$，$a''b''<AB$</td><td>(1) $a''b''=AB$；W 面投影反映 α、β；
(2) $a'b'//OZ$，$a'b'<AB$，$ab//OY_H$，$ab<AB$</td></tr>
<tr><td colspan="3">(1) 在所平行的投影面上的投影反映实长，其与投影轴的夹角反映该直线对另两投影面的真实倾角；
(2) 在另两个投影面上的投影平行于相应的投影轴，但不反映空间线段的实长</td></tr>
</table>

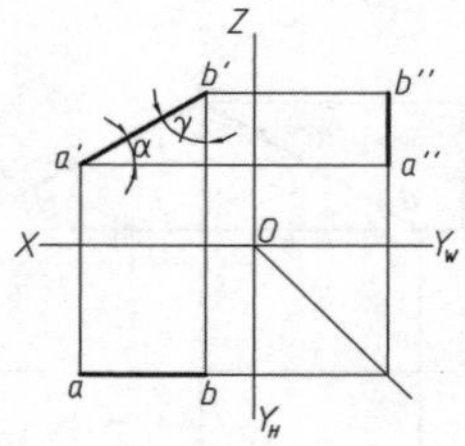

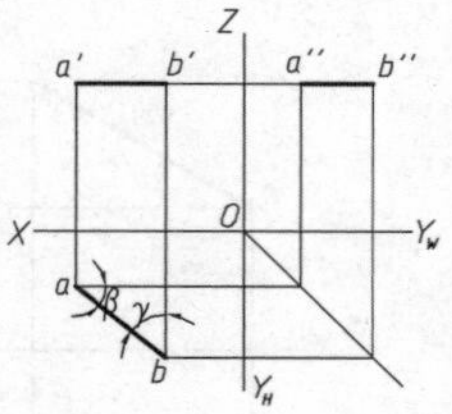

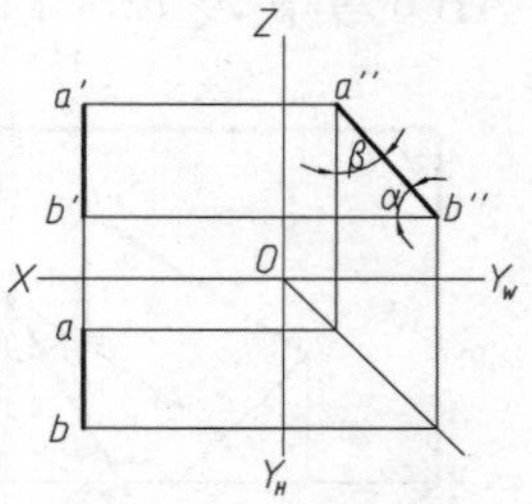

从表 2.2 中的正平线的立体图和投影图可知：

(1) 正平线的正面投影反映直线实长，且与 OX、OZ 轴夹角反映直线与 H 面、W 面的倾角 α、γ。

(2) 正平线的水平投影和侧面投影平行于相应的投影轴。因为 $AB//V$ 面，AB 上各点的 y 坐标相等，所以 $ab//OX$，$a''b''//OZ$。

同理，也可得出并证明水平线和侧平线的投影特性。

由表 2.2，概括出投影面平行线的投影特性如下：

(1) 在所平行的投影面上的投影反映实长，其与投影轴的夹角反映该直线对另两投影面的真实倾角。

(2) 在另两个投影面上的投影平行于相应的投影轴，但不反映空间线段的实长。

2.3.2　一般位置直线的实长及其对投影面的倾角

由前述可知，特殊位置直线的投影，能反映其实长及其对投影面的倾角，而一般位置直线的投影，既不反映直线的实长，又不反映其对投影面的倾角。工程上常根据需要，求解一般位置直线的实长及其对投影面的倾角，下面介绍的直角三角形法就是求解方法之一。

图 2.14(a)所示的为一般位置直线 AB 及其两面投影。在过 AB 上各点向 H 面所引的投射线形成的平面 $ABba$ 内，作 $AC//ab$，与 Bb 交于 C，得直角三角形 ABC。其中，$AC=ab$，$BC=Bb-Aa=|z_B-z_A|$，即直线两端点与 H 面的距离差（Z 坐标差）；斜边 AB 即为所求直线的实长，AB 与 AC 的夹角，就是直线 AB 对 H 面的倾角 α。设法作出这个直角三角形，就能确定直线 AB 的实长和对投影面的倾角。这种求作一般位置直线的实长和对投影面倾角的方法，称为直角三角形法。

在图 2.14(b)中，以直线 AB 的水平投影 ab 为一直角边，另一直角边 b_1b 等于直线 AB 两端点对 H 面的距离差，即 $|z_B-z_A|$，其长度可从直线的正面投影上得到，连接点 a、b_1，ab_1 即为直线 AB 的实长，$\angle bab_1$ 即为直线 AB 对 H 面的倾角 α 的真实大小。

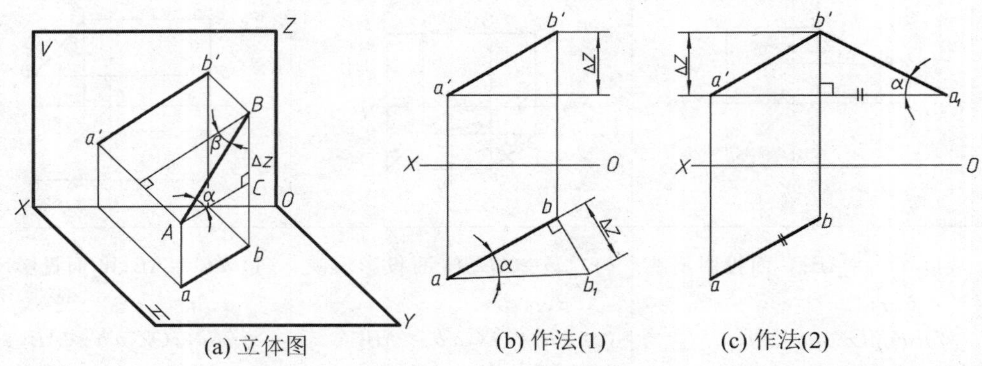

(a) 立体图　　(b) 作法(1)　　(c) 作法(2)

图 2.14　用直角三角形法求直线 AB 实长及倾角 α

图 2.14(c)为直角三角形法的另一种作图方法，它以直线 AB 两端点对 H 面的距离差(即 $|z_B-z_A|$)为一直角边，另一直角边的长度等于线段 AB 水平投影的长度，则斜边 $b'a_1$ 为线段 AB 的实长，$\angle b'a_1a'$ 为直线 AB 对 H 面倾角 α 的真实大小。

图 2.15 表示用直角三角形法求线段 AB 实长和 β 角的两种作图方法(立体图参看图 2.14(a))。其中斜边 $b'a_1$(图 2.15(a))、ab_1(图 2.15(b))均为直线 AB 的实长，$\angle a_1b'a'$(图 2.15(a))、$\angle ab_1b$(图 2.15(b))均为直线 AB 对 V 面倾角 β 的真实大小。

同理，若求直线对 W 面的倾角 γ，则应以直线的侧面投影及线段两端点的 x 坐标差为两直角边，构成直角三角形，两端点的 x 坐标差所对的角即为倾角 γ。

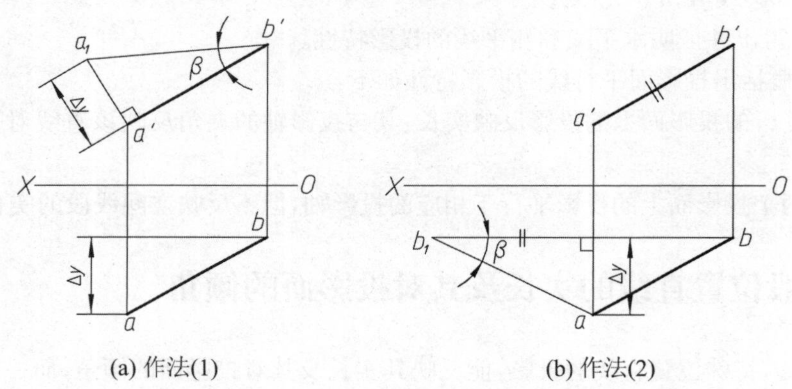

(a) 作法(1)　　(b) 作法(2)

图 2.15　用直角三角形法求直线 AB 实长及倾角 β

例 2.4　如图 2.16(a)所示，已知直线 AB 的水平投影 ab 和点 B 的正面投影 b'，且 AB 的实长为给定值 l，试求直线 AB 的正面投影 $a'b'$。

分析　ab 与 OX 成倾斜位置，且短于已给实长 l，可以判定所求直线必为一般位置直线。

作图　根据直角三角形求实长的方法，作一直角三角形 aba_1，如图 2.16(b)所示，直角边为 ab，斜边为 $ba_1=l$。则另一直角边 aa_1 必等于点 B 与点 A 的 z 坐标差，据此即可画出 a'，从而求得 $a'b'$。本题应有两个解。

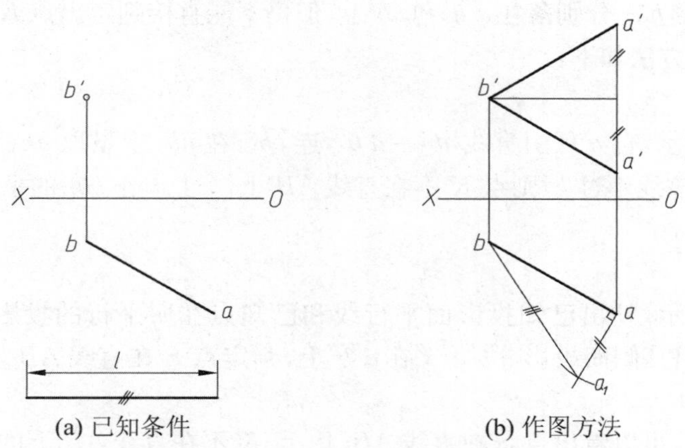

(a) 已知条件　　(b) 作图方法

图 2.16　求直线 AB 的正面投影

2.3.3　直线上的点

直线上的点有以下特性：

1. 从属性

点在直线上，则点的投影必在该直线的同面投影上。反之，如果点的投影均在直线的同面投影上，则点必在该直线上，否则点不在该直线上。如图 2.17 所示，点 K 的投影 k、k'、k'' 均在直线 AB 的 H、V、W 投影上，所以点 K 在直线 AB 上。

2. 定比性

直线上的点分割线段之比，在投影后保持不变。如图 2.17 所示，点 K 在直线 AB 上，则 $AK : KB = ak : kb = a'k' : k'b' = a''k'' : k''b''$。

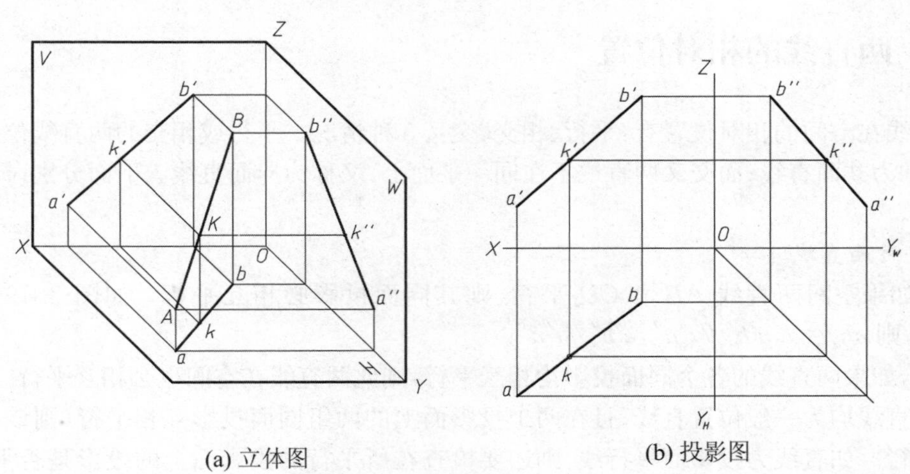

(a) 立体图　　(b) 投影图

图 2.17　直线上点的投影

点是否在直线上，在一般情况下根据两面投影即可判定。但当直线为某一投影面的平行线，而已知的两个投影为该直线所不平行的投影面的投影时，则不能直接判定。如图 2.18(a) 所示，AB 为侧平线，而图中却只给出其正面投影 $a'b'$ 及水平投影 ab。虽然点 K 和点 S 的正面

投影 k'、s' 及水平投影 k、s 分别落在 $a'b'$ 和 ab 上，但仍不能直接判定出点 K 和点 S 是否在直线 AB 上。其作图判别方法如下：

（1）定比性法

如图 2.18(b)所示，自 a 任引直线 $ab_1=a'b'$，连 bb_1，在 ab_1 上量取 $ak_0=a'k'$，$s_0b_1=s'b'$，过 k_0 作 bb_1 的平行线，该线不过 k，则点 K 不在直线 AB 上。过 s_0 作 bb_1 的平行线，该线过 s，则点 S 在直线 AB 上。

（2）补投影法

如图 2.18(c)所示，补出已知投影面平行线和已知点在所平行的投影面上的投影。直线 AB 为侧平线，应补出其侧面投影 $a''b''$。s'' 在 $a''b''$ 上，判定点 S 在直线 AB 上；k'' 不在 $a''b''$ 上，判定点 K 不在直线 AB 上。

从图 2.18(d)中，可以看出点 S 在直线 AB 上、点 K 不在直线 AB 上的空间情况。

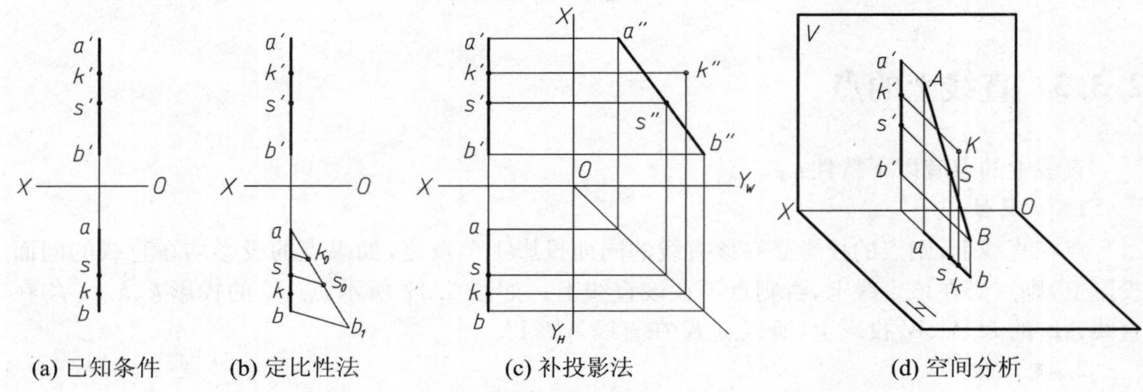

(a) 已知条件 (b) 定比性法 (c) 补投影法 (d) 空间分析

图 2.18 点与直线相对位置的判别

2.3.4 两直线的相对位置

两直线在空间的相对位置有：平行、相交、交叉 3 种情况。平行或相交的两直线位于同一平面内，又称为共面直线；而交叉两直线不在同一平面上，又称为异面直线。下面分别讨论它们的投影特性。

1. 平行两直线

（1）如果空间两直线 AB 和 CD 平行，则其同面投影必相互平行。如图 2.19 所示，若 $AB/\!/CD$，则 $ab/\!/cd$，$a'b'/\!/c'd'$，$a''b''/\!/c''d''$。

反之，如果两直线的各个同面投影均相互平行，则此两直线在空间也必相互平行。

如两直线均为一般位置直线，且在两个投影面上的两组同面投影互相平行，则该空间两直线一定平行。如直线为投影面平行线，则还要检查在所平行的投影面上的投影是否平行，才能判别该空间两直线是否平行。

（2）空间两平行直线段之比等于其同面投影之比。如图 2.19 所示，若 $AB/\!/CD$，则 $AB:CD=ab:cd=a'b':c'd'=a''b'':c''d''$（自己证明）。

2. 相交两直线

空间两相交直线的投影必定相交，且两直线交点的投影一定为两直线投影的交点，如

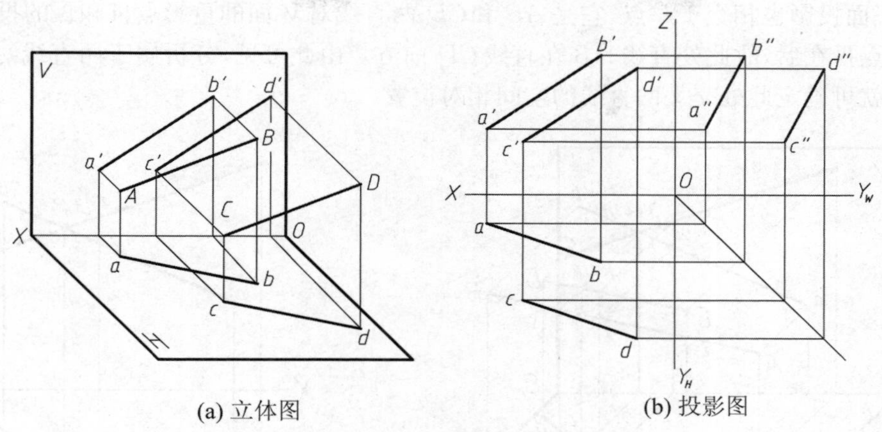

(a) 立体图　　(b) 投影图

图 2.19　平行两直线的投影

图 2.20(a)所示。因此，相交两直线在投影面上的各组同面投影必定相交，且两直线各组同面投影的交点即为两相交直线交点的各个投影。如图 2.20(b)所示，由于 AB 与 CD 相交，交点为 K，则 ab 与 cd、$a'b'$ 与 $c'd'$、$a''b''$ 与 $c''d''$ 必定分别相交于 k、k'、k''，交点 K 必符合点的投影规律。

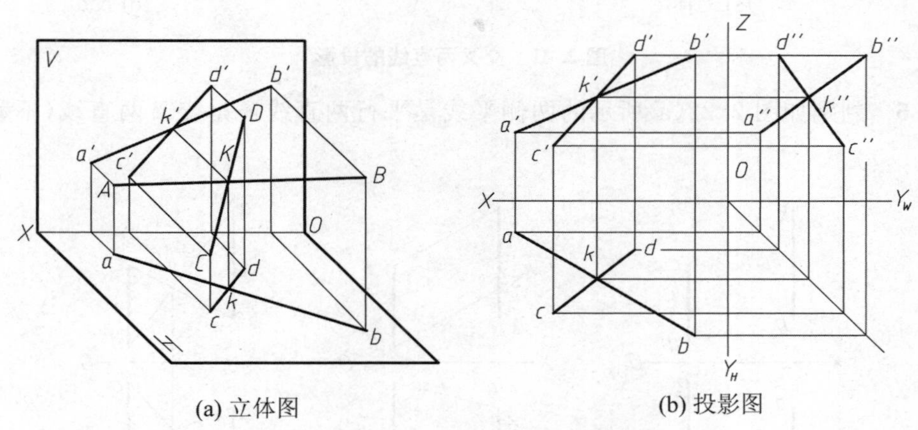

(a) 立体图　　(b) 投影图

图 2.20　相交两直线的投影

反之，两直线在投影面上的各组同面投影都相交，且各组投影的交点符合空间一点的投影规律，则两直线在空间必定相交。

3. 交叉两直线

既不平行又不相交的两直线称为交叉两直线，如图 2.21 所示。交叉两直线的投影既不符合平行两直线的投影特性(说明两直线不是平行的)，又不符合相交两直线的投影特性(说明两直线不是相交的)。故交叉两直线的投影既可表现为有一组或两组同面投影互相平行，但绝不会 3 组同面投影同时平行。又可表现为有 1 组、2 组或 3 组同面投影相交，即使 3 个投影均相交，但其 3 个投影交点一定不符合一点的投影规律。交叉两直线同面投影的交点是交叉两直线上不同两点的重影点。

下面分析交叉两直线同面投影交点的几何意义。如图 2.21 所示，AB 和 CD 两直线对 H 面的重影点Ⅰ和Ⅱ的投影 1(2)，利用该重影点可判断两直线的相对位置。因点Ⅰ和Ⅱ分属于直线 CD 和 AB，且 $z_1>z_2$，所以点Ⅰ在点Ⅱ的上方，故此处直线 CD 在直线 AB 的上方。同理，两直线的正面投影也相交于一点，它是 AB 和 CD 两直线对 V 面的重影点Ⅲ和Ⅳ的投影 $3'(4')$，点Ⅲ在前，点Ⅳ在后，故此处直线 AB 在直线 CD 前方。由此可见，分析属于两直线对各投影面的重影点，就可确定此处交叉两直线的空间相对位置。

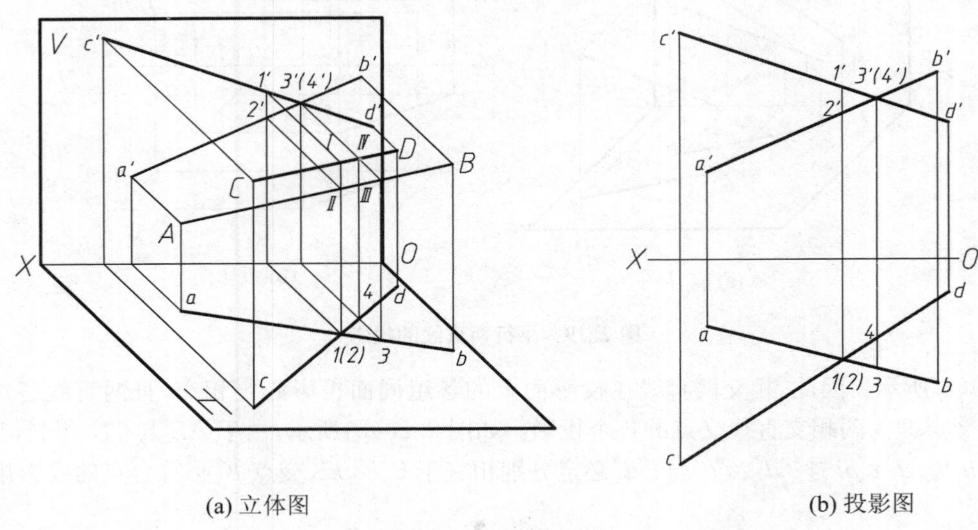

(a) 立体图　　(b) 投影图

图 2.21　交叉两直线的投影

例 2.5　判别如图 2.22(a)所示的两侧平线是平行两直线还是交叉两直线(不利用侧面投影)。

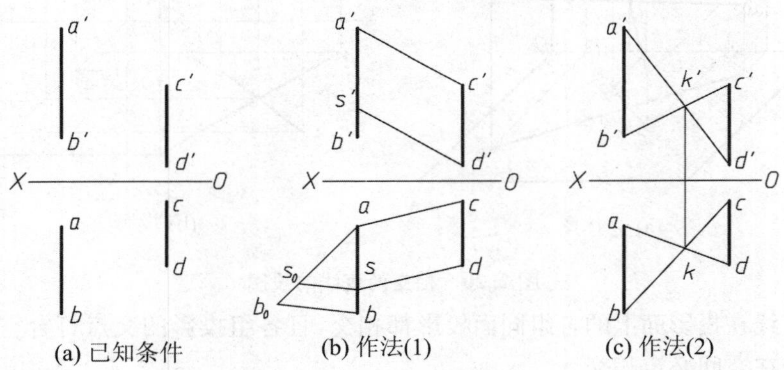

(a) 已知条件　　(b) 作法(1)　　(c) 作法(2)

图 2.22　判别两侧平线的相对位置

分析　如果两直线是平行两直线，则必在同一平面上。

作图　两种方法：

方法(1)：如图 2.22(b)所示，根据平行直线投影的等比关系作图。$as=cd$，$ab_0=a'b'$，$as_0=a's'=c'd'$，因此 $ab:cd=ab_0:as_0=a'b':c'd'$，故两侧直线 AB 与 CD 平行。

方法(2)：如图 2.22(c)所示，根据平行两直线、相交两直线为同面直线的性质作图。连接 $a'd'$、$b'c'$、ad、bc。$a'd'$ 与 $b'c'$ 相交于 k'，ad 与 bc 相交于 k，连接 kk'。因 $kk' \perp OX$ 轴，点 K 的水平投影与正面投影符合一点的投影规律，故 AD 与 BC 是相交的，即 A、B、C、D 四点共面，从而得出：两侧平线 AB 与 CD 平行。

2.3.5　直角投影定理

垂直(相交或交叉)两直线，当其中一条直线为投影面的平行线时，两直线在该投影面上的投影必定互相垂直。反之，若两直线在某一投影面上的投影互相垂直，且其中一条直线为该投影面的平行线，则这两直线在空间也必定互相垂直。

如图 2.23 所示，设相交两直线 $AB \perp AC$ 且 $AB /\!/ H$ 面。显然，直线 AB 垂直于平面 $ACca$(因为 $AB \perp Aa$，$AB \perp AC$)。因 $ab /\!/ AB$，所以 $ab \perp$ 平面 $ACca$，因此，$ab \perp ac$，即 $\angle bac = 90°$。

反之，设 $ba \perp ac$，又 $ba \perp Aa$，则得 $ba \perp$ 平面 $acCA$，故 $ba \perp AC$。又因 $AB /\!/ H$ 面，即得 $AB /\!/ ab$，所以 $BA \perp AC$。

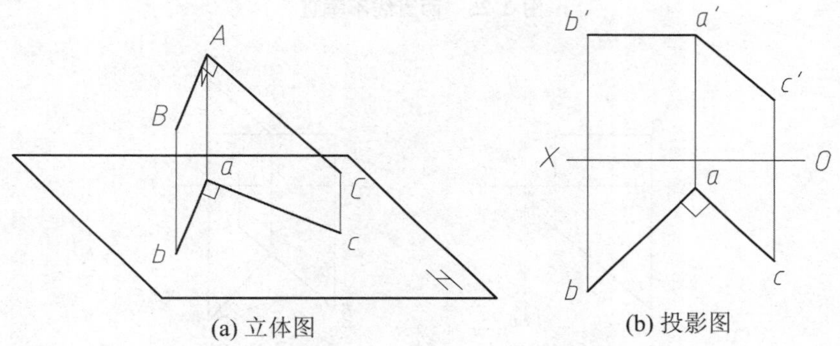

(a) 立体图　(b) 投影图

图 2.23　直角投影定理

根据上述定理，不难判断图 2.24 所示的两直线(4 组)均互相垂直；图 2.25 所示的两直线(2 组)均不垂直。

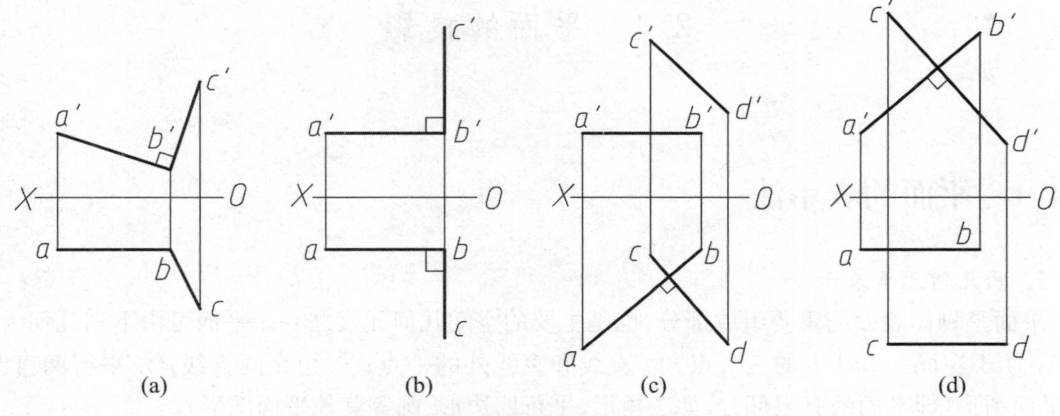

图 2.24　两直线互相垂直

例 2.6　如图 2.26 所示，试求点 A 至水平线 BC 的距离(投影和实长)。

分析　根据直角投影定理，自点 A 向水平线引垂线，求垂足；用直角三角形法求点 A 至垂足间线段的实长。

作图　如图 2.26(b)所示，作 $ak \perp bc$，垂足为 k，由 k 点作 OX 轴垂线交 $b'c'$ 与 k' 点，则 ak、$a'k'$ 为所求距离的两个投影，在 bc 上截取 kk_1，使其等于 AK 两点的 z 坐标差，连接点 a 和

点 k_1，则 ak_1 为所求距离的实长。

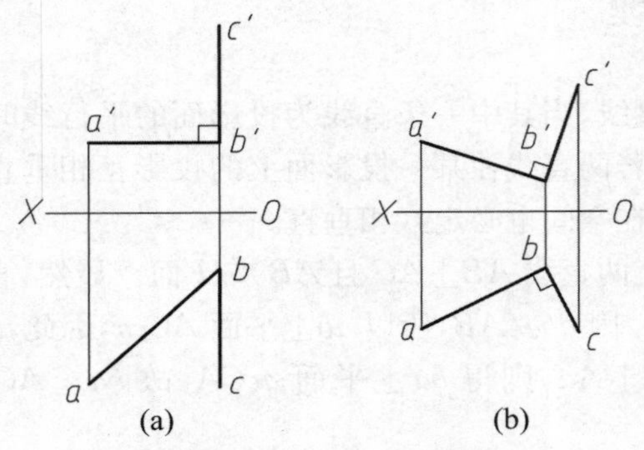

图 2.25　两直线不垂直

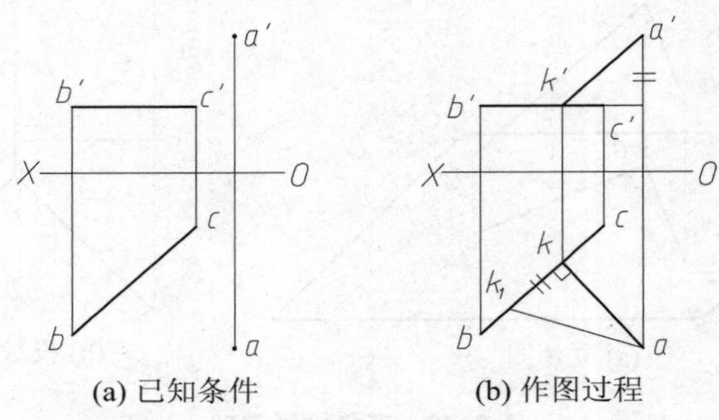

图 2.26　求点 A 至水平线 BC 的距离

2.4　平面的投影

2.4.1　平面的表示法

1. 用几何元素表示

平面是物体表面的重要组成部分，也是主要的空间几何元素之一。平面可由下列几何元素确定：① 不在同一直线上的三个点；② 直线和直线外的一点；③ 相交两直线；④ 平行两直线；⑤ 平面图形（即平面的有限部分，如三角形、平行四边形、圆等其他平面图形）。

为了在投影图上表示平面，只要画出这些几何元素的投影就可以确定平面的投影，如图 2.27所示。

以上表示平面的 5 组几何元素，虽然形式不同，但它们之间可以相互转换。

2. 用迹线表示平面

平面与投影面的交线称为平面的迹线。若平面用 P 表示，则 P 面与 V 面的交线称为正面迹线（用 P_V 表示）；P 面与 H 面的交线称为水平迹线（用 P_H 表示）；P 面与 W 面的交线称为侧面迹线(用 P_W表示)。如图 2.28 所示的铅垂面 P,正面迹线 P_V垂直于 OX 轴,侧面迹线 P_W垂直于 OY 轴,水平迹线 P_H有积聚性。可以只画出有积聚性的水平迹线 P_H,而 P_V和 P_W均无需画出,如图 2.28(c)所示。

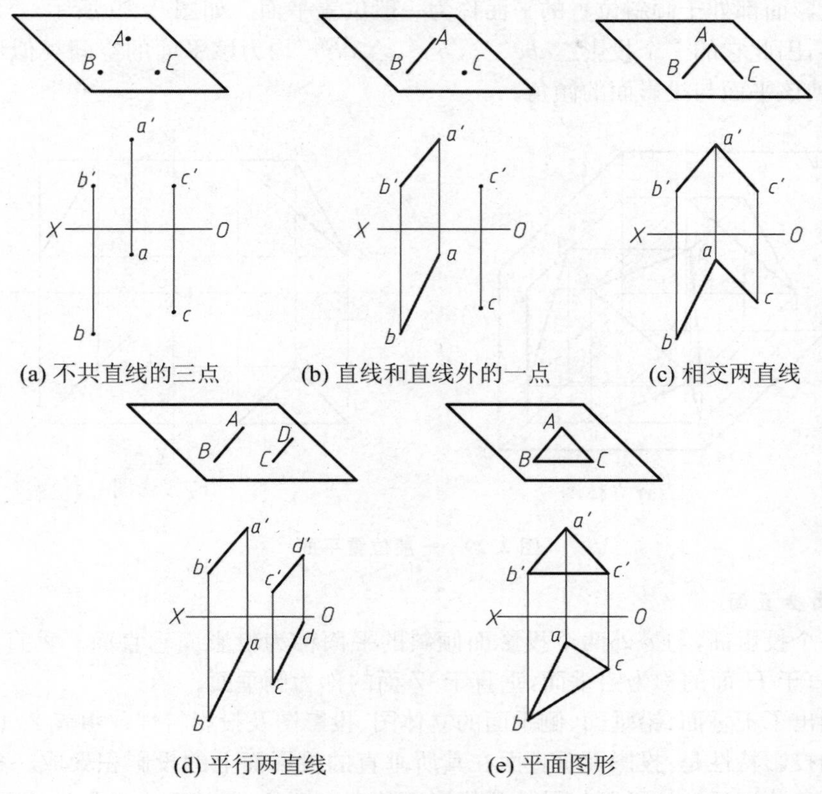

(a) 不共直线的三点　(b) 直线和直线外的一点　(c) 相交两直线

(d) 平行两直线　(e) 平面图形

图 2.27　用几何元素表示平面

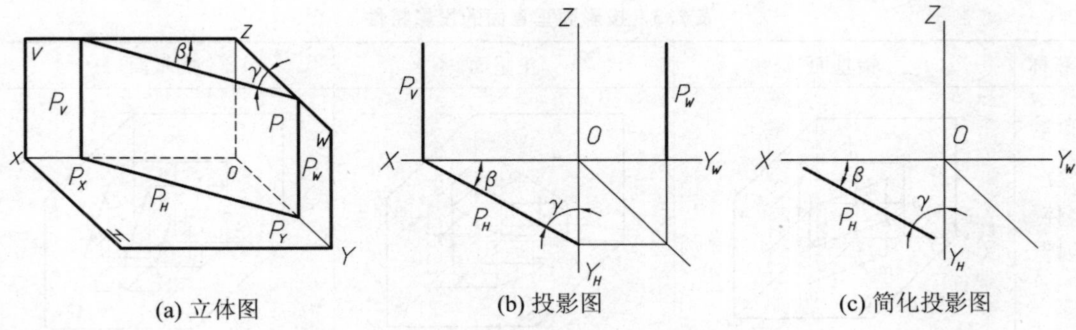

(a) 立体图　(b) 投影图　(c) 简化投影图

图 2.28　用迹线表示平面

2.4.2　平面的投影及特性

平面在三投影面体系中的位置也可分为三类:一般位置平面、投影面垂直面、投影面平行面。第一类称为一般位置平面,第二类、第三类又称为特殊位置平面。平面与投影面所成两面角的大小称为平面对该投影面的倾角，它反映了平面对投影面的倾斜程度，且规定平面对 H、V、W 面的倾角分别用 α、β、γ 表示。

1. 一般位置平面

与三个投影面都处于倾斜位置的平面称为一般位置平面。如图 2.29 所示，$\triangle ABC$ 与三个投影面都倾斜，因此它的三个投影 $\triangle abc$、$\triangle a'b'c'$、$\triangle a''b''c''$ 均为该平面的空间类似形，它不反映实形，也不反映该平面与投影面的倾角。

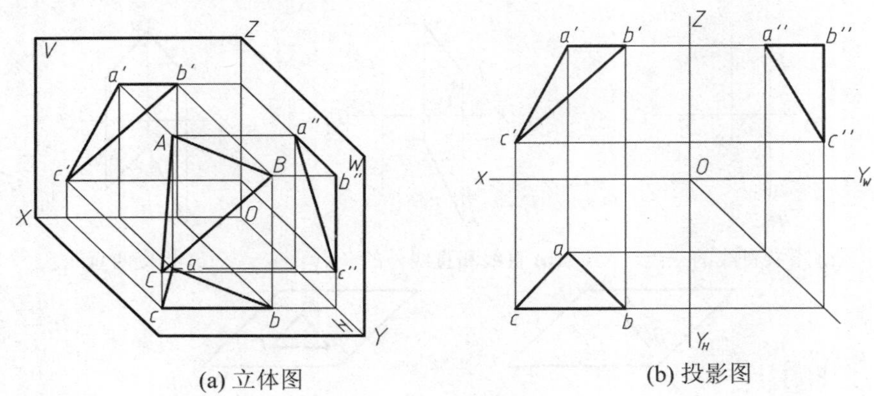

(a) 立体图 (b) 投影图

图 2.29 一般位置平面

2. 投影面垂直面

垂直于一个投影面，与另外两个投影面倾斜的平面称为投影面垂直面。垂直于 V 面的称为正垂面，垂直于 H 面的称为铅垂面，垂直于 W 面的称为侧垂面。

表 2.3 列出了正垂面、铅垂面、侧垂面的立体图、投影图及投影特性。由表 2.3 可概括出投影面垂直面的投影特性是：投影面垂直面在其所垂直的投影面上的投影积聚成一条直线，它与两投影轴的夹角分别反映该平面与另外两投影面的真实倾角，另外两个投影为该平面的类似形且面积缩小。

表 2.3 投影面垂直面的投影特性

名称	铅垂面	正垂面	侧垂面
立体图			
投影图			

续表

名称	铅垂面	正垂面	侧垂面
投影特性	(1) 水平投影积聚成直线，且反映倾角 β、γ； (2) 正面投影与侧面投影均为面积小于实形的类似形	(1) 正面投影积聚成直线，且反映倾角 α、γ； (2) 水平投影与侧面投影均为面积小于实形的类似形	(1) 侧面投影积聚成直线，且反映倾角 α、β； (2) 正面投影与水平投影均为面积小于实形的类似形
	(1) 平面在其垂直的投影面上的投影积聚成一直线，它与投影轴的夹角反映了该平面对另外两个投影面的倾角； (2) 平面在另外两个投影面上的投影均为面积小于实形的类似形		

3. 投影面平行面

与一个投影面平行(同时与另外两个投影面垂直)的平面称为投影面平行面。平行于 V 面的称为正平面，平行于 H 面的称为水平面，平行于 W 面的称为侧平面。

表 2.4 列出了正平面、水平面、侧平面的立体图、投影图及它们的投影特性。由表 2.4 可概括出投影面平行面的投影特性是：在所平行的投影面上的投影反映实形，在另外两个投影面上的投影积聚成一直线，且该直线平行于相应的投影轴。

表 2.4　投影面平行面的投影特性

名称	正平面	水平面	侧平面
立体图	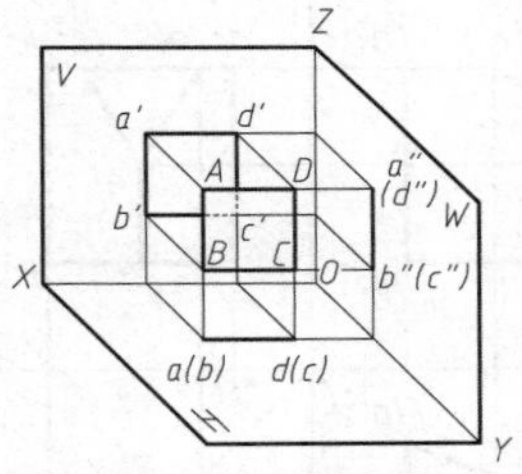	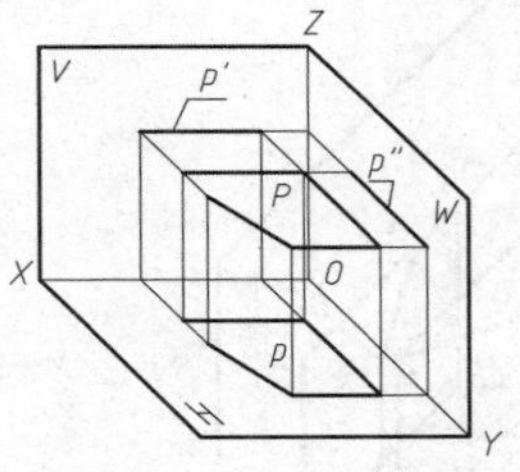	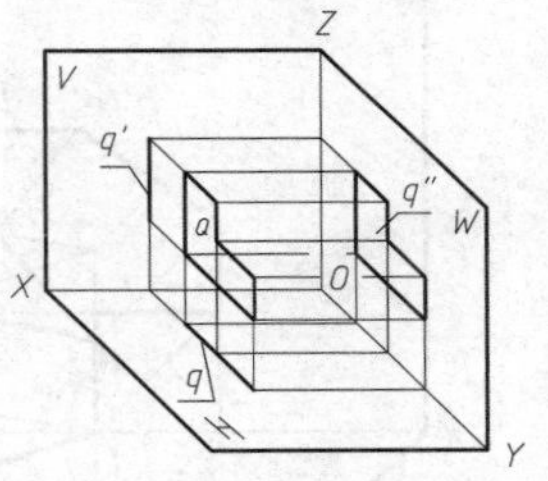
投影图	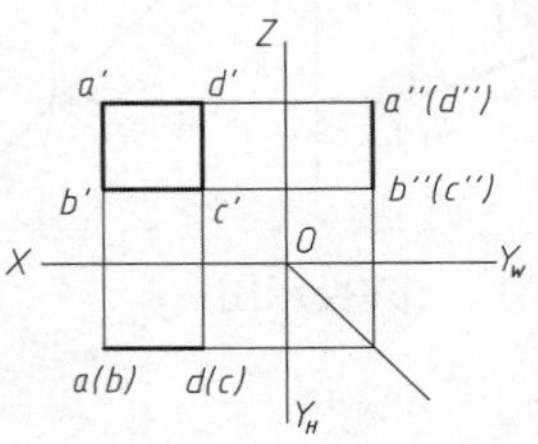	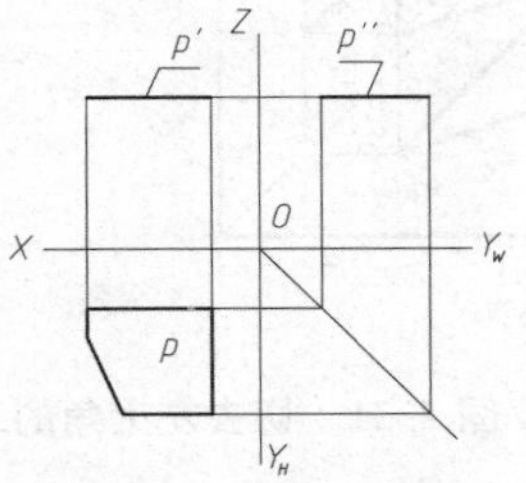	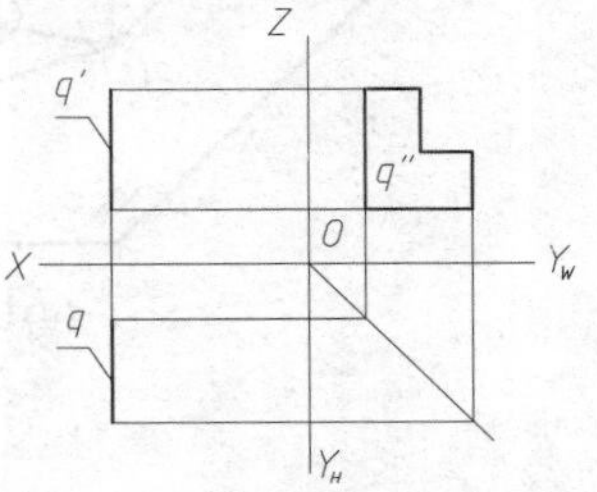
投影特性	(1) 正面投影反映实形； (2) 水平投影与侧面投影均积聚成直线，并分别平行于 OX、OZ 轴	(1) 水平投影反映实形； (2) 正面投影与侧面投影均积聚成直线，并分别平行于 OX、OY_W 轴	(1) 侧面投影反映实形； (2) 正面投影与水平投影均积聚成直线，并分别平行于 OZ、OY_H 轴
	(1) 平面在其所平行的投影面上的投影反映实形； (2) 平面在另外两个投影面上的投影积聚成一直线，且平行于相应的投影轴		

下面利用各种位置平面的投影特性，分析立体表面的位置。

图 2.30 为三棱锥的投影图和立体图，根据各种位置平面的投影特性可以判断：ABC 为水

平面,*SAC* 为侧垂面;*SAB*、*SBC* 为一般位置平面。

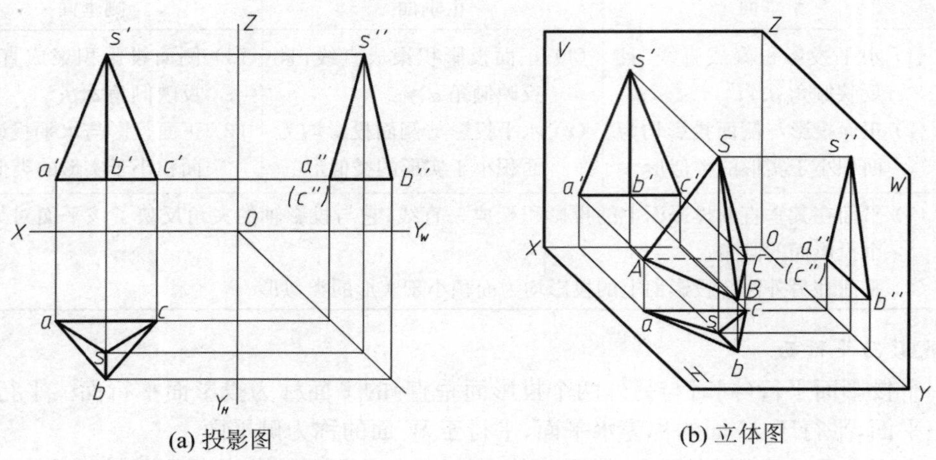

(a) 投影图 (b) 立体图

图 2.30 三棱锥

图 2.31 给出了切去左上角的三棱柱,可以判断:*ABE* 为正垂面;*CDF*、*BEGK* 为水平面;*DFGK* 为侧平面;*ABKDC*、*ACFGE* 为铅垂面。

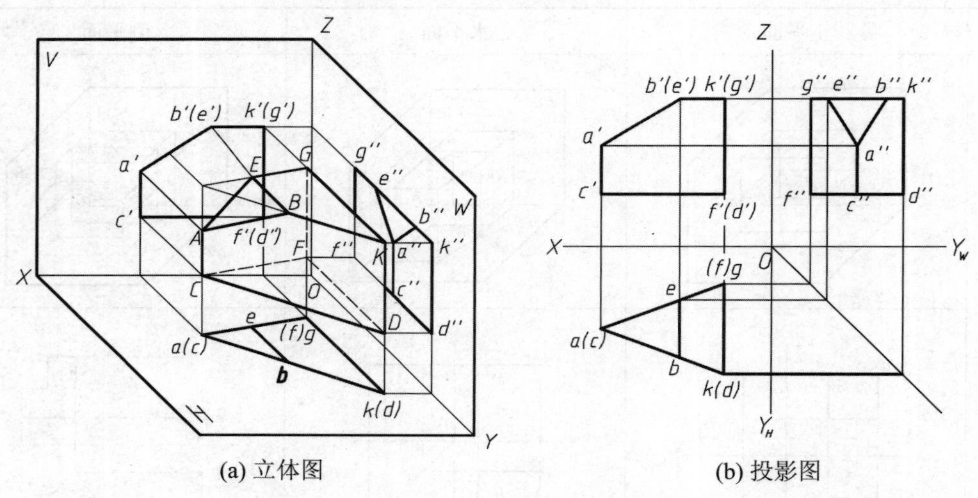

(a) 立体图 (b) 投影图

图 2.31 切去左上角的三棱柱

2.4.3 平面上的直线和点

1. 平面上的直线

直线在平面上的几何条件是:直线必通过平面上两点;或通过平面上一点,且平行于平面上的任一直线。

如图 2.32 所示,*AB*、*AC* 为两相交直线,点 *M* 在直线 *AB* 上,点 *N* 在直线 *AC* 上,则直线 *MN* 必在 *AB* 与 *BC* 两相交直线所决定的平面 *P* 上。

又如图 2.33 所示,*DE* 与 *EF* 两相交直线决定一平面 *Q*,在 *DE* 上取一点 *M*,过 *M* 作

$MN /\!/ EF$，则 MN 必定在 Q 平面上。

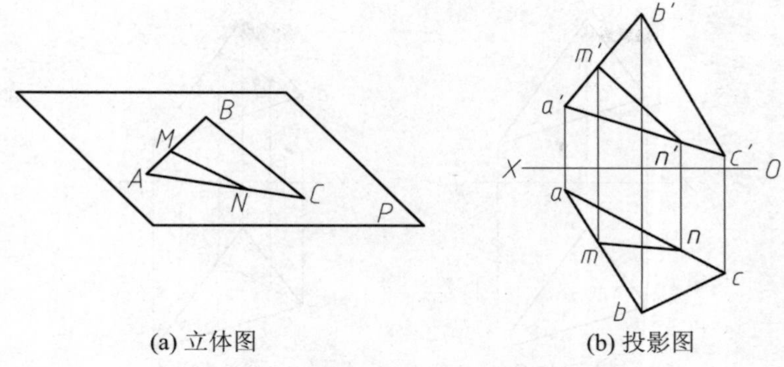

(a) 立体图　(b) 投影图

图 2.32　平面上取直线(1)

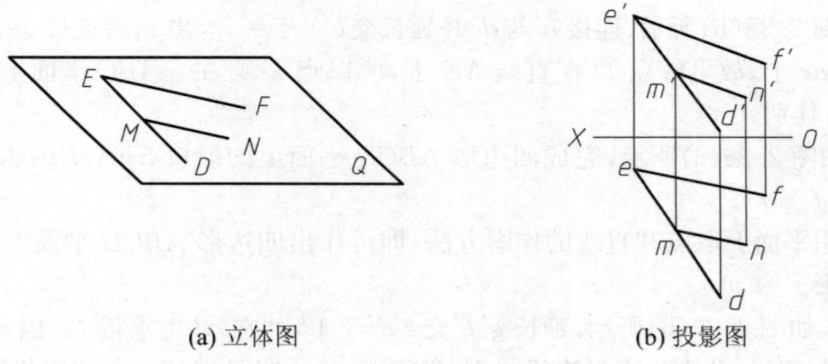

(a) 立体图　(b) 投影图

图 2.33　平面上取直线(2)

2. 平面上的点

点在平面上的几何条件是：如果点在平面内的某一直线上，则此点必在该平面上。

如图 2.34 所示，两相交直线 AB 和 BC 决定一平面，点 D 在直线 AB 上，点 E 在直线 BC 上，因此点 D 及点 E 均在 AB 和 BC 所决定的平面上。

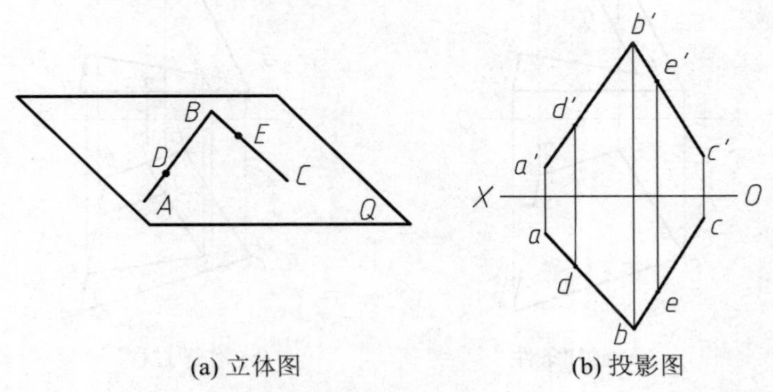

(a) 立体图　(b) 投影图

图 2.34　平面上的点

例 2.7　如图 2.35(a)所示，已知△ABC 给定一平面，试判断点 D 是否在该平面上。

分析　若点 D 位于△ABC 平面内的一条直线上，则点 D 必在△ABC 平面上，否则就不在

$\triangle ABC$ 平面上。

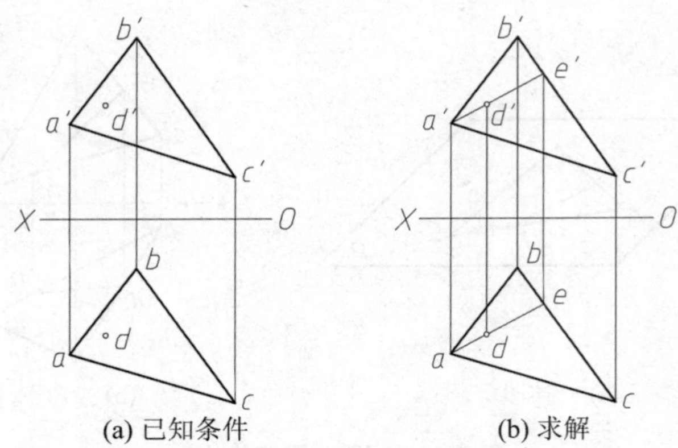

(a) 已知条件 (b) 求解

图 2.35 判断点 D 是否在△ABC 平面上

作图 如图 2.35(b)所示,连接 a' 与 d' 并延长交 $b'c'$ 于 e',求出 e;再连接 ae,判断 d 是否在 ae 上。因 d 在 ae 上,故可知点 D 在直线 AE 上,所以点 D 必在 $\triangle ABC$ 平面上。也可以先连 ad,用同样方法判别。

例 2.8 如图 2.36(a)所示,完成四边形 $ABCD$ 平面上的缺口 $EFGH$ 的水平投影。已知 $a'b' /\!/ h'g'$,$b'c' /\!/ g'f'$。

分析 运用平面上取点和直线的作图方法,即可作出四边形 $ABCD$ 平面上的缺口 $EFGH$ 各点的水平投影。

作图 (1) 如图 2.36(b)所示,延长 $g'f'$ 交 $c'd'$ 于 $1'$,并在 cd 上求得 1。因 $b'c' /\!/ g'f'$,过 1 作 $12 /\!/ cb$。再由 f'、g' 分别作投影连线与 12 相交于 f、g,为 F、G 两点的水平投影。

(2) 因 $a'b' /\!/ h'g'$,由 g 作 $gh /\!/ ba$ 交 ad 于 h,得 GH 的水平投影 gh。

(3) 延长 $e'f'$,交 $b'c'$ 于 $3'$。由 $3'$ 作投影连线,与 bc 相交于 3。连接 3 与 f,延长后交 ad 于 e,即得 EF 的水平投影 ef,$efgh$ 即为缺口 $EFGH$ 的水平投影。

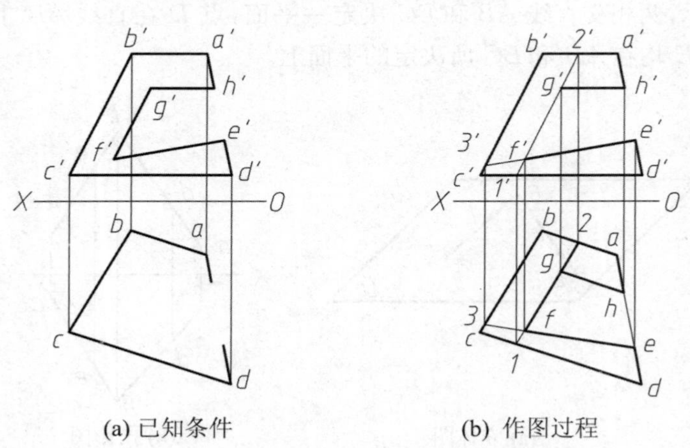

(a) 已知条件 (b) 作图过程

图 2.36 求作平面上缺口的投影

2.5　直线与平面及两平面的相对位置*

直线与平面及两平面之间的相对位置可分为平行和相交，垂直是相交的特殊情况。本节重点讨论特殊位置直线或平面的平行、相交和垂直问题。

2.5.1　平行问题

1. 直线与平面平行

根据几何定理：若一直线平行于平面上的某一直线，则该直线与平面必相互平行。如图 2.37所示，直线 AB 平行于平面 P 上的直线 CD，那么直线 AB 与平面 P 平行。反之，若直线 AB 与平面 P 平行，则在平面 P 上可以找到与直线 AB 平行的直线 CD。

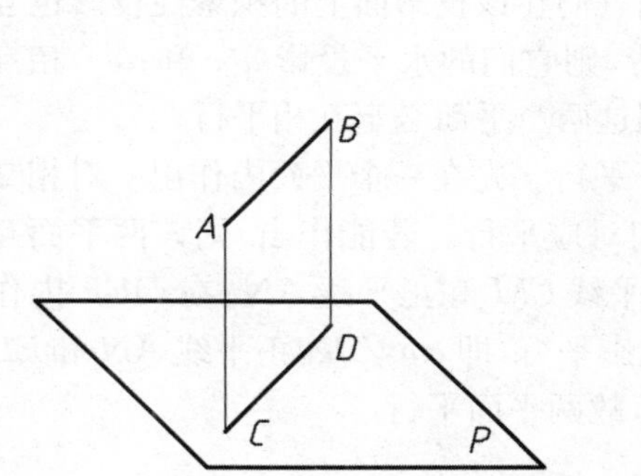

图 2.37　直线与平面平行

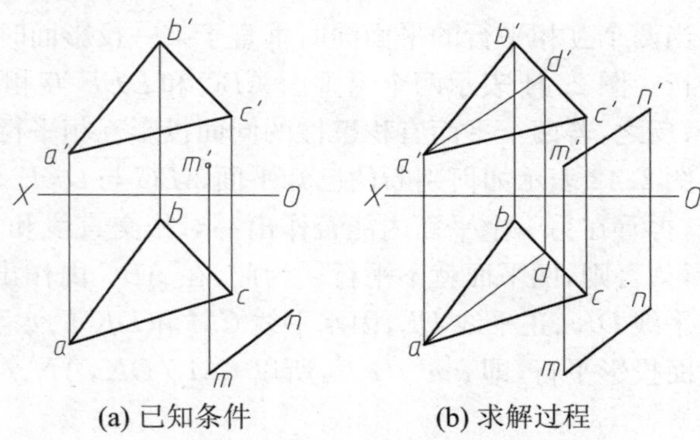

(a) 已知条件　(b) 求解过程

图 2.38　作一直线与已知平面平行

例 2.9　如图 2.38(a)所示，已知平面 ABC 和平面的平行线 MN 的水平投影 mn，以及点 M 的正面投影 m'，求作直线 MN 的正面投影 $m'n'$。

分析　因直线 MN 平行于平面 ABC，在平面内必能任作一条与直线 MN 平行的直线，且这条直线的水平投影必与 mn 平行，正面投影必与 $m'n'$ 平行。

作图　如图 2.38(b)所示，设过点 A 在 ABC 平面内作一直线 AD 与直线 MN 平行，则过 a 作 $ad \parallel mn$，与 bc 交于 d，在 $b'c'$ 上求出 d'，连接 $a'd'$，过 m' 作 $m'n' \parallel a'd'$，$m'n'$ 即为所求。

若一直线与某一投影面垂直面平行，则该垂直面具有积聚性的那个投影必与直线的同面投影平行；反之，若投影面垂直面的积聚性投影与直线的同面投影平行，则该直线与平面相互平行。

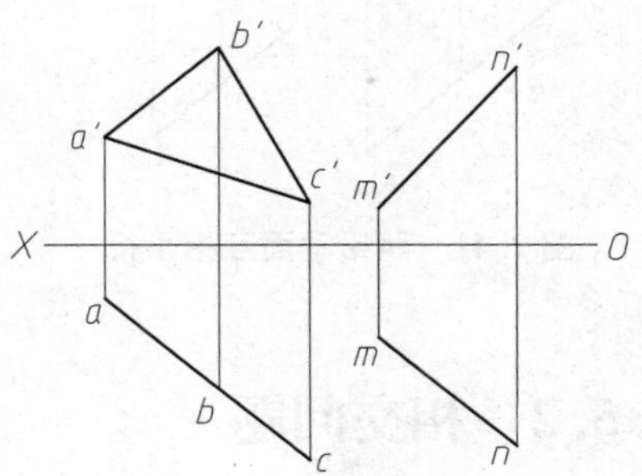

图 2.39　直线与投影面垂直面平行

如图 2.39 所示，直线 MN 的水平投影 mn 平行于铅垂面 ABC 的水平投影 abc，它们在空间内是相互平行的。因为在这种情况下，总可以在 $a'b'c'$ 内作出一条直线与直线 $m'n'$ 平行。

2. 两平面平行

若一平面上的相交两直线分别平行于另一平面上的相交两直线，则此两平面相互平行。

如图 2.40 所示，相交两直线 AB、AC 分别与相交两直线 FE、FG 平行，则由两条相交直线构成的平面相互平行。

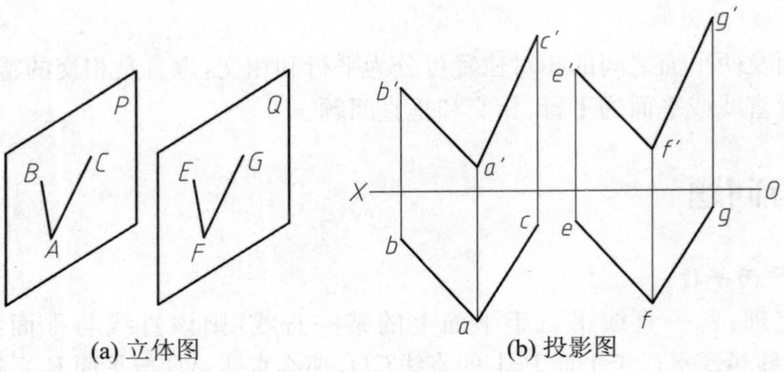

(a) 立体图　(b) 投影图

图 2.40　平行两平面

当两个互相平行的平面同时垂直于某一投影面时，则它们在该投影面上的积聚性投影也互相平行。图 2.41 表示两个铅垂面 ABC 和 DEF 互相平行，则它们的水平投影 abc 和 def 相互平行；反之，若两个平面有积聚性的同面投影互相平行，则这两个平面必定互相平行。

图 2.42 表示如何判断两已知平面 ABC 与 DEF 是否平行。先在一个平面内作出一对相交直线，再看在另一个平面内能否作出一对相交直线和它们对应平行。若能作出，则该两平面互相平行；否则，两平面就不平行。为此，在 ABC 内作出水平线 CM 和正平线 AN；在 DEF 内作出水平线 DK、正平线 EL，因水平线 CM 和 DK 的水平投影平行，即 $cm \parallel dk$，正平线 AN 和 EL 的正面投影平行，即 $a'n' \parallel e'l'$，所以 $CM \parallel DK$，$AN \parallel EL$，故两平面平行。

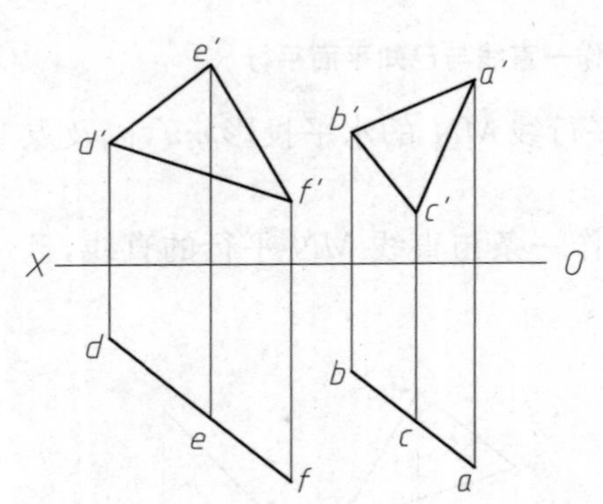

图 2.41　两铅垂面互相平行

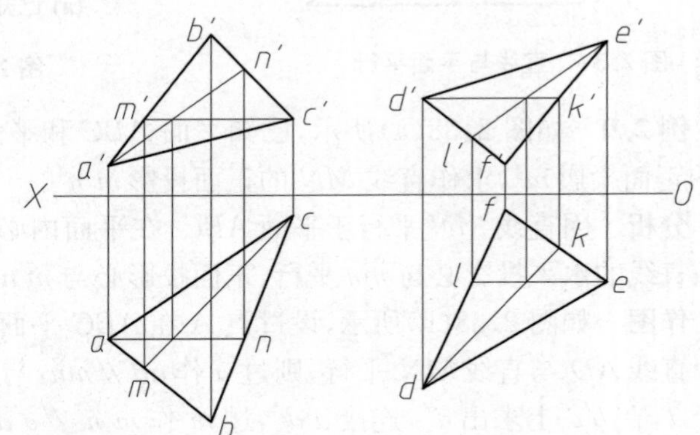

图 2.42　判断两平面是否平行

2.5.2 相交问题

直线与平面不平行必相交，且只有一个交点。交点是直线和平面的共有点，它既属于直线又属于平面。

两平面不平行也必相交，且其交线为一直线。交线是两平面的共有线。

当直线或平面垂直于投影面时，因其投影具有积聚性，可以直接求得其交点或交线的一个投影，再利用直线上取点或平面内取线的作图方法，求出其他投影。

1. 直线与特殊位置平面相交

特殊位置平面至少有一个投影有积聚性，直线与特殊位置平面相交可利用该平面的具有积聚性的投影，直接找出交点的一个投影，再利用线上取点的方法求出交点的其他投影。

例 2.10　求直线 MN 与铅垂面 ABC 的交点（图 2.43）。

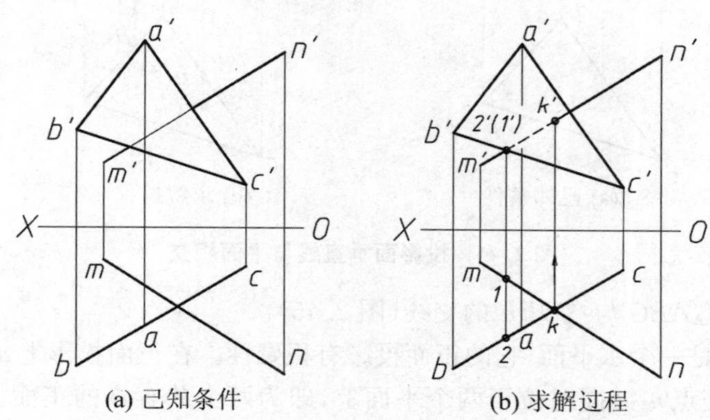

(a) 已知条件　　(b) 求解过程

图 2.43　直线与投影面垂直面相交

分析　△ABC 为铅垂面，其水平投影具有积聚性。交点 K 的水平投影既在 mn 上，又在直线 bac 上，mn 与 bac 的交点即为 k。由投影关系，在 $m'n'$ 上可求得 k'。

利用判断交叉直线重影点的方法，判断直线 MN 的可见性。交点 K 是直线 MN 可见部分和不可见部分的分界点。直线 MN 被△ABC 挡住部分为不可见，用细虚线表示。

正面投影中，$a'b'c'$ 与 $m'n'$ 有一段重叠，故取交叉直线 MN 与 BC 在 V 面的重影点 $1'$ 和 $2'$ 来判断。设点Ⅰ在 MN 上，点Ⅱ在 BC 上。找出它们的水平投影 1 和 2，可以看出点 2 在前，点 1在后，即点 $2'$ 为可见，点 $1'$ 为不可见，即直线 $k'1'$ 段被 BC 所属平面 ABC 挡住。故 $k'1'$ 段画成细虚线，其余画成粗实线。

水平投影中，平面积聚为一直线 bac，与直线 mn 不重叠（相交），故直线 mn 两部分均可见。

2. 投影面垂直线与一般位置平面相交

投影面垂直线与一般位置平面相交，交点的一个投影重合在直线有积聚性的同面投影上；而另一个投影是平面上过交点所作辅助线与已知直线的同面投影的交点。

例 2.11　求铅垂线 EF 与△ABC 的交点（图 2.44）。

分析　直线 EF 为一铅垂直线，它的水平投影积聚成一点 $e(f)$。直线 EF 与△ABC 的交点 K，其水平投影 k 必与之重合为 $e(f,k)$。求点 K 的正面投影 k'，可以利用面上找点的方法，过点 K 在△ABC 上作一辅助直线 AD，作出它的正面投影 $a'd'$，$a'd'$ 与 $e'f'$ 的交点即为 k'。

选重影点 $1'(2')$ 判断 V 面投影的可见性。设点Ⅰ在 EK 上，点Ⅱ在 AB 上，由水平投影可知，1 在前，2 在后，所以 EK 在 AB 之前，$e'k'$ 可见，KF 在△ABC 之后，$k'f'$ 被平面挡住的部分不可见，以细虚线表示。直线 EF 的水平投影具有积聚性，均为可见。

3. 特殊位置平面与一般位置平面相交

当相交两平面中有一个平面的投影有积聚性时，可利用积聚性的投影确定交线的一个投影，交线的另一个投影可按在另一平面上取点、取线的方法求出。

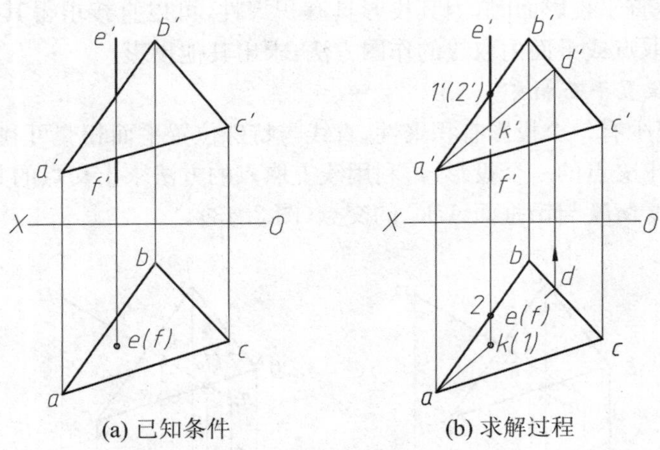

(a) 已知条件　　　　(b) 求解过程

图 2.44　投影面垂直线与平面相交

例 2.12　试求△ABC 与△DEF 的交线(图 2.45)。

分析　△DEF 是一个水平面,它的正面投影有积聚性。在正面投影上 $a'b'$ 与 $f'd'e'$ 的交点 m',$b'c'$ 与 $f'd'e'$ 的交点 n' 必同时位于两个平面上,即为两个共有点的正面投影。所以 $m'n'$ 就是交线的正面投影(也积聚在 $f'e'$ 上)。在 ab 和 bc 上求出水平投影 m 和 n,连接 mn 即得交线的水平投影。

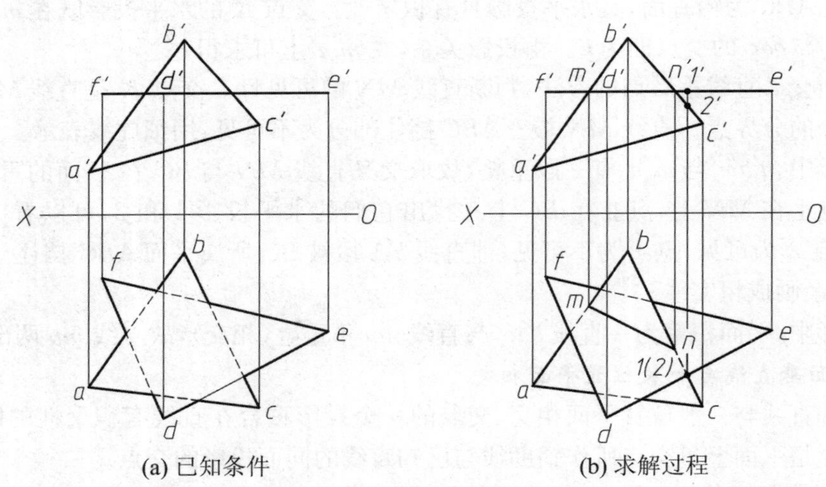

(a) 已知条件　　　　(b) 求解过程

图 2.45　特殊位置平面与一般位置平面相交

两平面的水平投影有重叠,需判别其可见性。选重影点 1、2 进行判别。设点Ⅰ在 ED 上,点Ⅱ在 BC 上,由 V 面投影可知,点Ⅰ在上,点Ⅱ在下,即 1 可见,2 不可见,故 $n2$ 不可见,画成细虚线。交线是可见与不可见的分界线,经过交点 n 后,bn 为可见。进而可判断 bm 为可见,画成粗实线;另一段被遮住,画成细虚线。水平投影重叠处的可见性如图 2.45(b)所示。

两平面的正面投影没有重叠,均为可见。

4. 两特殊位置平面相交

当相交两平面均为特殊位置平面时,则每个平面必有一个投影有积聚性,即可确定交线的一个投影。交线的另一投影可按面上取点、取线的方法作出。若相交两个平面同时垂直于同一投影面，则交线必为这个投影面的垂直线。

例 2.13　试求△ABC 与△DEF 的交线(图 2.46)。

分析　如图 2.46(a)所示，ABC 平面为水平面，DEF 平面为正垂面，它们均垂直于正面，交线 MN 必为正垂线。两平面有积聚性的同面投影 $a'b'c'$ 和 $d'e'f'$ 的交点，即为交线 MN 的有积聚性的正面投影 $m'n'$。

作图　求交线 MN 的作图过程如图 2.46(b)所示。在 $a'b'c'$ 和 $d'e'f'$ 交点处，作出交线 MN 的积聚投影 $m'n'$，由 $m'n'$ 引投影连线，在两个平面的水平投影重合的范围内作出 mn，就得到了交线 MN 的水平投影 mn。

由图 2.46(a)的正面投影可看出：交线左侧，DEF 平面高于 ABC 平面，ab 被遮处，画成细虚线；交线右侧，ABC 平面高于 DEF 平面，ef 被遮处，画成细虚线。于是就判定两个三角形平面水平投影重合处的可见性。将相应的由细双点画线表示的轮廓线分别画成粗实线和细虚线，作图结果如图 2.46(b)所示。

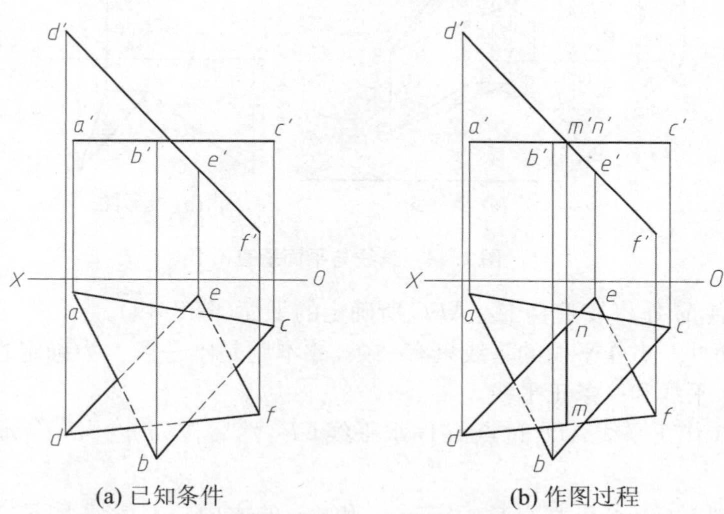

(a) 已知条件　　(b) 作图过程

图 2.46　两特殊位置平面相交

2.5.3　垂直问题

1. 直线与平面垂直

直线与平面垂直的几何条件是：如果一条直线垂直于平面上的两条相交直线，则此直线垂直于该平面。同时该直线也垂直于该平面内所有直线。

如图 2.47 所示，AB、CD 为两相交直线，若 $LK\perp AB$，$LK\perp CD$，则 $LK\perp P$ 面(该两相交直线确定的平面)。反之，如果一直线垂直于一平面，则此直线垂直于该平面内的所有直线。因 $LK\perp P$ 面，所以 $LK\perp EF$(P 面内的直线)。

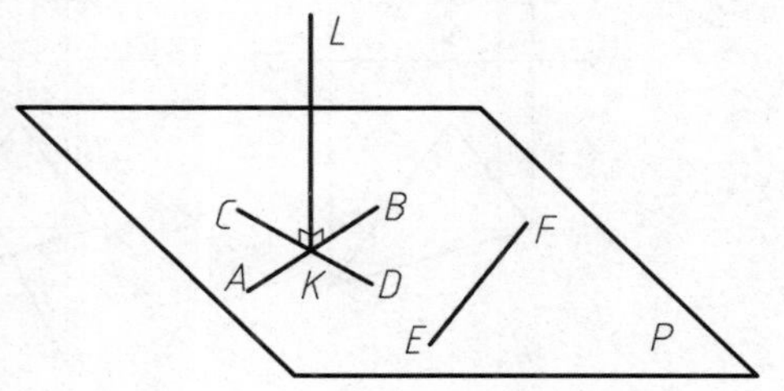

图 2.47　直线与平面垂直的几何条件

一直线垂直于一平面，必垂直平面内所有的直线，其中包括平面内的投影面平行线。如图 2.48 所示，直线 AB 和 AC 分别是△ABC 平面内的水平线和正平线，若直线 AD 垂直于△ABC 平面，则根据直角投影定理有：$ad \perp ab, a'd' \perp a'c'$。可见，若一直线垂直于一个平面，则它的水平投影一定垂直于平面内水平线的水平投影，而它的正面投影一定垂直于平面内正平线的正面投影。反之，如果一直线的水平投影垂直于一平面内水平线的水平投影，该直线的正面投影又垂直于该平面内正平线的正面投影，则直线必垂直于该平面。

由此可见，在投影图上直线和平面的垂直关系，可通过直线与平面内的水平线和正平线的垂直关系表示。

根据上述结论，就能在投影图上解决有关直线与平面垂直的作图问题。

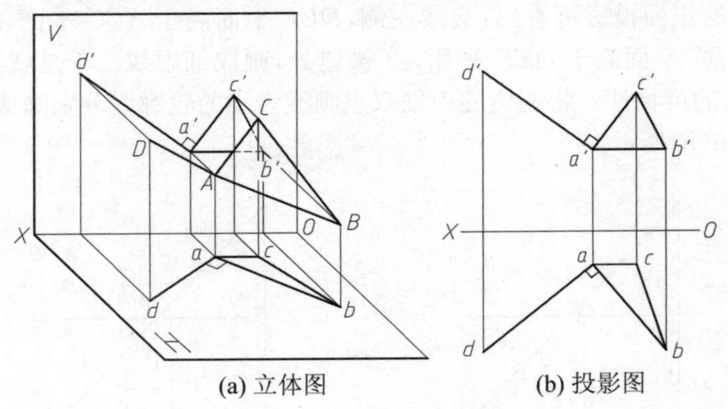

(a) 立体图　　(b) 投影图

图 2.48　直线与平面垂直

例 2.14　过点 M 作直线垂直于△ABC 所确定的平面(图 2.49)。

分析　过平面外一点作平面的垂线只有一条，故本题是唯一解。为确定直线的方向，应作出平面内的一条水平线和一条正平线。

作图　过点 A 作正平线 AD，过点 C 作水平线 CE，然后作 $m'n' \perp a'd'$，$mn \perp ce$，直线 MN 即为所求。

注意，$m'n' \perp a'd'$，$mn \perp ce$ 都只是确定 $m'n'$ 和 mn 的方向。一般情况下，空间直线 MN 并不和直线 AD 或 CE 相交。若平面为投影面垂直面，则垂直于该平面的直线必平行于平面所垂直的投影面。在与平面垂直的那个投影面上，直线的投影垂直于平面的积聚性投影。其另一投影平行于相应的投影轴。如图 2.50 所示，直线 MN 垂直于铅垂面 ABC。

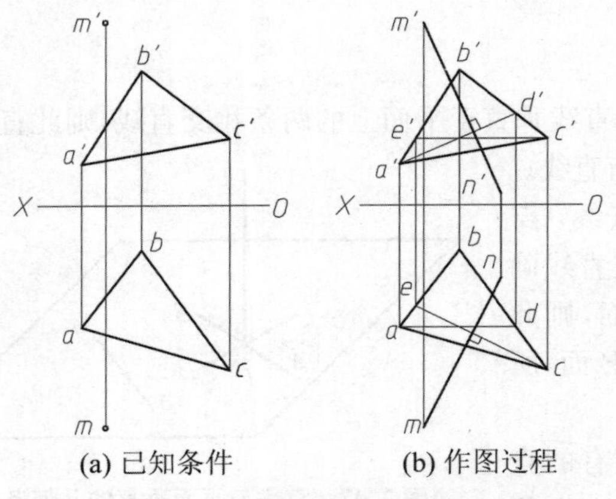

(a) 已知条件　　(b) 作图过程

图 2.49　过点作直线垂直于平面图

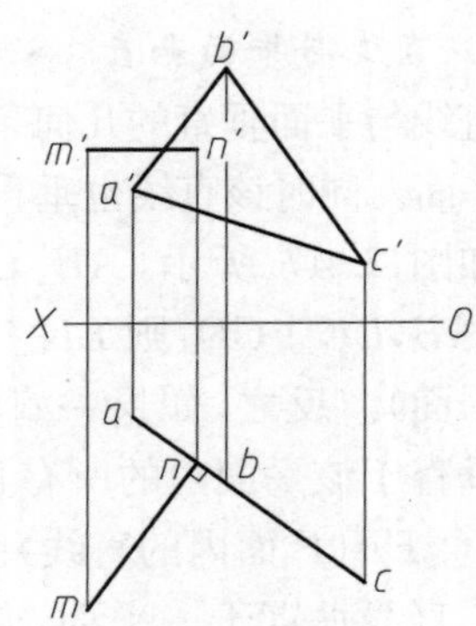

图 2.50　直线垂直于铅垂面

2. 两平面垂直

如果一直线垂直于一平面，则通过此直线的所有平面都垂直于该平面(图 2.51(a))；反之，如果两平面互相垂直，则自第一个平面内的任意一点向第二个平面所作的垂线，必定在第一个平面内(图 2.51(b))。在投影图上解决两平面垂直问题，就是以此作为依据。

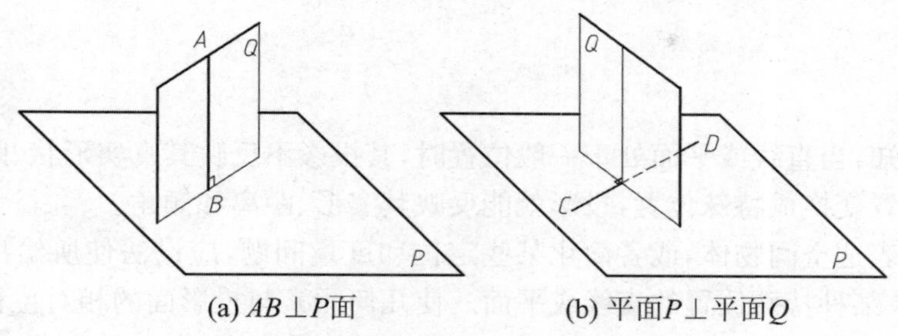

(a) $AB \perp P$面　(b) 平面$P \perp$平面Q

图 2.51　平面与平面垂直

例 2.15　过直线 MN 作一平面使它垂直于$\triangle ABC$ 所确定的平面(图 2.52)。

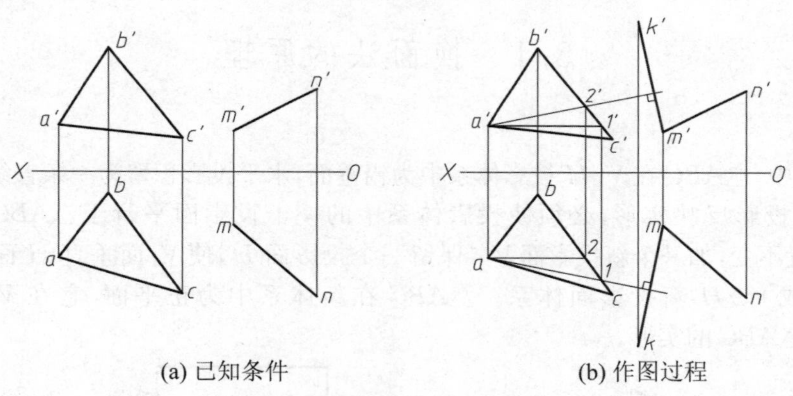

(a) 已知条件　(b) 作图过程

图 2.52　作平面垂直于另一平面

分析　求作的平面经过直线 MN，只需确定一条与直线 MN 相交的直线，即可确定此平面。为使所作平面垂直于已知平面 ABC，就要使平面内包含一条平面 ABC 的垂线。

作图　假定此直线为 MK，它与直线 MN 交于点 M。直线 MK 垂直于ABC 平面。在$\triangle ABC$ 内任作一水平线 AⅠ和一正平线 AⅡ。直线 AⅠ的两投影为 $a'1'$和 $a1$，直线 AⅡ的两投影为 $a'2'$和 $a2$。过 m' 作$m'k' \perp a'2'$，过 m 作 $mk \perp a1$，则直线 MK 必垂直于平面 ABC，直线 MK 与 MN 所决定的平面即为所求。

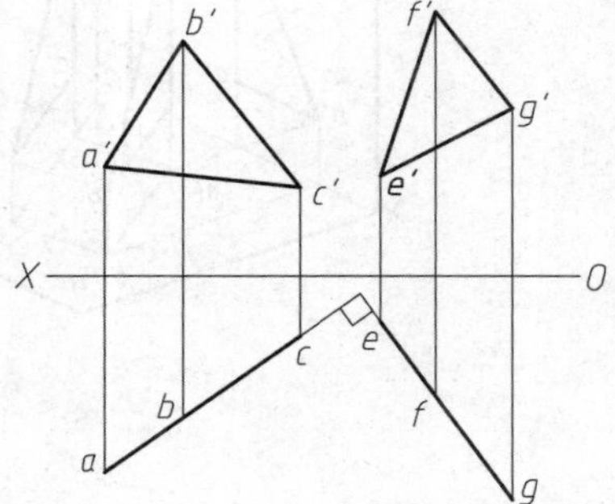

图 2.53　两铅垂面互相垂直

如两相互垂直的平面垂直于同一投影面，则两平面在该投影面上的投影都积聚成直线且互相垂直。在图 2.53 中，由于平面 ABC 与平面 EFG 的水平投影均有积聚性且互相垂直，所以平面 ABC 与平面 EFG 垂直。

第3章 换 面 法*

从第2章可知，当直线或平面处于一般位置时，其投影不反映其真实形状、距离和倾角。如果将其由一般位置变换成特殊位置，投影就能反映其实形、距离和倾角。

为了更好地表达空间物体，或者简化某些定位和度量问题，应设法使所给出的一般位置直线或平面，变换成某种特殊位置的直线或平面。使几何元素与投影面的相对位置变换成有利解题位置的方法称为投影变换，投影变换常用的方法有换面法和旋转法两种，本章只介绍换面法的原理及其应用。

3.1 换面法的原理

在图3.1中，△ABC在V/H投影体系中为铅垂面，水平投影积聚为一条直线，正面投影为类似形。要使投影反映实形，必须使投影体系中的一个投影面平行于△ABC。因此，保持△ABC的位置不变，加一个新投影面V_1，保留一个投影面H，使V_1面垂直H面、V_1面平行于△ABC，便构成V_1/H新投影面体系。△ABC在新体系中为正平面，它在V_1面上的投影△$a_1'b_1'c_1'$反映△ABC的实形。

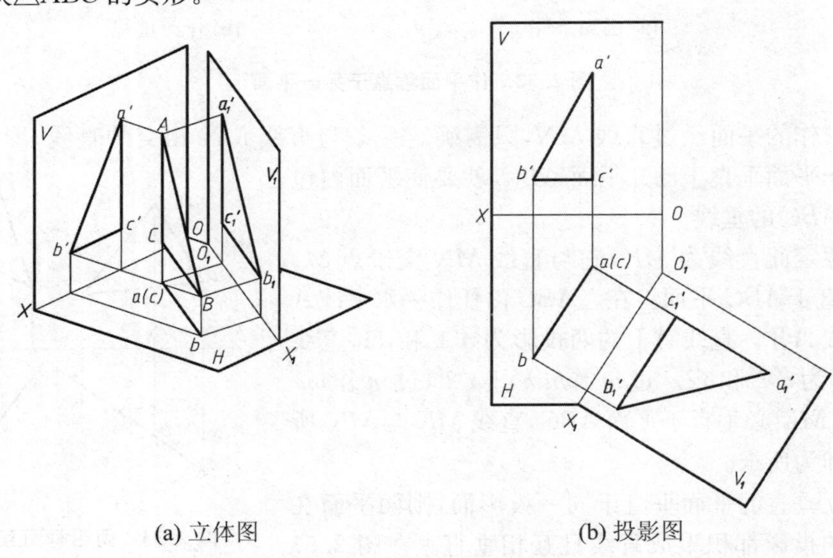

(a) 立体图　　(b) 投影图

图3.1　变换投影面法

保持空间几何元素的位置不变，用一个新的投影面替换原有的投影面，使几何元素在新投影面体系中处于有利于解题的位置，然后求出其在新投影面上的投影。这种投影变换方法称为变换投影面法，简称换面法。

显然，新的投影面选择应符合以下两个条件：

(1) 新投影面必须垂直于保留的那个投影面。

(2) 新投影面与保留的投影面组成一个新的两投影面体系。几何元素在新的投影面体系中，必须处于有利于解题的特殊位置。

3.1.1 点的换面

1. 点的一次变换

点是几何形体的最基本元素。因此，先从点的换面研究换面法的投影变换规律。

如图3.2(a)所示，空间点A在原投影面体系V/H中的投影为a'、a，现以V_1面替换V面(V_1面$\perp H$面)，则V_1/H为新投影面体系，V_1面和H面的交线O_1X_1为新投影轴。在新投影体系中，点A在V_1面的投影为a_1'。由于H面没有变，所以点A在H面的投影a不变。在投影图中应将V_1面绕O_1X_1轴旋转到与H面重合(所选择的旋转方向一般应使图形不重叠)，得到新的两面投影图，如图3.2(b)所示。

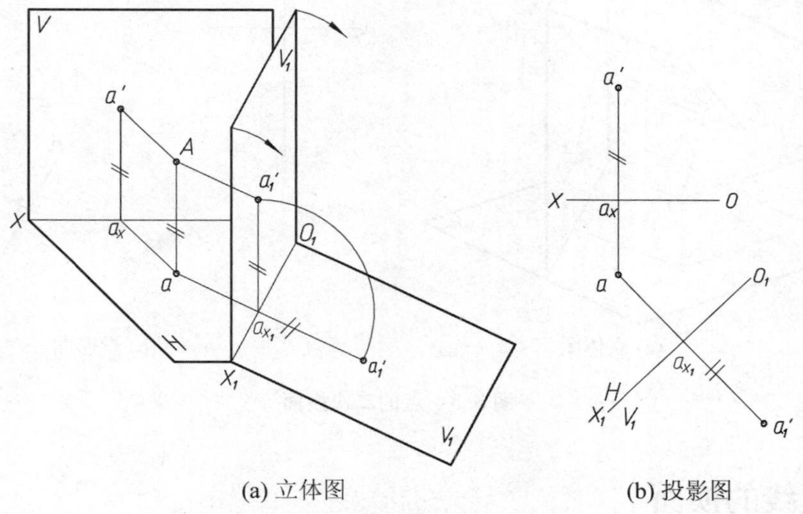

(a) 立体图 (b) 投影图

图3.2 点的一次换面(换V面)

根据正投影原理可知，$a_1'a\perp O_1X_1$，这是新投影与被保留的原投影间的关系。

由于新旧两投影面体系具有公共的水平面H，因此空间点A在这两个体系中到H面的距离(z坐标)没有变化，$a'a_X=Aa=a_1'a_{X_1}$，即换V面时高度不变。这是新投影与被替换的旧投影间的关系。

综上所述，可得出点的一次投影变换规律：

(1) 新投影与保留投影的连线垂直于新投影轴；

(2) 新投影到新投影轴的距离等于被替换的旧投影到旧投影轴的距离。

根据上述投影之间的关系，点的一次变换的作图步骤如下：

(1) 作新投影轴O_1X_1，表示以V_1面代替V面，形成V_1/H投影体系；

(2) 过a点作新投影轴O_1X_1的垂线，得交点a_{X_1}；

(3) 在垂线 aa_{X_1} 上截取 $a_1'a_{X_1}=a'a_X$，即得 A 点在 V_1 面上的新投影 a_1'。

2. 点的二次变换

点的两次变换是在一次变换的基础上再进行一次变换。在图 3.3(a)中，先用垂直于 H 的 V_1 面替换 V 面，用点 A 在 V_1 面上的投影 a_1' 替换 a'，a、a_1' 是点 A 在新投影体系 V_1/H 中的投影；然后再用垂直 V_1 面的 H_2 面替换 H 面，用点在 H_2 面上的投影 a_2 替换 a，a_1' 与 a_2 是点 A 在 V_1/H_2 新投影体系中的投影。在第二次变换中，V_1 是保留投影面，a_1' 是保留投影。

图 3.3(b)给出了点的二次换面作图步骤如下：

(1) 作出新投影轴 O_1X_1；

(2) 根据点的换面规律，求出新投影 a_1'；

(3) 作新投影轴 O_2X_2；

(4) 过 a_1' 作 $a_1'a_2 \perp O_2X_2$，并取 $a_2a_{X_2}=aa_{X_1}$，得到 a_2，a_2 即为第二次变换后的新投影。

注意：在二次换面中，投影面要交替变换；更换的新投影面必须垂直于保留的投影面。

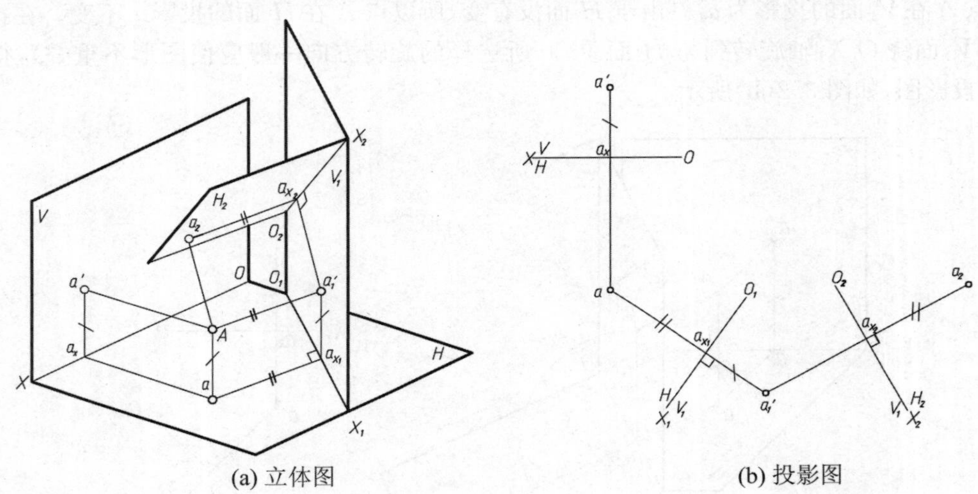

(a) 立体图　　　　(b) 投影图

图 3.3 点的二次换面

3.1.2 直线的换面

1. 将一般位置直线变换成投影面平行线

因为与一般位置直线平行的平面可以是一般位置平面或投影面垂直面，处于投影面垂直面位置的平面可作为新投影面，它与被保留的旧投影面垂直，构成新的两投影面体系。所以将一般位置直线变换为投影面平行线只需一次换面。其目的通常为求一般位置直线的实长、倾角及方便求解度量和定位问题。

在图 3.4 中，把一般位置直线 AB 经过一次变换，变成 V_1/H 体系的平行线。以 V_1 面替换 V 面，并使 V_1 面平行于直线 AB，且垂直于 H 面。

作图 (1) 如图 3.4(b)所示，在适当位置作 $O_1X_1 /\!/ ab$（设置新投影轴 O_1X_1，应使几何元素在新投影体系中的两个投影分别位于新投影轴的两侧；新投影轴距直线被保留的投影之间距离可任取）。

(2) 按点的投影变换规律分别作出端点 A、B 的新投影 a_1' 和 b_1'，$a_1'b_1'$ 即为 AB 在 V_1 面上的

新投影。

因为 AB 是 V_1/H 体系中的 V_1 面的平行线，所以 $a_1'b_1'$ 反映 AB 实长，并且 $a_1'b_1'$ 与 O_1X_1 轴的夹角反映直线 AB 对 H 面的倾角 α。用此换面可求直线的实长和直线对投影面的倾角。

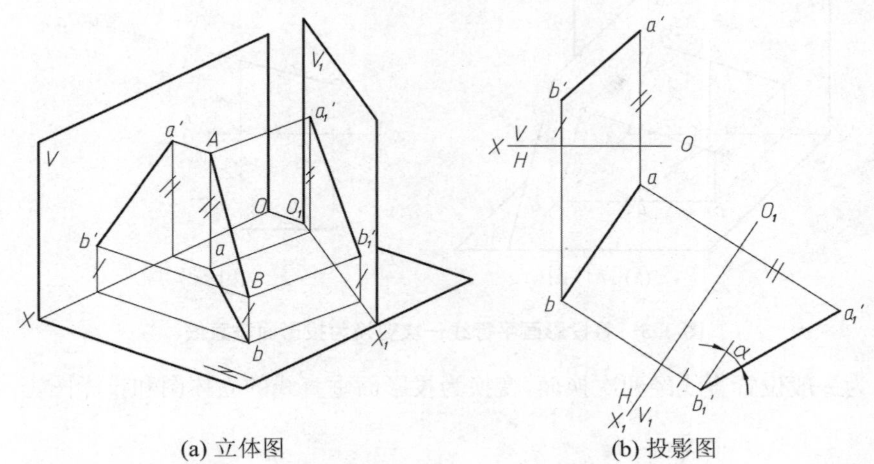

(a) 立体图　　(b) 投影图

图 3.4　将一般位置直线变换成 V_1 面的平行线

同样，如果用平行于直线 AB 的正垂面 H_1 替换 H 面，则 AB 为 V/H_1 体系中的 H_1 面的平行线，其 H_1 面投影 a_1b_1 反映 AB 实长，a_1b_1 与 O_1X_1 轴的夹角反映 AB 对 V 面的倾角 β。

由此可知，通过一次换面，可以将一般位置直线变换为新投影面的平行线。欲使新投影面平行于已知一般位置直线，则新投影轴应平行于该直线所保留的投影。作图的关键是在空间确定新投影面的位置，在投影图上确定新投影轴的位置。

2. 将投影面平行线变换为投影面垂直线

因为与投影面平行线相垂直的平面，一定垂直于该直线所平行的投影面。用这样的垂直面作为新投影面，它与所垂直的、被保留的投影面构成新的两投影面体系。故将投影面平行线变换为投影面垂直线只需一次换面，其目的通常是为了方便求解某些度量和定位问题。

如图 3.5 所示，将正平线 AB 变换为 H_1 面的垂直线。在 V/H_1 体系中，垂直于正平线 AB 的平面必垂直于 V 面，用垂直于 AB 的正垂面 H_1 面替换 H 面，使 AB 成为新体系 V/H_1 中的 H_1 面垂直线。按照 H_1 面垂直线的投影特性，在 V/H_1 中新投影轴 O_1X_1 应垂直于被保留的反映实长的投影 $a'b'$，直线 AB 在 H_1 面上的投影 a_1b_1 必积聚为一点。

作图　(1) 如图 3.5(b)所示，在适当位置作 $O_1X_1 \perp a'b'$。

(2) 按投影变换的基本作图法，求得端点 B 和 A 的新投影 b_1 和 a_1，b_1 和 a_1 必重合为一点，则 $b_1(a_1)$ 即为 AB 在 H_1 面上的新投影。

同理，也可通过一次换面将水平线变换为 V_1 面的垂直线。

由此可知，通过一次换面，可以将投影面平行线变换为投影面垂直线，欲使新投影面垂直于已知的投影面平行线，则新投影轴应垂直于该直线所保留的反映实长的投影。

3. 将一般位置直线变换为投影面垂直线

若选新投影面直接垂直于一般位置直线，则新投影面必定是一般位置平面，它和原体系中的任一投影面都不垂直，不能构成新的两投影面体系。所以将一般位置直线变换为投影面垂直线，只经一次换面是不行的。若先将一般位置直线变换为投影面平行线，再将投影面平行线变换为投影面垂直线，经过两次换面是可行的。

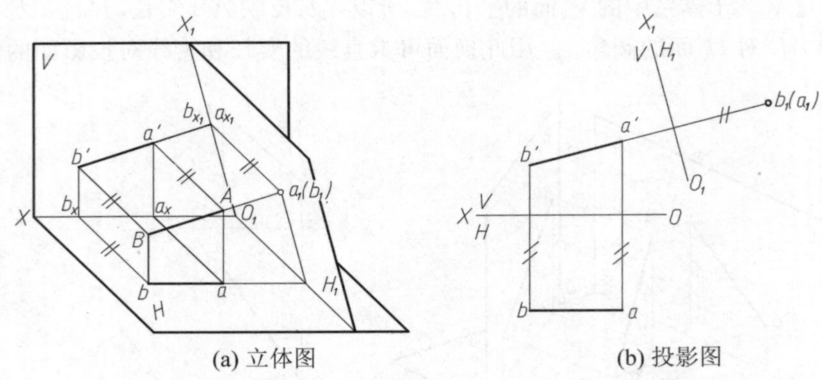

(a) 立体图　　(b) 投影图

图 3.5　将投影面平行线一次变换为投影面垂直线

图 3.6 为一般位置直线经两次换面，变换为投影面垂直线的立体图和投影图。

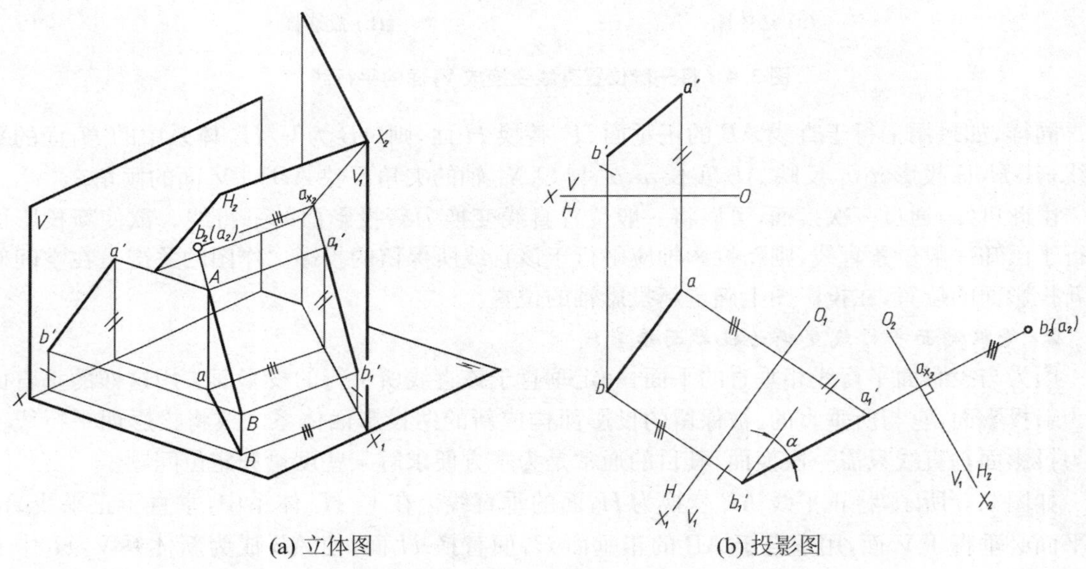

(a) 立体图　　(b) 投影图

图 3.6　将一般位置直线两次变换为投影面垂直线

作图　(1) 如图 3.6(b)所示，先将 AB 变换为 V_1 面的平行线。作法与图 3.4(b)相同，即作 $O_1X_1 /\!/ ab$，将 V/H 体系中的 $a'b'$ 变换为 V_1/H 体系中的 $a_1'b_1'$。$a_1'b_1'$ 即为 AB 在 V_1 面的投影。

(2) 再将 AB 变换为 H_2 面的垂直线。作法与图 3.5(b)相同，即作 $O_2X_2 \perp a_1'b_1'$，将 V_1/H 体系中的 ab 变换为 V_1/H_2 体系中的 $b_2(a_2)$。$b_2(a_2)$ 必积聚为一点，即为 AB 在 H_2 面的投影。

例 3.1　如图 3.7 所示，求点 C 到直线 AB 的距离。

分析　点 C 到直线 AB 的距离，即为过点 C 作直线 AB 的垂线 CK，求出垂足 K、点 C 与垂足 K 间的这段垂线的实长。当直线 AB 为某投影面的平行线时，则 AB 与 CK 在该投影面上的投影反映垂直(正交)关系，但此时的垂线 CK 仍为一般位置直线，不反映实长。当直线 AB 为投影面的垂直线时，CK 为该投影面的平行线，点 C 到直线的距离 CK 在直线 AB 所垂直的投影面上的投影 $c_2'(k_2')$ 才是实长的真实反映，如图 3.7(b)所示。故求点至一般位置直线的距离，应经两次换面。第一次换面将直线 AB 变换为投影面平行线,求垂线 CK 第二次换面求垂线 CK 的实长。换面时,点 C 应随直线 AB 一起变换。

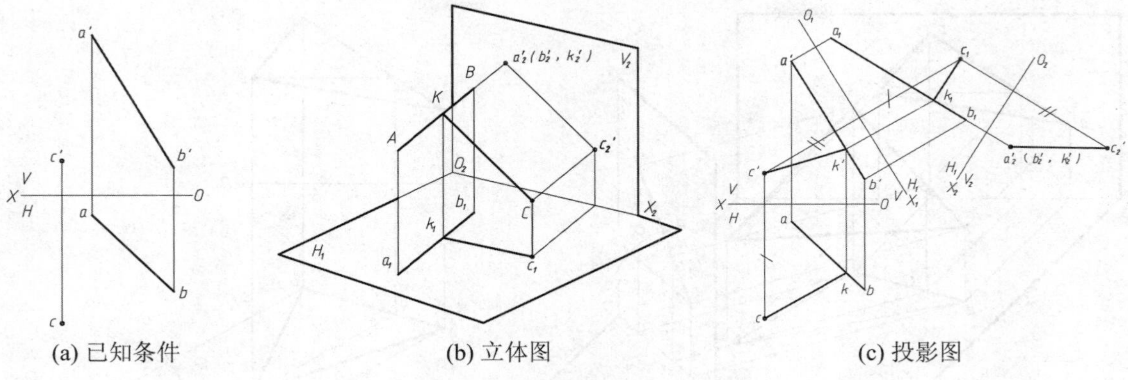

(a) 已知条件　　(b) 立体图　　(c) 投影图

图 3.7　求点到直线的距离

作图　(1) 如图 3.7(c)所示,先将直线 AB 变换为 H_1面的平行线,AB 在 H_1面上的投影为 a_1b_1;点 C 也随之变换,在 H_1面上的投影为 c_1。

(2) 再将直线 AB 变换为 V_2面的垂直线,AB 在 V_2面上的投影积聚为一点 $a_2'(b_2')$;点 C 在 V_2面上的投影为 c_2'。

(3) 在 V/H_1投影体系中,根据直角投影定理,过点 c_1 作 $c_1k_1 \perp a_1b_1$,即 $c_1k_1 /\!/ O_2X_2$ 轴,交 a_1b_1 于 k_1,K 点在 V_2面上的投影 k_2'与 $a_2'(b_2')$重影,连接点 c_2'、k_2',$c_2'k_2'$即反映点 C 到直线 AB 的距离。

(4) 根据 c_1k_1 和 $c_2'k_2'$,作出 CK 在 V/H 体系中的投影 $c'k'$和 ck。

3.1.3　平面的换面

1. 将一般位置平面变换为投影面垂直面

与一般位置平面相垂直的平面可为一般位置平面或投影面垂直面,处于投影面垂直面位置的平面,可作为新投影面与保留的旧投影面垂直,构成新的两投影面体系。将一般位置平面变换为投影面垂直面只需一次换面,其主要目的是求平面对投影面的倾角或方便求解有关度量和定位问题。

$\triangle ABC$ 为一般位置平面,要将其变换为投影面垂直面,只需使属于该平面的任一条直线垂直于新投影面。但要把$\triangle ABC$ 上的一般位置直线变换为投影面垂直线,必须两次换面。而把$\triangle ABC$ 上的投影面平行线变换为投影面垂直线只需一次换面。因此,在一般位置平面$\triangle ABC$ 内取一条投影面平行线 CK 作为辅助线,如图 3.8(a)所示,再取与它垂直的平面 V_1 为新投影面,则$\triangle ABC$ 也就与新投影面 V_1垂直。将一般位置平面$\triangle ABC$ 变换为 V_1 面的垂直面,作图步骤如下:

(1) 如图 3.8(b)所示,在$\triangle ABC$ 平面内作一水平线 $KC(kc,k'c')$。

(2) 作新投影轴 $O_1X_1 \perp kc$,得新的两投影面体系 V_1/H。

(3) 求出 A、B、C 各点在 V_1面上的投影 a_1'、b_1'、c_1',则 a_1'、b_1'、c_1'必连成一直线 $a_1'b_1'c_1'$,该直线即为$\triangle ABC$ 在它所垂直的新投影面 V_1上的有积聚性的新投影。这样,$\triangle ABC$ 平面在 V_1/H 体

系中变为投影面 V_1 的垂直面，新投影 $a_1'b_1'c_1'$ 与 O_1X_1 轴的夹角即为△ABC 平面和 H 面的倾角 α。

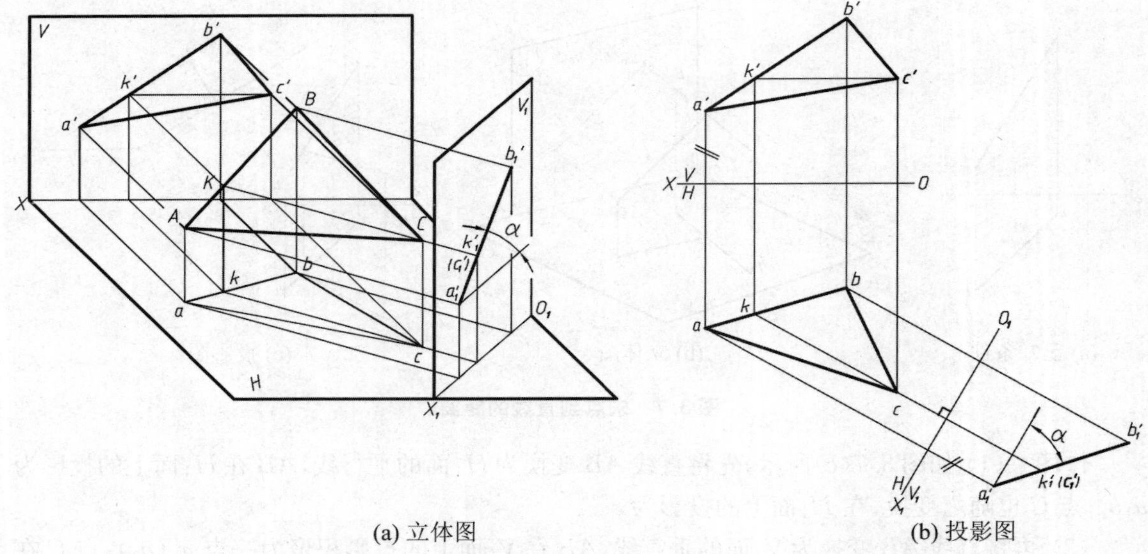

(a) 立体图　　(b) 投影图

图 3.8　将一般位置平面一次变换为投影面垂直面

同理，通过一次换面，也可以将一般位置平面变换为 H_1 面的垂直面，则该平面在 H_1 面的投影积聚为一直线，它与 O_1X_1 轴的夹角即为平面与 V 面的倾角 β。

2. 将投影面垂直面变换为投影面平行面

与投影面垂直面相平行的平面可作为新投影面，它与所保留的旧投影面互相垂直，构成新的两投影面体系。将投影面垂直面变换为投影面平行面只需一次换面。其主要目的是求平面实形，以及方便求解有关的度量和定位问题。

图 3.9(a)为将铅垂面 ABC 变换为 V_1 面的平行面的空间情况。保留投影面垂直面有积聚性的投影 abc，再作一新投影面 V_1 与该平面平行。显然，这个新投影面 V_1 必定和保留的投影面 H 互相垂直，并与 H 面组成新的两投影面体系 V_1/H。使△ABC 平面在 V_1/H 体系中成为 V_1 面的平行面，它在 V_1 面的投影反映△ABC 平面实形。

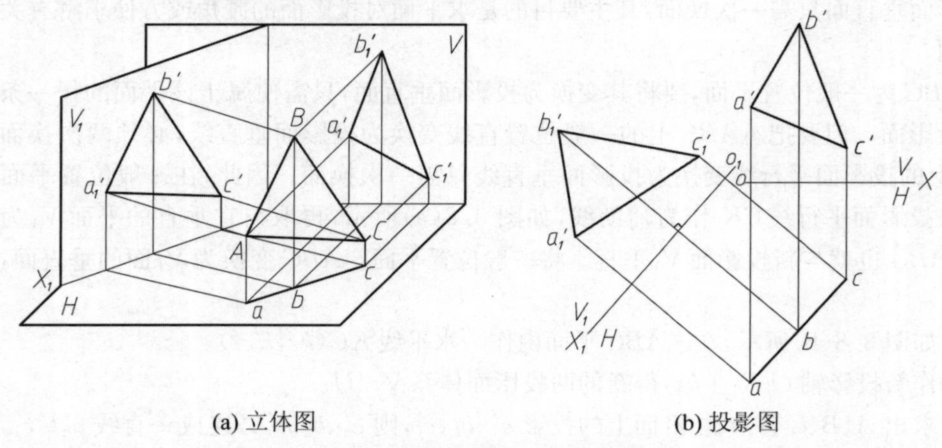

(a) 立体图　　(b) 投影图

图 3.9　将投影面垂直面一次变换为投影面平行面

作图　(1) 如图 3.9(b)所示，作 $O_1X_1 /\!/ abc$，组成新的两投影面体系 V_1/H。

(2) 按投影变换的基本作图法求得 A、B、C 各点的新投影 a_1'、b_1'、c_1'，并连接成$\triangle a_1'b_1'c_1'$，则$\triangle a_1'b_1'c_1'$即为$\triangle ABC$平面在 V_1 面的新投影，即将 V/H 中的铅垂面$\triangle ABC$ 变换为 V_1/H 中的 V_1 面的平行面，它在 V_1 面上的投影$\triangle a_1'b_1'c_1'$反映$\triangle ABC$平面的实形。

同理，将处于正垂面位置的投影面垂直面变换成投影面平行面，需更换 H 面，保留 V 面，它在 H_1 面上的投影反映实形。

由此可见，通过一次换面，可以将投影面垂直面变换为投影面平行面。新投影轴应平行于这个平面所保留的有积聚性的投影。

3. 将一般位置平面变换为投影面平行面

若把一般位置平面变换为投影面平行面，仅一次换面是不行的。因为，与一般位置平面平行的新投影面仍然是一般位置的平面，它与 V/H 体系中的任何一个投影面都不垂直，不能构成新的两投影面体系。要解决这个问题，必须变换两次投影面。第一次将一般位置平面变换为投影面垂直面，如图 3.10(a)中的 $b_1'a_1'c_1'$；第二次再将投影面垂直面变换为投影面平行面，如图 3.10(a)中的$\triangle a_2b_2c_2$。

作图　(1) 如图 3.10(a)所示，将$\triangle ABC$平面变换为投影面的垂直面。在$\triangle ABC$平面内取一水平线 $AD(a'd', ad)$，取 $O_1X_1 \perp ad$，组成 V_1/H 体系，求得 b_1'、a_1'、c_1'，这三点必在同一直线上，则$\triangle ABC$平面变换为 V_1 面的垂直面。

(2) 再将$\triangle ABC$平面变换为投影面平行面(即将第一次变换后的 V_1 面垂直面再变换为 H_2 面平行面)。作 $O_2X_2 /\!/ b_1'a_1'c_1'$，组成 V_1/H_2 新的两投影面体系，求得$\triangle a_2b_2c_2$，即为$\triangle ABC$平面在 H_2 面上的新投影，它反映$\triangle ABC$的实形。

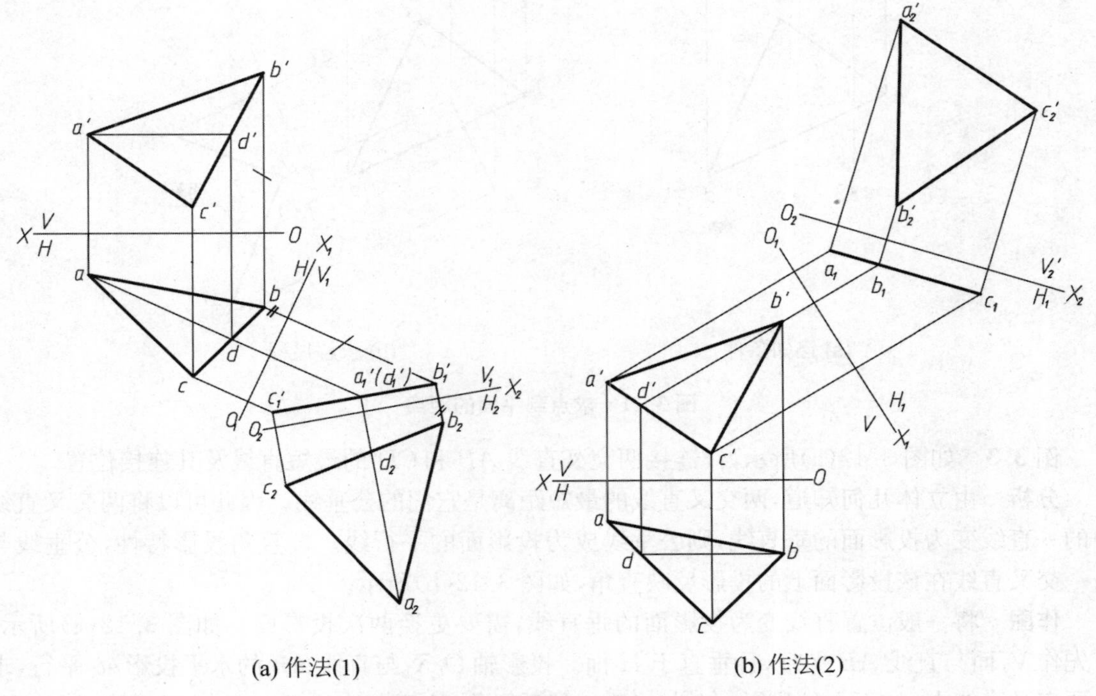

(a) 作法(1)　　(b) 作法(2)

图 3.10　将投影面垂直面一次变换为投影面平行面

也可按图3.10(b)所示的方法作图。即先更换H面，将△ABC变换成H_1面的垂直面，得$a_1b_1c_1$；然后再更换V面，将△ABC变换成V_2面的平行面，得△$a_2b_2c_2$，它也反映△ABC的实形。

3.2 换面法应用举例

例3.2 如图3.11所示，求A点到平面BCD的距离AK。

分析 把已知平面变换成投影面的垂直面，垂直面的垂线就是该投影面的平行线，在该投影面上的投影反映垂线的实长，即点到平面的真实距离。

作图 用变换V面的方法，确定点A到△BCD的距离。由于△BCD中的BD为水平线，故直接取O_1X_1轴垂直于bd。作出A点和△BCD的新投影a_1'和$b_1'c_1'd_1'$(为一直线)；过点a_1'向直线$b_1'c_1'd_1'$作垂线，得垂足的新投影k_1'，投影$a_1'k_1'$之长即为所求的距离。由于AK平行于V_1面，ak平行于O_1X_1，根据$a_1'k_1'$和ak，作出$a'k'$。

学习求解点到平面距离的方法，就可以求解互相平行的直线和平面，互相平行的两平面之间的距离。因为确定这些距离，归根到底都是确定点到平面的距离。

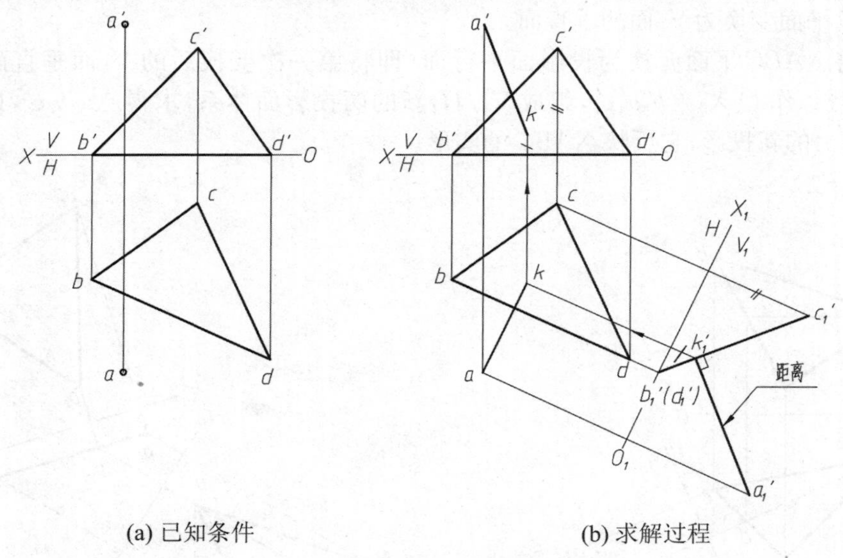

(a) 已知条件　　(b) 求解过程

图3.11 求点到平面的距离

例3.3 如图3.12(a)所示，作连接两交叉直线AB和CD的最短直线及其连接位置。

分析 由立体几何知道，两交叉直线的最短距离是它们的公垂线。因此可以将两交叉直线中的一直线变为投影面的垂直线，则公垂线成为投影面的平行线。按直角投影特性，公垂线与另一交叉直线在该投影面上的投影反映直角，如图3.12(b)所示。

作图 将一般位置直线变为投影面的垂直线，需要更换两次投影面。如图3.12(c)所示，首先作V_1面与直线AB平行，且垂直于H面。投影轴O_1X_1与直线AB的水平投影ab平行，求得两交叉直线在V_1面上的投影$a_1'b_1'$与$c_1'd_1'$。然后再作H_2面与直线AB垂直，且垂直于V_1面。新轴O_2X_2垂直于$a_1'b_1'$。求得直线AB与直线CD在H_2面上的投影，分别为$b_2(a_2)$（积聚成一点)与 c_2d_2。过点 $b_2(a_2)$ 作 $k_2l_2 \perp c_2d_2$，k_2l_2 即为公垂线在新投影面的投影，且反映实长，$k_1'l_1' /\!/ O_2X_2$ 轴。将 k_2l_2 和 $k_1'l_1'$ 返回，求得在 V/H 体系中的投影 $k'l'$ 与 kl。

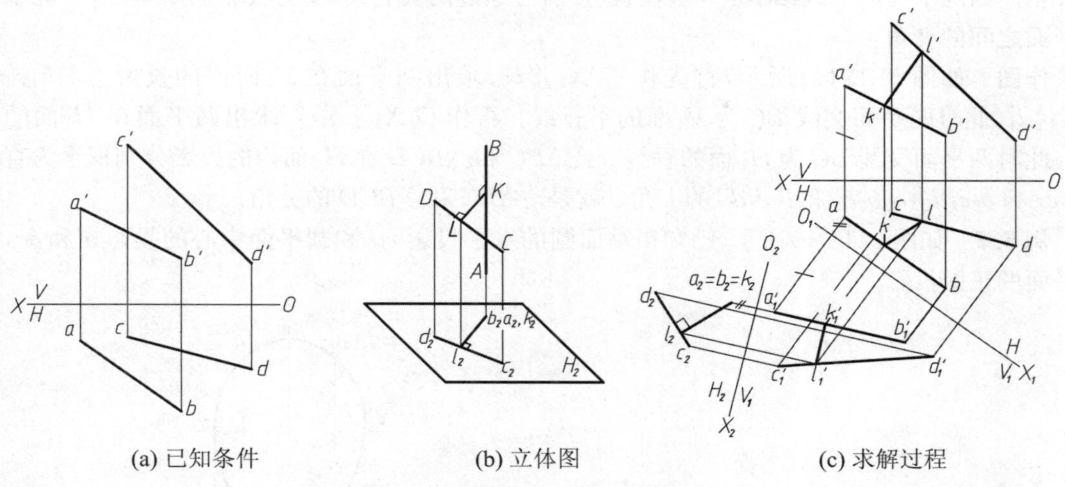

(a) 已知条件　　(b) 立体图　　(c) 求解过程

图 3.12　求两交叉直线之间的最短距离

例 3.4　如图 3.13(a)所示，求$\triangle ABC$ 与$\triangle BCD$ 两平面之间的夹角。

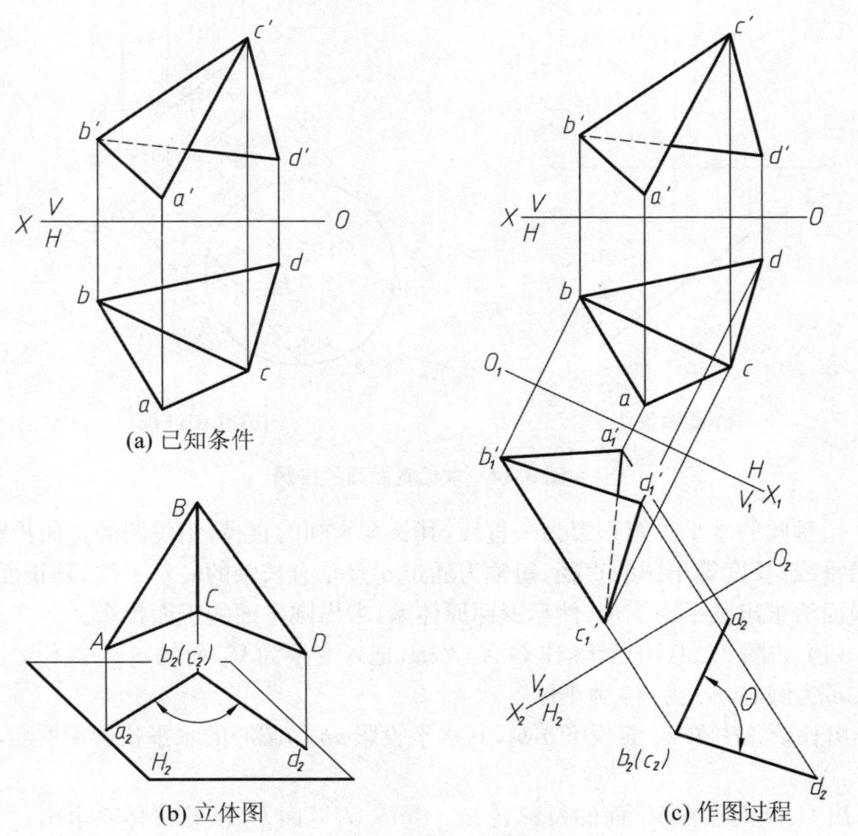

(a) 已知条件　　(b) 立体图　　(c) 作图过程

图 3.13　求两平面的夹角

分析 如图 3.13(b)所示，若△ABC和△BCD的交线BC垂直于投影面H_2，则△ABC和△BCD也都垂直于H_2面，两平面在H_2面内的投影都积聚为直线，两直线间的夹角就是两平面的夹角。因两平面的交线BC是一般位置直线，需经过两次变换，变为投影面的垂线，才能求得两平面之间的夹角。

作图 如图 3.13(c)所示，首先作$O_1X_1 /\!/ bc$，求出两平面在V_1面内的投影△$a_1'b_1'c_1'$和△$b_1'c_1'd_1'$，此时两平面交线BC为V_1面的平行线。再作$O_2X_2 \perp b_1'c_1'$，求出两平面在H_2面的投影。此时两平面交线BC为H_2面的垂线。△ABC和△BCD在H_2面内的投影分别积聚为直线$a_2b_2c_2$和$b_2c_2d_2$，$a_2b_2c_2$和$b_2c_2d_2$的夹角θ就是△ABC和△BCD的夹角。

例 3.5 如图 3.14(a)所示，已知铅垂面圆的水平投影cd和圆平面中心的投影o和o'，作圆平面的正面投影。

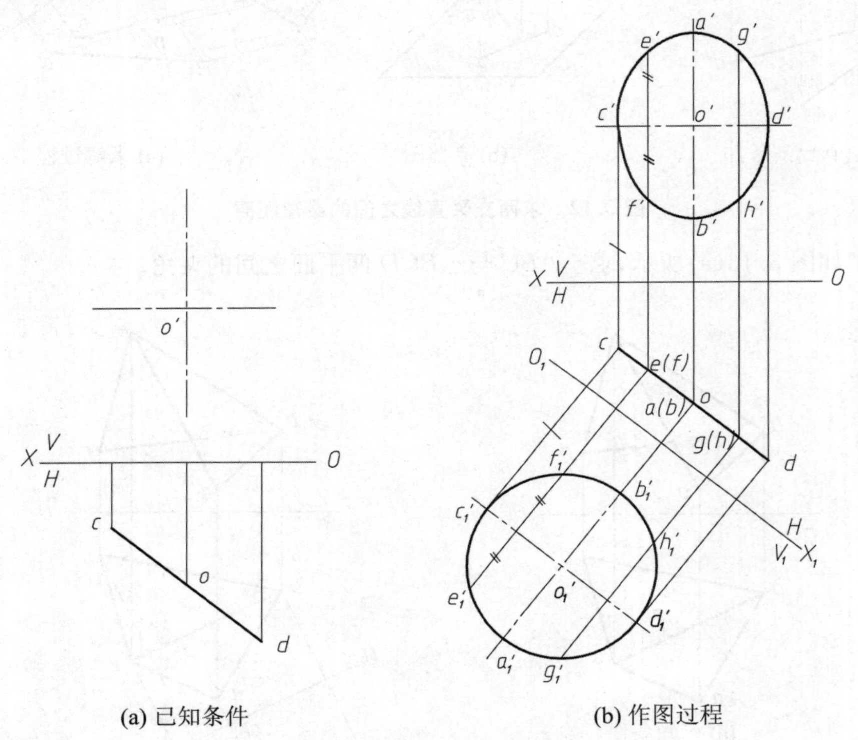

(a) 已知条件　　(b) 作图过程

图 3.14 求铅垂面圆的投影

分析 铅垂圆的水平投影积聚为一直线，其长度为圆的直径，铅垂圆的正面投影为椭圆，椭圆长轴为铅垂线，长度等于圆的直径，短轴为通过o'且垂直长轴的一水平线，其正面投影长度待求。可用换面法求出圆平面实形，然后返回原体系，求出圆平面的正面投影。

作图 (1) 如图 3.14(b)所示，作$O_1X_1 /\!/ cd$，把o'变换为V_1面的o_1'。

(2) 以o_1'为圆心，cd为直径画圆。

(3) 作出长轴AB在V_1面投影$a_1'b_1'$，其水平投影ab与圆心的水平投影o重影，据此求出正面投影$a'b'$。

(4) 作出C、D两点在V_1面的投影c_1'、d_1'，由c_1'、d_1'返回V/H投影体系求出c'、d'。

(5) 把圆周上各点返回原体系中。如由e_1'、f_1'、g_1'、h_1'分别求出e'、f'、g'、h'，然后用光滑曲线连接各点，就可作出铅垂面圆的正面投影。

第 4 章　立体的投影

任何物体不论其结构形状多么复杂，都可以看作是由一些基本体组合而成的。本章将在点、线、面投影基础上进一步学习立体的投影。

4.1　立体及表面的点和线

立体是由若干表面包围而成的，根据其表面的性质，分为两类：

(1) 平面立体：立体表面全部由平面所围成的立体(如棱柱和棱锥等)；

(2) 曲面立体：立体表面全部由曲面或曲面和平面所围成的立体(如圆柱、圆锥、圆球等)。

如图 4.1 所示，其中图 4.1(a)、图 4.1(b)为平面立体；图 4.1(c)、图 4.1(d)、图 4.1(e)、图 4.1(f)为曲面立体。

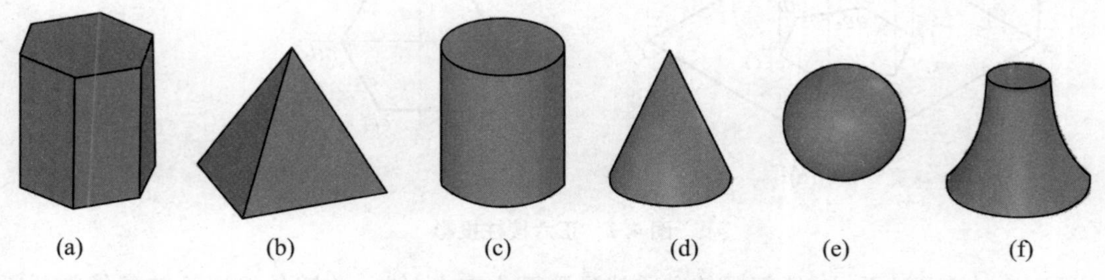

图 4.1　常见的立体

立体的投影是对组成立体的各个平面或曲面进行投影。在几何体的投影图中，当轮廓线的投影可见时，画粗实线；当轮廓线的投影不可见时，画虚线；当粗实线与虚线重合时，画粗实线。

在本章中，由于空间两点之间的相对位置可由两点的相对坐标确定，因此在投影图中可不画投影轴。

绘图时，可按以下规律绘制：

(1) 正面投影和水平投影位于铅垂的投影连线上；

(2) 正面投影和侧面投影位于水平的投影连线上；

(3) 两点的水平投影和侧面投影保持前后方向对应和宽度相等。

4.1.1　平面立体

平面立体每个表面(棱面)均为平面多边形，而这些图形都由线段构成，线段由两端点确定。

因此，绘制平面立体的投影，可归结为绘制它的所有多边形表面的投影，也就是绘制这些多边形的边和顶点的投影。

1. 棱柱的投影及表面取点

棱柱是由两个端面及相应的棱面组成，棱面与棱面的交线为棱线。若所有的棱面垂直于底面，为直棱柱，并且直棱柱的端面为正多边形，则该棱柱为正棱柱；若有的棱面倾斜于底面，则该棱柱为斜棱柱。

如图 4.2 所示，以正六棱柱为例，其顶面 $ABCDEF$、底面 $A_0B_0C_0D_0E_0F_0$ 均为水平面，它们的水平投影反映实形，正面及侧面投影积聚为一直线；棱柱有 6 个侧棱面，前后棱面 BCC_0B_0、EFF_0E_0 为正平面，它们的正面投影反映实形，水平投影及侧面投影积聚为一直线；棱柱的其他 4 个侧棱面均为铅垂面，水平投影积聚为直线，正面投影和侧面投影为类似形。6 条棱线 AA_0、BB_0、CC_0、DD_0、EE_0、FF_0 均为铅垂线。

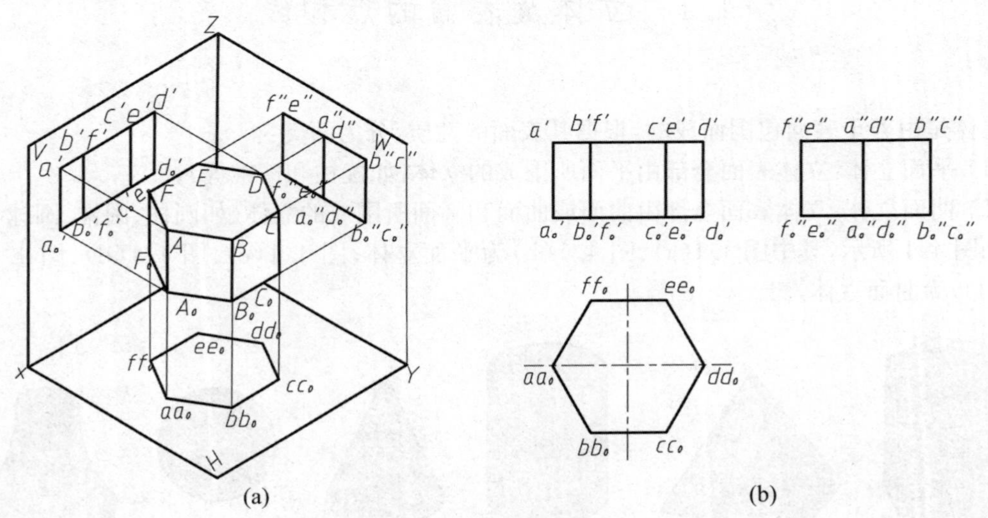

(a) (b)

图 4.2 正六棱柱投影

平面立体表面上取点、线问题的实质就是平面内取点、线。关键是根据已知条件判断所给的点或线属于平面立体表面上的哪个平面，它们的投影必在该平面的同面投影内，且它们的可见性与此平面的可见性相同。

例 4.1 如图 4.3(a)所示，已知正六棱柱三面投影及表面上 M 点的正面投影 m'、N 的水平投影 (n)，作这两个点作其余两个面上的投影。

分析 从图中可看出 M 点的正面投影 m' 可见，因此 M 点位于 ABB_0A_0 面内；N 点的水平投影 n 不可见，因此 N 点位于底面 $A_0B_0C_0D_0E_0F_0$ 上。

作图 (1) 由于 ABB_0A_0 为铅垂面，水平投影有积聚性，所以 m 必在 abb_0a_0 线上，可由 m' 作出 m；再根据 m 和 m' 作出 m''。

(2) 由于 $A_0B_0C_0D_0E_0F_0$ 为水平面，正面投影有积聚性，所以 n' 必在其正面投影上，可由 (n) 作出 n'；再根据 n 和 n' 作出 n''。

(3) 可见性判别：平面 ABB_0A_0 和 $A_0B_0C_0D_0E_0F_0$ 的侧面都是可见的，因此 m'' 和 n'' 是可见的。

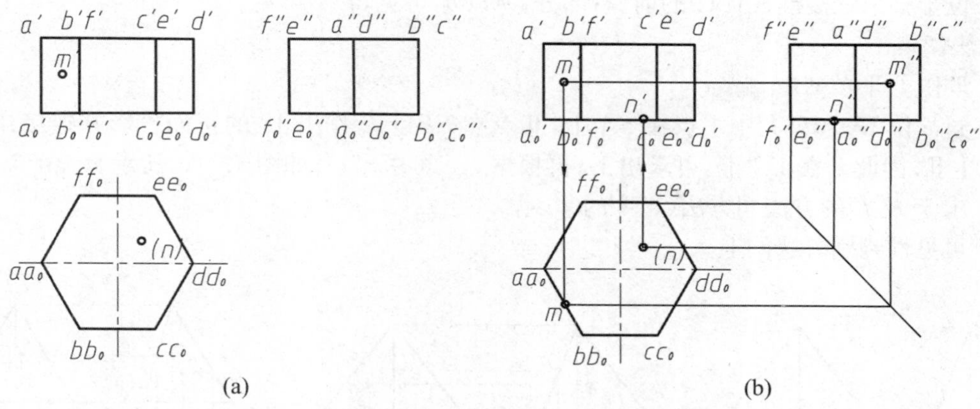

图 4.3　正六棱柱表面上点的投影

2. 棱锥的投影及表面取点

如图 4.4 所示，以 $SABC$ 为三棱锥，锥顶 S，其底面$\triangle ABC$ 为水平面，水平投影具有实形性；前、后两个棱面$\triangle SAB$ 和$\triangle SAC$ 均为一般位置平面，它们的 3 个投影具有类似性（三角形）；右棱面$\triangle SBC$ 为正垂面，它的正面投影具有积聚性，$s'b'c'$ 是一条直线，侧面投影 $s''b''c''$ 具有类似性。

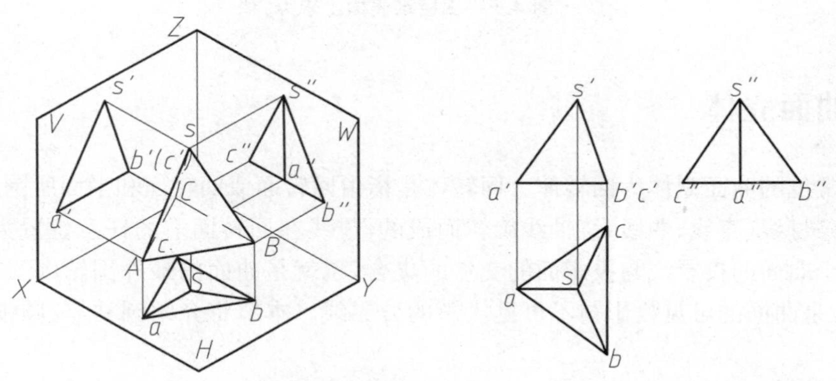

图 4.4　三棱锥的投影

例 4.2　如图 4.5(a)所示，已知三棱锥表面上点 E、F 的水平投影 e、f，作这两个点在其余两个面上的投影。

分析　从图 4.5(a)中可看出点 E 的水平投影 e 可见，因此点 E 位于 SAB 面上；点 F 的水平投影 f 可见，因此点 F 位于面 SBC 上。问题转化为平面上求点，即已知平面内点在一个面上的投影，求其在其他两个面上的投影。

作图　方法(1)：

① 连接 se 并延长至 ab 于 1 点，再求出 1 点的水平投影 s'，连接上 $s'1'$，因为 E 在直线 SⅠ上，可求出 e'，由 e 和 e' 可求出 e''，如图 4.5(b)所示。

② 因为$\triangle SBC$ 为正垂面，它的正面投影具有积聚性，所以 f' 位于 $s'b'c'$ 直线上。再由 f、f' 可求出 f''，因为$\triangle SBC$ 是右棱侧面，所以 f''不可见。

③ 可见性判别：因为$\triangle SAB$ 位于整个三棱锥 $SABC$ 的前、左部分，所以 e'、e''可见。又因为

△*SBC* 位于整个三棱锥 *SABC* 的前、右部分，所以 f'可见，f''不可见。

方法(2)：

过 *E* 作ⅠⅡ∥*AB*。

① 过 *e* 作 12∥*ab*，其中Ⅰ点在 *SA* 上，Ⅱ点在 *SB* 上。作出 12 的正面投影并连接 $1'2'$，*E* 在线段ⅠⅡ，因此 e'在 $1'2'$上，可求出 $1'$；再根据 *e*、e'可求出 e''，如图 4.5(c)所示。

② 求 f'及 f''的方法同方法(1)中的②。

③ 可见性判别方法同上。

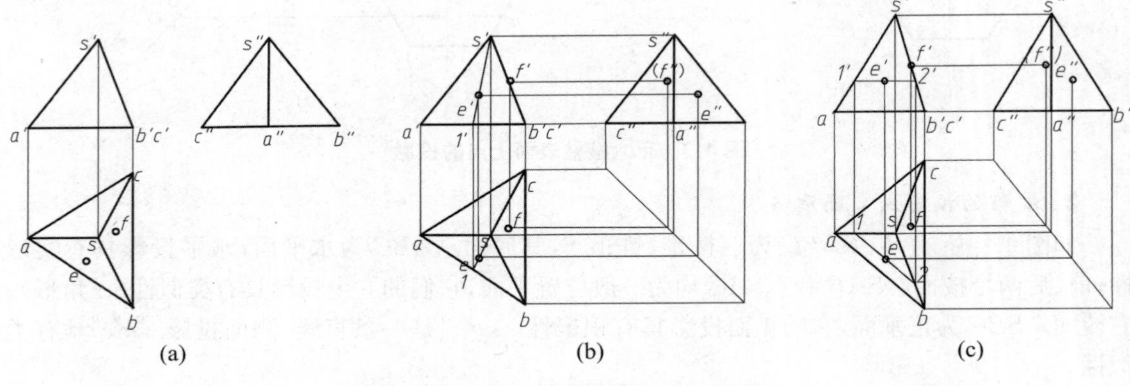

图 4.5 三棱锥表面上求点

4.1.2 曲面立体

工程中常见的曲面立体为回转体。回转体是指由回转面或回转面和平面所围成的立体；回转面是由一条母线(直线，曲线)绕轴线旋转而成的；母线在回转面上的任意位置为素线。转向轮廓线是切于曲面的投影线与投影面的交点的集合，也就是曲面的最外围轮廓线投影，在投影图中，也常常是曲面的可见投影与不可见投影的分界线。本节将介绍圆柱体、圆锥、球、圆环等回转体。

1. 圆柱的投影及其表面取点

圆柱体表面是由圆柱面和顶面、底面组成的。圆柱面是由一条直母线 AA_1，绕与它平行的轴线 OO_1旋转而形成的。圆柱面上的素线都是平行于轴线的直线，如图 4.6(a)所示。

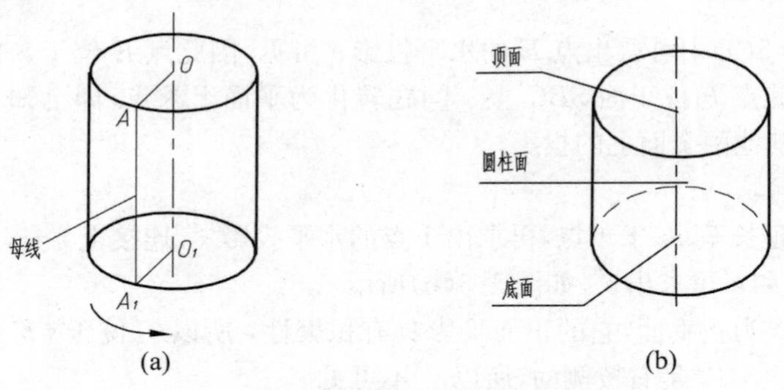

图 4.6 圆柱体的形成及组成

(1) 圆柱的投影

如图 4.6(b)所示，圆柱体的轴线为铅垂线，顶面、底面为水平面，它们的水平投影为圆（包括圆内）；圆柱面的水平投影积聚为圆（不包括圆内）。

如图 4.7 所示，圆柱面的正面投影为矩形，AA_1、BB_1 分别为最左、最右两条素线，同时又是圆柱面在正面投影的转向轮廓线，也是圆柱面前后两部分的分界线。

圆柱面的侧面投影为一等大的矩形，CC_1、DD_1 分别为最前、最后两条素线，同时又是圆柱面在侧面投影的转向轮廓线，是圆柱面左右两部分的分界线。

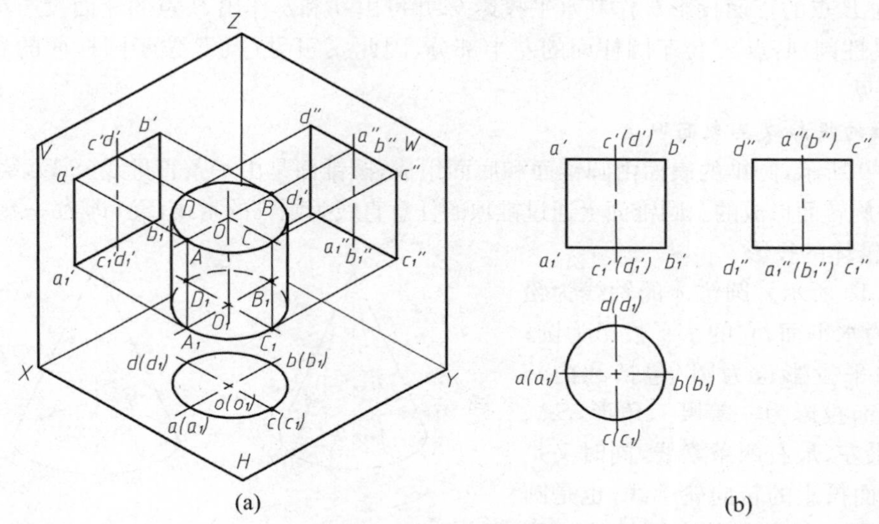

图 4.7　圆柱体的投影

(2) 圆柱的表面取点

例 4.3　如图 4.8(a)所示，已知圆柱体表面上点 A、点 B 的正面投影，作点 A、点 B 在其他两个面上的投影。

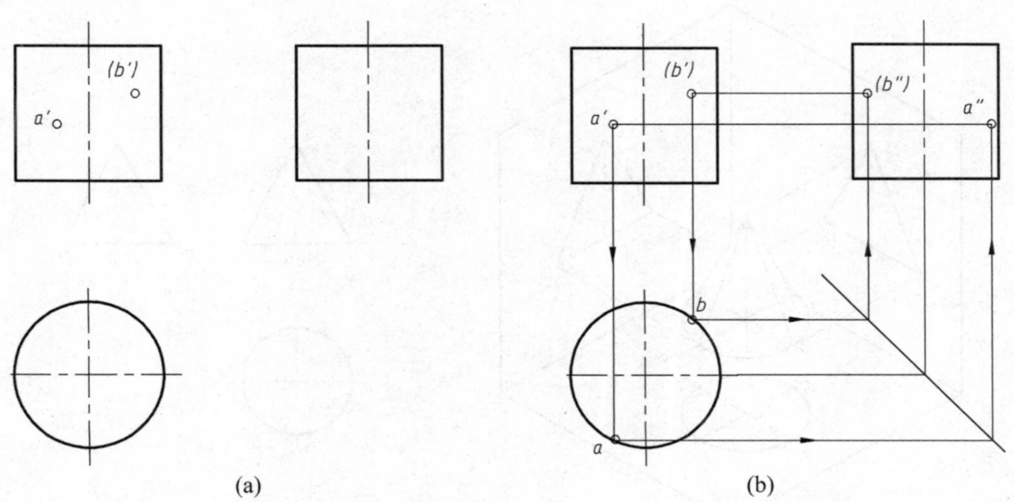

图 4.8　圆柱体的表面取点

分析 从图 4.8(a)中可知点 A 和点 B 都位于圆柱体上的圆柱曲面上，而不可能在圆柱体的顶面和底面上。由 a' 可见，可知点 A 在圆柱面的前半部分；b' 不可见，可知点 B 在圆柱面的后半部分。

由于圆柱面的水平投影有积聚性，所以点 A、B 的水平投影 a 和 b 应在大圆上，因此可由 a' 和 b' 可直接作出 a、b；再由 a、a' 可求出 a''，由 b、b' 可求出 b''。同时由于 B 点位于圆柱面的右半部分，所以 b'' 不可见。具体过程如图 4.8(b)所示。

作图 ① 根据 A 点的正面投影 a' 作其水平投影 a；并可由 a' 和 a 作出 A 点的侧面投影 a''。

② 根据 B 点的正面投影 b' 作其水平投影 b；并可由 b' 和 b 作出 B 点的侧面投影 b''。

③ 可见性判别：点 A 位于圆柱面的左半部分，因此 a'' 可见；点 B 位于圆柱面的右半部分，因此 b'' 不可见。

2. 圆锥的投影及其表面取点

如图 4.9 所示，圆锥的表面由圆锥面和底面组成，圆锥面是由一条直母线(SA)，绕与它相交的轴线(SO)旋转而形成的。圆锥面上通过锥顶的任意直线为圆锥的素线，SM 即为一条素线。

(1) 圆锥体的投影

如图 4.10 所示。圆锥体的轴线为铅垂线，底面为水平面，它的水平投影为圆；圆锥面的水平投影也为圆(包括圆内)。圆锥体的正面投影为一等腰三角形，SA、SB 分别为最左、最右两条素线，同时又是圆锥面在正面投影的转向轮廓线，也是圆锥面前后两部分的分界线。圆锥体的侧面投影为一等大等腰三角形，SC、SD 分别为最前、最后两条素线，同时又是圆锥面在侧面投影的转向轮廓线，是圆锥面左右两部分的分界线。

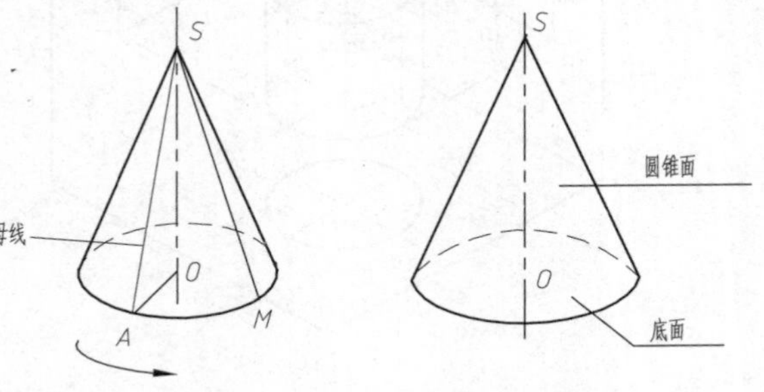

图 4.9 圆锥体的形成及组成

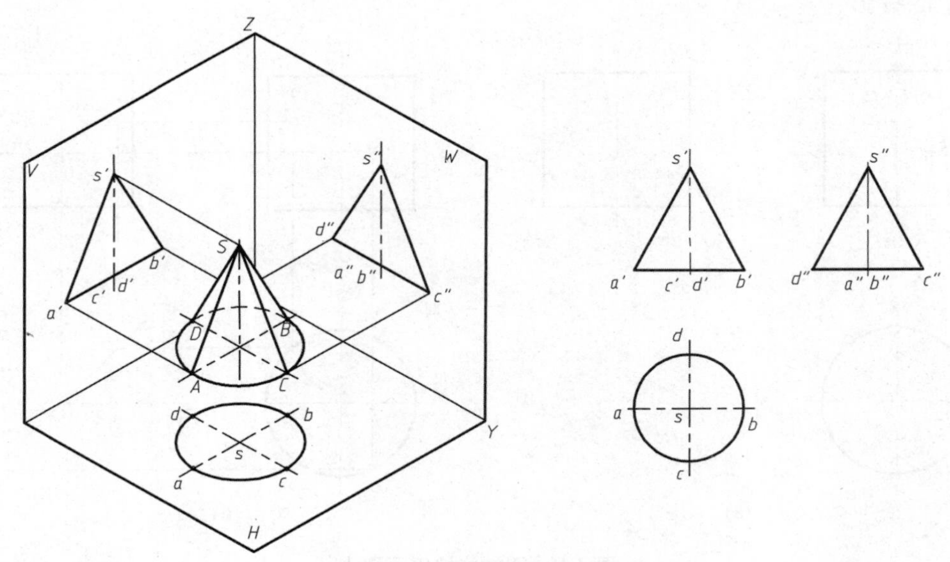

图 4.10 圆锥体的投影

(2) 圆锥体的表面取点

例 4.4　如图 4.11(a)所示,已知圆锥体表面上点 A 的正面投影,作点 A 的其他两个面上的投影。

分析　在圆锥面上取点,因为圆锥面没有积聚性,所以只能应用作辅助线的方法,在圆锥面上求点投影的方法有素线法和纬圆法两种。

·素线法　如图 4.11(b)所示,过点 A 与锥顶 S 作锥面上的素线 SB(过点 A 的辅助直线仅有一条),点 A 在 SB 上,A 的三面投影即在 SB 的三面投影上。

作图　① 连接 $s'a'$ 并延长至 b',由 b' 求出 b,再根据 b 和 b' 求出 b'',连接 sb 和 $s''b''$。

② 由 a' 在 $s'b'$,可知 a 在 sb,可求出 a。

③ 由 a'' 在 $s''b''$,可求出 a''。

④ 判别可见性:因为点 A 在圆锥曲面上,所以 a 可见,因点 A 在圆锥面的左半部,所以 a'' 为可见。

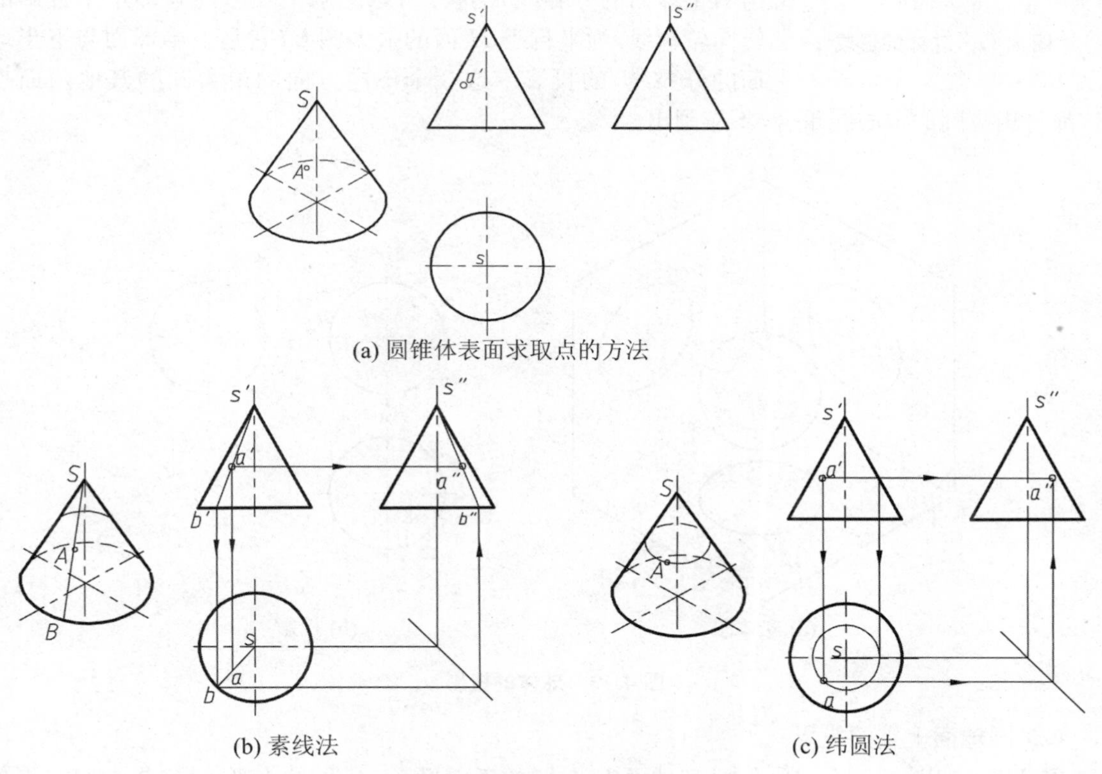

(a) 圆锥体表面求取点的方法

(b) 素线法　　(c) 纬圆法

图 4.11　圆锥体的投影

·纬圆法　纬圆法即过点 A 在锥面上作一水平辅助纬圆,纬圆与圆锥的轴线垂直。该纬圆在正面及侧面投影中积聚为直线,直线长度即为纬圆直径,水平投影反映纬圆的实形。点 A 的投影必在纬圆的同面投影上。

作图　① 先过 a' 作垂直于轴线的直线,得到纬圆的直径画出纬圆的水平投影。

② 由 a' 找出 a,注意 A 点的正面投影可见,所以其应在圆锥面的前半部分,即 a 为 $a'a$ 连线与纬圆水平投影两交点中前面的一个。

③ 再由 a'、a 求出 a''。

④ 判别可见性:因为点 A 在圆锥曲面上,所以 a 可见,因点 A 在圆锥面的左半部,所以 a'' 为可见。

3. 球的投影及其表面取点

球的表面即球面,如图 4.12 所示,球面可看作是由一条半圆母线绕通过其圆心的轴线回转而成的。

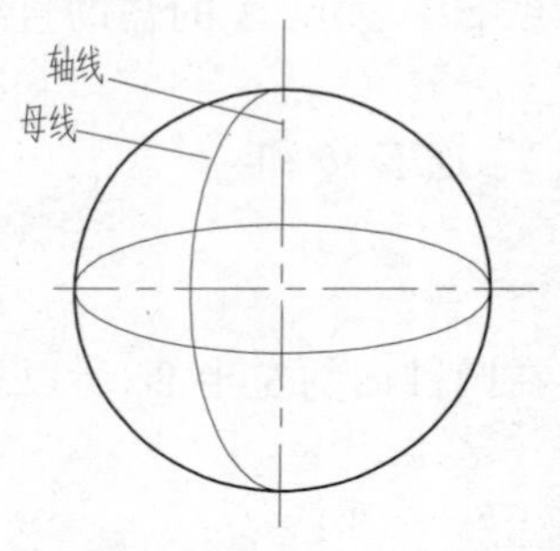

图 4.12 球体的形成

(1) 圆球的投影

如图 4.13(a)所示为球的立体图,图 4.13(b)所示为球的投影。圆球在 3 个投影面上的投影都是直径相等的圆,但这 3 个圆分别表示 3 个不同方向的大圆投影。球的正面投影的圆即正面投影的转向轮廓线,为平行于 V 面的最大圆 A(它是前半球面与后半球面的分界线)的投影。与此类似,球的侧面投影的圆即侧面投影的转向轮廓线,为平行于 W 面的最大圆 C(它是左半球面与右半球面的分界线)的投影;球的水平投影的圆即水平投影的转向轮廓线,为平行于 H 面的最大圆 B(它是上半球面与下半球面的分界线)的投影。这 3 个不同方向的最大圆的其他两面投影,都与相应圆的中心线重合,不应画出。

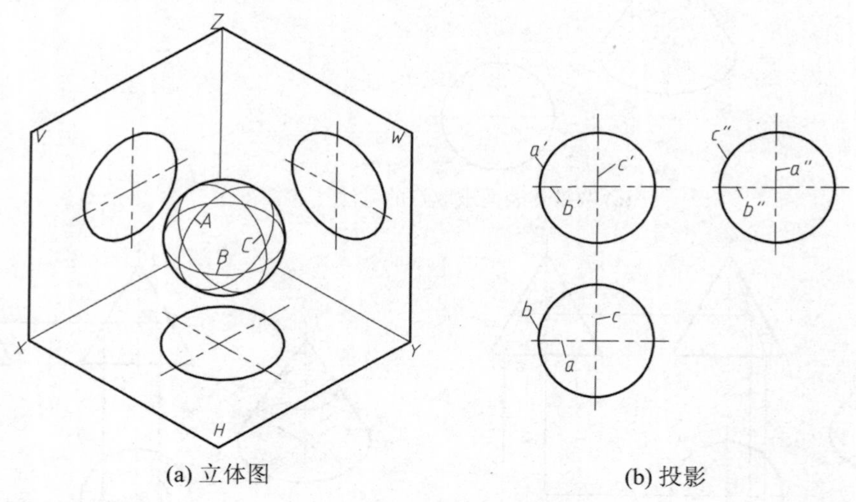

(a) 立体图 (b) 投影

图 4.13 球体的投影

(2) 圆球面上点的投影

例 4.5 如图 4.14(a)所示,已知球面上点 M 的正面投影、点 K 的水平投影,作它们在其余两个面上的投影。

分析 由于圆球表面上不存在直线,因此它的表面上的点只能用纬圆法来画图,即过该点在球面上作一个平行于任一投影面的辅助圆,图 4.14(b)采用的是水平纬圆作为辅助圆。

① 求点 M 的两面投影。

作图 (a) 过点 M 作一平行于水平面的辅助圆,它的正面投影为过 m' 的直线 $a'b'$,水平投影为直径等于 ab 长度的圆。

(b) 自 m' 向下引垂线,在水平投影上与辅助圆相交于两点。又由于 m' 可见,故点 M 必在前半个圆周上,据此可确定 m 的位置。

(c) 再由 m、m'可作出 m''，如图 4.14(c)所示 。

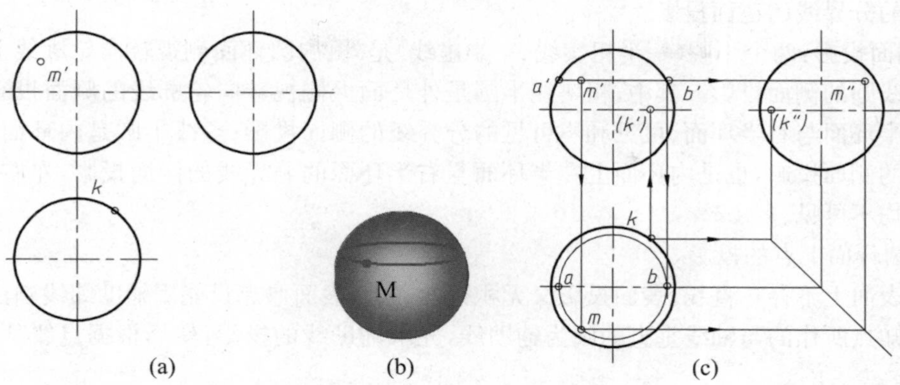

图 4.14　球面上点的投影

(d) 可见性判别：因为 m'可见，所以点 M 位于球体的前半球面，又由 M 点位于上半球面，可知其水平投影 m 可见；同时可看出点 M 位于球体的左半球面，所以 m''可见。

② 求点 K 的两面投影。

作图　(a) 如图 4.14(c)所示，点 K 为处于转向轮廓线上的特殊位置点，可直接作出其在另外两个面上的投影。

(b) 可见性判别：因点 K 的水平投影 k 可见，由图 14.15 可知点 K 在水平的转向轮廓圆的后半部分上，所以正面投影 k'在对称线上并且不可见，侧面投影 k''在水平对称线上，也不可见。

4. 圆环的投影及其表面取点

圆环可看成是以圆为母线，绕与它在同一平面上不经过圆心的轴线旋转而形成的。

(1) 圆环的三面投影(图 4.15)

① 水平投影：3 个同心圆中的细点画线圆是母线圆心轨迹的水平投影，也是内外环面上的上、下两个分界圆的水平投影重合；内外粗实线圆是圆环面上最小、最大纬线圆的水平投影，也是内、外圆环面俯视转向轮廓线的水平投影。

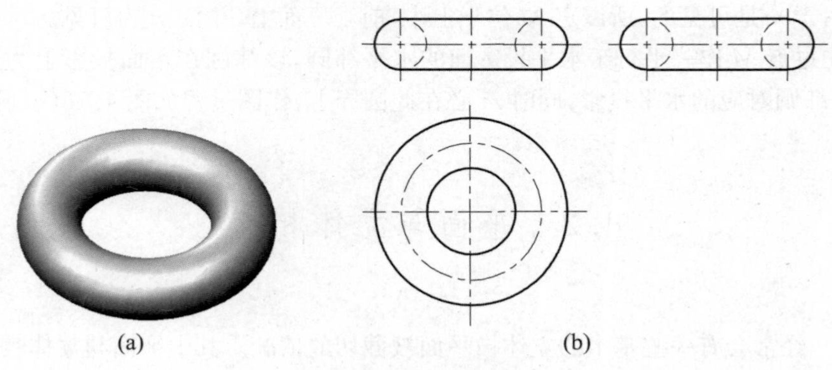

图 4.15　圆环的投影

② 正面投影：两个小圆(一半粗实线，一半虚线)是外、内圆环面正视转向轮廓线上最左、最右两条素线的正面投影。其中，虚线半圆是内环面上正视转向轮廓线的正面投影，也是内环面上前半环面与后半环面的分界线的正面投影，前、后内环面的正面投影均不可见，故画成虚线。

粗实线半圆是外环面上正视转向轮廓线的正面投影，也是外环面上前半环面与后半环面、可见和不可见的分界线的正面投影。

③ 侧面投影：两个小圆（一半粗实线、一半虚线）是外、内圆环面侧视转向轮廓线上最前、最后两条素线圆的侧面投影。其中，粗实线半圆是外环面上侧视转向轮廓线的侧面投影，也是外环面上左半环面与右半环面、可见和不可见的分界线的侧面投影；虚线半圆是内环面上侧视转向轮廓线的侧面投影，也是内环面上左半环面与右半环面的分界线的侧面投影，左右内环面的侧面投影均不可见。

(2) 圆环面上点的投影

圆环表面上不存在直线，表面投影又无积聚性，故其表面取点只能用辅助纬线圆法，即以过表面上已知点所作的与轴线垂直的圆为辅助线，先求辅助线的投影，然后根据点线从属关系求点的投影。

例 4.6 如图 4.16(a)所示，已知圆环面上点 M 的正面投影 m'，作其水平投影。

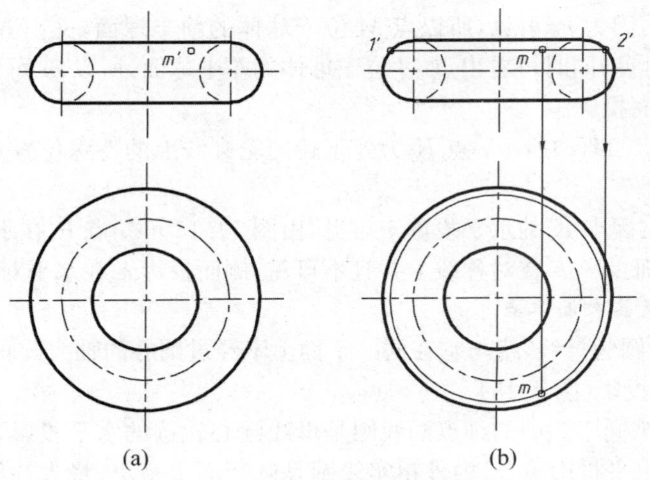

图 4.16 圆环表面上点的投影

分析 由于 m'是可见的，所以点 M 位于上半，前半环面上，并且 m 为可见。

作图 先过点 M 作一平行于水平投影面的水平纬圆，该纬圆在正面投影上为过 m'的直线 12′，再作出该纬圆对应的水平投影，同时 m 必在此圆周上，作图过程如图 4.16(b)所示。

4.2 平面与立体相交

在机件中，经常会有一些基本的立体被平面被截切的情况。其中平面与立体表面相交的交线，称为截交线。当平面切割立体时，平面称为截平面，由截交线围成的平面图形，称为断面。

截平面与不同立体的截切，所产生的截交线可能不相同；截平面与立体截切的相对位置不同，截交线的形状也可能不相同。但一般都具有下列性质：

① 截交线既在截平面上，又在立体表面上，因此截交线是截平面与立体表面的共有线，截交线上的点是截平面与立体表面的共有点。

② 由于立体表面是封闭的,因此截交线是封闭的平面图形。

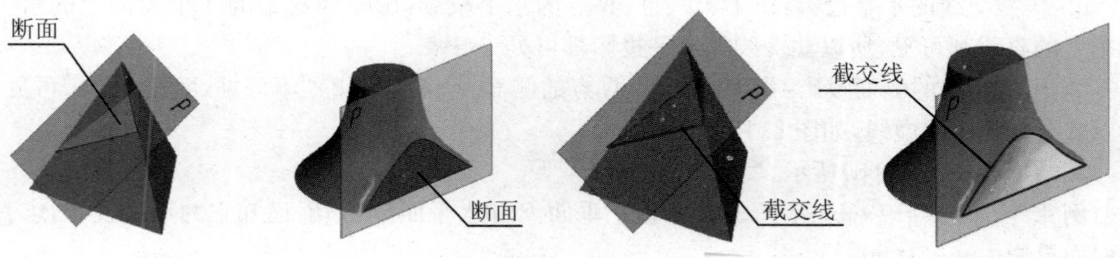

图 4.17　立体表面的截交线

1. 平面与平面立体相交

平面立体被截平面切割后，所产生的断面为平面多边形，组成断面的截交线均为直线,因此求截交线就是求截平面与立体表面的共有点,再判别可见性,最后按顺序依次连接各共有点。

例 4.7　如图 4.18(a)所示,作正垂面 P 斜切正四棱锥的截交线。

分析　截平面 P 与棱锥的 4 条棱线相交,有 4 个交点Ⅰ、Ⅱ、Ⅲ、Ⅳ分别是四条棱线 SA、SB、SC、SD 与截平面 P_V 的交点。因此可判定截交线为四边形,所以只要求出截交线的 4 个顶点在各投影面上的投影,并且判别可见性,然后依次连接顶点的同名投影,即得截交线得投影。

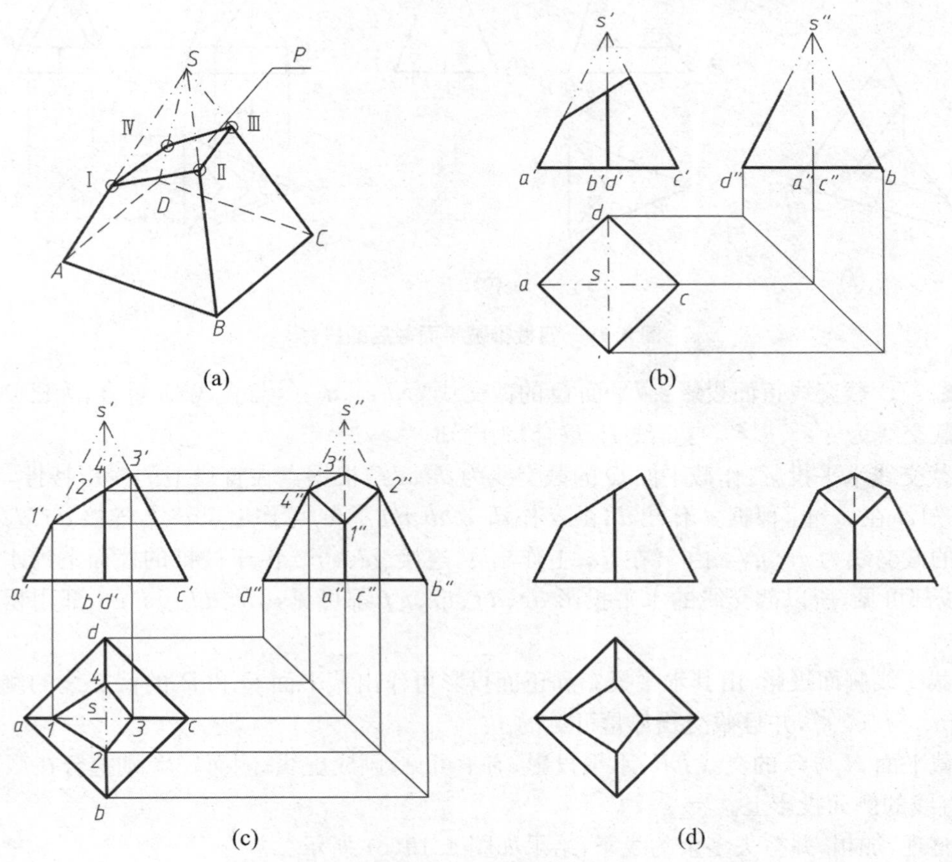

图 4.18　四棱锥被平面截后的投影

作图 ① 截交线的正面投影为已知，为直线 P_V。

② 作截交线的水平投影：作Ⅰ、Ⅱ、Ⅲ、Ⅳ点的水平投影，由于四棱锥的 4 个棱面上的水平投影上的直线都可见，所以截交线的水平投影都可见。

③ 作截交线的侧面投影：作Ⅰ、Ⅱ、Ⅲ、Ⅳ点的侧面投影；棱线 $3''c''$ 不可见，而棱线 $1''a''$ 可见，所以 $3''1''$ 连线应为虚线，如图 4.18(c)所示。

其结果如图 4.18(d)所示。

例 4.8 如图 4.19(b)所示，三棱锥被正垂面 P 和水平面 Q 截切，已知它的正面投影，求其另两面投影。

分析 该三棱锥的切口是由两个相交的截平面切割而形成的，如图 4.19(a)所示。一个是水平面 Q，另一个是正垂面 P，它们的正面投影有积聚性，故截交线的正面投影为已知的两条直线 Q_V 和 P_V。水平截面 Q 与三棱锥的底面平行，因此它与棱面△SAB 和△SAC 的交线 DE、DF 必分别平行与底边 AB 和 AC，水平截面 Q 的侧面投影积聚成一条直线。正垂截面 P 分别与棱面△SAB 和△SAC 交于直线 GE、GF。由于两个截平面都垂直于正面，所以两截平面的交线 EF 一定是正垂线，画出这些交线的投影，也就画出了这个缺口的投影。

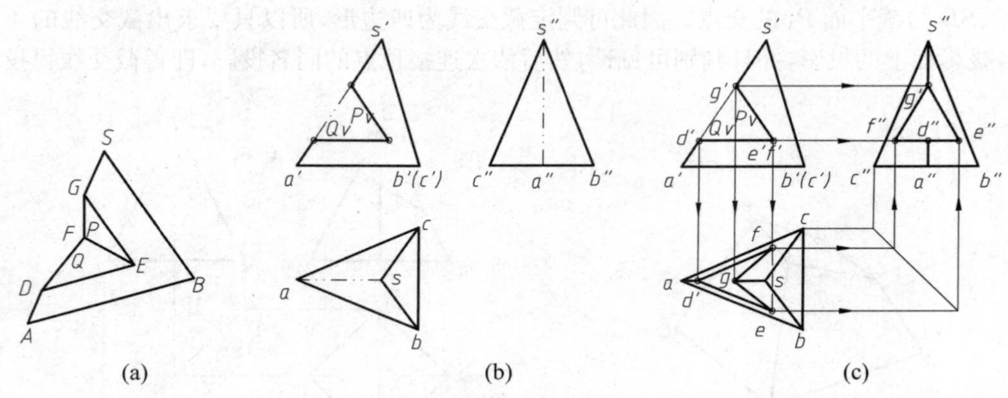

图 4.19 四棱锥被平面截后的投影

作图 ① 截交线正面投影：截平面 Q 的截交线为 $d'e'$、$d'f'$，与直线 Q_V 重合，为已知。截平面 P 的截交线为 $g'e'$、$g'f'$，与直线 P_V 重合，为已知。

② 截交线水平投影：作截平面 Q 的截交线为 de、df：根据点在直线上的投影特性，由 d' 在 $s'a'$ 上可知 d 在 sa 上，根据 d' 作出 d，由 d 作 $de /\!/ ab$、$df /\!/ ac$，可作出点 e、f，连接 de、df。作截平面 P 的截交线为 ge、gf，由 g' 在 $s'a'$ 上作出 g，连接 ge、gf。由于棱锥的棱面上的水平投影上的直线都可见，所以截交线的水平投影 de、df、ge、gf 都可见，de、df、ge、gf 都用粗实线来连接。

③ 截交线侧面投影：由其水平投影和正面投影可作出截平面 Q 和 P 的截交线的侧面投影 $d''e''$、$d''f''$、$g''f''$、$g''e''$，并且截交线都是可见的。

④ 截平面 P 与 Q 的交线 EF：水平投影 ef 不可见，画成虚线；侧面 $e''f''$ 则重合在截面 Q 的积聚成直线的侧面投影上。

⑤ 整理，加粗，并擦去多余的线条，结果如图 4.19(c) 所示。

2. 平面与回转体相交

如图 4.20 所示，平面切割回转体，截交线是一条封闭的平面曲线或是一个平面图形，它取决于回转体的几何形状和截平面相对于回转体的相对位置。

平面切割回转体的截交线的作图依据：截交线是截平面和曲面立体表面的共有线，截交线上的点是它们的共有点。当截平面为特殊位置平面时，截交线的投影就积聚在截平面有积聚性的同面投影上，可用在曲面立体表面上取点和线的方法作截交线。

图 4.20 平面切割回转体

求作截交线的步骤如下：

① 分析截交线的形状，包括：圆、椭圆、平面图形、曲线等。

② 画截交线：(a) 作特殊点：特殊点是一些能确定截交线形状和范围的点，包括：转向轮廓线上的点，截交线在对称轴上的顶点、极限位置点。

(b) 作一般点：为了能光滑地作出截交线的投影，还需在特殊点之间再作一些中间点。

(c) 判别可见性并光滑连线。如果截交线是可见的，用粗实线连接；如不可见，则用虚线连接。

3. 平面与圆柱相交

根据平面对圆柱体轴线的位置不同，其截交线有 3 种情形：矩形、圆、椭圆，如表 4.1 所示。

表 4.1 平面与圆柱相交的相对位置

截平面位置	平行于轴线	垂直于轴线	倾斜于轴线
立体图			
投影图			
截交线形状	两条直线	圆	椭圆

注意：作图时，应特别留意轮廓线的投影；当截交线的投影为直线或圆时，可直接作图；当截交线为平面曲线时应先作出所有特殊点的投影，再作出一定数量的一般点的投影，最后光滑连线并判断可见性，可见的线画成粗实线，不可见的线画成虚线，并完善轮廓线的投影。

例 4.9 如图 4.21(a)所示，作圆柱被正垂面截切后的截交线的投影。

分析 截平面 P 与圆柱的轴线倾斜，其截交线为椭圆。该椭圆的正面投影积聚为一直线在 P_V上。由于圆柱面的水平投影积聚为圆，而椭圆位于圆柱面表面，所以椭圆的水平投影与圆柱面水平投影——圆重合。椭圆的侧面投影是它的类似形，仍为椭圆，可根据投影规律由其正面投影和水平投影求出侧面投影。下面的问题转化为如何作出截交线的侧面投影。

作图 ① 作特殊点。如图 4.21(b)所示，在最外转向轮廓线上找出 4 个特殊点：其中点 A 是最低点(或最左点)，点 B 是最高点(或最右点)，点 C 是最前面的点，点 D 是最后面的点。作出它们的正面投影 a'、b'、c'、d' 和水平投影 a、b、c、d。根据这两个面的投影，可求作出它们的侧面投影 a''、b''、c''、d''。根据对圆柱截交线椭圆的长、短轴分析，可以看出点 C、点 D 是椭圆的长轴的两个端点，点 A、点 B 是椭圆的短轴的两个端点，并且长、短轴的侧面投影 $c''d''$、$a''b''$ 应互相垂直。

② 作一般点。如图 4.21(c)所示，在正面投影上取 e'、f'、g'、h' 点，其水平投影 e、f、g、h 在圆柱面积聚性的圆投影上。因此，可求出侧面投影 e''、f''、g''、h''。一般取点的多少可根据作图准确程度的要求而定。

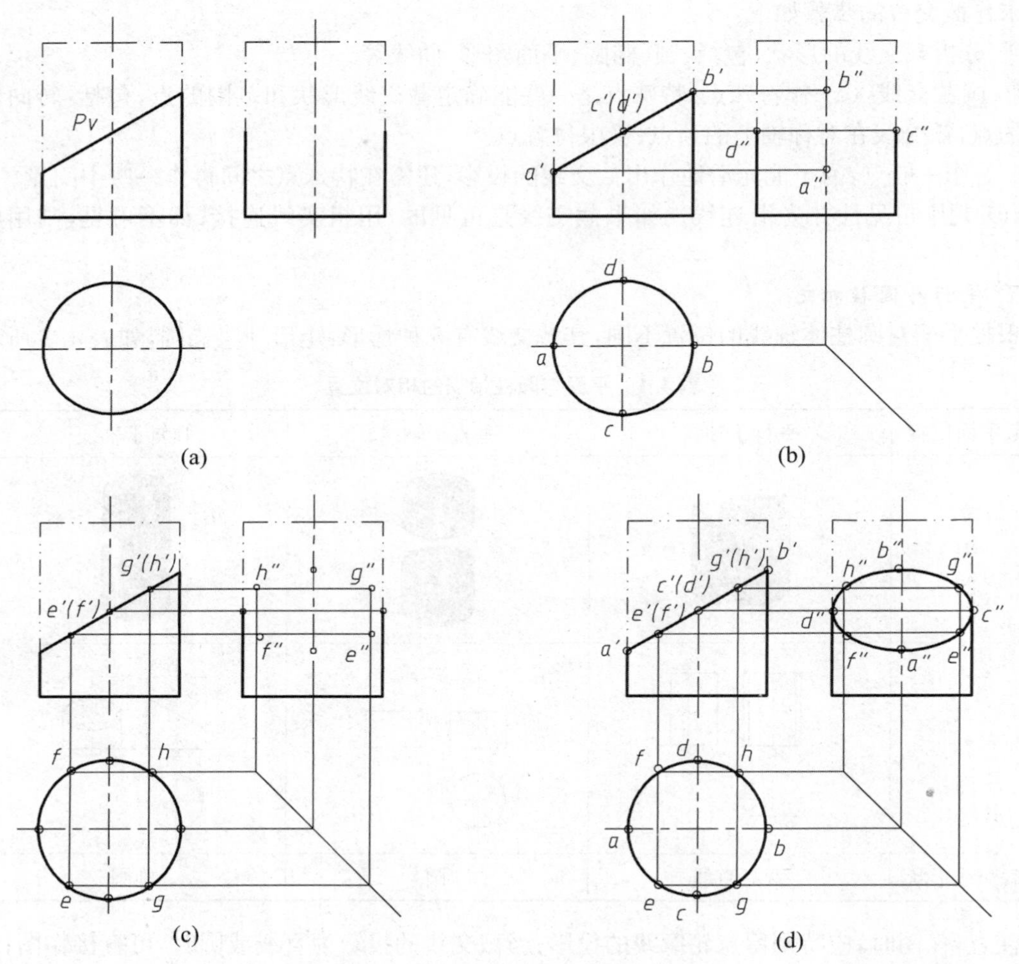

图 4.21 圆柱被正垂面截后的投影

③ 判断可见性，光滑连接。如图 4.21(d)所示，因为整个圆柱体被截去左上部分，所以其截交线的侧面投影可见；依次光滑连接 a''、e''、c''、g''、b''、h''、d''、f''、a'' 即得截交线的侧面投影。

④ 完善轮廓线的投影。

例 4.10 如图 4.22(b)所示，作圆柱被侧平面 P 和正垂面 Q 截切后的水平投影和侧面投影。

分析 在图 4.22(a)中，截平面 P 与圆柱体的轴线平行，其截交线应为两条平行直线；截平面 Q 与圆柱体的轴线倾斜，其截交线应为椭圆的一部分。而 P 与 Q 的交线为正垂线。

作图 ① 作截平面 P 与与圆柱体的截交线。如图 4.22(c)所示，其截交线为平行圆柱轴线的两条平行线，且 P 平面与正垂面 Q 的交线 AB 为正垂线；分别作出两条平行线与正垂线的水平投影和侧面投影。

② 作截平面 Q 与与圆柱体的截交线。(a) 如图 4.22(d)所示其截交线为椭圆弧(即椭圆的一部分)特殊点有：A、B、C、D、E。其中 B、A 为 P 平面与 Q 平面的交点，已经求出。点 C、D 分别为最前点、最后点。(b) 在适当的位置取一般点 G、H，并画出这两个点的三面投影。(c) 判别可见性，进行连接。显然截交线椭圆弧的水平投影与圆柱体的水平投影重合，无需画出。截交线椭圆弧侧面投影可见，用粗实线进行光滑连接。

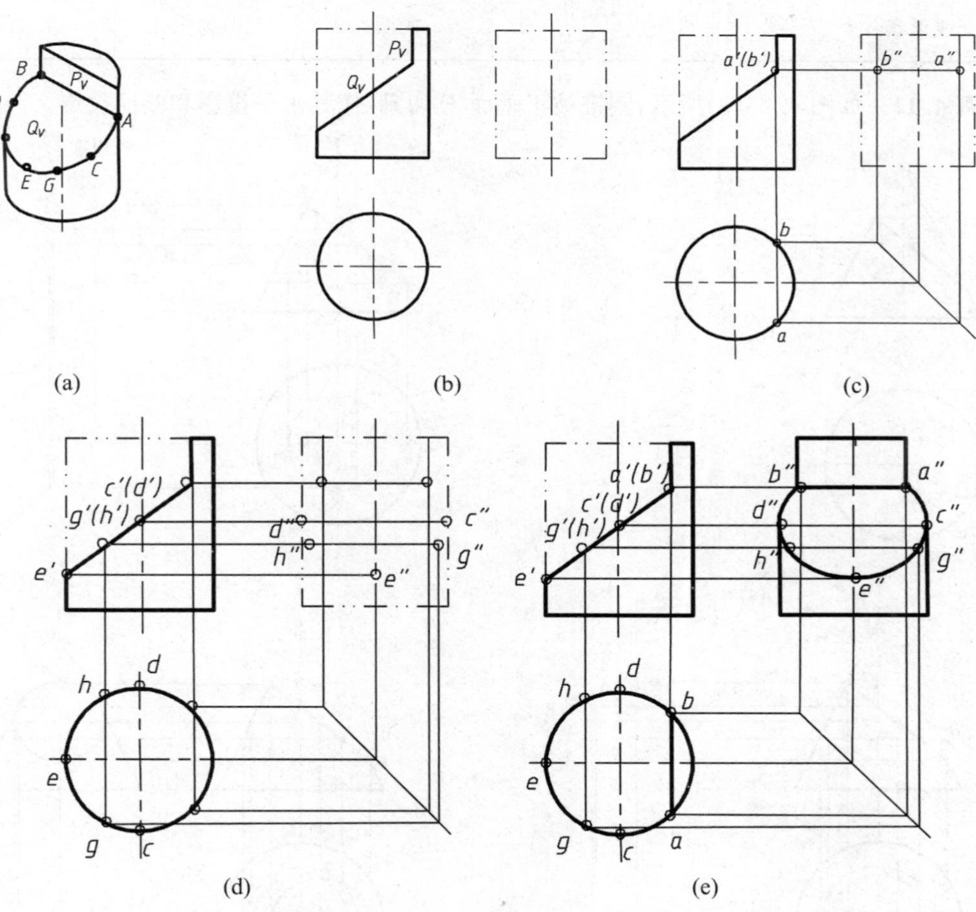

图 4.22 圆柱被两个平面截后的投影

③ 完善轮廓线。画出 P 与 Q 的交线的三面投影，如图 4.22(e)所示。

4. 平面与圆锥相交

根据截平面对圆锥轴线的位置不同，其截交线有 5 种情形：圆、椭圆、抛物线(截平面平行任一素线)、双曲线(截平面与轴线夹角小于锥顶半角)及两相交素线(截平面过锥顶)，如表 4.2 所示。

表 4.2 平面与圆锥相交的相对位置

截平面位置	垂直于轴线	过锥顶	与所有素线相交	与一条素线平行	与轴线平行
立体图					
投影图					
截交线形状	圆	两条相交的素线	椭圆	抛物线	双曲线

例 4.11 如图 4.23(a)所示，圆锥被正垂面 P 切割，作其水平投影和侧面投影。

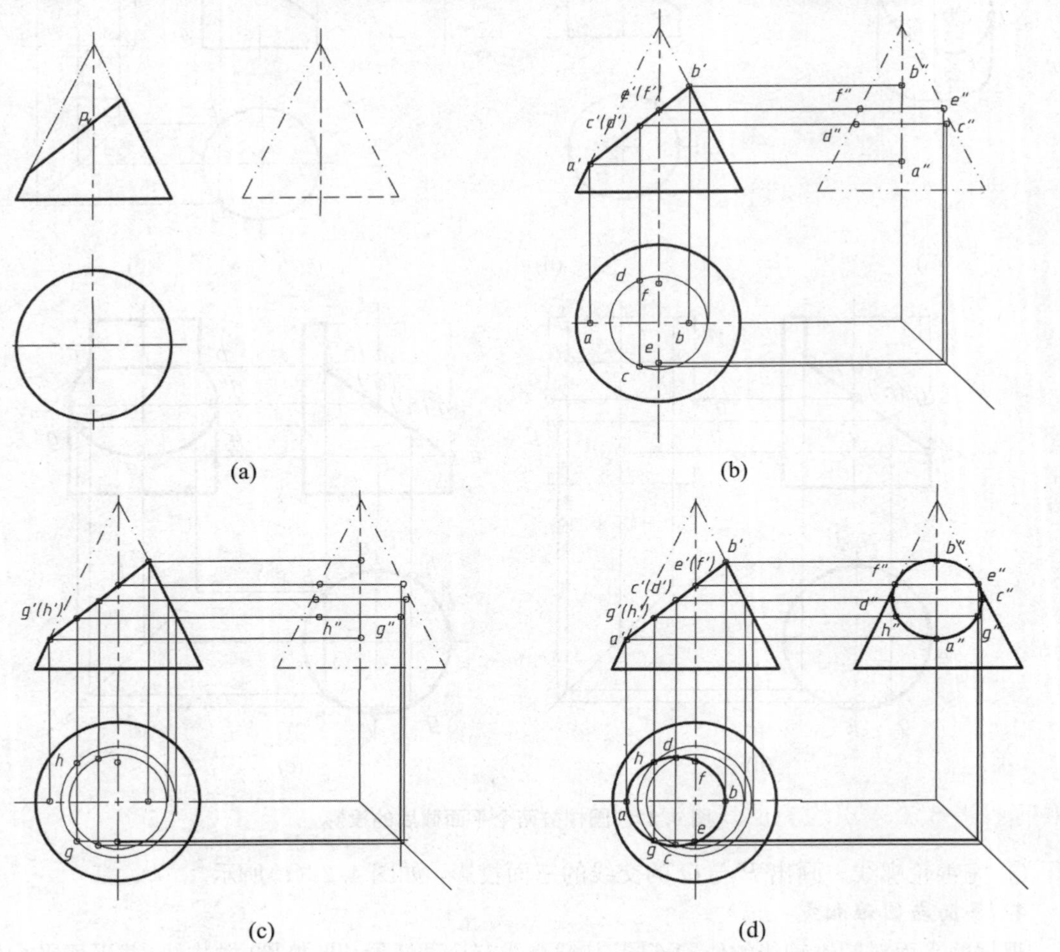

图 4.23 圆锥被平面截后的投影

分析　因为截平面 P 倾斜圆锥轴线，与所有素线相交，由表 4.2 可知，其截交线是椭圆。此椭圆的正面投影积聚为一直线 P_V，侧面投影和水平投影仍为椭圆。作图时应先求出椭圆所在的长轴和短轴所在的端点(特殊点)，再适当作出一般点，判别可见性光滑连接。

作图　① 首先作出未被切割的圆锥的完整侧面投影，再作特殊点。从图 4.23 中可看出，由于圆锥前后对称，正垂面 P 与它的截交线也前后对称。(a) 椭圆的长轴两个端点分别是 A 点和 B 点，其中点 A 是截平面 P 与圆锥的截交线上的最左和最低点、点 B 是截交线上的最右和最高点。从正面投影上取点 a'、b'，再直接作出水平投影 a、b 和侧面投影 a''、b''。(b) 短轴则为通过长轴的中点上，即点 C 和点 D，从正面投影上取 c'、d'，再用纬圆法求出其水平投影 c、d 和侧面投影 c''、d''。(c) 如图 4.21(b)所示，图中点 E、F 分别是截交线的最前素线上的点、最后素线上的点。从正面投影上取 e'、f'，用纬圆法求出其水平投影 e、f 和侧面投影 e''、f''。

② 作一般点。如图 4.23(c)所示，在正面投影上取 g'、h'，可纬圆法求出用其水平投影 g、h 和侧面投影 g''、h''。

③ 判断可见性，光滑连接。因为整个圆锥被截去左边和上部分，所以其截交线的侧面投影和水平投影可见；依次光滑连接即得截交线的侧面投影和水平投影，并完善轮廓线。如图 4.23(d)所示。

例 4.12　如图 4.24(a)所示，圆锥被正垂面 P、水平面 Q、侧平面 R 同时切割，求其水平投影和侧面投影。

分析　从正面投影可以看出，圆锥被 3 个平面同时切割：正锥面 P 过圆锥的锥顶，其截交线为两条相交素线 SⅠ、SⅡ的一部分；水平面 Q 垂直轴线，截交线应为圆弧的一部分；侧平面 R 与轴线平行，截交线为双曲线的一部分。P 与 Q 的交线、Q 与 R 的交线均为正垂线。同时根据圆锥被截取的位置，可判别其截交线的水平投影和正面投影都是看见的。

作图　① 首先作出完整的水平投影和侧面投影，求出截平面 P 与圆锥体的截交线。因为平面 P 通过圆锥的锥顶，所以其截交线为直线 SⅠ、SⅡ(直线 SⅠ、SⅡ为圆锥素线的一部分)，从图 4.24(c)可找出点 S、点Ⅰ、点Ⅱ的正面投影，根据其正面投影，用纬圆法求出其对应的水平投影和侧面投影。判别可见性，按图所摆放位置，可知圆锥曲面上的任何线的水平投影均为可见的，因此 SⅠ、SⅡ的水平投影均可见；并且根据圆锥所切割的位置可判断 SⅠ、SⅡ的侧面投影均可见，连接 SⅠ、SⅡ的水平投影和侧面投影。

② 作截平面 Q 与圆锥体的截交线。平面 Q 与圆锥的轴线垂直，所以其截交线为两段圆弧：ⅠⅢ、ⅡⅣ，从图 4.24(c)中可找出Ⅲ点、Ⅳ点的正面投影 $3'$、$4'$，用纬圆法求出其对应的水平投影 3、4 和侧面投影 $3''$、$4''$。判别可见性，可知其对应的水平投影和侧面投影均可见，连接ⅠⅢ、ⅡⅣ的水平投影和侧面投影。

③ 作截平面 R 与圆锥体的截交线。根据表 4.2，可知其截交线为两段曲线：ⅢⅤ、ⅣⅥ。从图 4.24(d)可找出点Ⅴ、点Ⅵ的正面投影 $5'$、$6'$，根据其正面投影，作出水平投影 5、6 和侧面投影 $5''$、$6''$，判别可见性，连接ⅢⅤ、ⅣⅥ的水平投影和侧面投影。注意截平面 R 为侧平面，所以截交线侧面投影 $3''5''$、$4''6''$ 均为曲线，为了提高曲线的准确度，可在 $3''5''$ 中找一点 $7''$，$4''6''$ 中找一点 $8''$。

④ 作平面 P 与 Q 面的交线ⅠⅡ的水平投影和侧面投影，作平面 Q 与 R 面的交线ⅢⅤ的水平投影和侧面投影。

⑤ 完善轮廓线，最后的图形如图 4.24(d)所示。

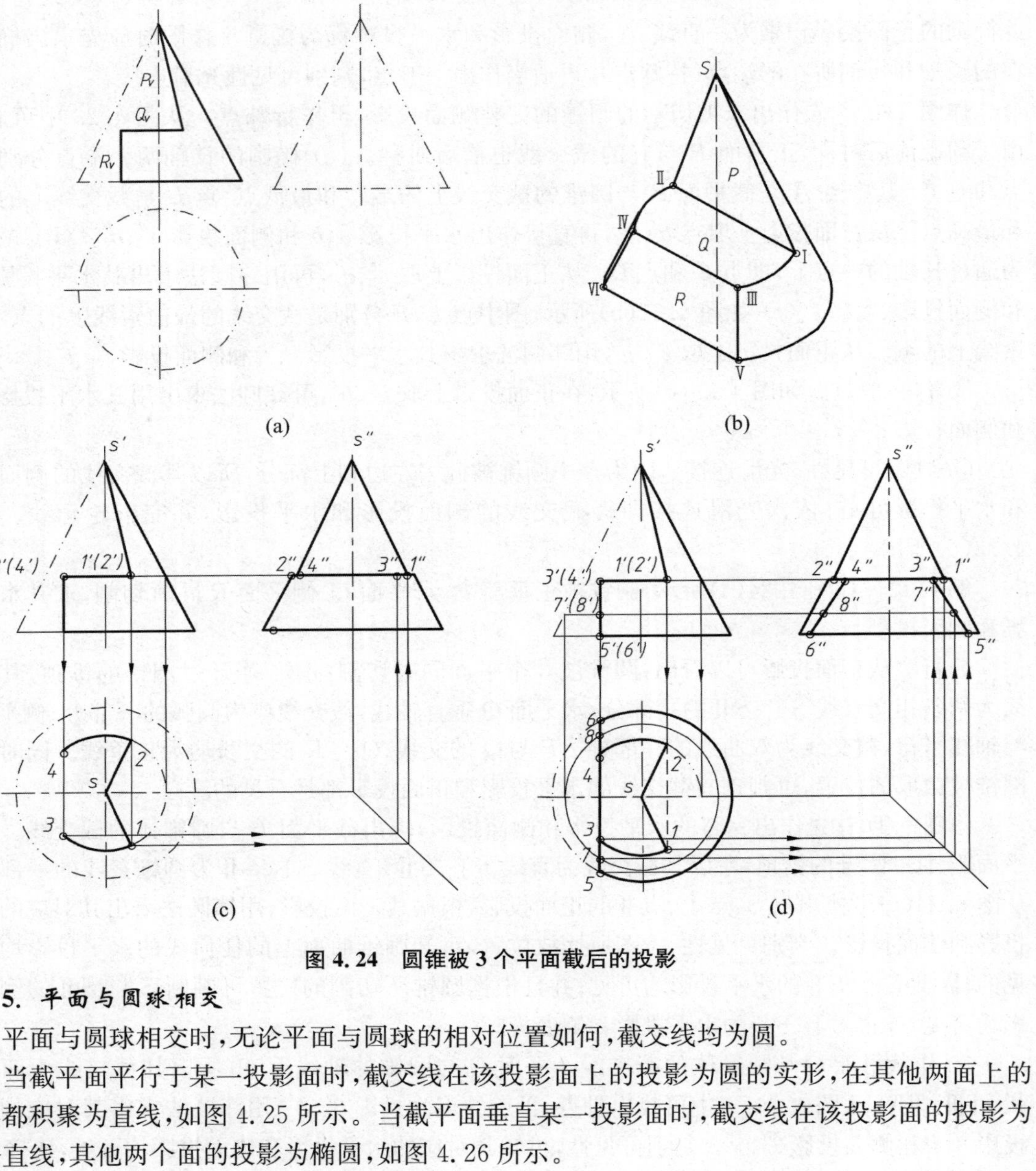

(a)

(b)

(c)

(d)

图 4.24　圆锥被 3 个平面截后的投影

5. 平面与圆球相交

平面与圆球相交时，无论平面与圆球的相对位置如何，截交线均为圆。

当截平面平行于某一投影面时，截交线在该投影面上的投影为圆的实形，在其他两面上的投影都积聚为直线，如图 4.25 所示。当截平面垂直某一投影面时，截交线在该投影面的投影为一条直线，其他两个面的投影为椭圆，如图 4.26 所示。

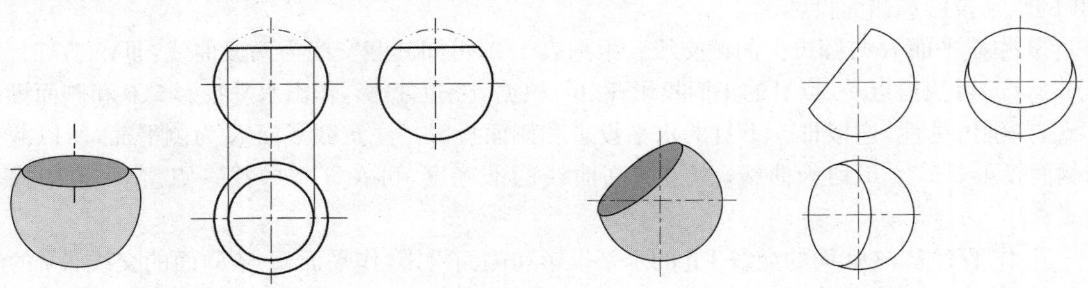

图 4.25　截平面与投影面平行

图 4.26　截平面与投影面垂直

例 4.13　如图 4.27(a)所示，作正垂面 P 截切圆球的截交线。

分析　圆球被正垂面截切，截交线的正面投影积聚为一直线，水平投影和侧面投影均为椭圆。

作图　① 特殊点。确定椭圆长短轴的端点 A、B、C、D。在正面投影上找出椭圆短轴的端点 A、B，其中点 A 是椭圆上的最低点和最左点，点 B 是椭圆上的最高点和最右点。点 C 和点 D 是椭圆长轴的端点，位于截交线正面投影直线的中点上，点 C 也是最前点，点 D 是最后点。由点 A、B、C、D 的正面投影可作出它们在其他两个面上的投影，如图 4.27(b)所示。

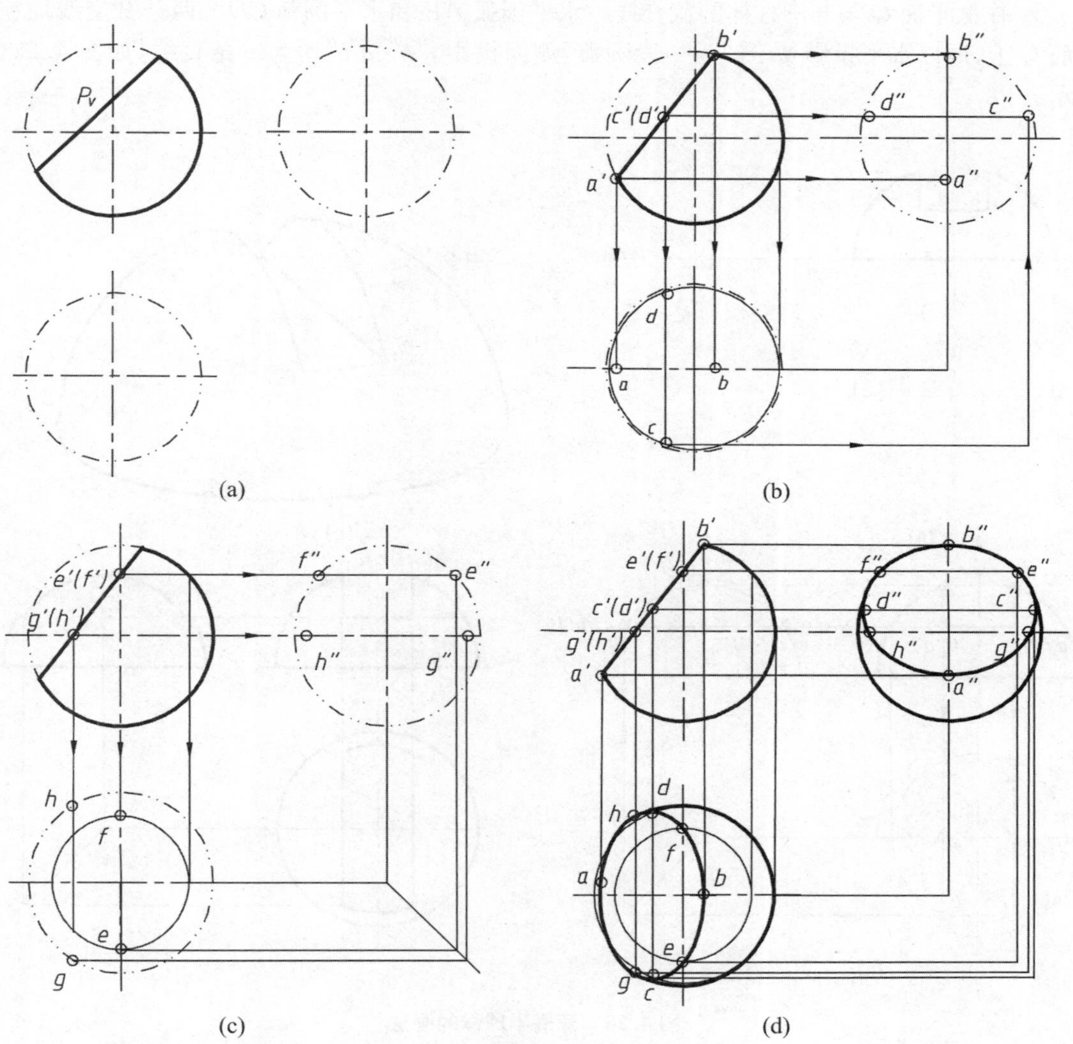

图 4.27　平面截切球体

作特殊点 E、F、G、H。点 E、F 为侧面投影的转向点，点 G、H 为水平投影的转向点。由点 E、F、G、H 的正面投影可求出它们在其他两个面上的投影，如图 4.27(c)所示。

② 一般点：如果需要提高精度，可利用纬圆法求一般点。

③ 判别可见性，光滑连接。球体被截去左、上部分，显然其截交线的水平投影和侧面都是可见的，依此光滑连接各点的同面投影，并完善轮廓线。如图 4.27(d)所示。

例 4.14 如图 4.28(a)所示，完成开槽半圆球的截交线。

分析 球表面的凹槽由两个侧平面 P、R 和一个水平面 Q 切割而成，两个侧平面和球的交线为两段平行于侧面的圆弧 AC、BD，水平面 Q 与球的截交线为两段水平圆弧 AB、CD，截平面 P、Q、R 之间的交线 AC、BD 均为正垂线。

作图 ① 作两个侧平面 P、R 与半球体的截交线，为侧平圆弧 AC、BD。如图 4.28(b)所示，因为圆弧 AC 在侧平面 P 上，所以水平投影 ac 为一条直线，侧面投影 $a''c''$ 为一段圆弧。圆弧 BD 在侧平面 R 上，水平投影 bd 为一条直线，侧面投影 $b''d''$ 为一段圆弧。并且 $a''c''$ 与 $b''d''$ 重合。

② 作截平面 Q 与与圆柱体的截交线。水平圆弧 AB 和水平圆弧 CD。两条截交线均在水平面 Q 上，所以水平投影 ab、cd 为一段圆弧，侧面投影 $a''b''$、$a''b''$ 均为一条直线，如图 4.28(c)所示。

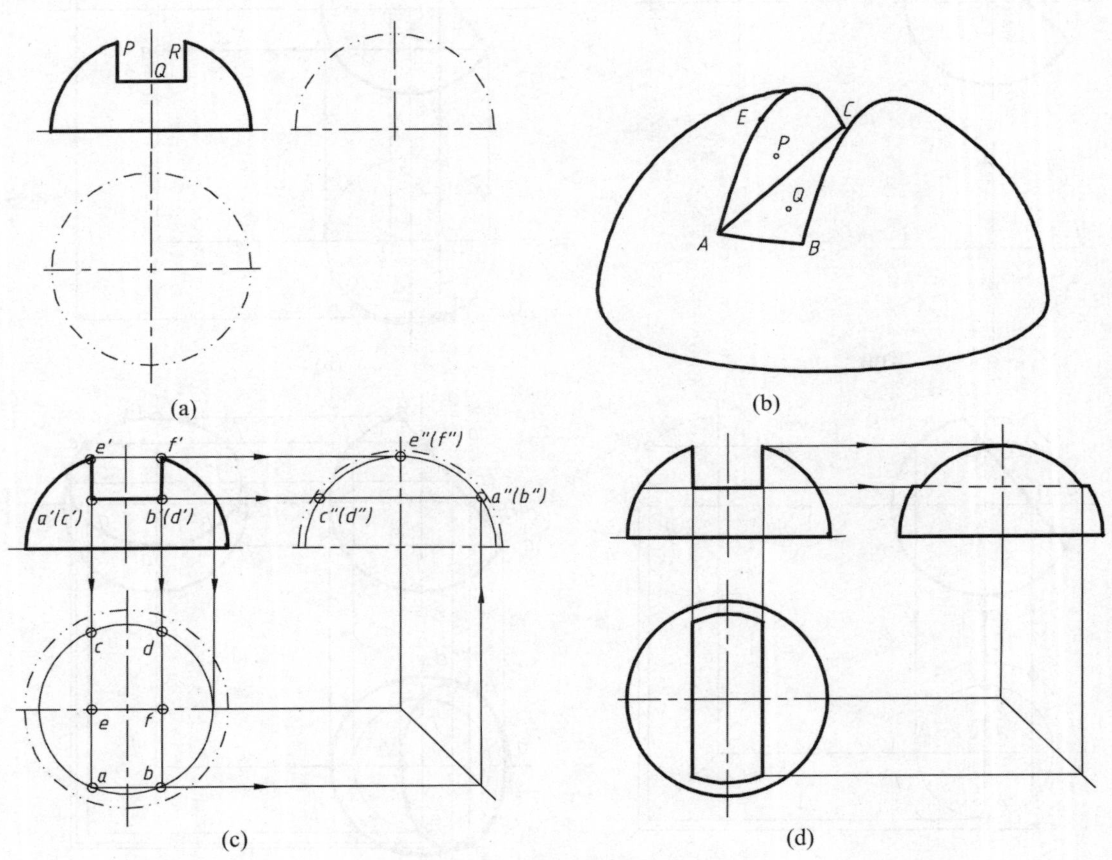

图 4.28 开槽半球体的画法

③ 画出 P 与 Q 的交线 AC、R 与 Q 的交线 BD。

④ 判别可见性，完善轮廓线，如图 4.28(d)所示。

6. 复合回转体表面的截交线

由几个同轴回转体组合而成的形体称为复合回转体。平面与复合回转体相交所形成的截交线就是该平面与各回转体的截交线组合而成的平面图形。因而，在作平面与复合回转体的截交线时，先是分别求截平面与各回转体的截交线，然后再把它们在两基本立体分界处组合在一起。其连接点又称分界点，必须准确。若是有两个以上截平面，还必须作出截平面间的交线。图

4.29(a)为一复合回转体的立体图，4.29(b)为其对应的三视图。

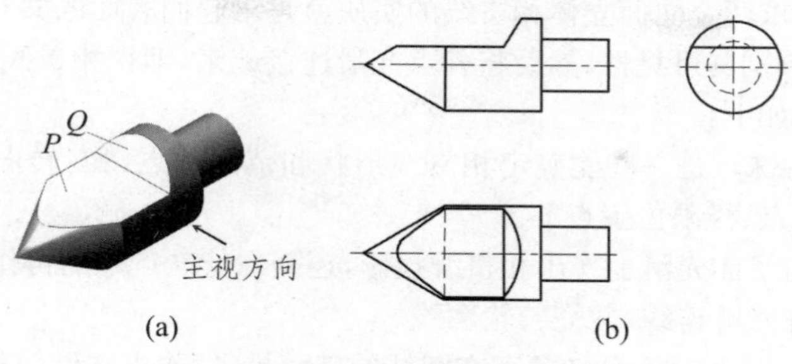

图 4.29　复合回转体的截交线

4.3　两回转体表面相交

两个立体相交，称为相贯，两个立体相交表面的交线是相贯线，如图 4.30 所示。根据立体几何性质的不同，两个立体相贯分为：两个平面立体相贯、平面立体与曲面立体相贯、两曲面立体相贯。由于平面立体的所有表面由平面构成，因此两个平面立体相贯，平面立体与曲面立体相贯可归为 4.2 节所讲的截交线来作图，故本节将介绍两个曲面立体的相贯。

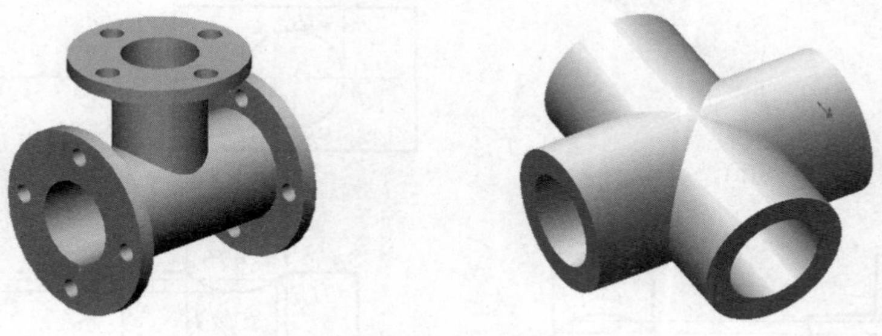

图 4.30　两个回转体表面相交

1. 相贯线的几何性质

相贯线的几何性质如下：

① 相贯线是两个曲面立体表面的共有线，也是两个曲面立体表面的分界线。相贯线上的点是两个曲面立体表面的共有点。

② 两个曲面立体的相贯线一般为封闭的空间曲线，特殊情况下可能是平面曲线或直线，也可能是不封闭的。

2. 相贯线的求法

常见的曲面立体是回转体，常用的作两回转体表面相贯线的方法有：积聚性作图、辅助平面法作图。

(1) 积聚性作图

在两个相交的曲面立体中，如果其中一个是柱面立体（常见的是圆柱面），且其轴线垂直于某投影面，这时多采用积聚性作图，因为相贯线在该投影面上的投影一定积聚在柱面投影上，而相贯线的其他面的投影可用表面取点法作出。

注意：利用积聚性作图的方法只适用于相交两回转体中至少有一个是圆柱，并且其轴线与投影面垂直的情况。求两个曲面立体相贯线的实质就是求它们表面的共有点。作图时，依次求出特殊点和一般点，判别其可见性，然后将各点光滑连接起来，即得相贯线。

作相贯线的步骤如下：

① 求特殊点。特殊点是一些能确定相贯线形状和范围的点，如：转向轮廓线上的点、对称相贯线在对称面上的点、极限位置点等。

② 求一般点。为了能光滑地作出相贯线投影，还需在特殊点之间再作些一般点。

③ 判别可见性并光滑连线，并完善轮廓线。

例 4.15 如图 4.31 所示，已知两正交圆柱的三面投影，作出它们的相贯线。

分析 两圆柱轴线垂直相交，相贯线为前后对称的空间曲线，大圆柱的轴线垂直于侧平面，小圆柱的轴线垂直于水平面，因此相贯线的水平投影是有积聚性的圆，相贯线的侧面投影就是积聚在大圆柱面侧面投影上的一段圆弧上，因此只需作正面投影即可。

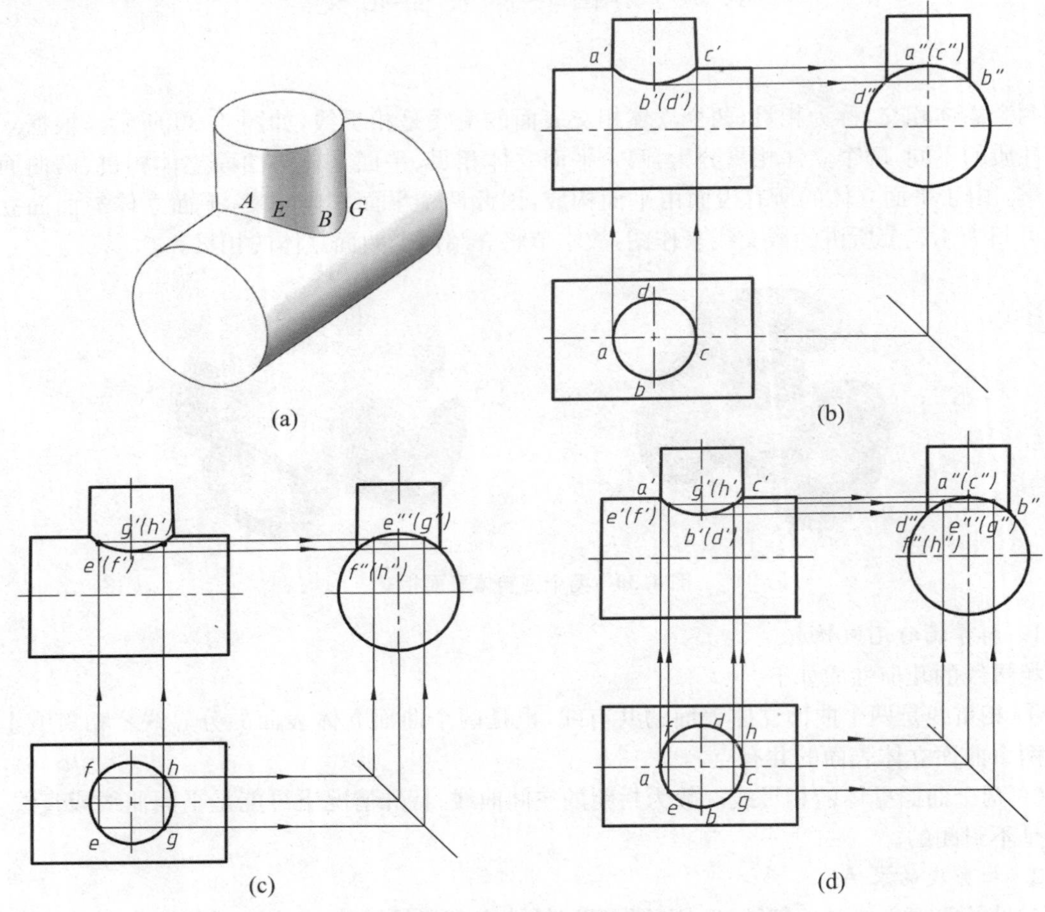

图 4.31 两个回转体表面相交

作图 ① 求特殊点。如图 4.31(b)所示，由于两圆柱轴线垂直相交，可以找出相贯线最左点（或最高点）A、最右点（或最高点）C、最前点（或最低点）B、最后点（或最低点）D 的水平投影 a、c、b、d 和侧面投影 a''、c''、b''、d''，因此可求出这 4 个特殊点的正面投影。

② 求一般点。如图 4.31(c)所示，在相贯线的水平投影上，取左右、前后对称的 4 个点 E、

F、G、H 的水平投影 e、f、g、h，再找出侧面投影上对应的点 e''、f''、g''、h''，根据其水平投影和侧面投影作出 E、F、G、H 的正面投影 e'、f'、g'、h'。

③ 将各点光滑地连接起来。因为整个相贯线是前后对称的，而相贯线的前半部分 $AEBGC$ 的正面投影是可见的，后半部分 $CHDFA$ 的正面投影是不可见的，因此仅用光滑的粗线画出 $AEBGC$ 的正面投影即可，如图 4.31(d)所示。

两圆柱相交或两圆柱孔相交有以下的规律：

① 两圆柱轴线垂直相交，如果它们的直径大小发生变化，其相贯线也会变化。当直径不等时，相贯线在平行于两轴线的投影面上的投影总是弯向直径大的圆柱的轴线。当直径相等时，此时相贯线为两个相等的椭圆，相贯线的投影为直线。见图 4.32。

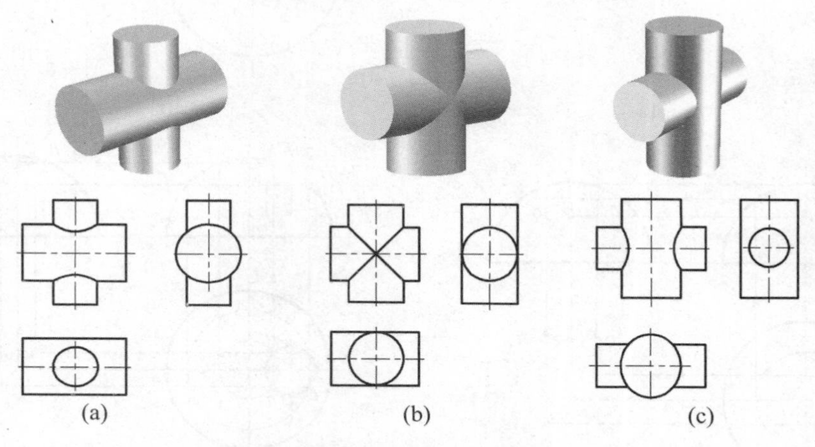

图 4.32　两圆柱正交的 3 种情况

② 外表面与内表面相交(孔与实心圆柱相交)，相贯线也是上下对称的两条闭合空间曲线，也就是孔壁的上下孔口曲线，见图 4.33(a)。两内表面相交(两圆柱孔相交)，相贯线同上，所不同的是图中以虚线表示。见图 4.33(b)。

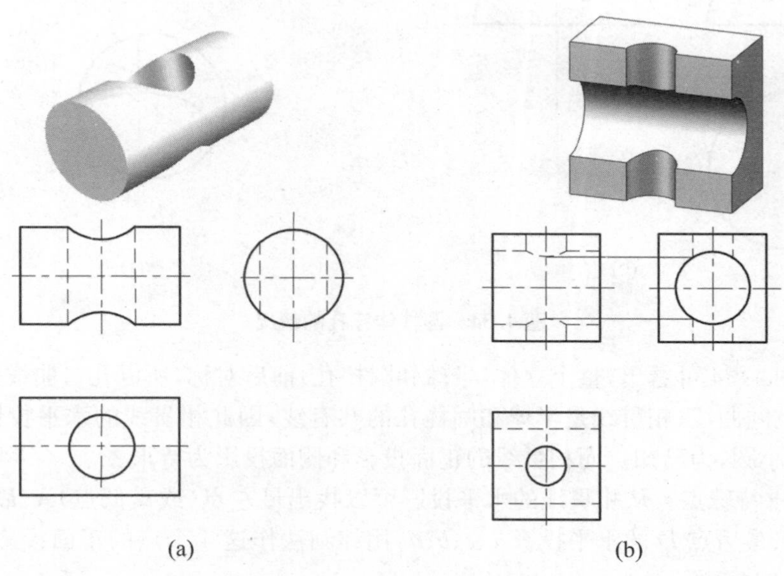

图 4.33　圆柱体穿孔的情况

例 4.16 如图 4.34 所示，补全具有穿孔半球的正面投影和侧面投影。

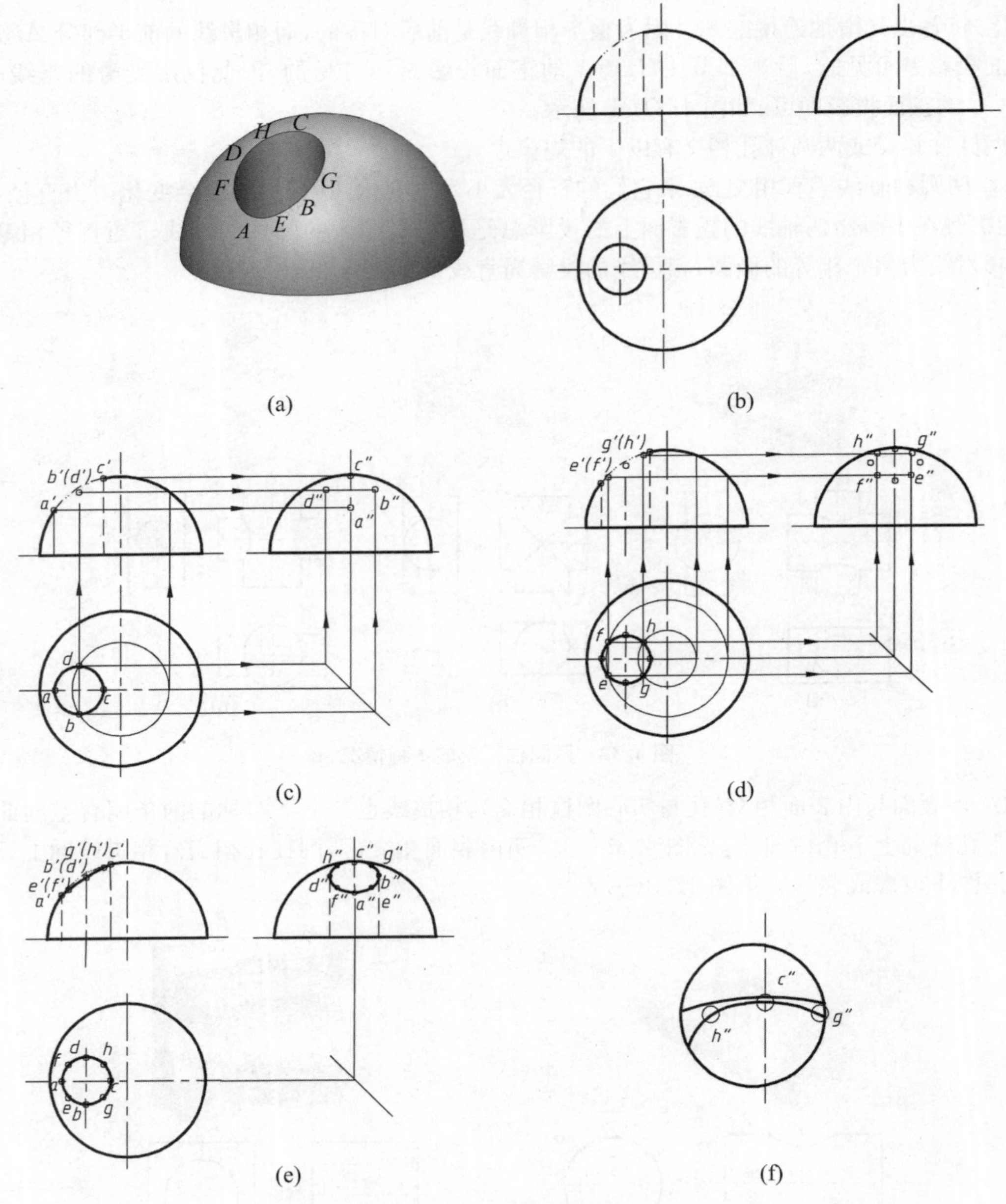

图 4.34 圆柱体穿孔的情况

分析 从图 4.34 可看出，整个立体(半球和圆柱孔)前后对称，所以孔口曲线(相贯线)是前后对称的封闭空间曲线，相贯线是半球和圆柱孔的共有线，因此相贯线的水平投影积聚在圆柱孔的投影上，即小圆，为已知。而相贯线的正面投影和侧面投影为待求。

作图 ① 求特殊点。从相贯线的水平投影可以找出最左点(或最低点)A、最右点(或最高点)C、最前点 B、最后点 D 的水平投影 a、c、b、d，用纬圆法作这 4 个点的正面投影，接着作其侧面投影，如图 4.34(c)所示。

② 求一般点。在相贯线的水平投影上，取左右、前后对称的 4 个点 E、F、G、H 的水平投影 e、f、g、h，用纬圆法作这 4 个点的正面投影，接着作其侧面投影，如图 4.34(d)所示。

③ 将各点光滑地连接起来。因为整个相贯线是前后对称的，而相贯线的前半部分点 A、E、B、G、C 的正面投影是可见的，后半部分 C、H、D、F、A 点的正面投影是不可见的，因此仅用粗线画出 $AEBGC$ 的正面投影。又因为圆柱孔是在半球体的左边，因此整个相贯线的侧面投影为可见，用光滑的粗实线将其连接，同时圆柱孔的侧面轮廓需要完善，如图 4.34(e)所示。图 4.34(f)为侧面投影的局部放大图。

(2) 辅助平面法作图

该方法是选取一个辅助平面去截取两相交的曲面立体，分别得到两条截交线，而这两条截交线的交点既在该辅助平面内，又在两曲面立体表面上，因而是 3 个面的共有点，也是相贯线上的点。

辅助平面的选取原则：

① 通常选用某投影面的平行面作为辅助面，并且使辅助平面与两曲面截交线的投影都是简单的直线或圆；

② 要使辅助平面与两立体的截交线有交点。

例 4.17　如图 4.35(a)所示，作圆柱与圆锥的相贯线。

分析　已知圆柱体的轴线与圆锥体的轴线垂直相交，相贯线应为一条闭合的空间曲线；圆柱体的轴线垂直于侧平面，因此相贯线的侧面投影就在有积聚性的圆上即圆柱体的侧面投影圆上，因此问题转化为已知相贯线的侧面投影，求其水平投影和正面投影。

这个题目，可采用前面的积聚性方法作图，也可用辅助平面法作图。以下介绍利用辅助平面法来作图。

辅助平面法主要有两种方式：

① 选取辅助水平面，使它与圆柱体的截交线为矩形，与圆锥的截交线为圆，这两条截交线的交点即为相贯线上的点，可取几组辅助水平面，得到一系列的相贯线上的点，如图 4.35(c)所示。

② 选取通过圆锥的锥顶并且相切于圆柱面的侧垂面，这时它与圆柱体的截交线为两条直线，与圆锥的截交线为两条直线，这两条截交线上的共同点即为相贯线上的点，如图 4.35(d)所示。

作图　① 求特殊点。由于相贯线的侧面投影积聚成一圆，所以相贯线的最低点和最高点的侧面投影是 a'' 和 b''，最前点和最后点的侧面投影是 c'' 和 d''。通过 c'' 和 d'' 作水平辅助平面 P_V，先作水平投影 c 和 d，再作 c' 和 d'。c 和 d 也是相贯线的水平投影可见与不可见的分界点，从上往下投射时，圆柱的上半部分与圆锥面的交线是可见的，下半部分的交线是不可见的，如图 4.35(e)所示。

② 求一般点。在适当位置作辅助平面 R 和 Q；R 为侧垂面，与圆锥和圆柱体的截交线有交点，即点 E、F，先在侧面投影上找出 e'' 和 f''，接着作其水平投影 e 和 f，最后作 e' 和 f'，如图 4.35(f)所示。

Q 为水平辅助平面，可产生交点 G、H，先在侧面投影上找出 g'' 和 h''，接着作其水平投影 g 和 h，最后作 g' 和 h'，如图 4.35(g)所示。

③ 判别可见性，并光滑连接各点。在正面投影上，相贯线前后部分投影重合，因此用光滑实线画出 $a'g'c'e'b'$ 即可。在水平投影上，相贯线 c、e、b、f、d 为可见，连成粗实线；d、h、a、g、c 不

可见，连成虚线。

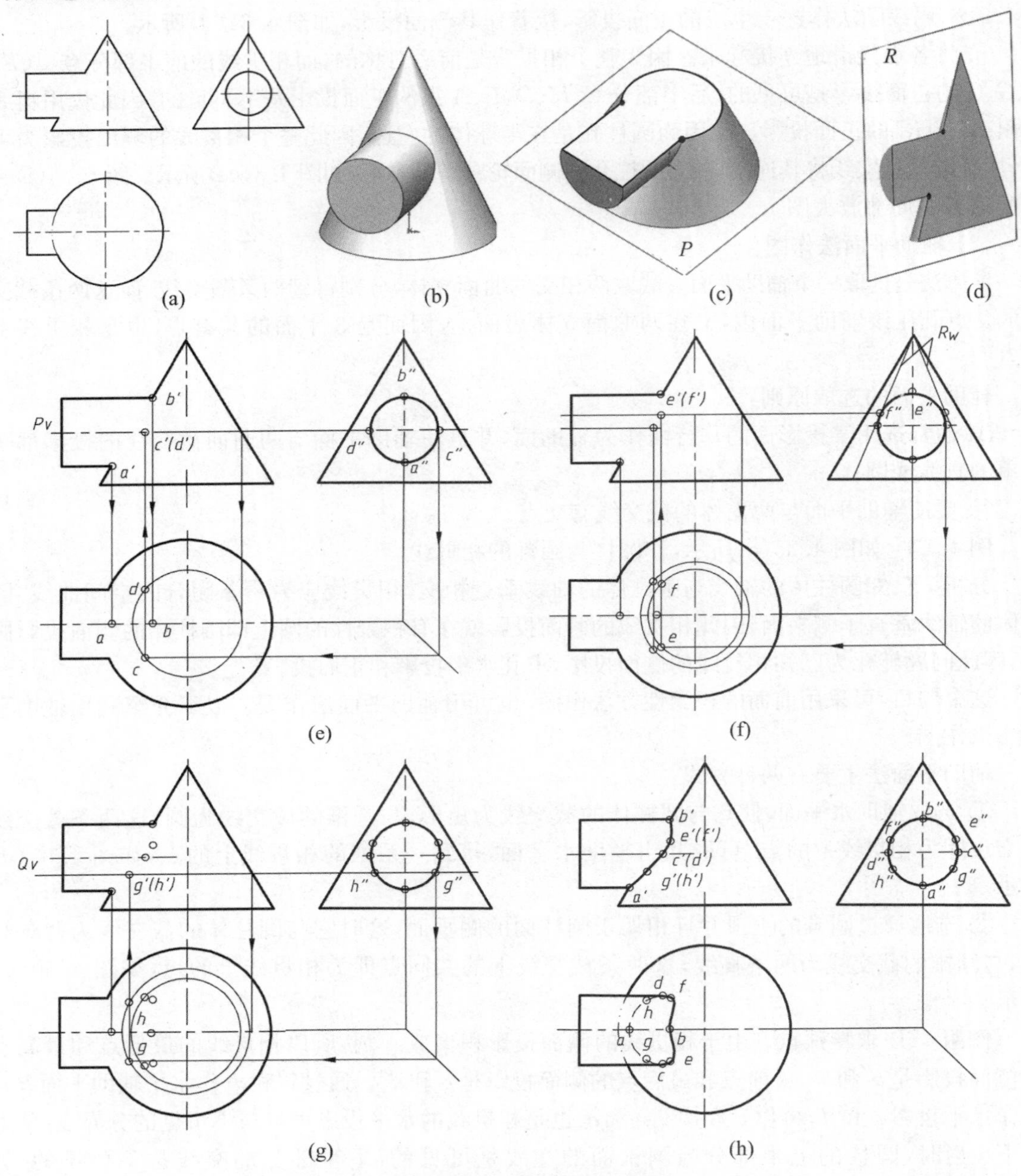

图 4.35　圆柱与圆锥体的相贯线

④ 完善轮廓线，如图 4.35(h)所示。

例 4.18　如图 4.36 所示，求圆台与半球的相贯线。

分析　已知圆台的轴线和半球的一条轴线位于在同一正平面内，相贯线应为一条闭合的前后对称的空间曲线；相贯线的空间位置如图 4.36(a)所示，圆台和半球在任何一个投影面都没有积聚性，因此其相贯线的 3 个投影面都为未知，这时要用辅助平面法来作图。这里选用辅助水平面 R，它与半球的截交线为圆，与圆台的截交线也为圆，这两条截交线上的交点即为相贯线上的点，例如点 E、F，可取几组辅助水平面，得到一系列的交点。同时选用过圆台轴线的辅助侧平面，这时辅助侧平面与半球的相贯线为侧平圆，与圆台的相贯线上的线为两条直线，截交线的交点即相贯点，也是相贯线中的最前点 B 和最后点 D。

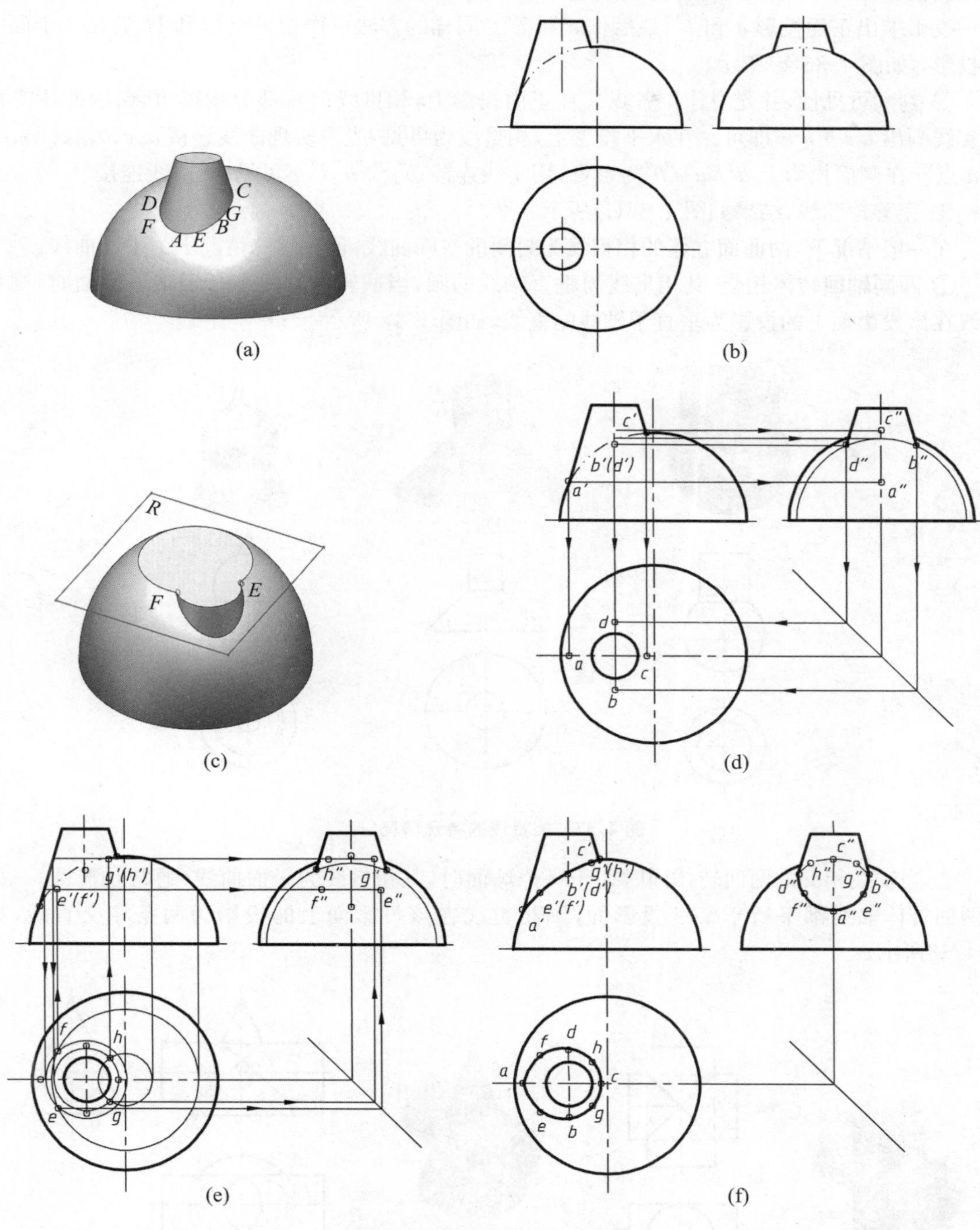

图 4.36　圆台与半球的相贯线

作图　① 求特殊点。从图 4.36(d)中可看出，相贯线的最低点和最高点的正面投影是 a' 和 c'，可求出这两个点的水平投影和侧面投影（点 A、C 在半球表面上）。过圆台的轴线作辅助侧平面，可求出相贯线中的最前点 B 和最后点 D，如图 4.36(c)和(d)所示。

② 求一般点。在适当位置作辅助水平面 R 和 Q。作辅助平面 R 会产生相贯点 E、F，首先在正面投影作出 R 的位置，接着在水平投影作出半球和圆台的辅助圆，其交点即 e 和 f，再根据水平投影求出正面投影 e' 和 f'，最后作 e'' 和 f''。同样的方法可作相贯点 G 和 H 的在 3 个面上的投影，如图 4.36(e)所示。

③ 判别可见性，并光滑连接各点。在正面投影上，相贯线前后部分投影重合，因此用光滑粗实线画出 $a'e'b'g'c'$ 即可。在水平投影上，相贯线为可见，光滑实现曲线连接 a、e、b、g、c、h、d、f、a 点。在侧面投影上 $d''f''a''e''b''$ 为可见，用实线连接；$b''g''c''h''d''$ 不可见，用虚线连接。

④ 完善轮廓线，结果如图 4.36(f)所示。

在一般情况下，两曲面立体的相贯线为封闭的空间曲线，但在特殊情况下为平面曲线：

① 两同轴回转体相交，其相贯线为垂直轴线的圆，当回转体轴线平行于某一影面时，则相贯线在该投影面上的投影为垂直于轴线的直线，如图 4.37 所示。

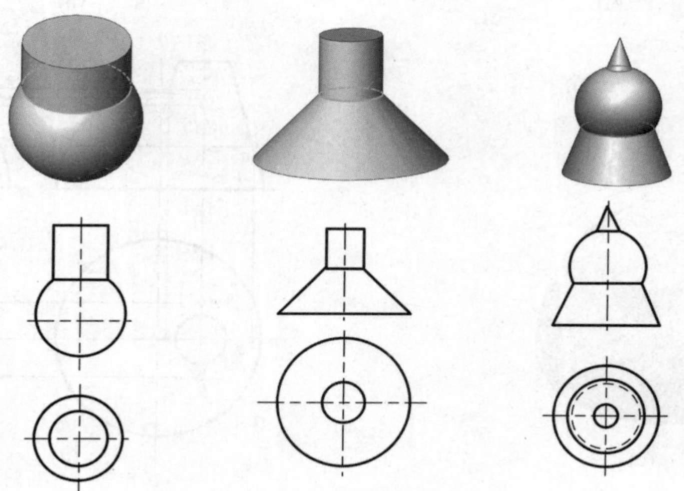

图 4.37 相贯线的特殊情况(1)

② 当轴线相交的两回转体同时切于一个球面时，其相贯线为平面曲线(通常是椭圆)。如果两回转体轴线都平行于某一投影面，则相贯线在该投影面上的投影为两条相交直线，如图 4.38所示。

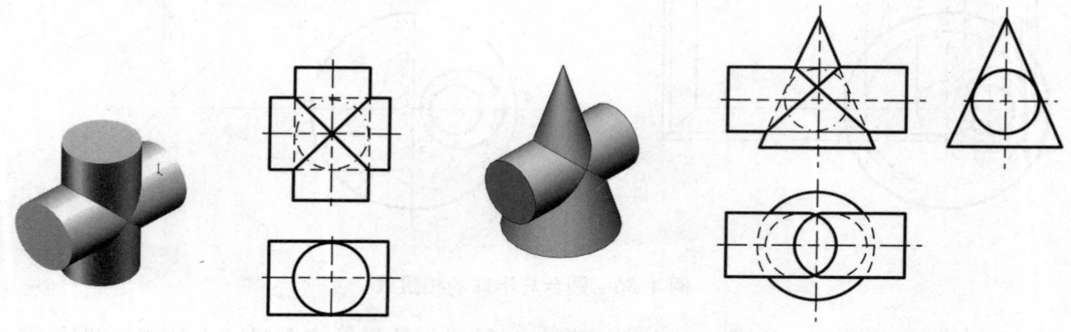

图 4.38 相贯线的特殊情况(2)

③ 两轴线平行的圆柱相交，其相贯线为平行于轴线的直线，如图 4.39 所示。

(3) 相贯线的近似画法

当两个不等直径的圆柱垂直相交时，如果不要求精确画出相贯线，相贯线的投影可以简化地用圆弧来画出，如图 4.40 所示。

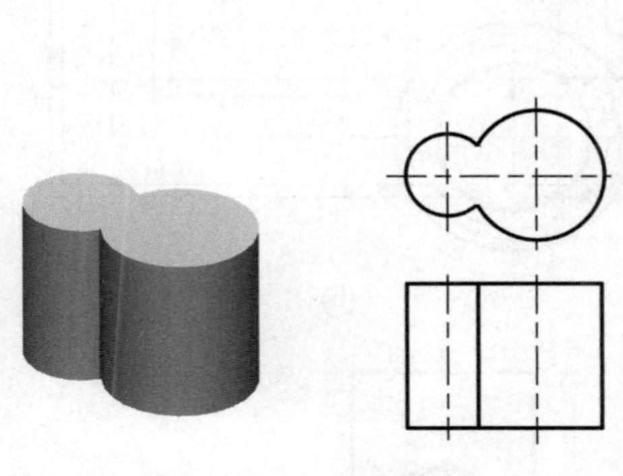

图 4.39　相贯线的特殊情况(3)

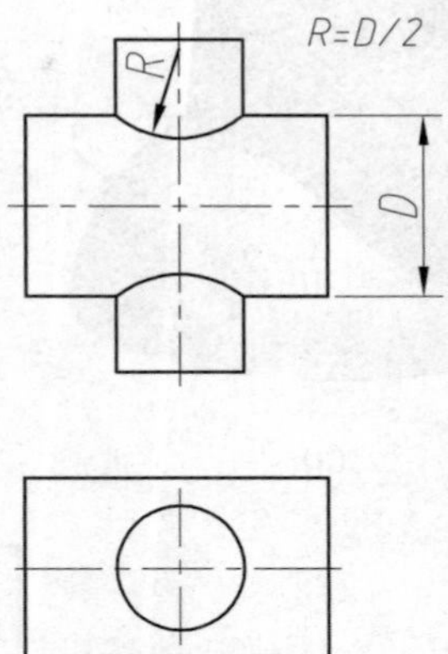

图 4.40　相贯线的近似画法

(4) 组合相贯

3 个或 3 个以上的立体相交，其表面形成的交线称为组合相贯线，其画图步骤为：首先分析该形体有哪些基本体构成，以及各基本立体之间的相对位置，判断总共有多少条交线存在，以及交线的分界点，最后应用前面所学的相贯线的求法，逐段求出各交线的投影。

如图 4.41(a)所示，该组合体由圆柱体 A、圆柱体 B、半球 C 三个立体组成，形成三条相贯线Ⅰ、Ⅱ、Ⅲ，其中相贯线Ⅰ为 A 与 C 的交线，为一段水平圆弧；相贯线Ⅱ为 A 与 B 的交线，所以Ⅱ的侧面投影为 B 的侧面投影圆上的一部分，水平投影为 A 的水平投影圆上的一部分。相贯线Ⅲ为 B 与 C 的交线，所以Ⅲ的侧面投影为 B 的侧平圆上的一部分，其水平投影和正面投影需要根据相贯线Ⅲ属于半球体 C 表面上的线、相贯线Ⅲ上的点属于半球体 C 表面上的点来作。

作图　① 作相贯线Ⅰ的三面投影。相贯线Ⅰ为一段圆弧，其结果如图 4.41(b)所示。

② 作相贯线Ⅱ的三面投影。相贯线Ⅱ的侧面投影为圆柱体 B 的侧面投影的上半部分圆上；相贯线Ⅱ的水平投影为圆柱体 A 的水平投影的一部分；相贯线Ⅱ的正面投影可根据其侧面投影和水平投影求出。其结果如图 4.41(c)所示。

③ 作相贯线Ⅲ的三面投影。相贯线Ⅲ的侧面投影为圆柱体 B 的侧面投影的下半部分圆上，相贯线Ⅱ的水平投影和侧面投影可根据其侧面投影求出，其结果如图 4.41(d)所示。

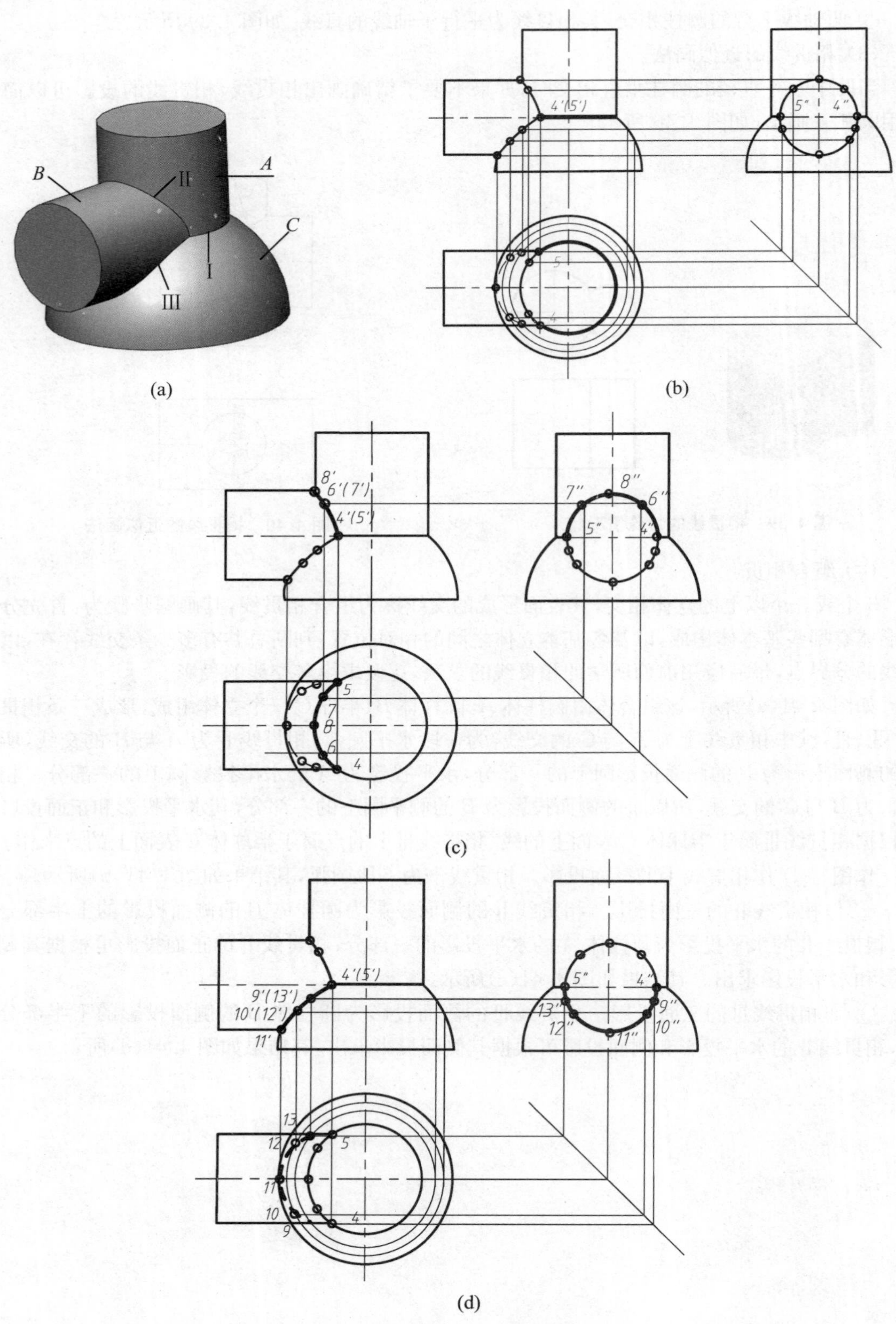

图 4.41 组合相贯线的画法

第 5 章　轴 测 投 影

多面正投影图是工程上应用最广泛的图样，它能完整、准确地反映物体的形状和大小，且度量性好，作图简单；但这种图形缺乏立体感，只有具备一定读图能力的人才能看懂。本章介绍的轴测图是具有立体感的单面投影图，它作图简单，富有直观效果，有助于我们尽快了解物体宏观的结构，因此，工程上常用轴测图来绘制化工、给排水、采暖通风等管道系统图以及绘制包装箱、仪表柜等生产图样。还用作辅助手段表达机器外观、内部结构或工作原理等。因此，轴测图常作为帮助读图的辅助性图样。

5.1　轴测图的基本知识

1. 轴测图的形成

如图 5.1 所示，将物体连同其参考直角坐标系一起，沿不平行于任一坐标面的方向，用平行投影法将其投影在单一投影面 P 上所得到的图形，称为轴测投影图。在轴测投影图中，投影面 P 称为轴测投影面，投射方向 S 称为轴测投影方向。

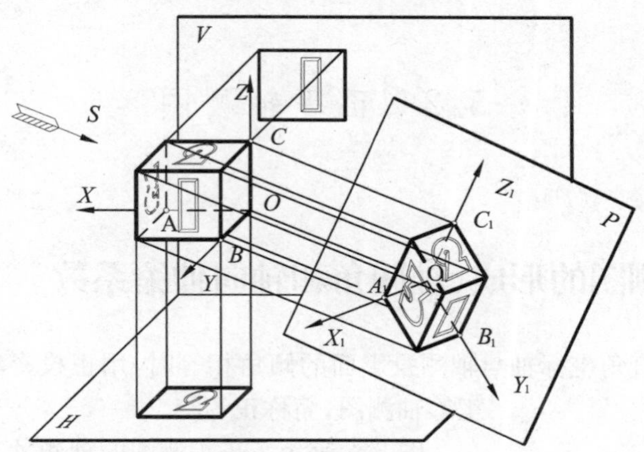

图 5.1　正等轴测图的轴间角

（1）轴测轴

直角坐标轴 OX、OY、OZ 在轴测投影面上的投影 O_1X_1、O_1Y_1、O_1Z_1 称为轴测投影轴，简称轴测轴。

（2）轴向伸缩系数

轴测轴的单位长度与相应直角坐标轴上的单位长度的比值，分别称为 X、Y、Z 轴的轴向伸缩系数，分别用 p_1、q_1、r_1 表示；简化伸缩系数（简化系数）分别用 p、q、r 表示。

(3) 轴间角

轴测轴之间的夹角$\angle X_1O_1Y_1$、$\angle Y_1O_1Z_1$、$\angle X_1O_1Z_1$称为轴间角。

2. 轴测图的基本性质

用平行投影法所获得的轴测图,具有下列投影特性:

① 物体上互相平行的线段,在轴测图上仍互相平行。

② 物体上两平行线段或同一直线上的两线段,其长度之比在轴测图上保持不变。

③ 物体上平行于轴测投影面的直线和平面,在轴测图上反映实长和实形。

3. 轴测图的分类

根据投影方向的不同,轴测图分为两大类:

① 正轴测图:投影方向 S 垂直于轴测投影面 P。

② 斜轴测图:投影方向 S 倾斜于轴测投影面 P。

上述两类轴测图,根据其三个轴向伸缩系数是否相等,又可分为:正轴测图(正等轴测图、正二轴测图、正三轴测图)和斜轴测图(斜等轴测图、斜二轴测图、斜三轴测图),详细见表 5.1。

表 5.1 正轴测图和余轴测图的细分

正轴测图	正等轴测图:三个轴向伸缩系数均相等,即 $p_1=q_1=r_1$
	正二轴测图:两个轴向伸缩系数相等
	正三轴测图:三个轴向伸缩系数均不相等,即 $p_1\neq q_1\neq r_1$
斜轴测图	斜等轴测图:三个轴向伸缩系数均相等,即 $p_1=q_1=r_1$
	斜二轴测图:轴测投影面平行于一个坐标平面,且平行于坐标平面的两个轴的轴向伸缩系数相等
	斜三轴测图:$p_1\neq q_1\neq r_1$,即三个轴向伸缩系数均不相等

本章只介绍工程上常用的正等轴测图和斜二轴测图的画法。

5.2 正等轴测图

5.2.1 正等轴测图的形成、轴间角和轴向伸缩系数

当物体上的三根直角坐标轴与轴测投影面的倾角相等时,用正投影法所得到的图形,称为正等轴测图,简称正等测。

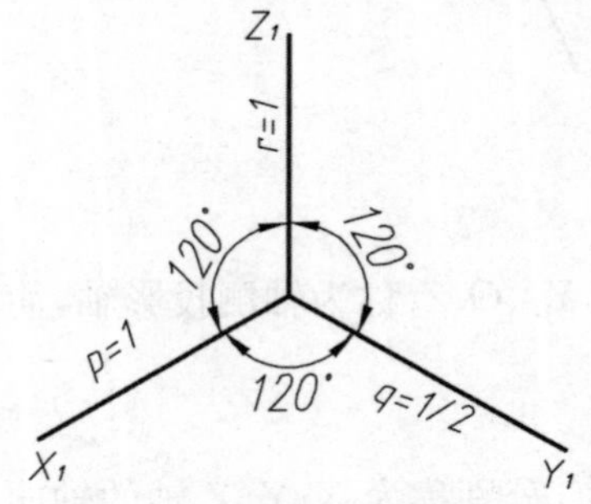

图 5.2 正等轴测图的轴间角

图 5.2 表示了正等测图的轴测轴、轴间角和轴向伸缩系数等参数及画法。从图 5.2 中可以看出,正等测图的轴间角均为 120°,且三个轴向伸缩系数相等。经推证和计算可知,$p_1=q_1=r_1=0.82$。为作图简便,实际画正等测图时采用 $p=q=r=1$ 的简化伸缩系数画图,即沿各轴向的所有尺寸都按物体的实际长度画图。

5.2.2 平面立体正等轴测图的画法

绘制平面立体轴测图的方法有:坐标法、切割法和叠加法三种。

1. 坐标法

坐标法是绘制轴测图的基本方法。根据立体表面上各顶点的坐标,分别画出它们的轴测投影,然后依次连接成立体表面的轮廓线。

例 5.1 如图 5.3(a)所示,已知正六棱柱的两视图,画其正等轴测图。

作图 (1) 为了便于作图,取六棱柱顶面的中心点 O 作为坐标原点,并作出对应的坐标轴,如图 5.3(a)所示。

(2) 作轴测轴,然后按坐标分别作出顶面 1、4、7、8 的轴测投影,过 7、8 作 X 轴的平行线,根据坐标值确定 2、3、5、6 的轴测投影,如图 5.3(b)所示。

(3) 过顶面各点分别作 OZ 的平行线,并在其上向下量取高度 h ,得各棱的轴测投影,如图 5.3(c)所示。

(4) 依次连接各棱端点,得底面的轴测图,如图 5.3(d)所示。擦去多余的作图线并加深,即完成了正六棱柱的正等轴测图, 如图 5.3(e)所示。

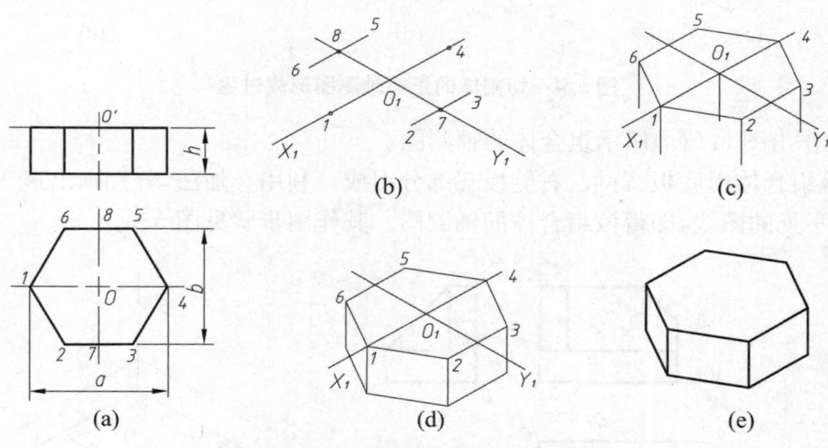

图 5.3 六棱柱的正等轴测图形成过程

2. 切割法

对于切割形物体,首先将物体看成是一定形状的整体,并画出其轴测图,然后再按照物体的形成过程,逐一切割,相继画出被切割后的形状。

例 5.2 如图 5.4(a)所示,已知平面立体的三视图,画其正等轴测图。

作图 (1) 在正投影图中取合适的坐标原点和其对应的坐标轴,如图 5.4(a)所示。

(2) 作轴测轴,根据尺寸画出未切割的长方体的轴测投影, 如图 5.4(b)所示。

(3) 根据 c、d 尺寸,画出长方体被切去左斜角的轴测投影, 如图 5.4(c)所示。

(4) 根据 e、f 尺寸画出长方体被切去左、前角切割后的轴测投影, 如图 5.4(d)所示。

(5) 擦去多余的作图线并加深,即完成了该组合体的正等轴测图。

3. 叠加法

适用于叠加而形成的组合体,它依然以坐标法为基础,根据各基本体所在的坐标,分别画出各立体的轴侧图。

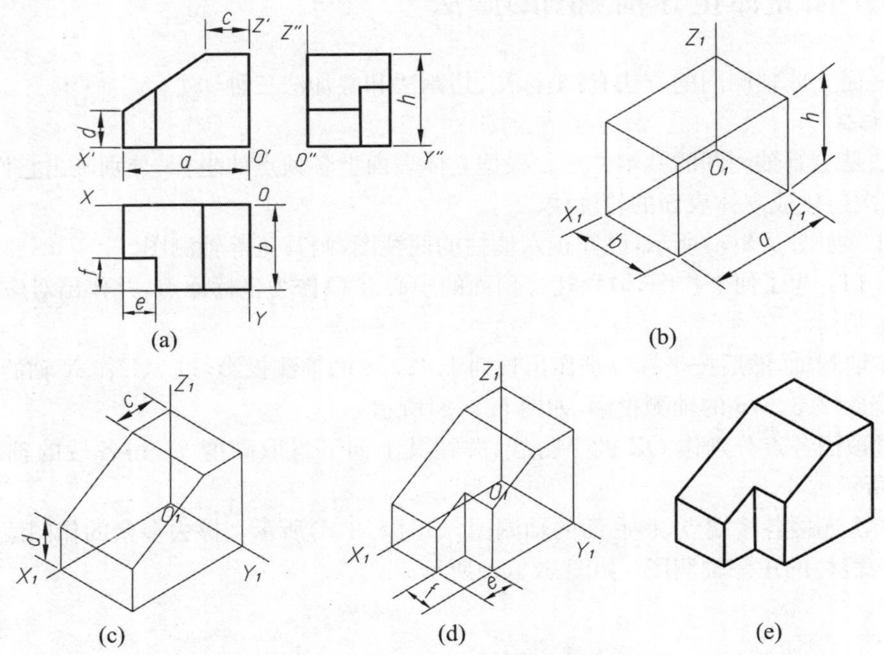

图 5.4 切割体的正等轴测图形成过程

例 5.3 作出图 5.5(a)所示组合体的轴测图。

分析 该组合体由底板、背板、右侧板三部分组成。利用叠加法，分别画出这三部分的轴测投影，擦去看不见的图线，即得该组合体的轴测图。其作图步骤见图 5.5。

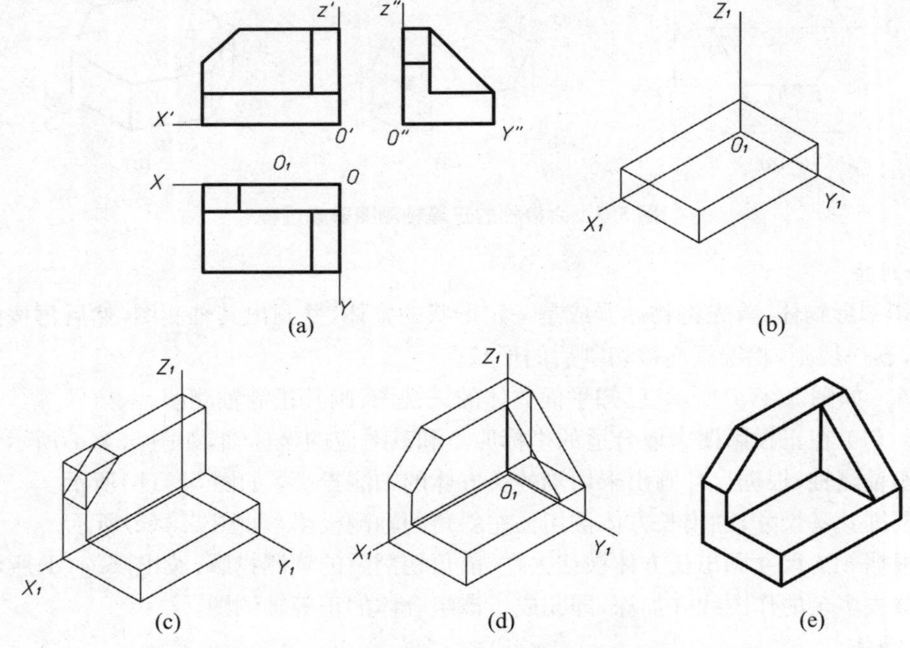

图 5.5 组合体的正等轴测图形成过程

(1) 在正投影视图上确定坐标,将组合体分解,如图 5.5(a)所示。

(2) 画轴测轴,沿轴向分别量取相应的坐标,画出底板形体,如图 5.5(b)所示。

(3) 根据坐标画背板形体;根据相关尺寸切割形体。如图 5.5(c)所示。

(4) 根据坐标画右侧板形体;根据相关尺寸切割形体,如图 5.5(d)所示。

(5) 擦去多余的作图线并加深,即完成了该组合体的正等轴测图,如图 5.5(e)所示。

以上方法适用于平面立体和曲面立体,不但适用于正等测轴测图,还适用于其他轴测图。

5.2.3　曲面立体正等轴测图的画法

曲面立体表面除了直线轮廓线外,还有曲线轮廓线。要画曲面立体的轴测图必须先掌握圆和圆弧的轴测图画法。

1. 平行于坐标面的圆的正等轴测图

根据理论可知,平行于坐标面的圆的正等轴测图是椭圆。图 5.6 表示按简化伸缩系数绘制的分别平行于 *XOY*、*XOZ* 和 *YOZ* 三个坐标面的圆的正等轴测投影。这三个圆可视为处于同一个立方体的三个不同方位的表面上,对该图分析后不难得出如下结论:

(1) 直径相同且平行于坐标面的圆的正等轴测椭圆的形状和大小完全相同。

(2) 椭圆的方位因不同的坐标面而不同,其中椭圆的长轴垂直于与圆平面相垂直的坐标轴的轴测投影(轴测轴),而短轴则平行于这条轴测轴。例如,平行于 *XOY* 坐标面圆的正等椭圆的长轴垂直 *Z* 轴,而短轴则与 *Z* 轴平行。

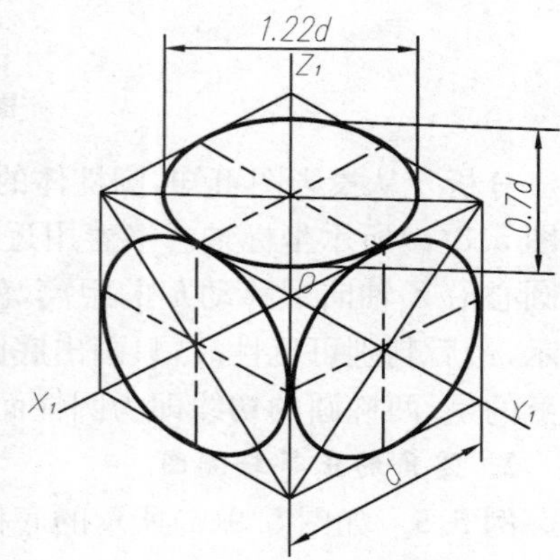

图 5.6　平行于坐标面的圆的正等轴测图

绘图时,为了简化作图,通常采用四段圆弧连接成近似椭圆的作图方法(可称四心椭圆法)。如图 5.7 所示,以 *XOY* 坐标面上的圆为例,说明了这种近似画法的作图步骤。画其他坐标面上的圆时,应注意长短轴的方向。

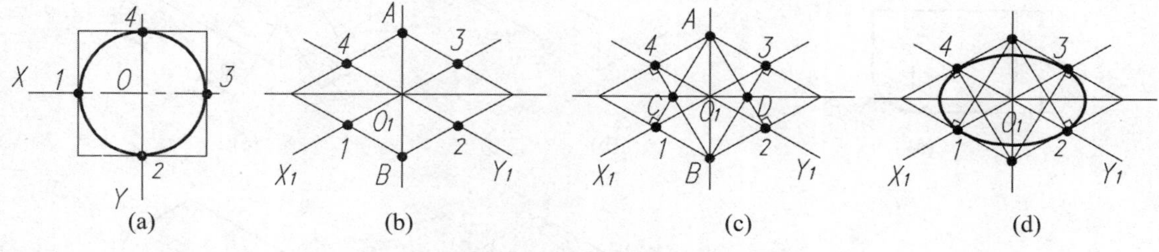

图 5.7　平行于 *XOY* 坐标面的圆的正等轴测图

水平椭圆的近似画法绘图步骤如下:

(1) 在正投影的水平面上作圆的外接正方形,得切点 1、2、3、4,如图 5.7(a)所示。

(2) 画轴测轴和 1、2、3、4 的轴测投影,接着通过这个四点作正方形的轴测投影,并连接其对角线,*A*、*B* 为较短对角线的两个端点,如图 5.7(b)所示。

(3) 连接 *A*1、*A*2、*B*3、*B*4 得点 *C*、点 *D*,如图 5.7(c)所示。

(4) 分别以 A、B、C、D 为圆心，以 $A1$、$B3$、$C4$、$D2$ 为半径，画圆弧 12、34、14、23，连成椭圆，如图 5.7(d)所示。

例 5.4　作出图 5.8(a)所示圆柱体的正等轴测图。

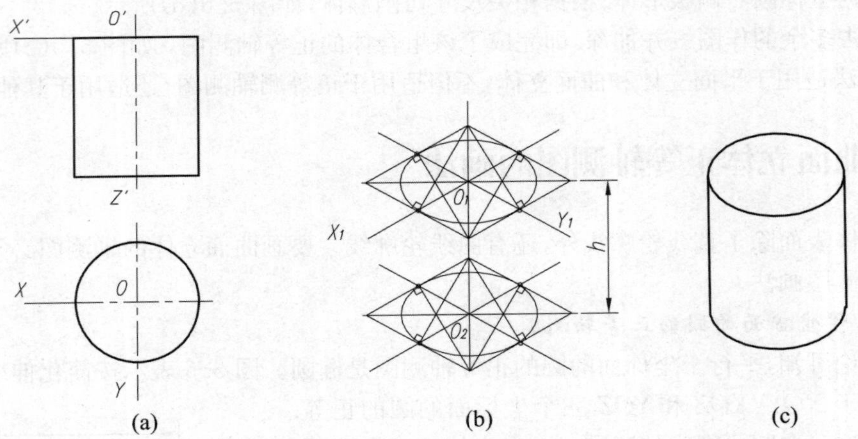

图 5.8　圆柱体的正等轴测图

分析　从投影图可知，圆柱体的顶圆、底圆都是水平圆，首先取顶圆的圆心 O 为原点，建立如图 5.8(a)所示坐标轴。接着用近似法画出顶圆的轴测投影椭圆，同时可将该椭圆各段圆弧的圆心沿 Z 轴向下移动 h 的距离，就可以得到下底椭圆各段圆弧的圆心位置 O_1，如图 5.8(b)所示，最后判别可见性后，只画出底圆可见部分的轮廓，具体作图结果见图 5.8(c)所示。应该注意的是，两椭圆的切线即为圆柱面的轮廓线。

2. 圆角的正等轴测图

例 5.5　如图 5.9(a)所示的底板，绘制其轴测图。

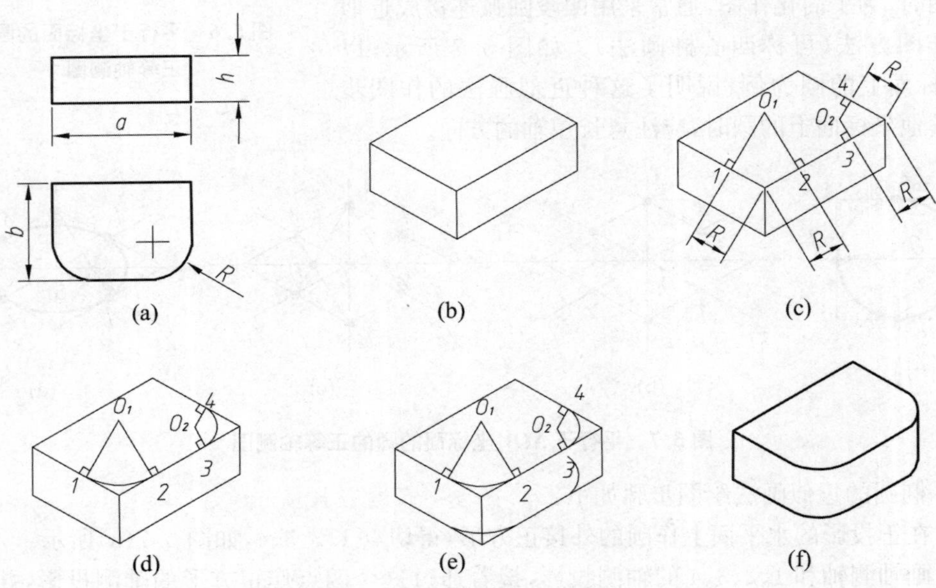

图 5.9　圆角的正等轴测图画法

作图　(1) 绘出矩形平板的正等轴测图,如图 5.9(b)所示。

(2) 根据圆角半径,作切点 1、2、3、4;过切点作所在边的垂线,两垂线的交点 O_1、O_2 即为所求两段圆弧的圆心,如图 5.9(c)所示。

(3) 分别以 O_1、O_2 为圆心,$O_1 1$、$O_2 3$ 为半径,画圆弧 12、34,如图 5.9(d)所示。

(4) 按平板的高度,向下复制两圆弧,如图 5.9(e)所示。

(5) 最后经整理就可得如图 5.9(f)所示的圆角。

例 5.6　如图 5.10 所示的组合体,绘制其轴测图。

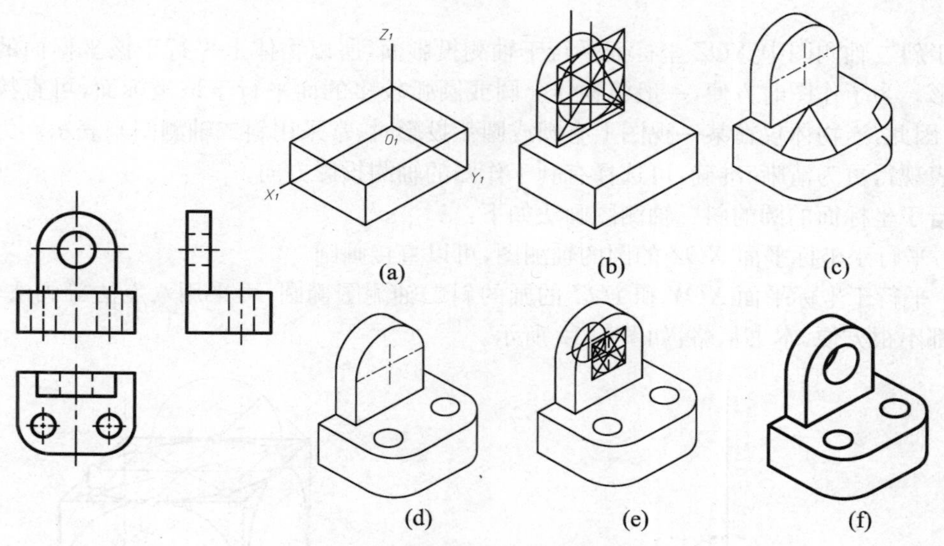

图 5.10　组合体的正等轴测图画法

作图　(1) 绘出底板的正等轴测图,如图 5.10(a)所示。

(2) 绘出竖板的正等轴测图,其中竖板的上半部分的半个圆柱面,用近似椭圆法画出,如图 5.10(c)所示。

(3) 绘出的底板的倒角及两个水平孔,如图 5.10(c)和(d)所示。

(4) 绘出竖板的圆孔,如图 5.10(e)所示。注意,其后部分的孔,部分可见。

(5) 整理图形,擦去多余的线条,加粗可见轮廓线,可得其正等轴测图,如图 5.10(f)所示。

5.3　斜二轴测图

5.3.1　斜二轴测图间角和轴向伸缩系数

如图 5.11 所示,将物体及坐标系,用斜投影的方法投射到与坐标面平行的轴测投影面上,这时轴测轴 OX 和 OZ 仍分别为水平方向和铅垂方向,X 轴和 Z 轴上的轴向伸缩系数为 1,它们之间的轴间角 XOZ 为 90°;通常取与水平线成 45°方向的 Y 轴,其伸缩系数为 0.5,这样所得到的轴测投影图称斜二轴测图,简称斜二测。因为这种斜二测的坐标面 XOZ 平行轴测投影面,所

以在空间坐标面 $X_0O_0Z_0$ 上的平面图形，在轴测图上的形状和大小都不发生变化。

由图 5.11 可知：

(1) 常用斜二轴测图的轴间角：X 轴和 Z 轴仍分别为水平方向和铅垂方向，$\angle XOZ=90^\circ$，$\angle XOY=\angle YOZ=135^\circ$。

(2) 斜二轴测图的各轴向伸缩系数：$p=r=1,q=1/2$。

5.3.2 斜二轴测图的画法

由于斜二轴测图中 XOZ 坐标面平行于轴测投影面，所以物体上平行于该坐标面的图形均反映实形。为了作图时方便，一般将物体上圆或圆弧较多的面平行于该坐标面，可直接画出圆或圆弧，因此，当物体仅在某一视图上有圆或圆弧投影时，常采用斜二轴测图来表示。为了把立体效果表现得更为清晰、准确，可选择有利于作图的轴测投影方向。

平行于坐标面的圆的斜二轴测图画法如下：

(1) 平行于坐标平面 XOZ 的圆的轴测图，可以直接画圆。

(2) 平行于坐标平面 XOY 和 YOZ 的圆的斜二轴测图椭圆，可采用八点法等画法作椭圆，但画法都不很方便，本书从略，如图 5.12 所示。

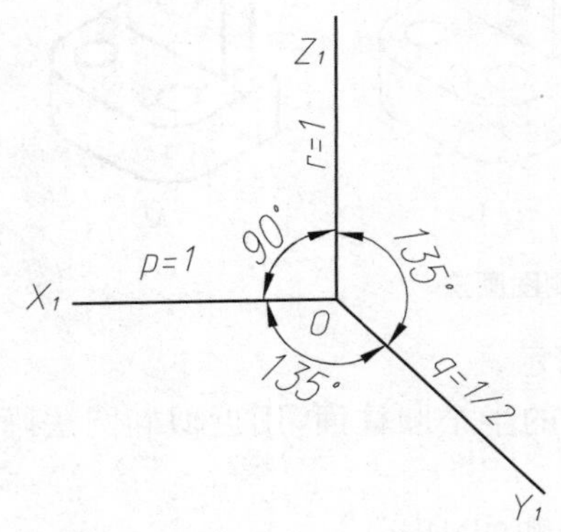

图 5.11　斜二轴测图的轴间角及伸缩系数

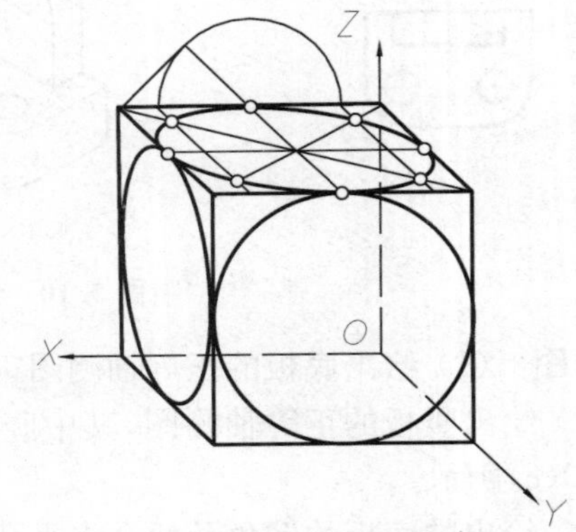

图 5.12　平行于坐标面的圆的斜二轴测图

5.3.3 斜二轴测图的画法举例

例 5.7　如图 5.13(a)所示，画该组合体的斜二测。

分析　绘制物体斜二测的方法和步骤与绘制物体正等测相同。

作图　(1) 在正投影图取合适的坐标原点和其对应的坐标轴，如图 5.13(a)所示。

(2) 作轴测轴，根据尺寸画出组合体的前端面的轴测投影，如图 5.13(b)所示。

(3) 量取 $O_{11}O_{12}=b/2$，并画出后端面的轴测投影，并连接前、后端面轴测投影，如图 5.13(c)所示。

(4) 擦去多余的作图线并加深，完成组合体的斜二轴测图，如图 5.13(d)所示。

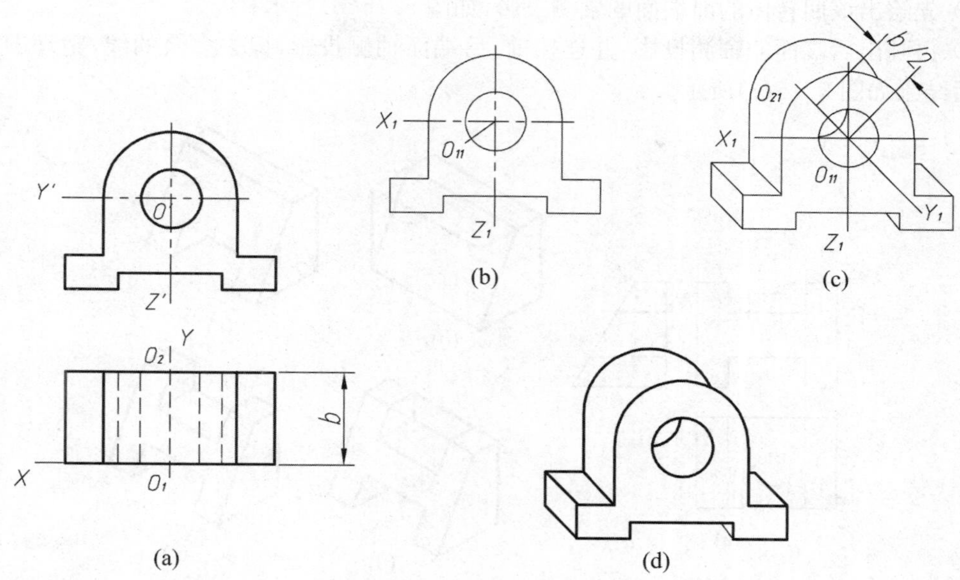

图 5.13 组合体的斜二轴测图画法

5.4 徒手绘轴测草图

徒手绘立体轴测图时，作图原理和过程与尺规绘轴测图是一样的，但为使徒手绘制的轴测图比较正确，应该在预先印有能确定相应轴测图方位的格子纸上绘制，并且将立体的三视图最好绘在有方格的纸上（如果纸上没有格子，可在绘图区域画出格子）。

5.4.1 平面立体轴测草图的画法

由图 5.14(a)所示的三视图可知，该立体可看作是由一个长方体经过切割和叠加某些部分后所形成的，因此，在绘制轴测草图时，可首选用正等轴测图。绘图方法如下：

(1) 先按方箱法绘出长方体，然后在前部切割一个平面，如图 5.14(b)所示。

(2) 在其下方开槽，如图 5.14(c)所示。

(3) 在其上方开槽，如图 5.14(d)所示。

(4) 擦去多余的线，整理并加粗，其结果如图 5.14(e)所示。

5.4.2 回转体轴测草图的画法

如图 5.15(a)所示，由三视图可知，该立体由一个底板和一个带半圆柱的穿孔竖板叠加而成，由于半圆柱的穿孔竖板中的圆弧及圆部分出现在主视图中，因此可首选斜二轴测草图来绘图。

绘图方法如下：

(1) 先绘出该回转体的前端面的轴测投影,如图 5.15(b)所示。

(2) 再画出后端面的轴测投影,并连接前、后端面轴测投影,擦去多余的线,整理图形并加粗,最后结果如图 5.15(c)所示。

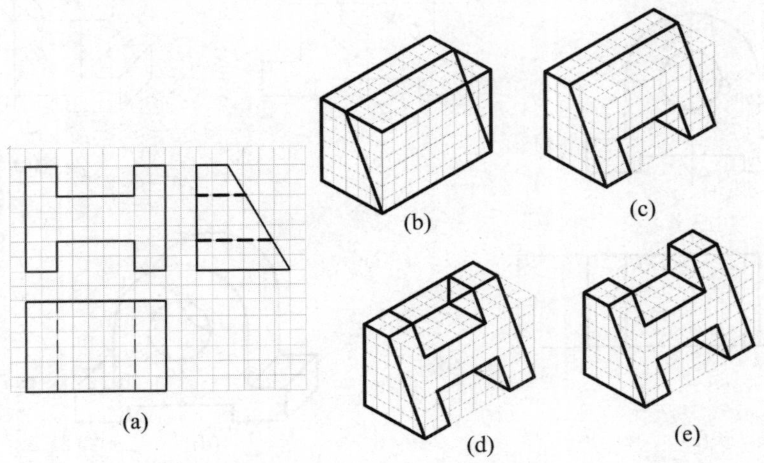

图 5.14 平面立体轴测草图的画法

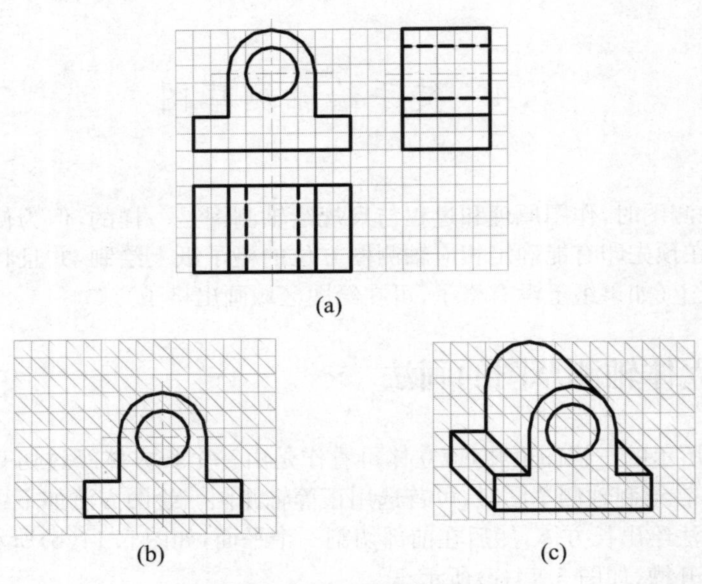

图 5.15 回转体轴测草图的画法

第6章　组　合　体

工程中的实际零件,一般都不是单一的基本几何体,而是由一个或多个基本体经叠加或切割等方式而形成的组合体。本章是在已经学习制图的基本知识和正投影理论的基础上,进一步学习如何绘制组合体投影图、阅读组合体投影图及组合体尺寸标注的基本方法,为工程图样的绘制和阅读奠定基础。

6.1　三视图的形成与投影规律

6.1.1　三视图的形成

在绘制工程图样时,根据有关标准和规定,采用正投影法将物体向投影面投射所得的图形称为视图。在三投影面体系中可得到物体的三个视图,如图 6.1(a)所示。物体的正面投影称为主视图;水平投影称为俯视图;侧面投影称为左视图。三个视图是按照观察方向命名的,其展开后的位置如图 6.1(b)所示。可以看出,俯视图在主视图的正下方,左视图在主视图的正右方。按这种位置配置视图时,国标规定不必标注视图的名称。

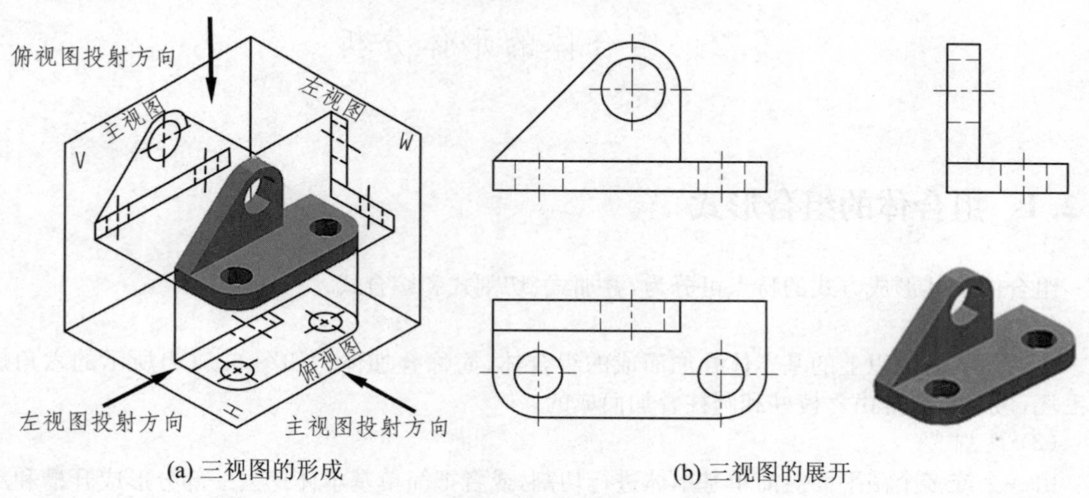

(a) 三视图的形成　　(b) 三视图的展开

图 6.1　三视图的形成和展开

由于在工程图上,视图主要用来表达物体的形状,而没有必要表达物体和投影面间的距离,因此,画图时不需要画出投影轴;为了使图形清晰,也不需要画出投影连线。

6.1.2 三视图的投影规律

物体有上下、左右、前后六个方向的位置关系，长、宽、高三个方向的尺寸。通常规定：物体左右之间的距离为长度(X)；前后之间的距离为宽度(Y)；上下之间的距离为高度(Z)。由图 6.2 可以看出，三个视图所反映的方位关系如下：

(1) 主视图反映物体的长和高，表现上下、左右的位置关系；

(2) 俯视图反映物体的长和宽，表现左右、前后的位置关系；

(3) 左视图反映物体的高和宽，表现上下、前后的位置关系。

由此可得出三视图之间的投影关系为：主、俯视图长对正，主、左视图高平齐，俯、左视图宽相等。这个"三等"关系，就是三视图之间的投影规律。它不仅适用于整个物体的投影，也适用于物体的每个局部的投影，因此，"三等"关系是画图和看图时必须遵循的、最基本的投影规律。

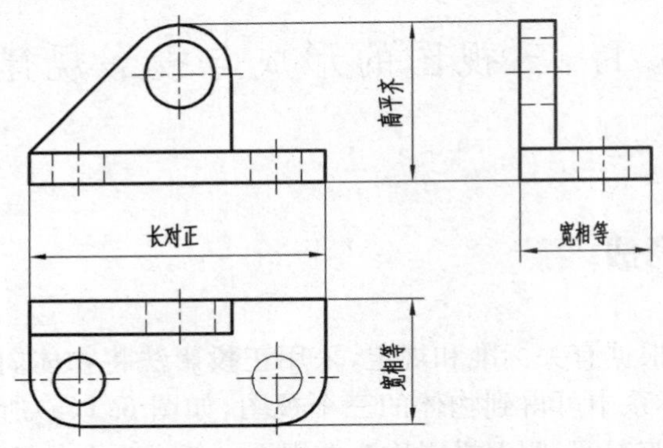

图 6.2 三视图的投影规律

6.2 组合体的形体分析

6.2.1 组合体的组合形式

组合体按其形成方式的特点可分为：叠加式、切割式和综合式。

(1) 叠加式

由两个或两个以上的基本体叠加而成的组合体，简称叠加体。如图 6.3(a)所示的六角螺栓毛坯，可以看成是由六棱柱和圆柱叠加而成的。

(2) 切割式

由一个或多个截平面对简单基本体进行切割，或者把简单基本体挖去一部分形成开槽和穿孔，使之变为较复杂的形体，简称切割体。如图 6.3(b)所示的六角螺母毛坯，可以看成是由六棱柱挖去圆柱而形成的。

(3) 综合式

叠加和切割是形成组合体的两种基本形式。在许多情况下，叠加式与切割式并无严格的界限，往往同一物体既有叠加又有切割。如图 6.3(c)所示的支架，可以看成是由底板、竖板和肋板三部分叠加而成的，但大孔和两个小孔是切割而形成的。

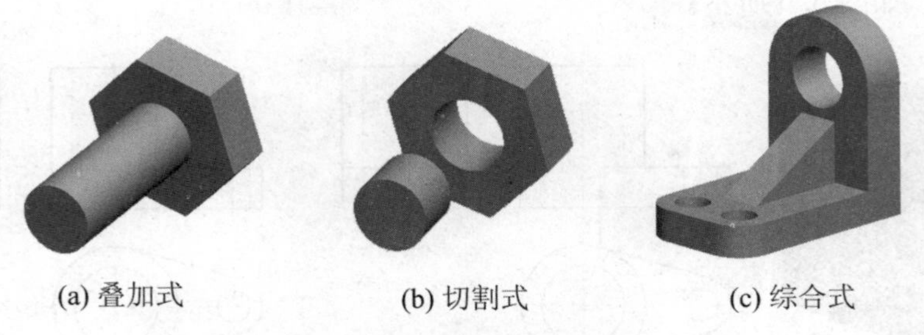

(a) 叠加式　(b) 切割式　(c) 综合式

图 6.3　组合体的组合形式

6.2.2　组合体相邻表面的连接关系

基本体经叠加、切割组成组合体后，其相邻表面之间会形成不同的连接关系，如平齐、相交和相切。连接关系不同，连接处投影的画法也不同。

1. 平齐

两个形体的相邻表面对齐连接成一个表面时，它们在连接处是平齐(共面)关系，不存在分界线，在视图上，此处不画线，如图 6.4 所示。

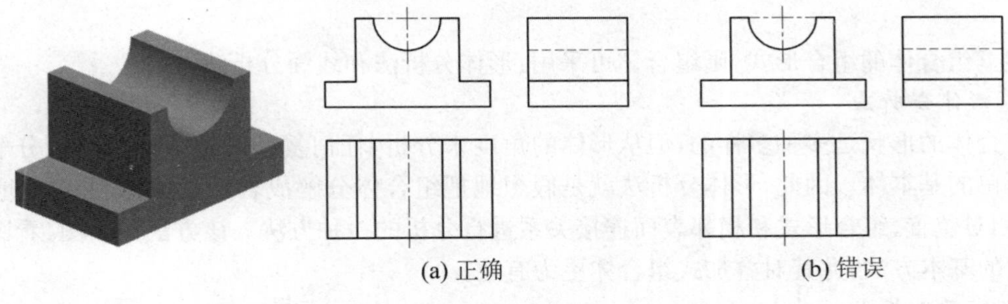

(a) 正确　(b) 错误

图 6.4　平齐

2. 相交

两个形体的相邻表面彼此相交时，表面交线就是它们之间的分界线，视图上必须画出交线的投影。如图 6.5 所示。

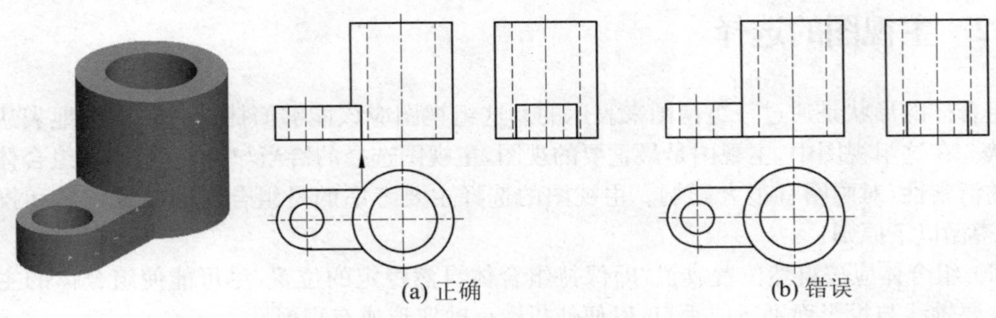

(a) 正确　(b) 错误

图 6.5　相交

3. 相切

两个形体的相邻表面相切时,该表面之间光滑过渡,在相切处无明显分界线,视图上一般不画切线的投影。如图 6.6 所示。

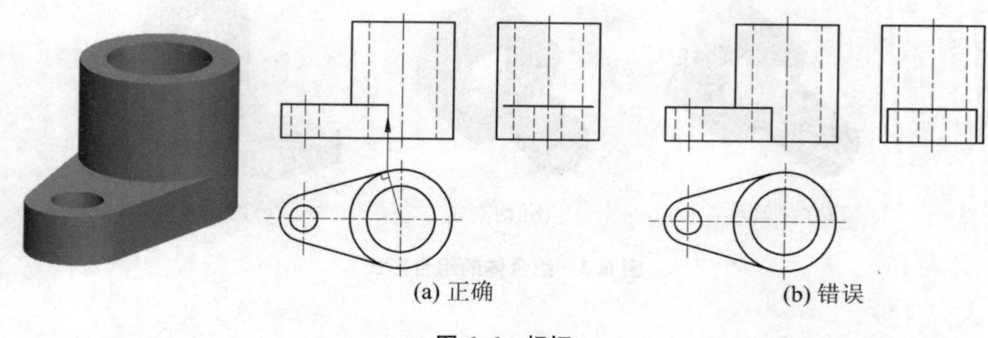

图 6.6 相切

6.3 画组合体的视图

6.3.1 画组合体视图的方法

根据组合体的组合形式,画组合体可采用:形体分析法和线面分析法。

1. 形体分析法

组合体的形状是多种多样的,但从形体的角度来分析,任何复杂的组合体都可以分解为若干个简单的基本体。因此,形体分析法就是假想地把组合体分解成若干基本体,并弄清它们的形状、相对位置、组合形式和相邻表面连接关系进行分析的一种方法。该方法是画图、看图及标注尺寸的基本方法,尤其对叠加式组合体更为有效。

2. 线面分析法

线面分析法是在形体分析法的基础上,对不易表达清楚的局部,运用点、线、面的投影特性来分析视图中的图线和线框的含义、线面的形状以及空间相对位置的方法。该方法特别适用于较复杂的切割体。

6.3.2 主视图的选择

组合体的形状是通过一组视图来表达的。这组视图应该能够简捷、完整、清晰地表达组合体形状。在这组视图中,主视图是最重要的视图,主视图选择的恰当与否,直接影响组合体视图表达的清晰性,对画图有很大影响。主视图的选择主要考虑的是组合体的放置位置和投射方向,应遵循以下原则:

(1) 组合体应按自然位置放置,即保持组合体自然稳定的位置,尽可能使组合体的主要平面或主要轴线与投影面平行或垂直,以便使投影反映实形或有积聚性。

(2) 主视图的投射方向应能够反映出组合体的结构特征、形状特征以及各基本体之间相对位置关系。

(3) 主视图确定后,其他视图的投射方向也随之确定。为了保证视图的清晰度,主视图的选择还应考虑到尽量减少各视图中的虚线。

实际的工程物体形状复杂多样,上述主视图的选择原则有时难以兼顾。所以在选择主视图时应综合考虑,区分主次,对多种方案进行比较,从中选择最优的方案。

6.3.3 组合体视图画法举例

例 6.1 以图 6.7(a)所示的轴承座为例,说明叠加式组合体画图的方法和步骤。

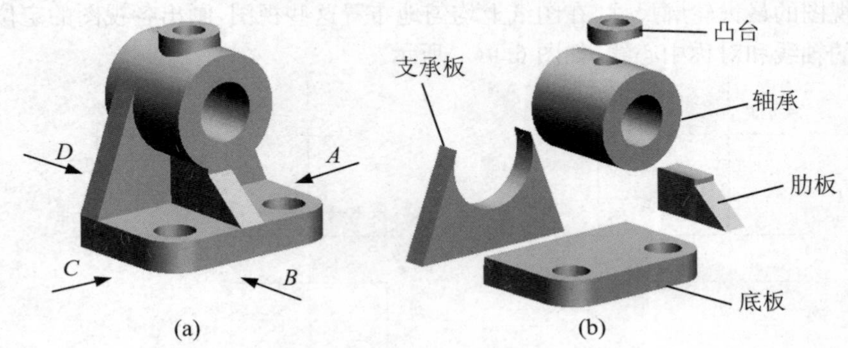

图 6.7 轴承座的形体分析

1. 形体分析

轴承座是经叠加形成的组合体,它的形体关系明确、容易识别,适用于形体分析法作图。

应用形体分析法,可以把轴承座分解为五个基本形体:与轴配合的轴承,用来支承轴承的支承板和肋板,安装用的底板,注油用的凸台,如图 6.7(b)所示。底板、支承板、肋板都是不同形状的平板,支承板与肋板均叠加在底板上方,底板与支承板后侧面平齐,支承板两侧面与轴承的外圆柱面相切,肋板与轴承相交,凸台与轴承是互相垂直相交的空心圆柱体,内外表面都有相贯线,轴承后端面相对于底板后侧面向外突出。

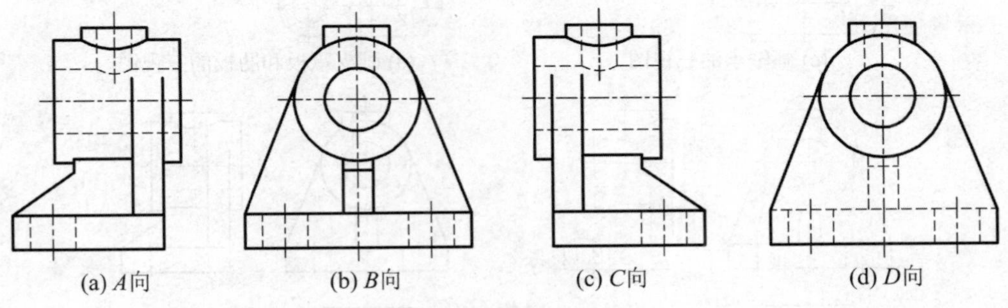

图 6.8 分析主视图的投射方向

2. 选择主视图

将轴承座按自然位置安放,对如图 6.7(a)所示的四个方向投射所得视图进行比较,确定主视图。如图 6.8 所示,D 向视图虚线较多,没有 B 向视图清晰;C 向视图和 A 向视图同等清晰,但若以 C 向视图作为主视图,则左视图(D 向)虚线较多,所以没有 A 向好;再比较 A 向和 B 向视图,B向视图上轴承座各组成部分的形状特点及其相互位置反映得最清楚,因此选用B向作为主视图的投射方向较好。

主视图确定后,俯视图和左视图的投射方向也就确定了。

3. 画三视图

(1) 选比例、定图幅

根据组合体的大小和复杂程度,选择适当的作图比例和图幅。一般情况下,尽可能选用1 : 1的比例。确定图幅大小时,除考虑绘图所需面积外,还要留够标注尺寸和画标题栏的位置。

(2) 布置视图

根据各视图的最大轮廓尺寸,在图纸上均匀地布置这些视图,画出各视图的定位线、对称线及主要形体的轴线和对称中心线,如图 6.9(a)所示。

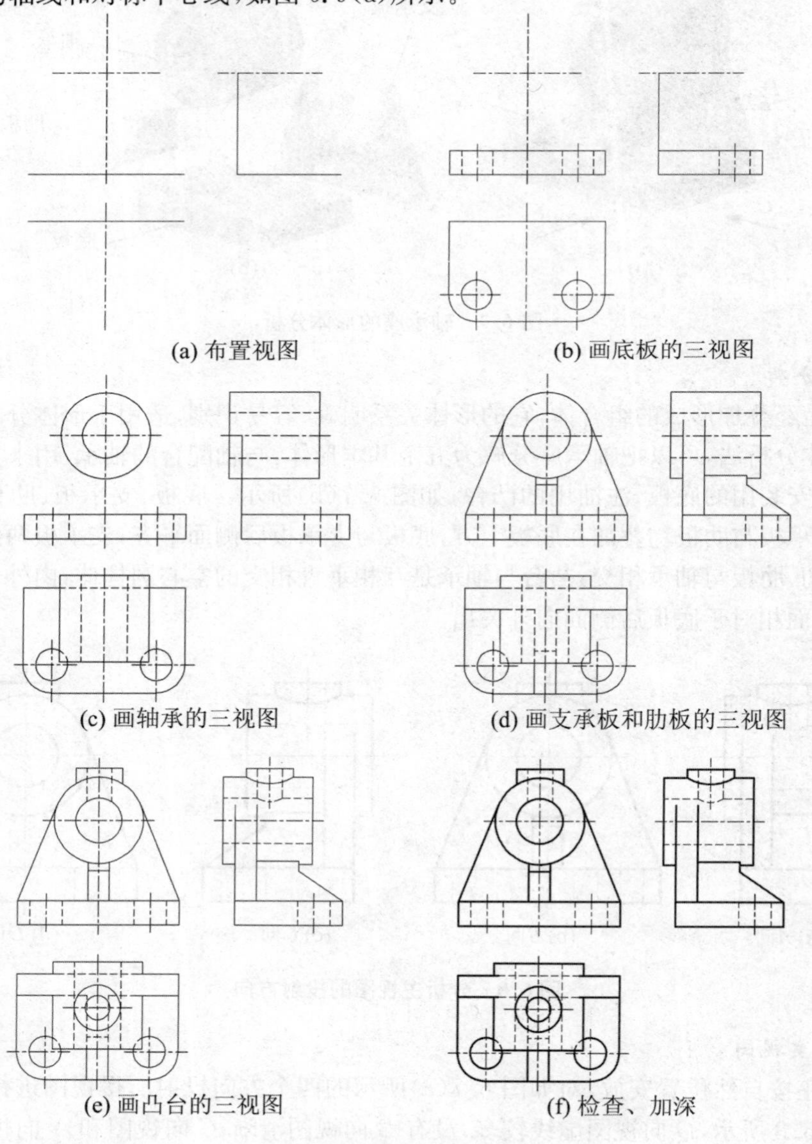

图 6.9 轴承座的作图过程

(3) 画底稿

应用形体分析法，根据各基本体的相对位置以及表面连接关系，按投影特点逐个画出各基本体的视图，底稿图线要细、轻、准，如图 6.9(b)～(e)所示。

画图时，应先画形体的主要轮廓，再画细节；先画反映形体特征的视图，后画其他视图；先画外轮廓，后画内部形状；同一基本体的三视图应按投影关系同时画出；在运用形体分析法的同时，还要综合运用线面分析法检查相邻表面连接处的投影是否正确。

(4) 检查、加深

完成底稿后，要仔细检查，改正错误，补全缺漏图线，擦去多余作图线，然后按规定线型加深。加深时应先加深圆、圆弧，后加深直线。细实线和点划线也应加深，使所画的图线保持粗细有别、浓淡一致。如图 6.9(f)所示。

例 6.2 以图 6.10 所示的导向块为例，说明切割式组合体画图的方法和步骤。

对于切割式组合体来说，在挖切过程中形成的面和交线较多，形体不完整，画图时应在形体分析法的基础上，结合线面分析法，如分析某些物体表面的形状、面与面的相对位置、表面交线等，这样才能绘出正确的图形。

作图时，一般先画出组合体被切割前的原形，然后按切割顺序画切割后形成的各个表面，先画有积聚性的线、面的投影，再按投影规律画出没有积聚性的投影。

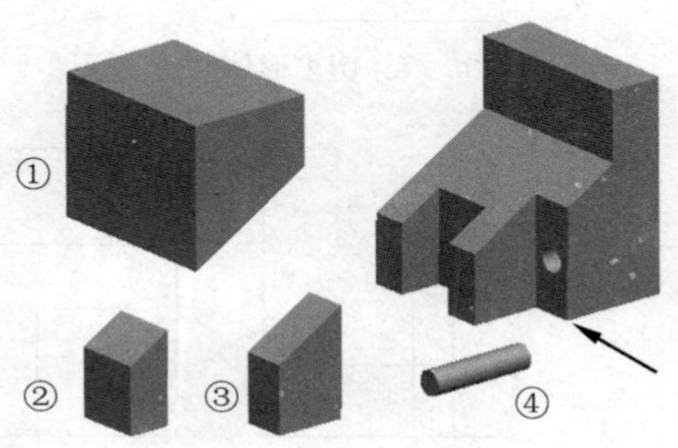

图 6.10 导向块的形体分析

1. 形体分析和线面分析

导向块是一个长方体被切去形体①、②、③，又钻了圆柱孔④而成。它的形体分析法和叠加式组合体基本相同，只不过各个形体是一块一块切割下来，而不是叠加上去的。画图时必须注意每切割一块基本体后，在导向块表面上所产生的交线及其投影。

2. 选择主视图

按自然位置安放好导向块后，选定图 6.10 中的箭头方向为主视图的投射方向。

3. 画三视图

步骤如图 6.11(a)～(f)所示。

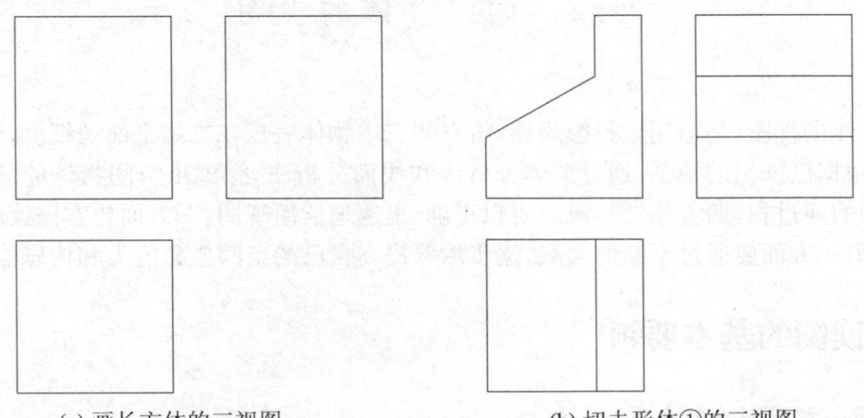

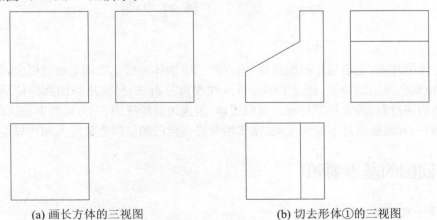

(a) 画长方体的三视图　　(b) 切去形体①的三视图

图 6.11 导向块的作图过程

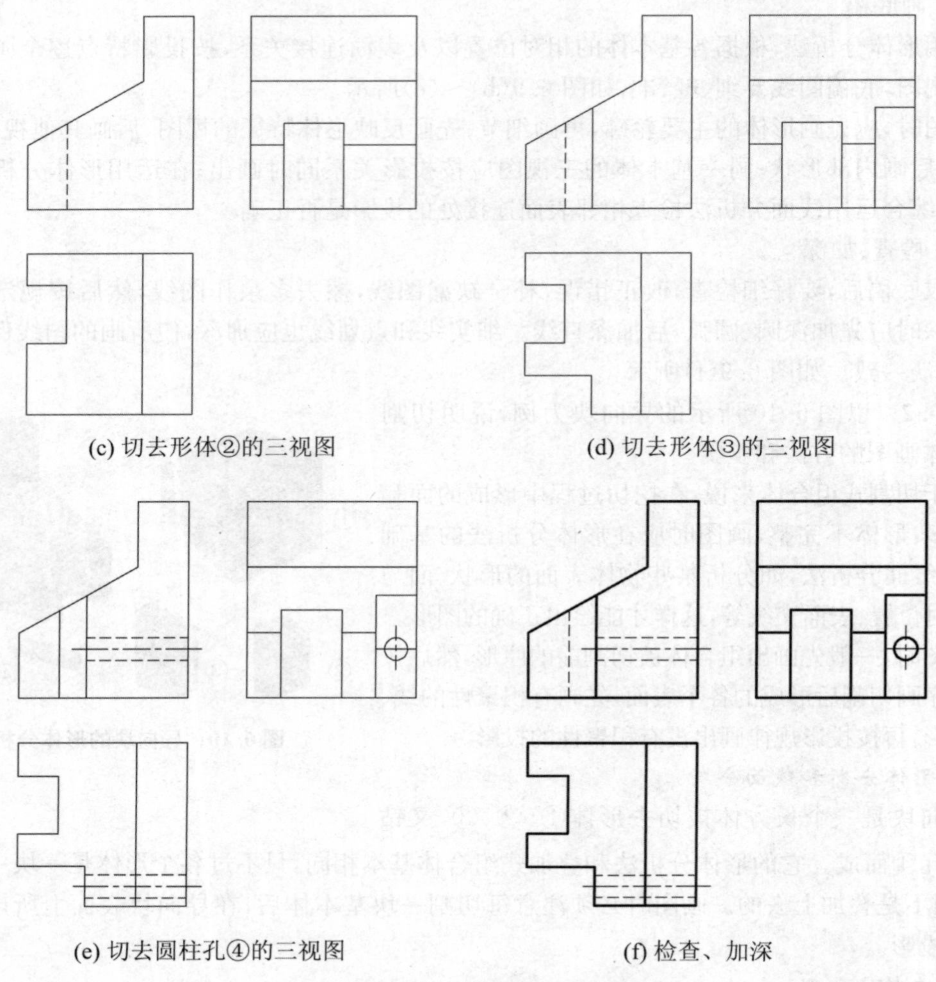

(c) 切去形体②的三视图

(d) 切去形体③的三视图

(e) 切去圆柱孔④的三视图

(f) 检查、加深

续图 6.11 导向块的作图过程

6.4 读组合体的视图

画组合体的视图，是运用正投影规律，将空间三维物体表现在二维平面图纸上；读组合体的视图，则是根据已画出的视图，通过形体分析法和线面分析法，想象出空间物体的形状。因此，读图是画图的逆过程，两者相辅相成。要想正确、迅速地读懂视图，一方面要掌握读图的基本要领和方法，另一方面要通过不断的实践，逐步培养提高自己的空间想象能力和构思能力。

6.4.1 读图的基本要领

1. 将多个视图联系起来读

由于一个视图只能反映物体两个方向的尺寸和结构，所以仅用一个或两个视图不能表达清楚组合体的性状。读图时，应该将所给的多个视图联系起来一起看。如图 6.12(a)和(b)所示，它们的主视图虽然相同，但俯视图不同，表现为两种不同形状的组合体。又如图 6.12(c)和(d)，其主、左两个视图均相同，仍需结合俯视图才能读出物体的确切形状。

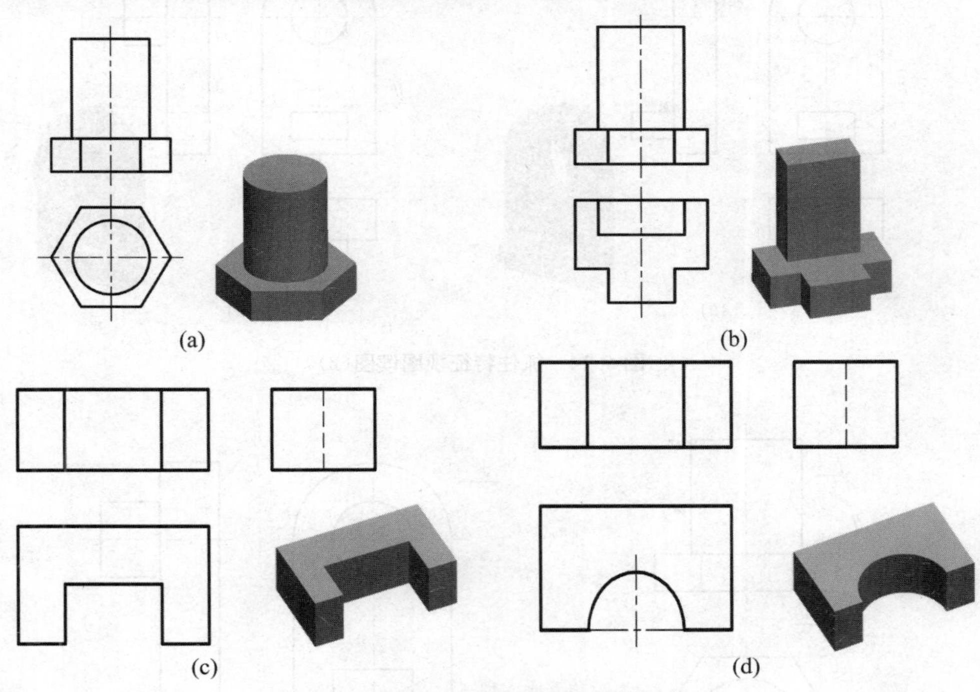

图 6.12　多个视图联系起来读图

2. 善于抓住特征视图

特征视图就是能清楚表达组合体形状特征和组成组合体的各基本体之间相对位置特征的视图。通常，主视图能较多反映物体的形体特征。但对于形状较为复杂的组合体，其各部分的特征并非一定集中在一个视图上，而是可能分散在每一个视图上。

如图 6.13 所示的支架，由底板和竖板两部分组成，主视图反映了支架的整体特征，而竖板和底板的形状特征则反映在左视图和俯视图上。又如图 6.14 所示，主视图反映各部分的形状特征比较明显，而形体Ⅰ、Ⅱ的相对位置特征却在左视图上反映得十分清楚。

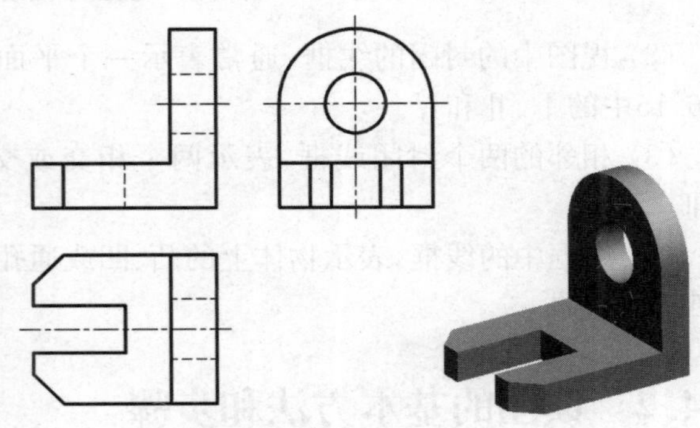

图 6.13　抓住特征视图读图(1)

因此，读图时应从主视图出发，抓住形状特征和位置特征明显的视图，才能快速、准确地读懂组合体的视图。

3. 理解视图中图线和线框的含义

视图是由图线及图线围成的封闭线框所构成的。读图就是研究这些图线及线框表示的是哪些几何要素的投影，进而构思、想象出视图所表达形体的形状。

(1) 视图中的每条图线，可能表示物体某一表面的积聚性投影，或者两个表面交线的投影，也可能是曲面转向轮廓线的投影,如图 6.15 所示的直线 1、2、3。

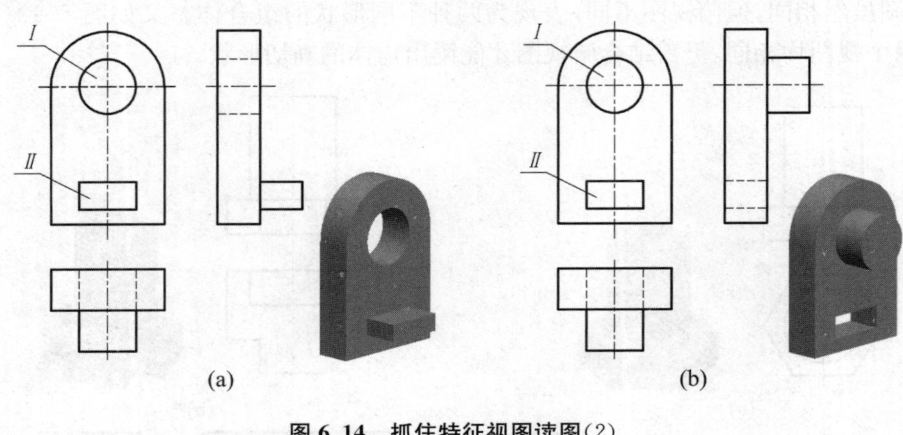

图 6.14 抓住特征视图读图(2)

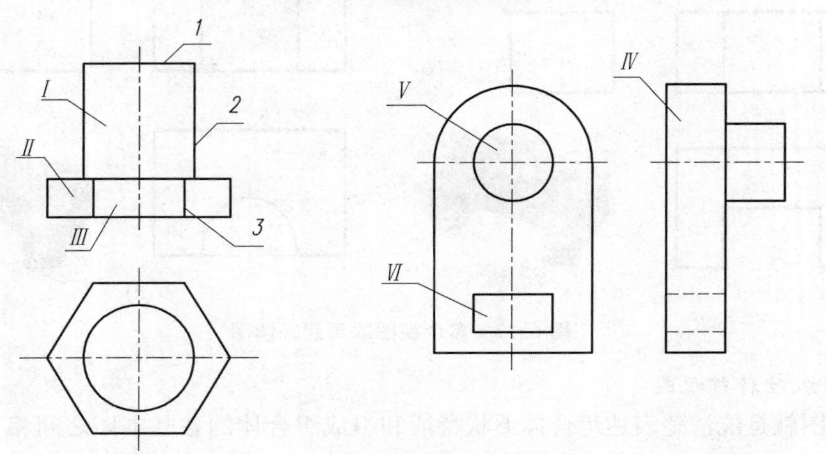

图 6.15 视图中图线和线框的含义

(2) 视图中的封闭的线框,通常表示一个平面、曲面或曲面及与之相切的平面的投影,见图 6.15中的Ⅰ、Ⅱ和Ⅳ。

(3) 相邻的两个封闭线框,表示两个相交或交错的面的投影,见图 6.15 中的Ⅰ和Ⅱ、Ⅱ和Ⅲ。

(4) 线框中的线框,表示物体上的凸、凹或通孔,见图 6.15 中的Ⅴ表示凸出的圆柱体,Ⅵ表示四方形通孔。

6.4.2 读图的基本方法和步骤

读图的基本方法与画图一样,有:形体分析法和线面分析法两种。

1. 形体分析法

采用形体分析法时,画图是将组合体进行形体分解,而读图则是在视图上进行线框分割。一般从最能反映物体形状特征的主视图入手,假想地把组合体分成若干个基本体的视图,然后按照各视图的投影关系,想象出这些基本体的形状和相对位置,最后确定该组合体的整体形状。下面以图 6.16 为例,说明形体分析法读图的一般步骤。

(1) 划线框分基本体

从主视图入手，将视图分为三个封闭线框，见图 6.16(a)中的Ⅰ、Ⅱ、Ⅲ，可以认为把组合体分成了三个基本体。

(2) 对投影想基本体形状

根据主视图所分的线框，按“三等”对应关系，对照其他两视图，从每一部分的特征视图出发，逐个想象出它们的形状。如图 6.16(b)～(d)所示，分别从反映基本体Ⅰ、Ⅱ、Ⅲ形状特征明显的主、左、俯视图出发，想象出每个基本体的形状。

(3) 合起来想整体

根据基本体的相对位置和连接关系，综合想象出组合体的整体形状。如图 6.16 所示，基本体Ⅰ在基本体Ⅲ的上方，后端面平齐，左右对称；基本体Ⅱ在基本体Ⅲ的上方和基本体Ⅰ的前方、左右对称。三个基本体合在一起就得到了如图 6.16(e)立体图所示的组合体的整体形状。

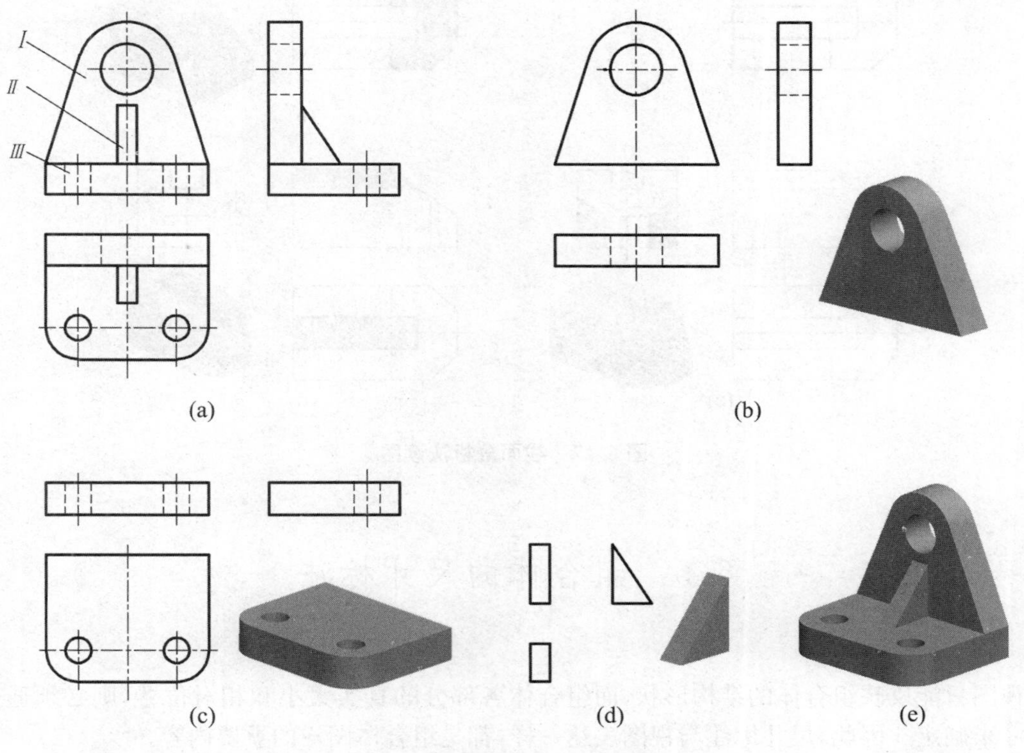

图 6.16　形体分析法读图

2. 线面分析法

读形状比较复杂的组合体视图时，在运用形体分析法的同时，对于不易读懂的部分，还常常用线面分析法来帮助想象和读懂这些局部形状。线面分析法对于识读以截切方式形成的组合体更为有用。以图 6.17 为例，说明线面分析法在读图中的应用。

(1) 初步形体分析

如图 6.17(a)所示，组合体三个视图的外轮廓都是有缺角或缺口的长方形，说明它是由长方体切割掉若干部分所形成的。

(2) 线面分析

如图 6.17(b)所示，由主视图缺角处的斜线出发，找出俯、左视图中与之对应的线框，可知这是一个正垂面，长方体被正垂面切掉一角；如图 6.17(c)所示，由俯视图的缺角处斜线出发，找出主、左视图中与之对应的封闭线框，可知这是两个铅垂面，长方体被铅垂面切掉前、后对称的两块；如图 6.17(d)所示，由左视图缺口处出发，找出主、俯视图中对应线框，可知这是由两个正平面和一个水平面在长方体的上部中间切掉一个通槽。

(3) 综合想象

通过上述分析可知，组合体是由一个正垂面切掉左上角，被两个铅垂面在左端前后对称地切掉两个角，在上部中间部分又被两个正平面和一个水平面由右向左切掉一个通槽。

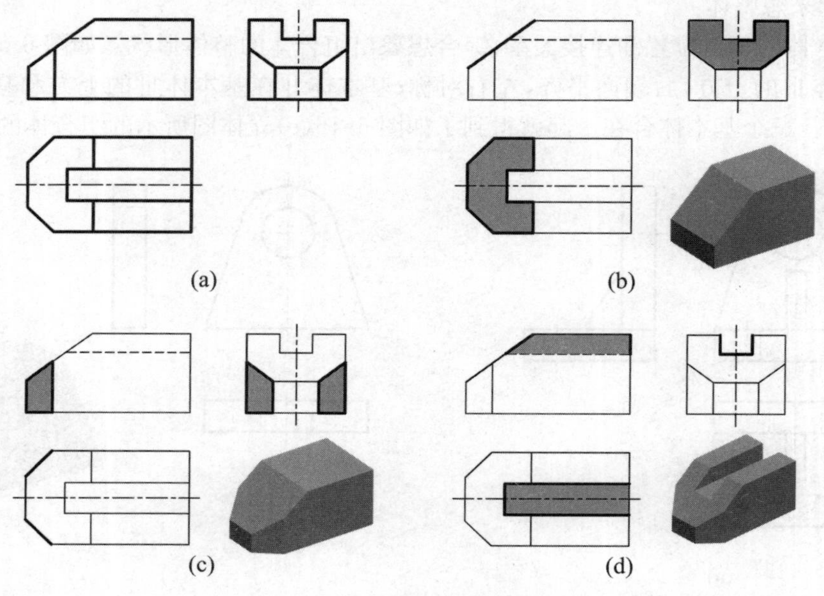

图 6.17 线面分析法读图

6.5 组合体的尺寸标注

视图只能反映组合体的结构形状，而组合体各部分的真实大小和相对位置，则必须通过标注尺寸来确定。因此，尺寸标注与视图表达一样，都是组合体图样的重要内容。

6.5.1 基本体的尺寸标注

组合体是由基本体按一定方式叠加或切割而成的。所以，要标注组合体的尺寸，首先必须掌握基本体的尺寸标注。图 6.18 为常见的平面立体和回转体的的尺寸标注示例，根据形体特点，有时标注形式可能有所改变。对于圆柱、圆台、环等回转体，其直径尺寸一般标注在非圆视图上。

图 6.19 为带有截交线、相贯线的形体的尺寸标注示例，截交线的形状取决于立体的形状、大小以及截平面与立体的相对位置，所以标注截交部分的尺寸时，只需标注立体的大小和形状尺寸以及截平面的相对位置尺寸，不能标注截交线的尺寸。同理，标注相贯部分的尺寸时只需标注参与相贯的各立体的大小和形状尺寸及其相互间的相对位置尺寸，不能标注相贯线的尺寸。

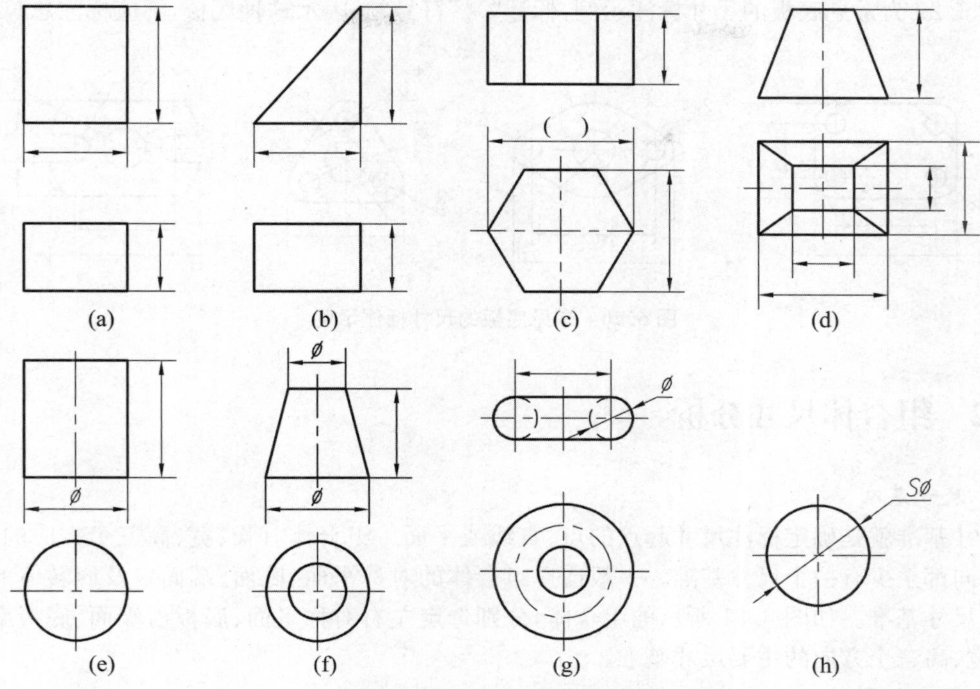

图 6.18 常见的平面立体、回转体的寸标注示例

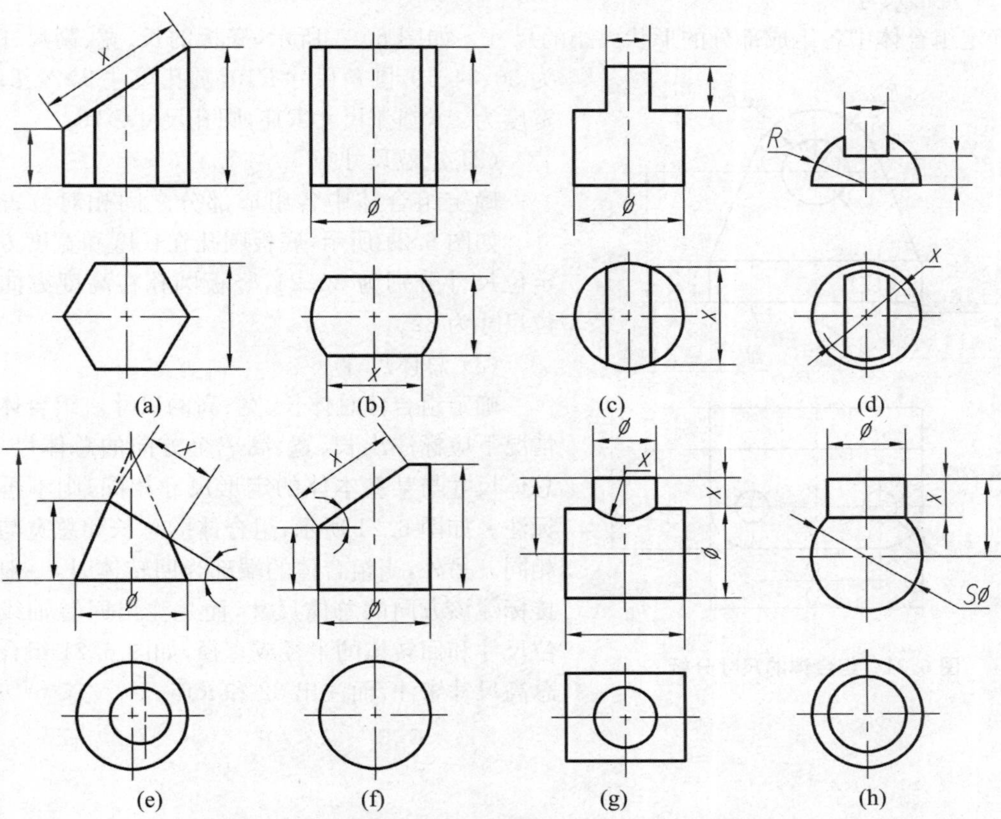

图 6.19 带有截交线、相贯线的形体的尺寸标注示例

图 6.20 为常见底板的尺寸标注示例，标注“×”符号的，表示这种底板，不应标注总长。

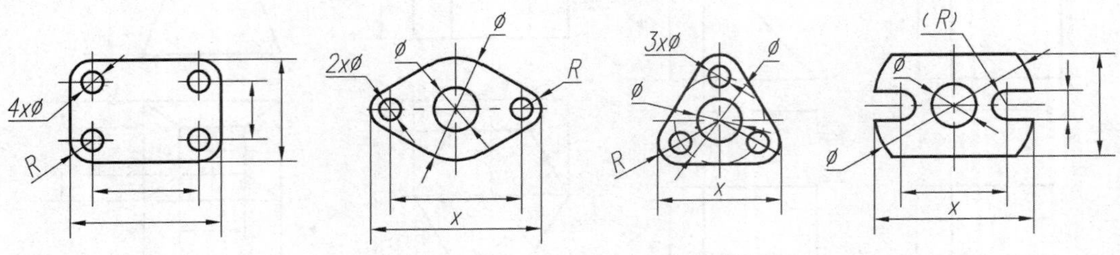

图 6.20　常见底板的尺寸标注示例

6.5.2　组合体尺寸分析

1. 尺寸基准

尺寸基准就是确定标注尺寸起点的点、直线或平面。组合体有长、宽、高三个方向的尺寸，每个方向都至少有一个尺寸基准。一般选择组合体的对称平面、底面、端面以及回转体的轴线等作为尺寸基准。如图 6.21 所示的组合体，分别选定左右对称平面、底板后端面、底板底面作为长、宽、高三个方向的主要尺寸基准。

2. 尺寸分类

(1) 定形尺寸

确定组合体中各组成部分的形状大小的尺寸。如图 6.21 所示，底板的长、宽、高尺寸分别为 50、34、10，圆角尺寸 $R10$，圆孔尺寸 2×∅8；竖板宽度为 10，圆弧尺寸 $R15$，圆孔尺寸∅16。

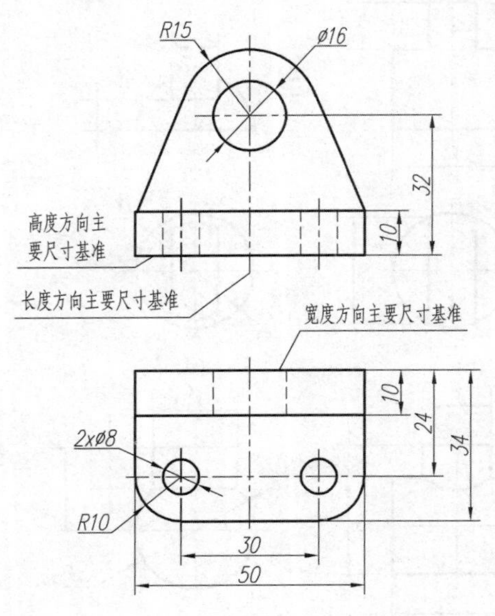

图 6.21　组合体的尺寸分析

(2) 定位尺寸

确定组合体中各组成部分之间相对位置的尺寸。如图 6.21 所示，底板圆孔在长度和宽度方向的定位尺寸分别为 30、24，竖板圆孔在高度方向的定位尺寸为 32。

(3) 总体尺寸

确定组合体总体长、宽、高的尺寸。组合体一般情况下应标注出长、宽、高三个方向的总体尺寸，如总体尺寸与某基本体的定形尺寸相同，则不再重复标注。如图 6.21 所示，组合体的总长和总宽与底板相同。另外，当组合体的端部为回转体时，一般不直接标注该方向的总体尺寸，而是注出回转轴线的定位尺寸和回转体的半径或直径，如图 6.21 组合体的总高尺寸未注，而注出 32 和 $R15$。

6.5.3 组合体尺寸标注的基本要求

1. 正确

尺寸标注时应严格遵守国家标准有关尺寸标注的规定,可参阅本教材"1.1.5 尺寸注法"中的介绍,同时尺寸数字及单位也必须正确。

2. 完整

所注尺寸应能完全确定组合体各部分的大小和相对位置,不能遗漏,也不能多余重复。为此,运用形体分析法假想地将组合体分解为若干基本体,注出各基本体的定形尺寸以及它们之间的定位尺寸,最后根据组合体的结构特点注出总体尺寸,并对已注尺寸作必要的调整。

3. 清晰

尺寸应标注在图中合适的地方且布局整齐,以便于读图和理解。

(1) 突出特征

定形尺寸尽量标注在反映该形体特征的视图上。

(2) 相对集中

同一形体的定形尺寸和定位尺寸应尽可能集中标注,便于读图和查找。

(3) 布局整齐

同方向的平行尺寸,应使大尺寸在外,小尺寸在内,以避免尺寸线与尺寸界线交叉;同方向的串联尺寸应排列在一条直线上。

(4) 图形清晰

尺寸尽量标注在视图的外部,配置在两视图之间;内形尺寸和外形尺寸应分别标注在视图的两侧;尽量避免在虚线上标注尺寸。这样不仅能保持图形清晰,且便于读图。

6.5.4 组合体尺寸标注的方法与步骤

1. 形体分析

分析组合体是由哪些基本体组合而成的,以便进行分解标注。如果是切割式组合体,要分析出它的原基本体形状特征,然后确定各切割部分的相对位置。如图 6.22(a)所示,将轴承座分为五个基本形体。

2. 确定尺寸基准

在长、宽、高三个方向上至少确定一个主要基准。对于对称结构的组合体,尺寸基准应选择在对称中心面上;对于具有重要回转体结构的组合体,尺寸基准应选择在回转体的轴线上;另外,一些重要端面也可以作为尺寸基准。如图 6.22(b)所示,选定轴承座的左右对称面作为长度方向的主要尺寸基准,底板的后端面作为宽度方向的主要尺寸基准,底板的下端面作为高度方向的基准。

3. 逐一标注各基本体的定形尺寸和定位尺寸

如图 6.22(b)和(c)所示。

4. 标注总体尺寸

总体尺寸的标注应做到不重复,不矛盾。注意总体尺寸的标注不能标注到回转体的轮廓素线上。如图 6.22(d)所示,轴承座的总长和总高均为 56,在图中已注出,无需重复标注。总宽为 39,

但该尺寸不宜标注，因为如果注出总宽为39，则尺寸4或35就是不应标注的重复尺寸，但是标注尺寸4和35有利于明确表达底板的宽度和轴承的定位。

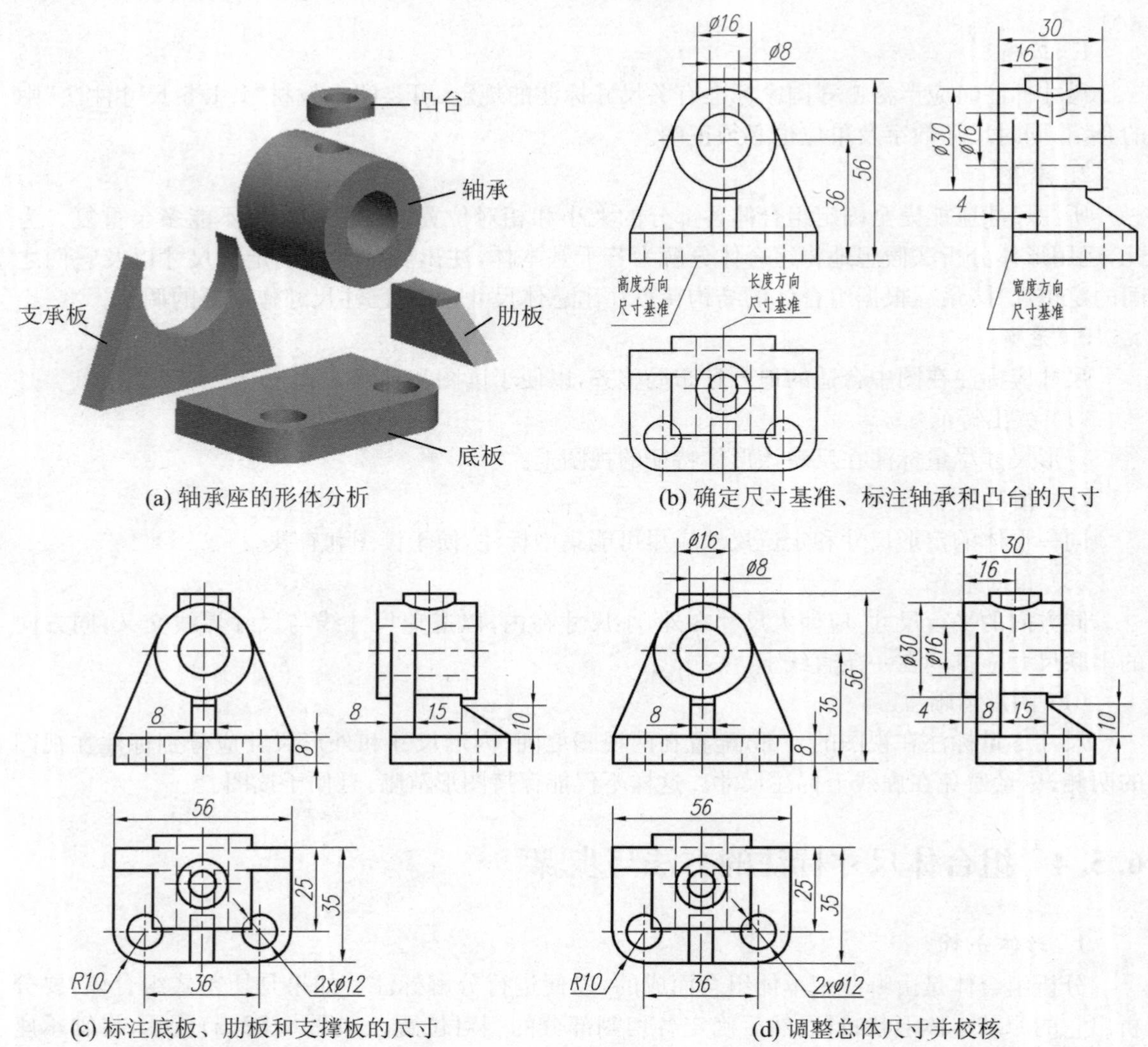

(a) 轴承座的形体分析　(b) 确定尺寸基准、标注轴承和凸台的尺寸

(c) 标注底板、肋板和支撑板的尺寸　(d) 调整总体尺寸并校核

图 6.22　轴承座的尺寸标注

5. 校核

最后，对已标注的尺寸，按正确、完整、清晰的基本要求进行检查和整理，如有不妥，应作适当修改。

第 7 章　机件常用的表达方法

在生产实际中，当机件的形状和结构比较复杂时，仅用两视图或三视图，很难把它们的内外形状正确、完整、清晰地表达出来。

本章内容是在学习组合体三视图的基础上，依据国家《技术制图》标准 GB/T 4458.1—2002、GB/T 4458.6—2002、GB/T 17451—1998、GB/T 17452—1998、GB/T 17453—1998 的规定，介绍视图、剖视图、断面图、局部放大图、简化画法和其他规定画法等常用的表达方法及应用，从而使工程形体的表达更为方便、清晰、简洁，为工程图样的绘制及阅读提供基础。

7.1　视　　图

视图主要用于表达机件的外形，分为基本视图、向视图、局部视图和斜视图四种。

将机件放在正六面体内，按照第一分角正投影把物体分别向各基本投影面投射，所得的视图称为基本视图。其中，除了前面已学过的主视图、俯视图和左视图外，还包括从右向左投射所得的右视图；从下向上投射所得的仰视图和从后向前投射所得的后视图。

7.1.1　基本视图

在原来的三个投影面的基础上，再增加三个互相垂直的投影面，从而构成一个正六面体的六个侧面，这六个侧面叫作基本投影面。各投影面的展开方法如图 7.1 所示。在同一张图纸内，六个基本视图按图 7.2 所示配置视图时，一律不标注视图的名称。六个基本视图之间仍满足“长对正、高平齐、宽相等”的投影规律。

实际使用时，并不是要将六个基本视图都画出来，在明确表示机件的前提下，应使视图（包括后面所讲的剖视图和断面图）的数量为最少。根据机件形状的复杂程度和结构特点，选择若干个基本视图，一般优先选用主、俯、左三个视图。视图中通常只画出机件的可见部分，必要时才用虚线画出其不可见部分。

7.1.2　向视图

向视图是可以自由配置的视图。若一个机件的视图不按规定配置，或不能画在同一张纸上，则可画向视图。这时，应在向视图的上方用大写拉丁字母标出该向视图的名称（如“A”、“B”等），且在相应的视图附近用箭头指明投射方向，并注上同样的字母，如图 7.3 所示。

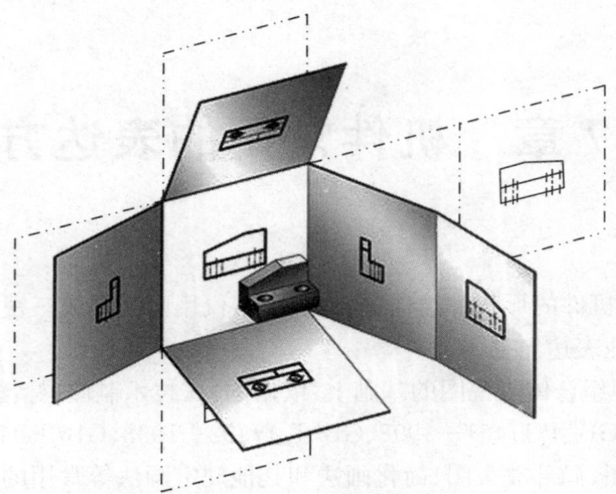

图 7.1 基本视图的展开方式

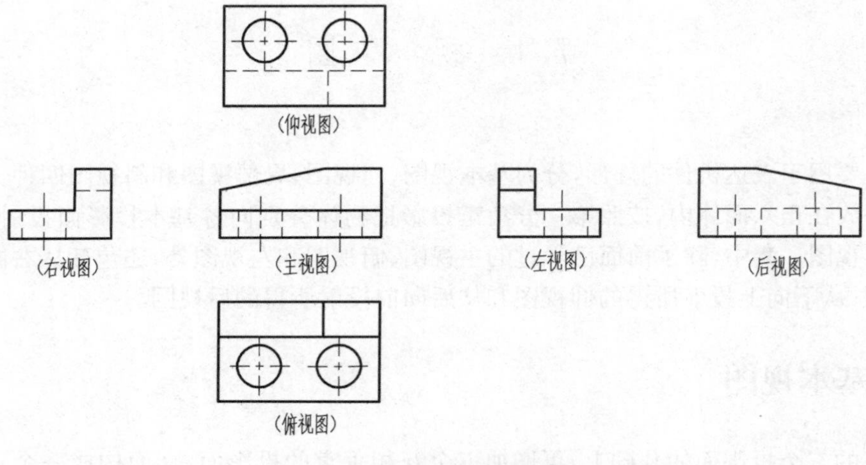

图 7.2 基本视图的规定配置

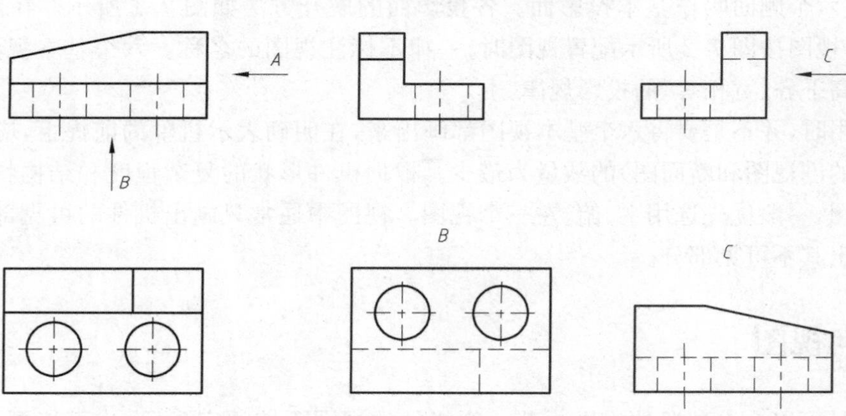

图 7.3 向视图及其标注

7.1.3　局部视图

将机件的某一部分向基本投影面投射所得的视图称为局部视图,局部视图应是基本视图的一部分。

局部视图适用于当采用一定数量的基本视图后,当机件的主体形状已由一组基本视图表达清楚,但该机件上仍有部分结构尚未表达清楚,而又没有必要再画出完整的基本视图时,可采用局部视图。如图 7.4(a)所示的机件,用主、俯两个基本视图已清楚地表达了主体形状,但为了表达左、右两个凸缘形状,再增加左视图和右视图,就显得繁琐、重复,此时可采用两个局部视图,只画出所需表达的左、右凸缘形状,则表达方案既简练又突出了重点。

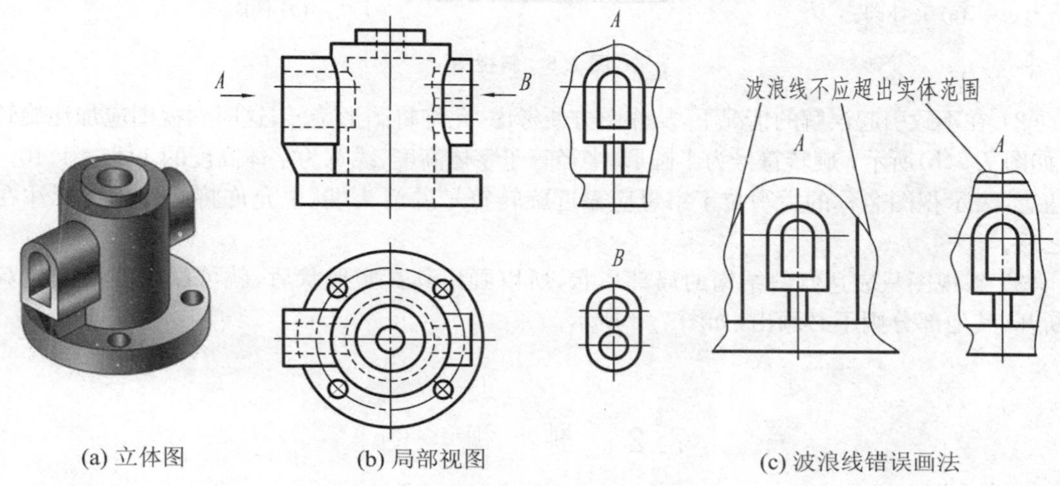

(a) 立体图　(b) 局部视图　(c) 波浪线错误画法

图 7.4　局部视图

局部视图的配置、标注及画法如下:

(1) 局部视图可按基本视图配置(如图 7.4(b)所示的局部视图 A),也可按向视图配置在其他适当位置(如图 7.4(b)所示的局部视图 B)。

(2) 当局部视图按基本视图的规定配置,且中间又有没有其他图形隔开时,可省略标注(如图 7.4(b)所示的局部视图 A)。

(3) 局部视图的断裂边界用波浪线或双折线表示(如图 7.4(b)所示的局部视图 A)。但当所表示的局部结构完整,且其投影的外轮廓线又成封闭时,波浪线可省略不画(如图 7.4(b)所示的局部视图 B)。波浪线不应超出机件实体的投影范围,如图 7.4(c)所示。

7.1.4　斜视图

当机件上有倾斜于基本投影面的结构时,为了表达倾斜部分的实形,可设置一个与倾斜结构平行且垂直于一个基本投影面的辅助投影面,然后将该倾斜结构向辅助投影面投射并展平,所得的视图称为斜视图,如图 7.5(a)所示。

斜视图的配置、标注及画法如下:

(1) 斜视图一般按向视图的配置形式配置,在斜视图的上方必须用字母标出视图的名称,在相应的视图附近用箭头指明投射方向，并注上相同的字母，如图 7.5(b)所示。

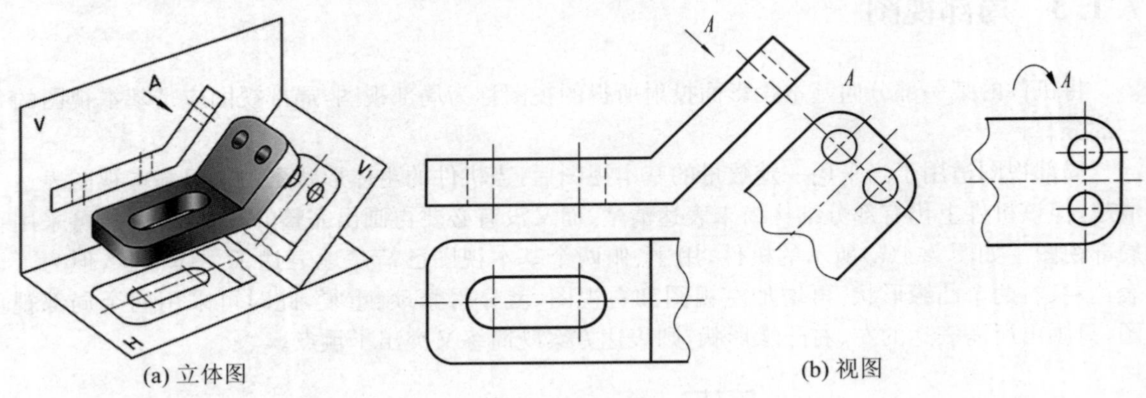

(a) 立体图 (b) 视图

图 7.5 斜视图

(2) 在不致引起误解的情况下，从作图方便考虑，允许将图形旋转，这时斜视图应加注旋转符号，如图 7.5(b)所示，旋转符号为半圆形，半径等于字体高度，线宽为字体高度的 1/14～1/10。必须注意，表示视图名称的大写拉丁字母应靠近旋转符号的箭头端，也允许将旋转角度标注在字母之后。

(3) 斜视图只表达倾斜结构的局部形状，所以画出其真实形状后，就可以用波浪线或双折线断开，其他部分则不必画出，如图 7.5 所示。

7.2 剖 视 图

7.2.1 剖视图的概念和基本画法

画视图时，机件的内部形状，如孔、槽等，因其不可见而用虚线表示，如图 7.6 所示。但当机件内部形状比较复杂时，图上的虚线较多，有的甚至和外形轮廓线重叠，这既不利于读图，也不便于标注尺寸。为此，国家标准中规定可用剖视图来表达机件的内部形状。

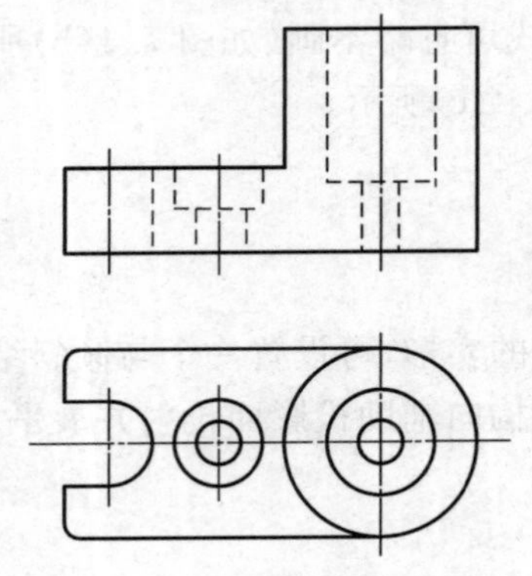

图 7.6 机件两视图

1. 剖视图的概念

如图 7.6 所示机件的主视图，出现了表达内部结构的虚线。为了清晰的表达机件内部形状，如图 7.7 所示，假想用剖切面剖开机件，将处在观察者和剖切面之间的部分移开，而将剩余部分向投影面投射所得的图形，称为剖视图，简称剖视。图 7.7(c)中的主视图即为支架的剖视图。

2. 画剖视图的步骤

(1) 确定剖切面的位置

如图 7.7(a)所示，选取平行于正面的对称平面为剖切面。

（2）画剖视图

如图 7.7(b)所示，移去剖开的机件前半部分，而将剩余部分向正面投射。

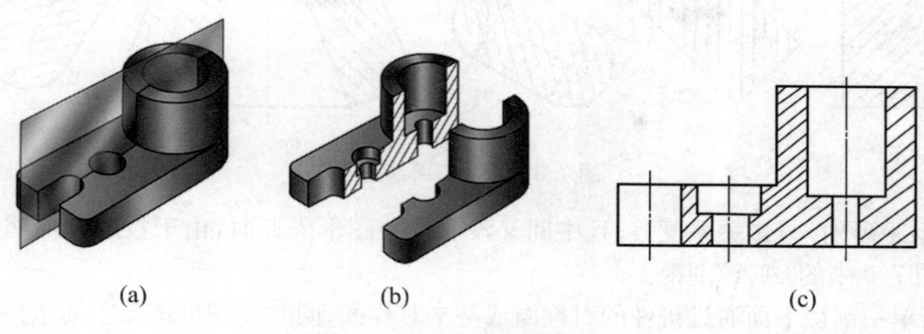

(a)　(b)　(c)

图 7.7　剖视图的过程

（3）画剖面符号或通用剖面线

假想用剖切面剖开物体，剖切面与物体接触和部分，称为剖面区域。剖视图中，剖面区域一般应画出剖面符号，以区分机件上被剖切到的实体部分和未剖切到的空心部分。根据各种机件所使用的不同材料，制图标准规定了各种材料的剖面符号，如表 7.1 所示为部分材料的剖面符号。

表 7.1　部分剖面符号

材料名称	剖面符号	材料名称	剖面符号
金属材料 （已有规定剖面符号者除外）		液体	
非金属材料 （已有规定剖面符号者除外）		固体材料	

若不需在剖面区域中表示材料的类别，可采用通用剖面线表示。通用剖面线应以适当角度的细实线绘制，最好与主要轮廓线或剖面区域的对称线成 45°角，如图 7.8 所示。若需要在剖面区域中表示材料的类别，则应采用国家标准规定的剖面符号。对同一机件，在它的各个剖视图和断面图中，所有剖面线的倾斜方向应一致、间隔要相同。

（4）剖视图的配置与标注

剖视图一般按投影关系配置，如图 7.9(a)所示的主视图。为了读图时便于找出投影关系，剖视图一般需要用剖切符号标注剖切面的位置、投射方向和剖视图名称。剖切平面的起、迄和转折位置通常用长为 5～10 mm，线宽为 1～1.5 倍的粗实线表示，它不能与图形轮廓线相交，在剖切符号的起、迄和转折处注上字母，标明投影方向，如图 7.9(a)所示的主视图。剖视图名称是在所画剖视图上方用相同的字母标注，如图 7.9(a)所示的“*A-A*”所示。

在下列两种情况下，可省略或部分省略标注：

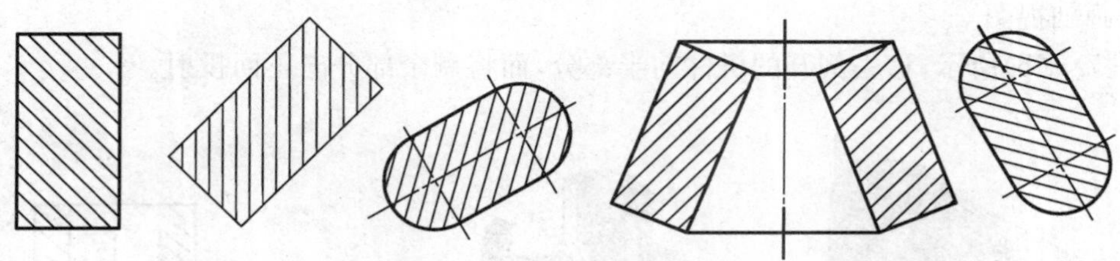

图 7.8 通用剖面线的画法

① 当剖视图按投影关系配置，且中间又没有其他图形隔开时，由于投射方向明确，可省略箭头，如图 7.9 中的“A-A”剖视。

② 当单一剖切平面通过机件的对称面或基本对称面，同时又满足情况①的条件时，剖切位置、投射方向以及剖视图都非常明确，故可省去全部标注，如图 7.9(b)可省去全部标注。

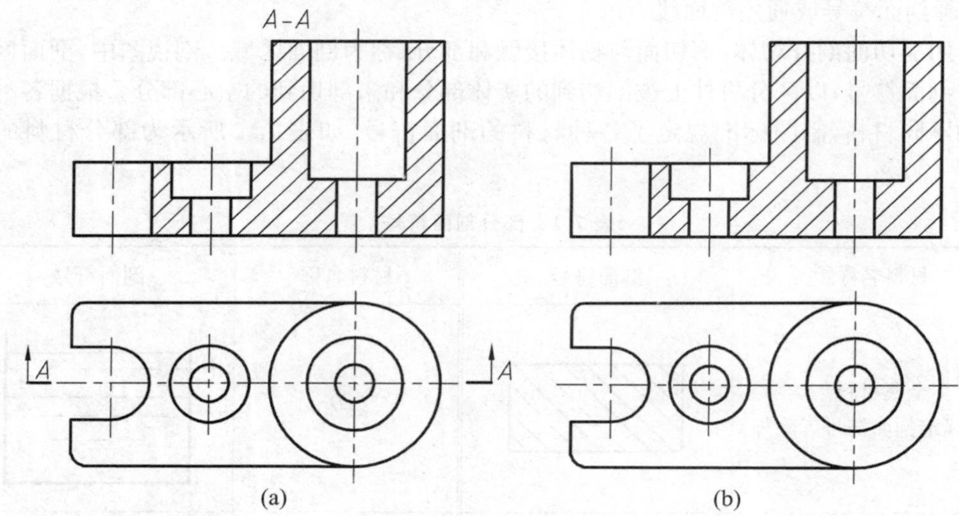

图 7.9 机件的主视图画成剖视图

3. 画剖视图时应注意的问题

画剖视图时应注意的问题：

① 剖开机件是假想的，并不是真正地把机件切掉一部分，因此，对每一次剖切而言，只对一个视图起作用，即按规定画法绘制成剖视图，而不影响其他视图的完整性，如图 7.9 所示的俯视图。

② 剖切后，留在剖切平面之后或之下、之右的部分，应全部向投影面投射，用粗实线画出所有可见部分的投影。画剖视图时应特别注意剖切平面之后容易漏画的图线。

③ 剖视图中，凡是已表达清楚的不可见的结构，其虚线省略不画。

7.2.2 剖视图的种类

按照机件被剖开的范围来分，剖视图可分为全剖视图、半剖视图和局部剖视图三种。

1. 全剖视图

用剖切面完全剖开机件所获得的剖视图，称为全剖视图。前述的剖视图例均为全剖视图。

由于全剖视图是将机件完全剖开，机件外形的投影受影响，因此，全剖视图一般适用于外形简单、内部形状较复杂的机件，如图 7.10 所示。

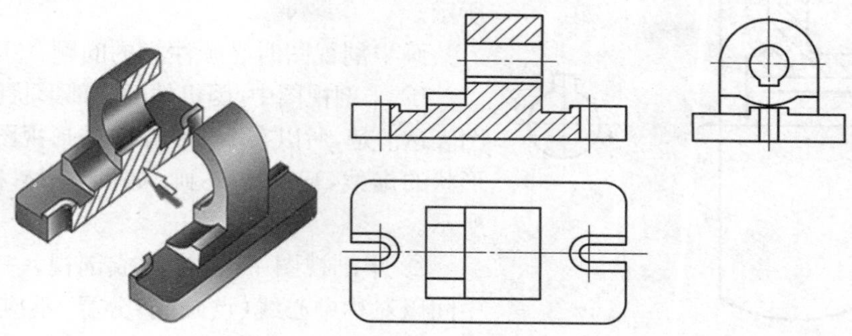

图 7.10　全剖视图(1)

对于一些具有空心回转体的机件，即使结构对称，但由于外形简单，亦常采用全剖视图，如图 7.11 所示。

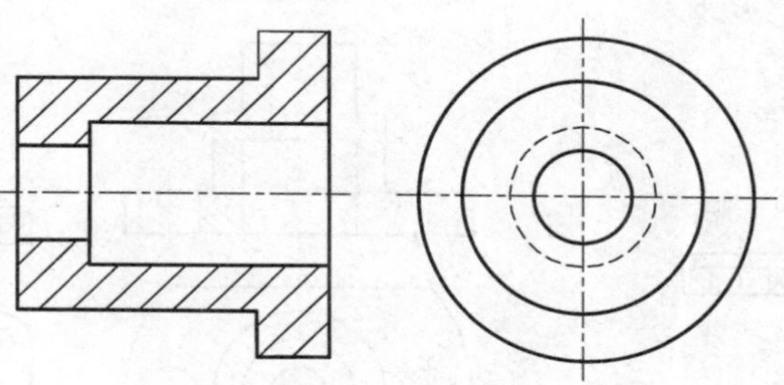

图 7.11　全剖视图(2)

2. 半剖视图

当机件具有对称平面时，向垂直于对称平面的投影面上投射所得的图形，允许以对称中心线为界，一半画成剖视图，另一半画成视图，这样获得的剖视图称为半剖视图。半剖视图主要用于内外形状都需要表达、结构对称的机件，如图 7.12 所示。

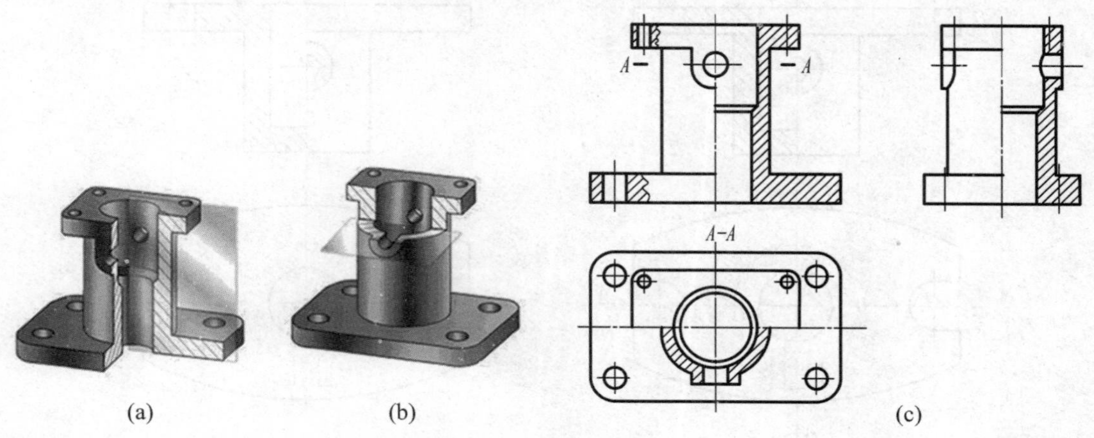

图 7.12　半剖视图(1)

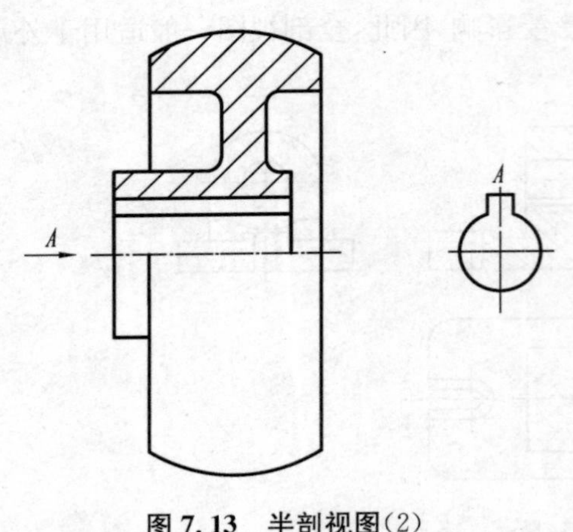

图 7.13　半剖视图(2)

当机件的形状接近于对称，且不对称部分已另有图形表达清楚时，也可以画成半剖视图，如图 7.13 所示。

画半剖视图时必须注意的问题：

① 半剖视图中，因机件的内部形状已由半个剖视图表达清楚，所以在不剖的半个外形视图中，表达内部形状的虚线，应省去不画，如图 7.14 和图 7.15(a)所示。

② 半剖视图中，一半画成剖视，一半画成视图，中间以对称中心线(点画线)分界，不应画成粗实线，如图 7.15(b)所示。

③ 零件对称中心有轮廓线时不宜采用半剖。

④ 半剖视图的标注方法与全剖视图的标注方法相同，图 7.16(a)的标注是错误的。

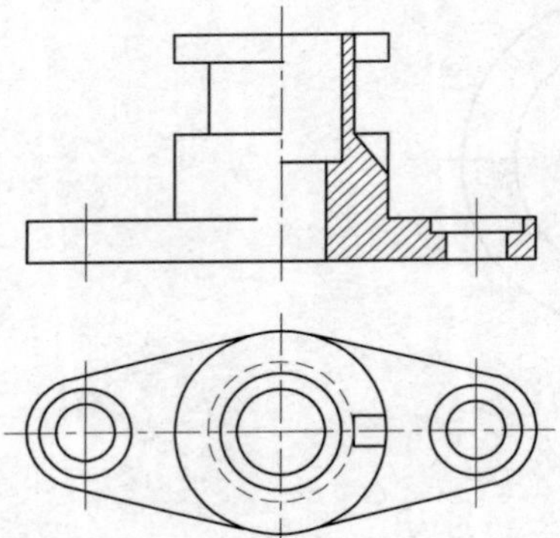

图 7.14　半剖视图(3)

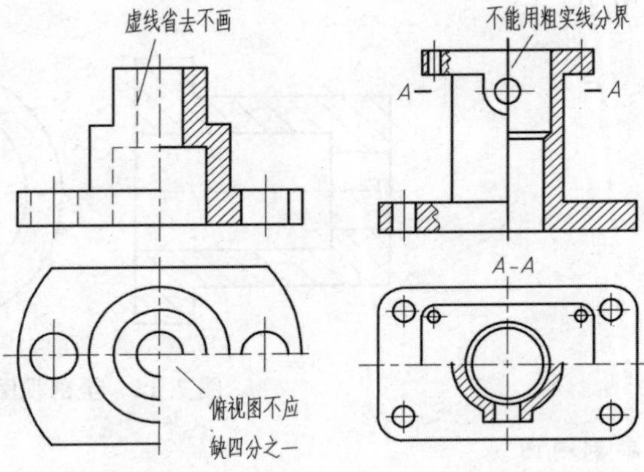

虚线省去不画

俯视图不应缺四分之一

(a)

不能用粗实线分界

A-A

(b)

图 7.15　半剖视图(4)

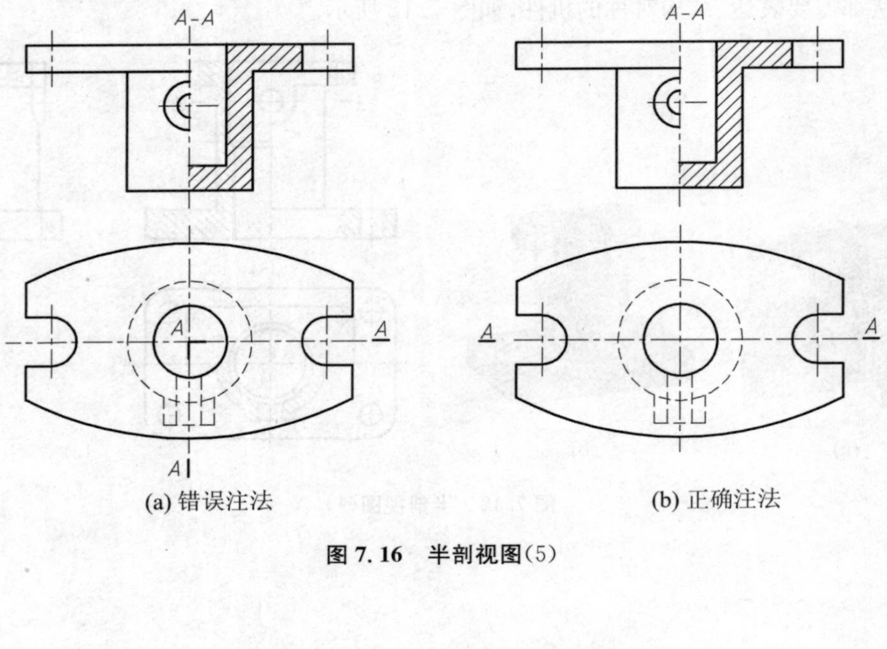

A-A

(a) 错误注法

A-A

(b) 正确注法

图 7.16　半剖视图(5)

3. 局部剖视图

用剖切面局部地剖开机件所获得的剖视图称为局部剖视图。局部剖视图应用比较灵活，适用范围较广。常见情况如下：

① 需要同时表达不对称机件的内外形状时，可以采用局部剖视，如图 7.17 所示。

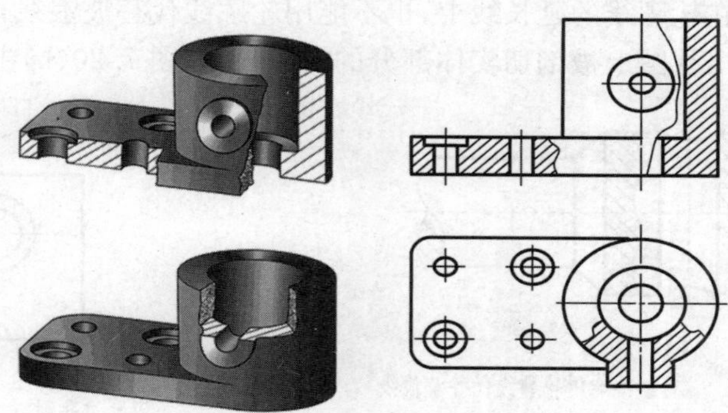

图 7.17　局部剖视图(1)

② 虽有对称面，但轮廓线与对称中心线重合，不宜采用半剖视图时，可采用局部剖，如图 7.18所示。

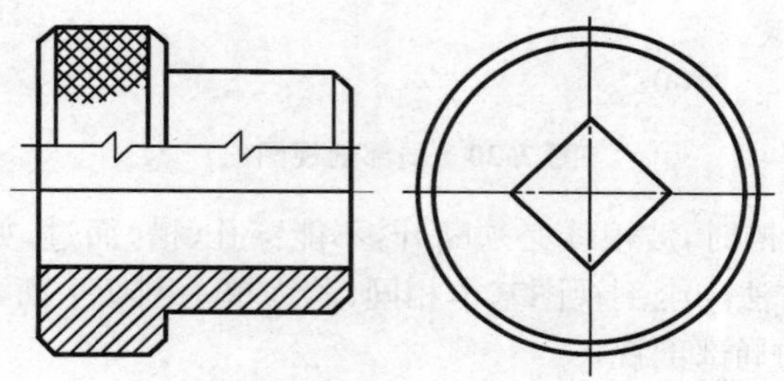

图 7.18　局部剖视图(2)

③ 实心轴中的孔槽结构，宜采用局部剖视图，以避免在不需要剖切的实心部分画过多的剖面线，如图 7.19 所示。

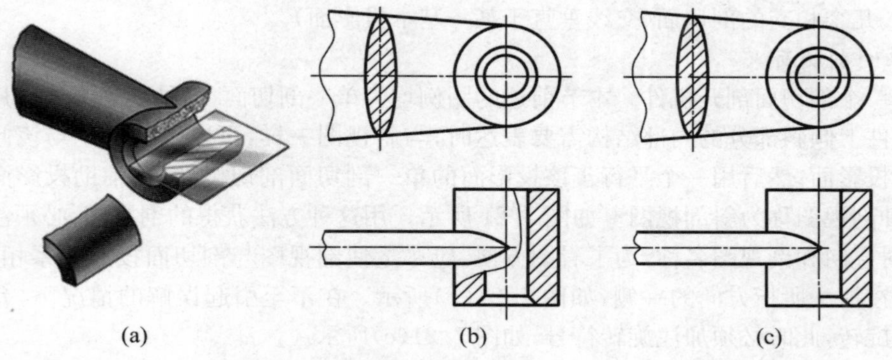

图 7.19　局部剖视图(3)

④ 表达机件底板、凸缘上的小孔等结构。如图 7.12 所示，为表达上凸缘及下底板上的小孔，分别采用了局部剖视图。

局部剖视图剖切范围的大小主要取决于需要表达的内部形状。局部剖视图中视图与剖视部分的分界线为波浪线或双折线，如图 7.17 和图 7.18 所示；当被剖切的局部结构为回转体时，允许将回转中心线作为局部剖视与视图的分界线，如图 7.19(c)所示。

画波浪线时应注意以下几点：

① 波浪线不应画在轮廓线的延长线上，也不能用轮廓线代替波浪线，如图 7.20(a)所示。

② 波浪线不应超出视图上被剖切实体部分的轮廓线，如图 7.20(b)主视图所示。

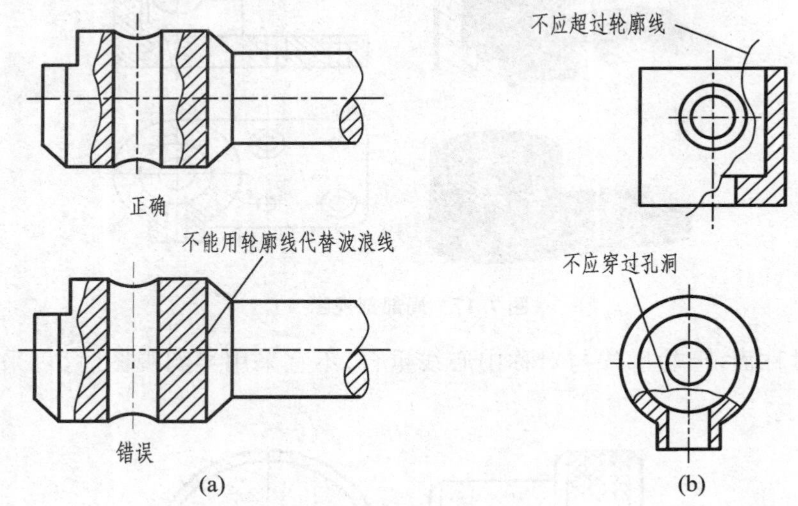

图 7.20 局部剖视图(4)

③ 遇到零件上的孔、槽时，波浪线必须断开，不能穿孔(槽)而过，如图 7.20(b)俯视图所示。

局部剖视图的标注方法与全剖视图基本相同；若为单一剖切平面，且剖切位置明显，可以省略标注，如图 7.19 所示的局部剖视。

7.2.3 常用剖切面的形式

国家标准规定，根据机件的结构特点，可选择以下剖切面剖切物体：单一剖切面、几个平行的剖切面、几个相交的剖切面(交线垂直于某一基本投影面)。

1. 单一剖切面

仅用一个剖切面剖开机件。本节前述的图例均为单一剖切面，这种剖切方式应用较多。

当机件上倾斜部分的内部结构需要表达时，与斜视图一样，可以选择一个与该倾斜部分平行的辅助投影面，然后用一个平行于该投影面的单一剖切面剖切机件，在辅助投影面上获得剖视图，这种剖视图称为斜剖视图。如图 7.21 所示。用这种方法获得的剖视图，必须注出剖切面位置、投射方向和剖视图名称，为了看图方便，应尽量使剖视图与剖切面投影关系相对应，将剖视图配置在箭头所指方向的一侧，如图 7.21(b)所示。在不至引起误解的情况下，允许将图形作适当的旋转，此时必须加注旋转符号，如图 7.21(c)所示。

2. 几个平行的剖切面

当机件上具有几种不同的结构要素(如孔、槽等)，且它们的中心线排列在几个互相平行的平面上时，宜采用几个平行的剖切面剖切，这种剖切方法称为阶梯剖。如图 7.22(a)所示。

用几个平行的剖切面剖切获得的剖视图，必须进行标注，如图 7.22(b)和(c)所示。

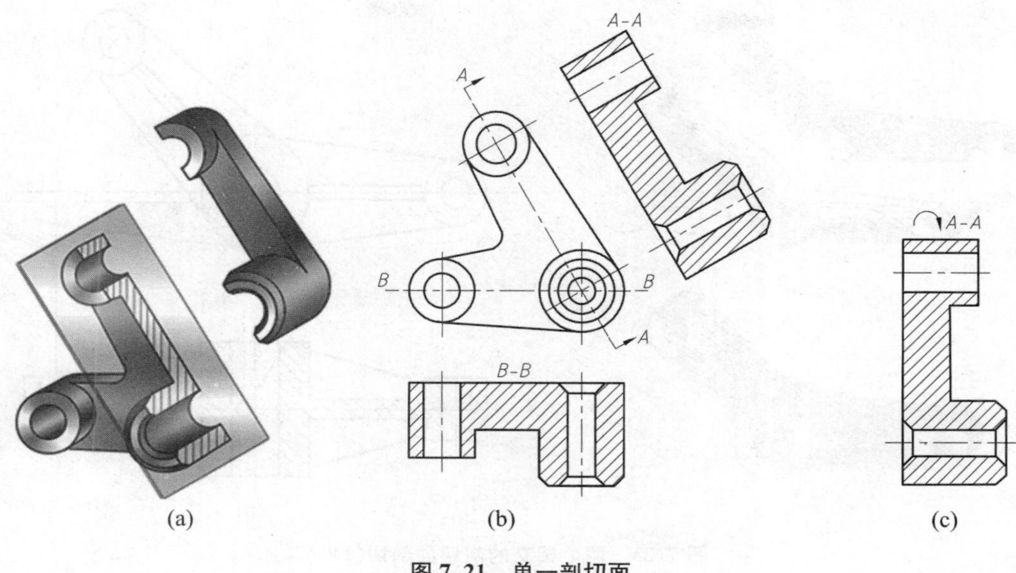

图7.21　单一剖切面

用这种方法画剖视图，应注意以下几个问题：

① 不应画出剖切面转折处的分界线，如图 7.22(c)所示的主视图。

② 剖切面的转折处不应与轮廓线重合；转折处如位置有限，且在不会引起误解，可以不注写字母。

③ 剖视图中不应出现不完整结构要素，如图 7.22(d)所示。

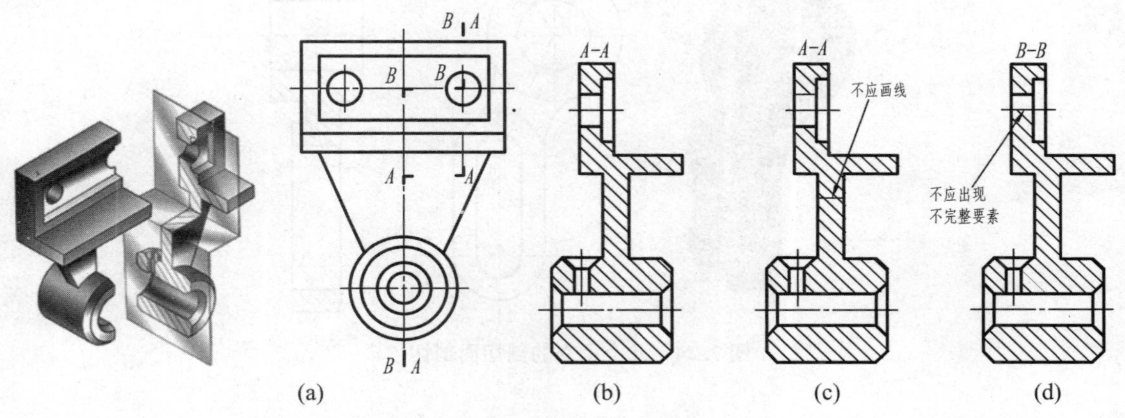

图7.22　几个平行的剖切面剖切(1)

3. 几个相交的剖切面

用两个相交的剖切面(交线垂直于某一基本投影面)剖开机件，以表达具有回转轴机件的内部形状，这种剖切方法称为旋转剖。此时，两剖切面的交线应与回转轴重合。用这种方法画剖视图时，应先将被剖切面剖开的断面旋转到与选定的基本投影面平行，然后再进行投射，如图 7.23所示。

应注意的是，凡在剖切面后，没有被剖到的结构，仍按原来的位置投射。如图 7.23(b)所示机件上的小圆孔，其俯视图即是按原来位置投射画出的。

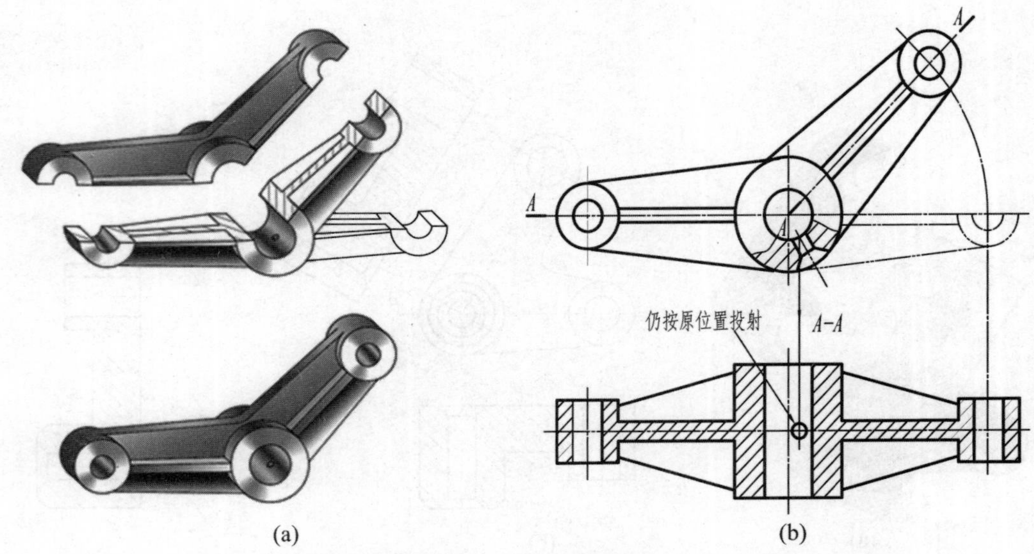

图 7.23 两个相交的剖切面剖切(1)

用相交的剖切面剖切获得的剖视图,必须标注,如图 7.23(b)所示。剖切符号的起、迄及转折处应用相同的字母标注,但当转折处地方有限又不致引起误解时,允许省略字母。

还可以用两个以上相交的剖切面剖开机件这种剖切方法称为复合剖,用来表达内部形状较为复杂且分布在不同位置上的机件,如图 7.24 所示。

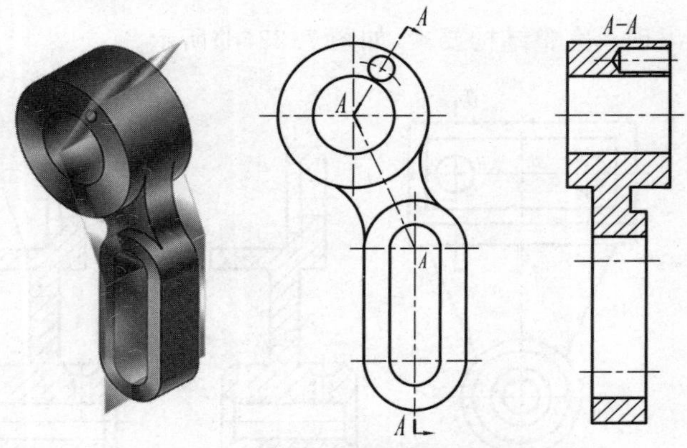

图 7.24 几个相交的剖切面剖切(2)

7.3 断 面 图

7.3.1 断面图的概念

假想用剖切面将机件的某处切断,仅画出断面的图形,称为断面图(简称断面)。如图 7.25(a)所示的轴,为了表示键槽的深度,假想在键槽处用垂直于轴线的剖切面将轴切断,只画出断面的形状，在断面上画出剖面线，如图 7.25(b)和(c)所示。

画断面图时，应特别注意断面图与剖视图的区别，断面图仅画出机件被切断处的断面形状，而剖视图除了画出断面形状外，还必须画出剖切面之后的可见轮廓线。

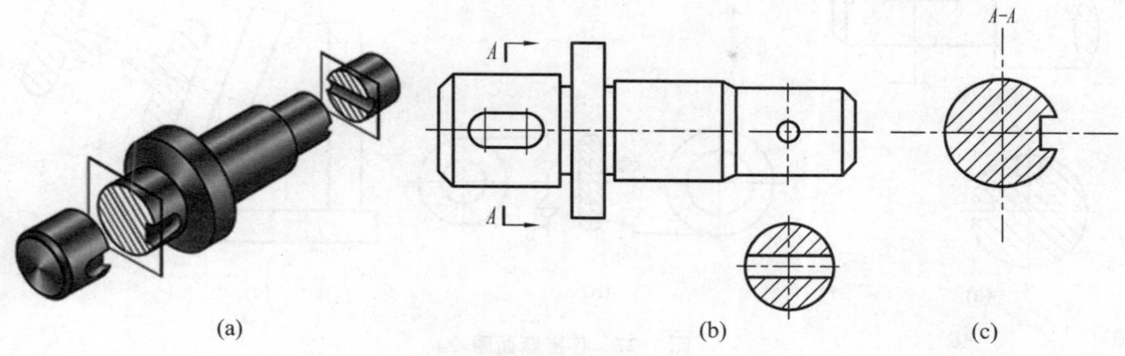

图 7.25　断面图

7.3.2　断面图的分类

根据断面图配置的位置，可分为移出断面图和重合断面图。

1. 移出断面图

(1) 移出断面图的画法

画在视图以外的断面图，称为移出断面图。画移出断面图时，应注意以下几点：

① 移出断面图的轮廓线用粗实线绘制。

② 为了看图方便，移出断面图应尽量画在剖切位置线的延长线上，如图 7.26(b)和(c)所示。必要时，也可配置在其他适当位置，如图 7.26(a)、(d)和 7.27(a)所示。当断面图形对称时，还可画在视图的中断处，如图 7.27(b)所示。也可按投影关系配置，如图 7.28 所示。

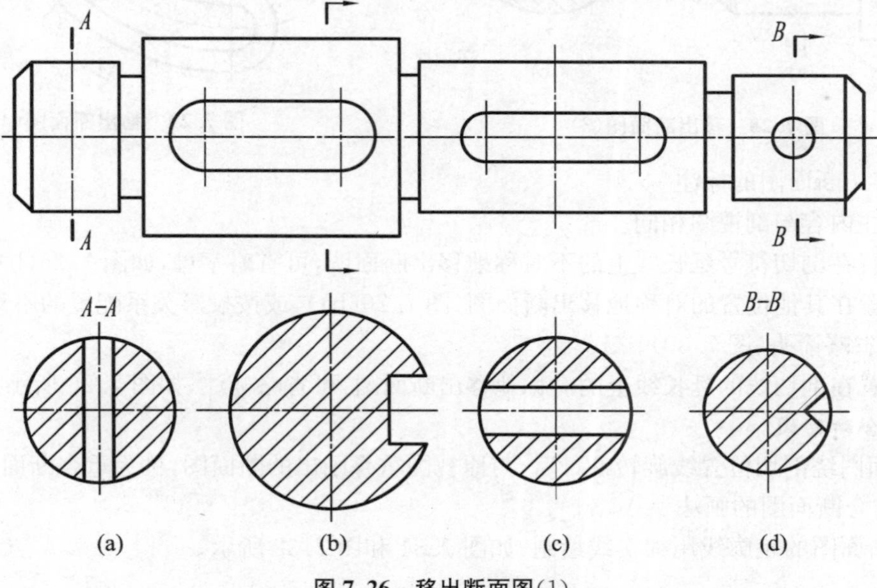

图 7.26　移出断面图(1)

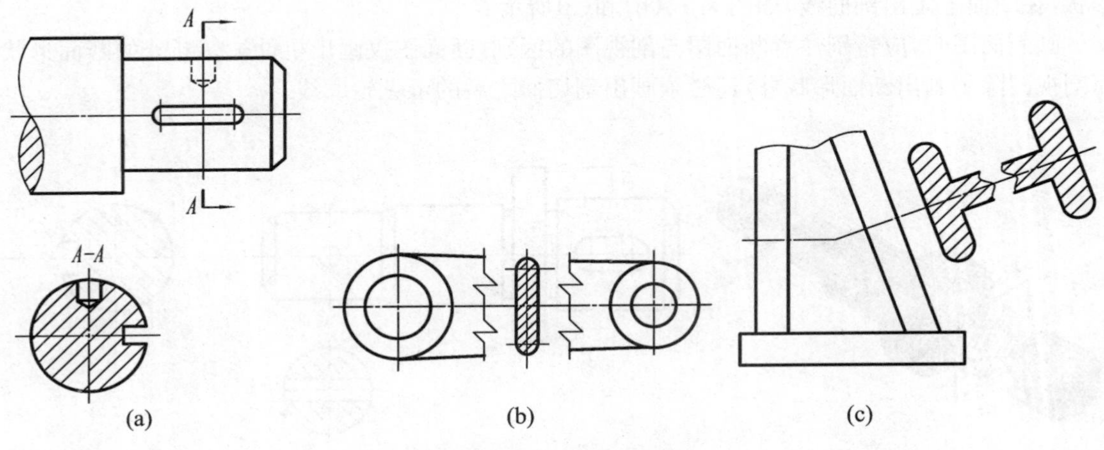

图 7.27　移出断面图(2)

③ 剖切平面一般应垂直于被剖切部分的主要轮廓线。当遇到如图 7.27(c)所示的肋板结构时,可用两个相交的剖切面,分别垂直于肋板的左、右轮廓线进行剖切,这样画出的断面图,中间应用波浪线断开。

④ 当剖切平面通过由回转面形成的孔(图 7.28(a))、凹坑(如图 7.26(d)所示的 *B-B* 断面),或当剖切平面通过非圆孔,会导致出现完全分离的几部分时,这些结构应按剖视图绘制,如图7.29中的 *A-A* 断面。

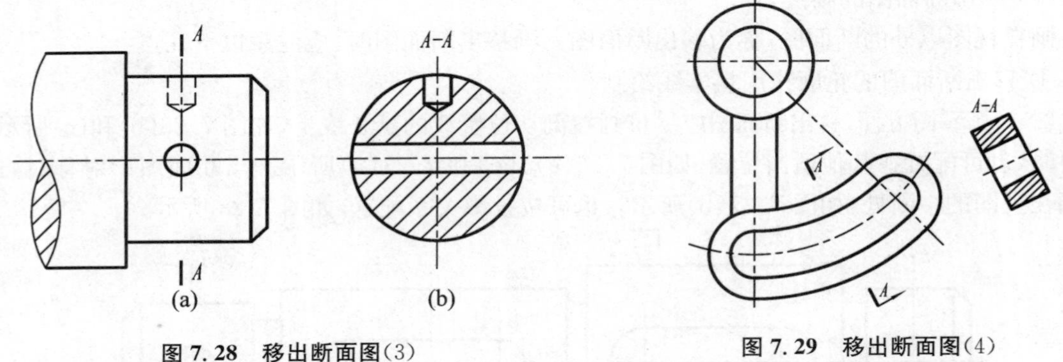

图 7.28　移出断面图(3)　　**图 7.29　移出断面图**(4)

(2) 移出断面图的标注

① 标注内容与剖视图相同。

② 配置在剖切符号延长线上的不对称地移出断面图,可省略字母,如图 7.26(b)所示。

③ 配置在其他位置的对称地移出断面图(图 7.26(b)),或按投影关系配置的不对称地移出断面图,可省略箭头(图 7.30)。

④ 配置在剖切线的延长线上的对称地移出断面图,可省略标注,如图 7.26 所示。

2. 重合断面图

将断面图绕剖切位置线旋转 90 °后,与原视图重叠画出的断面图,称为重合断面图。

(1) 重合断面图的画法

重合断面图的轮廓线用细实线绘制,如图 7.31 和图 7.32 所示。

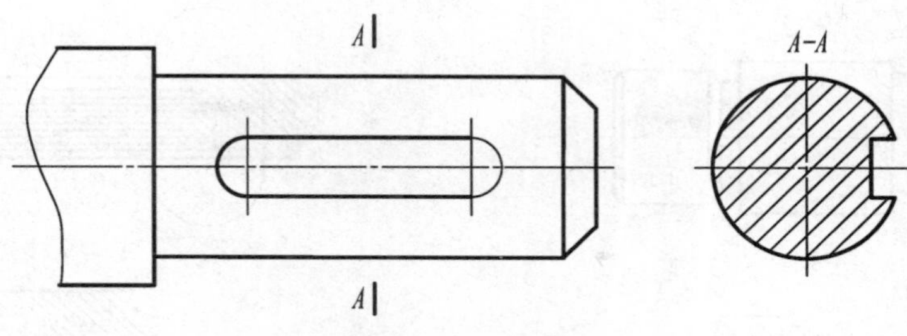

图 7.30　移出断面图(5)

当视图中的轮廓线与重合断面的图形重叠时，视图中的轮廓线仍需完整地画出，不能间断，如图 7.31 所示。

(2) 重合断面图的标注

不对称重合断面，须画出剖切面位置符号和箭头，可省略字母，如图 7.31 所示。对称的重合断面，可省略全部标注，如图 7.32 所示。

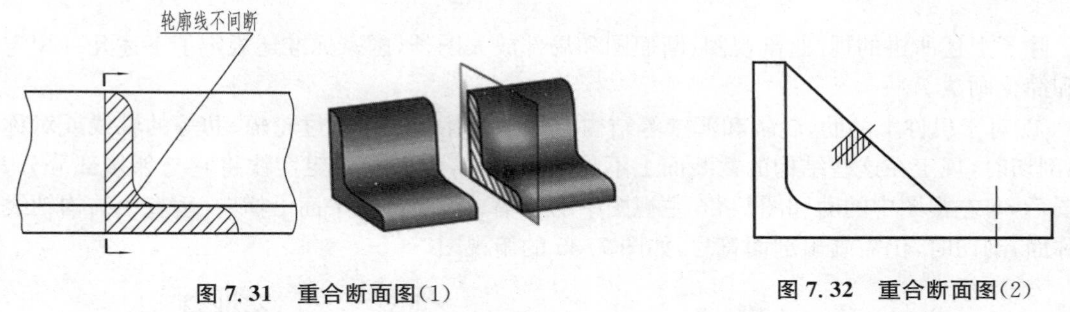

图 7.31　重合断面图(1)

图 7.32　重合断面图(2)

7.4　其他表达方法

7.4.1　局部放大

当机件上某些局部细小结构在视图上表达不够清楚或不便于标注尺寸时，可将该部分结构用大于原图的比例画出，这种图形称为局部放大图，如图 7.33 所示。

画局部放大图时应注意以下问题：

① 局部放大图可以画成视图、剖视图或断面图，它与被放大部分所采用的表达方法无关。

② 绘制局部放大图时，应在视图上用细实线圈出被放大部位，并将局部放大图配置在被放大部位的附近。

③ 当同一机件上有几个被放大部位时，需用罗马数字顺序注明，并在局部放大图上方标出相应的罗马数字及所采用的比例，如图 7.33 所示。当机件上被放大的部位仅有一处时，在局部放大图的上方只需注明所采用的比例，如图 7.34 所示。

④ 局部放大图中标注的比例为放大图尺寸与实物尺寸之比，而与原图所采用的比例无关。

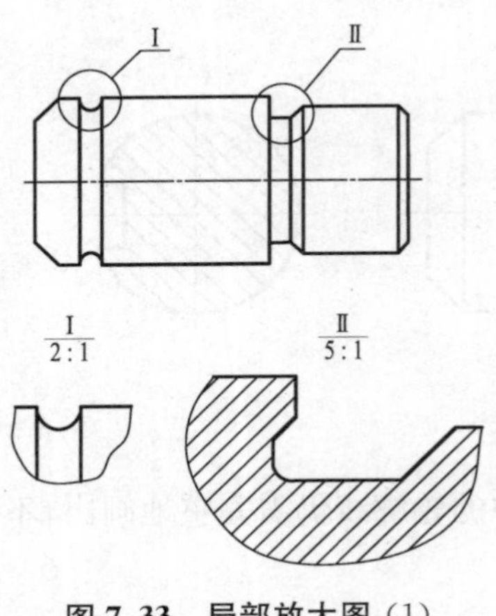

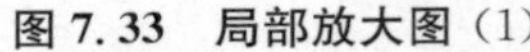

图 7.33　局部放大图(1)

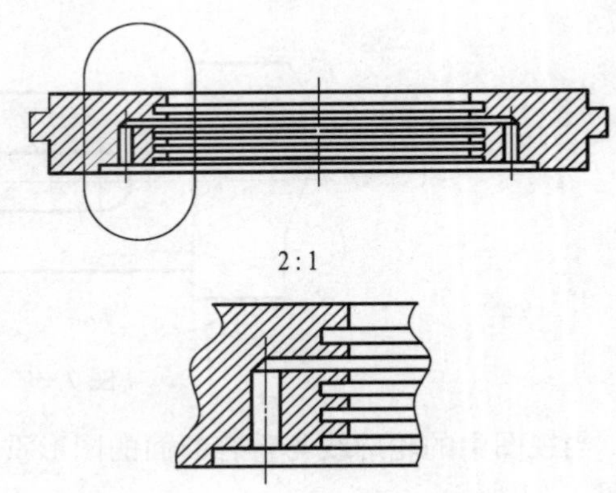

图 7.34　局部放大图(2)

7.4.2　其他各种规定画法和简化画法

除了上述所讲的视图、剖视图、断面图和局部放大图外，国家标准还规定了下述几种规定画法和简化画法。

① 对于机件上的肋、轮辐和薄壁等结构，当剖切面沿纵向(通过轮辐、肋等的轴线或对称平面)剖切时，规定在这些结构的截断面上不画剖面符号，但必须用粗实线将它与邻接部分分开，如图 7.35 左视图中的肋和图 7.36 主视图中的轮辐。但当剖切平面沿横向(垂直于结构轴线或对称面)剖切时，仍需画出剖面符号，如图 7.35 的俯视图。

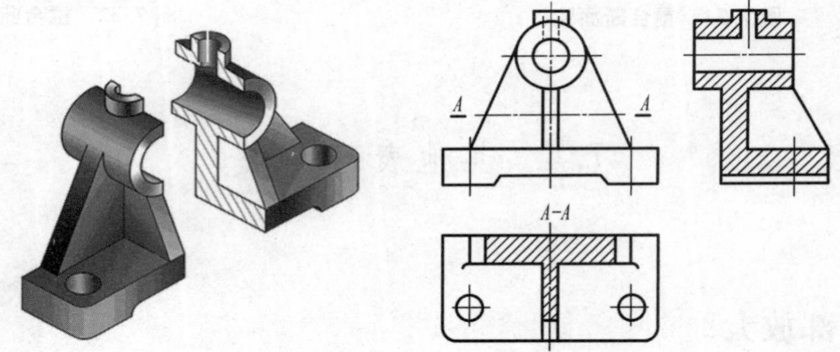

图 7.35　肋的规定画法

② 当回转体机件上均匀分布的肋、轮辐、孔等结构不处于剖切平面时，可将这些结构假想旋转到剖切平面上画出来，如图 7.36 和图 7.37 所示。

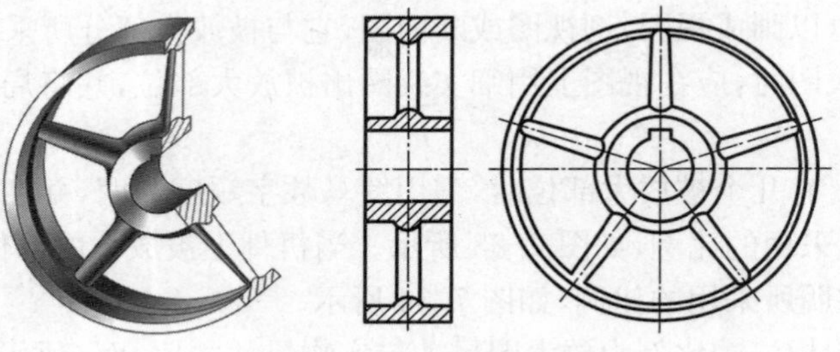

图 7.36　轮辐的画法

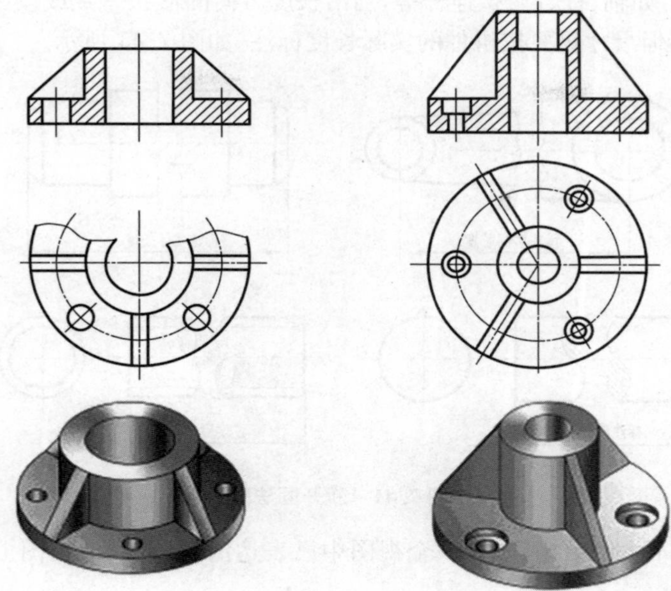

图 7.37　均匀分布的肋与孔的简化画法

③ 在不致引起误解的前提下，对称机件的视图可只画一半或 1/4，但需在对称中心线的两端分别画出两条与之垂直的平行短细实线，如图 7.38 所示。

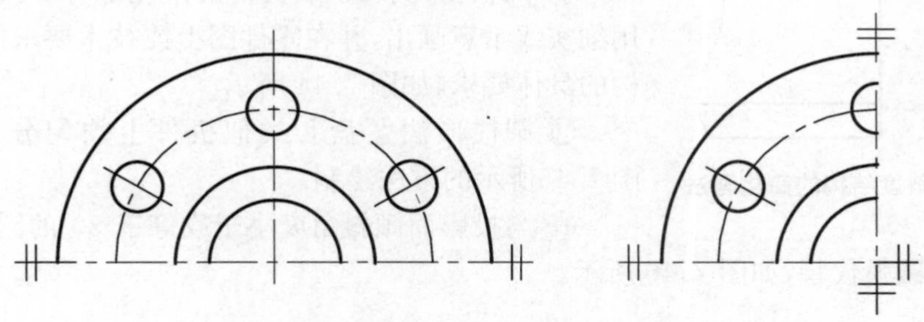

图 7.38　对称机件的简化画法

④ 当机件上有若干相同的结构要素并按一定的规律分布时，只需画出几个完整的结构，其余的用细实线连接或画出其中心位置，但在零件图中必须注明该结构的总数，如图 7.39 所示。

⑤ 当机件上的平面在视图中不能充分表达时，可采用平面符号（两条相交的细实线）表示，如图 7.40 所示。

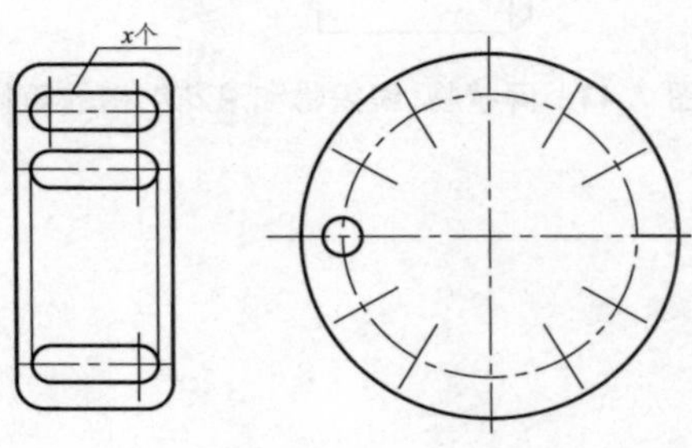

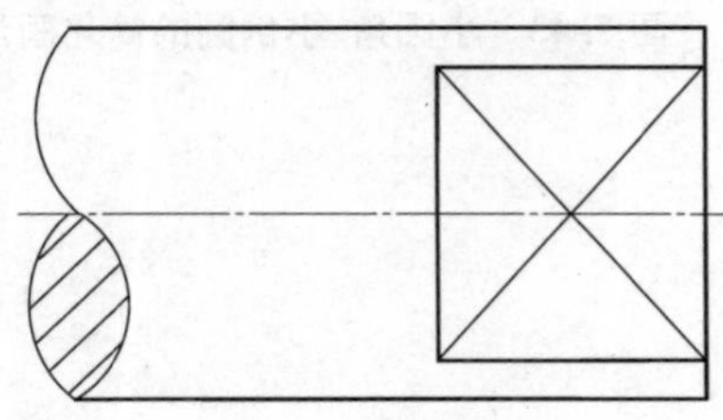

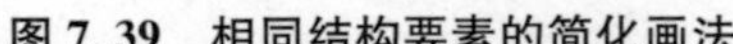

图 7.39　相同结构要素的简化画法

图 7.40　平面符号

⑥ 较长的机件，如轴、杆、型材、连杆等，当沿长度方向的形状一致或按一定规律变化时，可将其断开缩短绘出，但尺寸仍要按机件的实际长度标注，如图 7.41 所示。

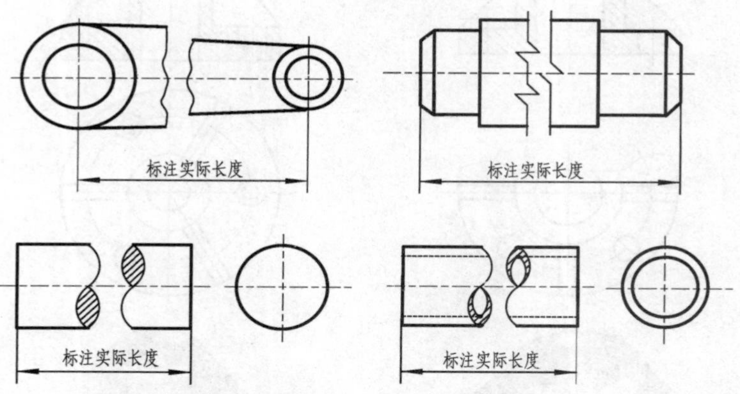

图 7.41 断开画法图

⑦ 机件上斜度不大的结构，如在一个视图中已表达清楚，在其他视图上可按小端画出，如图 7.42 所示。

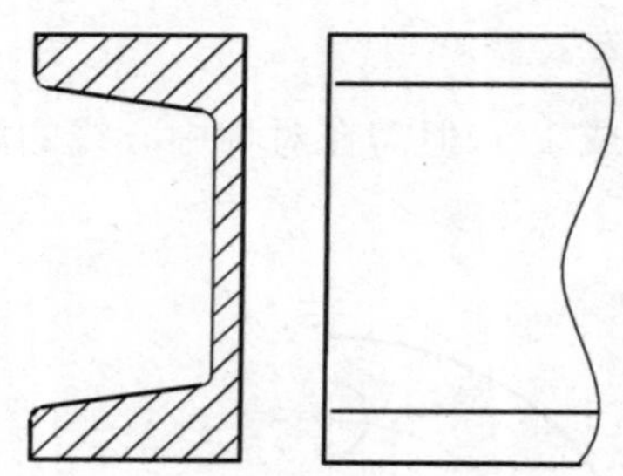

图 7.42 小斜度结构的简化画法

⑧ 零件图中的小圆角、锐边的小倒圆或 45°小倒角允许省略不画，但必须注明尺寸或在技术要求中加以说明，如图 7.43 所示。

⑨ 网状物、编织物或机件的滚花部分，可在轮廓线附近用细实线示意画出，并在零件图上或技术要求中注明这些结构的具体要求，如图 7.44 所示。

⑩ 圆柱形法兰盘和类似机件上均匀分布的孔，可按图 7.45所示的方法绘制。

⑪ 与投影面倾斜角度小于或等于 30°的圆或圆弧，其投影可以用圆或圆弧代替，如图 7.46 所示。

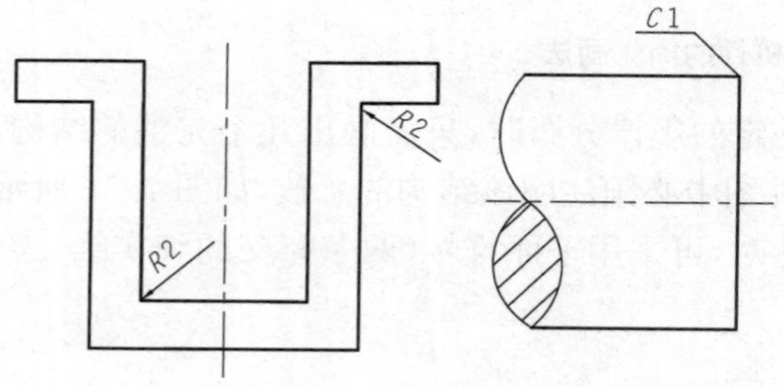

图 7.43 小圆角、小倒圆的简化画法

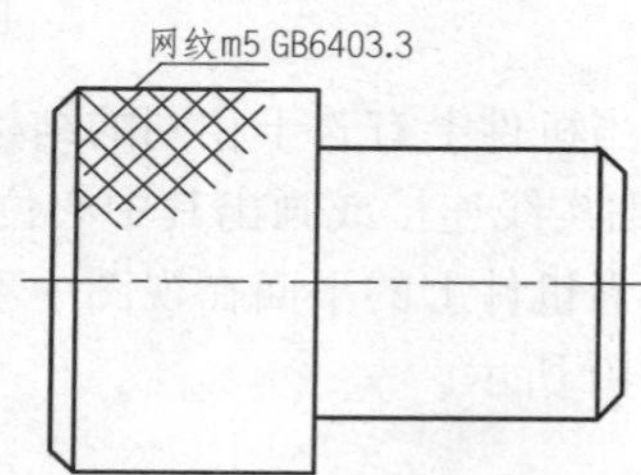

图 7.44 网状物、编织物和滚花结构的简化画法

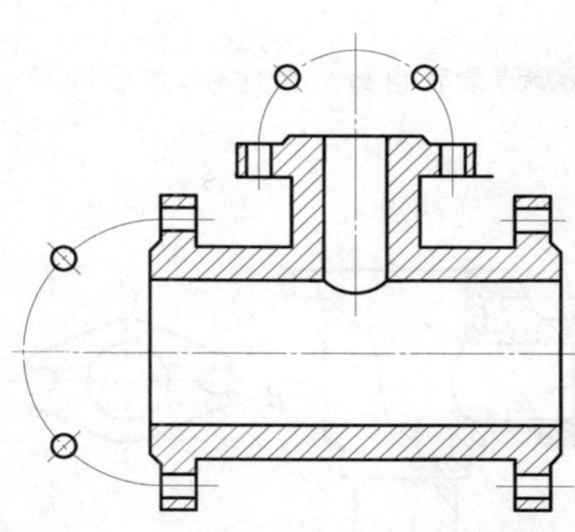

图 7.45　圆柱形法兰盘上均匀分布的孔

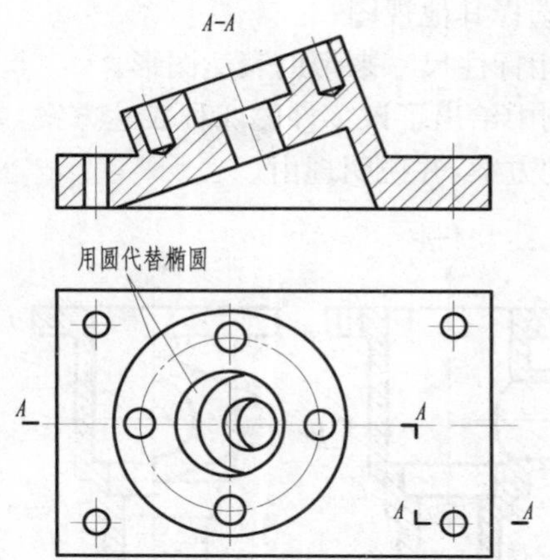

图 7.46　与投影面倾斜角度小于或等于 30°的圆或圆弧

7.5　表达方法综合应用举例

1. 表达方法的选用原则

本章介绍了表达机件的各种方法,如视图、剖视图、断面图及各种规定画法和简化画法等。在绘制图样时,确定机件表达方案的原则是:在完整、清晰地表达机件各部分内外结构形状及相对位置的前提下,力求看图方便,绘图简单。因此,在绘制图样时,应针对机件的形状、结构特点,合理、灵活地选择表达方法,并进行综合分析、比较,确定出最佳的表达方案。

(1) 视图数量应适当

在看图方便的前提下,完整、清晰地表达机件,视图的数量要减少,但也不是越少越好,如果由于视图数量的减少而增加了看图的难度,则应适当补充视图。

(2) 合理地综合运用各种表达方法

视图的数量与选用的表达方案有关。因此,在确定表达方案时,既要注意使每个视图、剖视图和断面图等具有明确的表达内容,又要注意它们之间的相互联系及分工,以达到表达完整、清晰的目的。在选择表达方案时,应首先考虑主体结构和整体的表达,然后针对次要结构及细小部位进行修改和补充。

(3) 比较表达方案,择优选用

同一机件,往往可以采用多种表达方案。不同的视图数量、表达方法和尺寸标注方法可以构成多种不同的表达方案。同一机件的几种表达方案相比较,可能各有优缺点,但要认真分析,择优选用。

2. 表达方法综合举例

下面以阀体为例(图 7.47)进行分析。

① 分析零件的形状;

② 选择主视图;

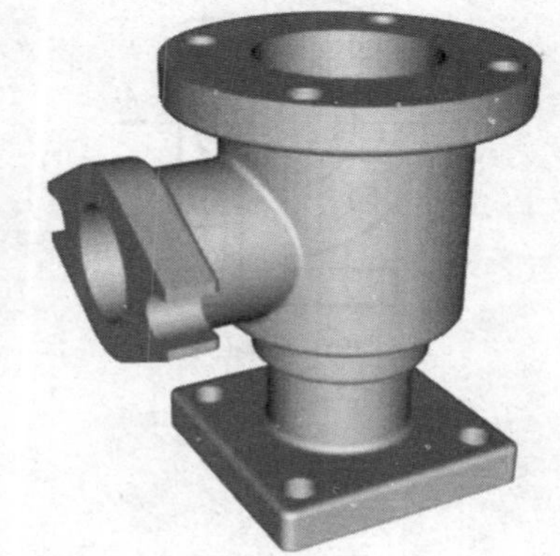

图 7.47　阀体

③ 选择其他视图；

④ 用标注尺寸来帮助表达图形。

本例中给出了该零件的四种表达方案，如图 7.48 所示，请读者自行分析比较，然后选择一个合理的方案，并说明理由。

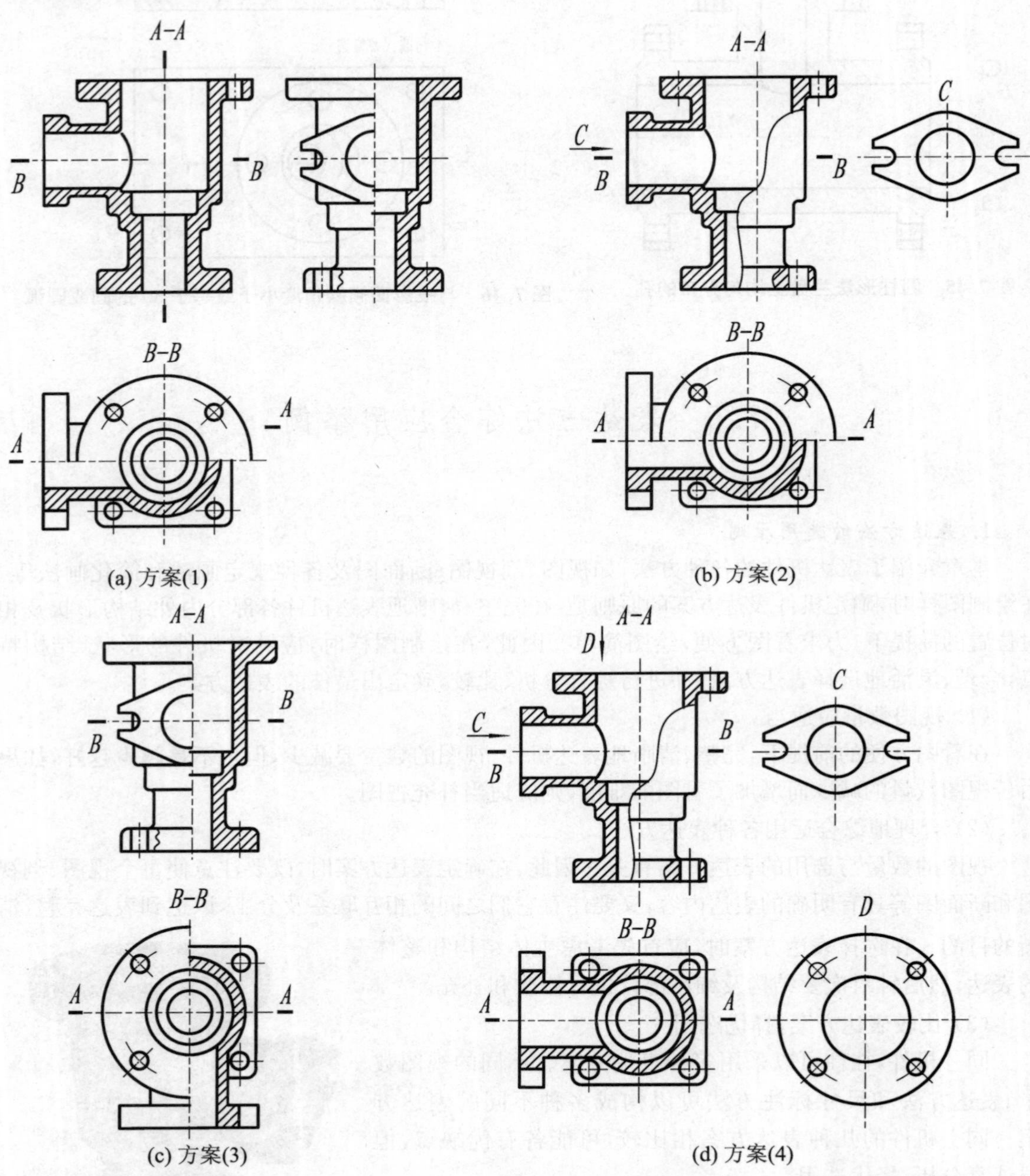

图 7.48 阀体的 4 种表达方案

7.6　第三角投影简介*

国家标准GB/T 17451—1998规定，我国的机械图样应采用正投影法，并优先采用第一角画法绘制。世界上有些国家采用第一角画法，有些国家则采用第三角画法，因此，在国际间的技术交流中，常常会遇到第三角画法的图纸，下面对第三角画法作一简要介绍。

第一角画法是将机件置于第一分角内，使机件处于观察者与投影面之间（即保持人→物→面的位置关系）而得到正投影的方法。前文中讨论的投影画法都是第一角画法。

采用第三角画法时，如图7.49所示，将机件置于第三分角内，使投影面处于观察者与机件之间（即保持人→面→物的位置关系）而得到正投影的方法，从图7.49中可以看出，这种画法是把投影面假想成透明的来处理的。顶视图是从机件的上方往下看所得的视图，把所得的视图就画在机件上方的投影面（H面）上；前视图是从机件的前方往后看所得的视图，把所得的视图就画在机件前方的投影面（V面）上；右视图是从机件的右方往左看所得的视图，把所得的视图就画在机件右方的投影面（W面）上。然后，保持V面位置不动，将H面及W面展开到与V面重合，得到机件的三视图。

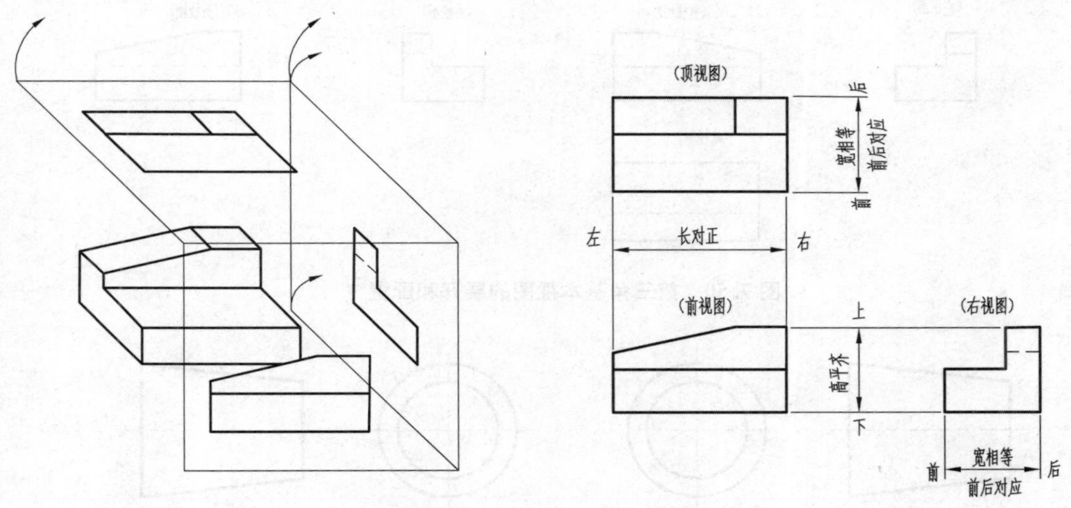

图7.49 第三角三视图的投影及投影特性

与第一角画法类似，采用第三角画法所得到的基本视图的展开过程和基本视图的配置如图7.50所示。

另外，ISO国际标准规定，应在标题栏规定位置画出所采用画法的识别符号。第一角画法的识别符号为图7.51(a)所示，第三角画法的识别符号为图7.51(b)所示。我国国家标准规定，由于我国采用第一角画法，因此，当采用第一角画法时无须标出画法的识别符号。当采用第三角画法时，必须在图样的标题栏附近位置画出第三角画法的识别符号。

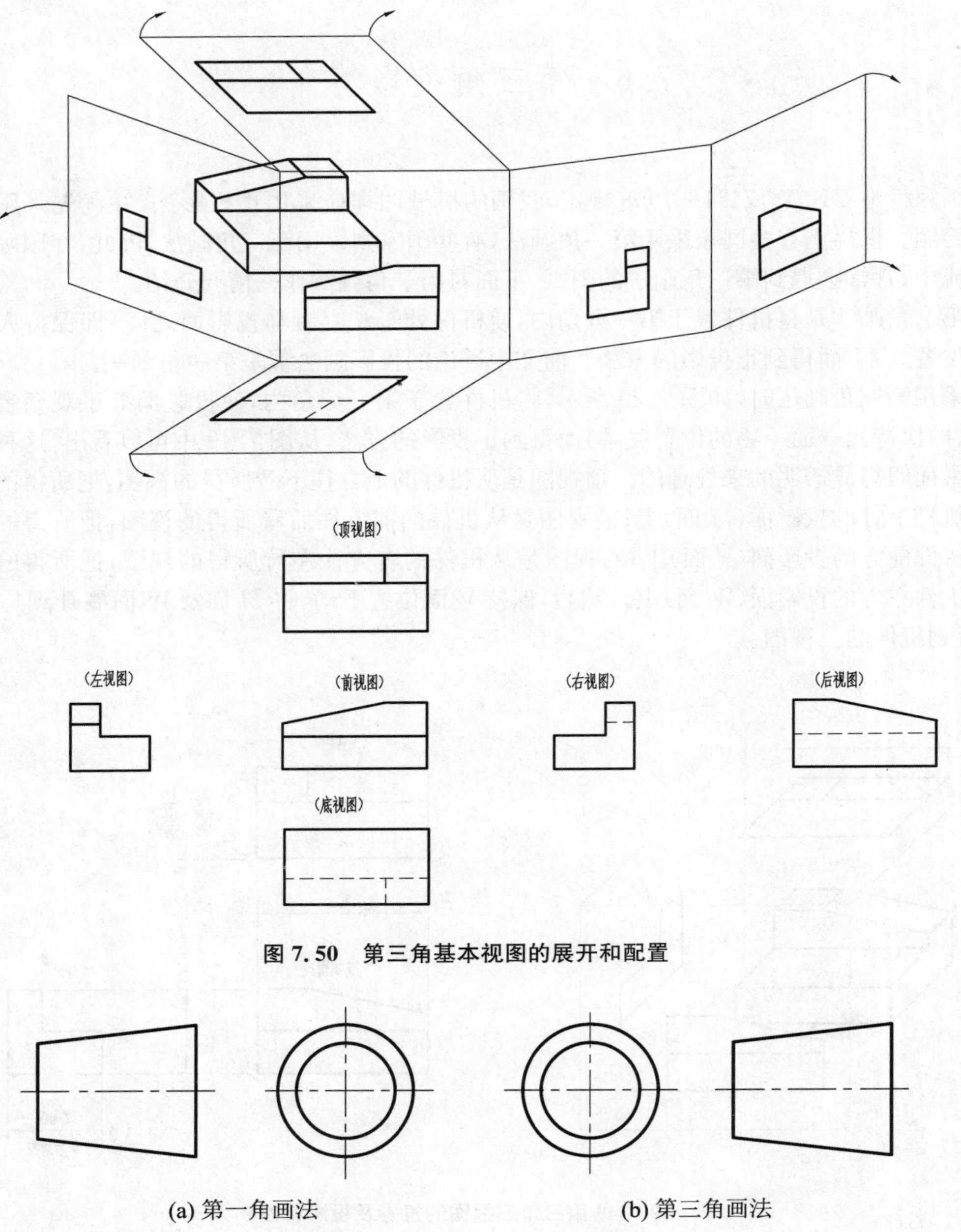

图 7.50 第三角基本视图的展开和配置

(a) 第一角画法　　(b) 第三角画法

图 7.51 第一角和第三角画法的识别符号

第 8 章　标准件和常用件

在机器或部件的装配和安装中，广泛使用螺纹紧固件及其他连接件进行紧固和连接。同时，在机械的传动、支承、减震等方面，也广泛使用齿轮、轴承、弹簧等零件。这些被大量使用的零件中，有的在结构、尺寸、画法等方面均已标准化，称为标准件，如螺栓、螺钉、螺柱、螺母、垫片、轴承、键、销等；有的部分重要参数已被系列化和标准化，称为常用件，如齿轮、弹簧等。由于这些零件应用广泛，需求量大，为了便于专业化生产，提高生产效率，国家标准对标准结构要素、标准零件、标准部件都有统一的规定画法和规定标记方法。

8.1　螺纹及螺纹紧固件

8.1.1　螺纹

1. 螺纹的形成

螺纹是在圆柱或圆锥等回转面上，沿着螺旋线所形成的具有相同轴向断面的连续凸起和沟槽。在圆柱或圆锥等外表面上所形成的螺纹称为外螺纹，在圆柱或圆锥等内表面上所形成的螺纹称为内螺纹。螺纹凸起的顶部称为牙顶，沟槽的底部称为牙底。

形成螺纹的加工方法很多，在车床上车削螺纹是最常见的螺纹形成方法。如图 8.1(a)和(b)所示，工件在车床上做匀速转动，车刀沿工件轴线方向作匀速直线运动，便在工件表面加工出了螺纹。对直径较小的孔或轴，通常采用丝锥和板牙加工内螺纹和外螺纹，如图 8.1(c)所示。大批量生产螺纹紧固件的工厂，则是用自动搓丝机和攻丝机等专用设备来加工。

2. 螺纹的结构

(1) 螺纹的末端

为了防止螺纹起始圈损坏和便于装配，通常在螺纹起始处做一定形式的末端(倒角或倒圆)，如图 8.2(a)所示。

(2) 螺纹的收尾和退刀槽

车削螺纹时，刀具接近螺纹尾部要逐渐离开工件，因而在螺纹尾部形成牙型不完整的螺纹，称为螺尾，如图 8.2(b)所示。为了避免产生螺尾和便于退刀，通常预先在螺纹终止处加工退刀槽，如图 8.2(c)所示。

3. 螺纹的要素

螺纹的要素包括牙型、公称直径、旋向、线数、螺距和导程等。

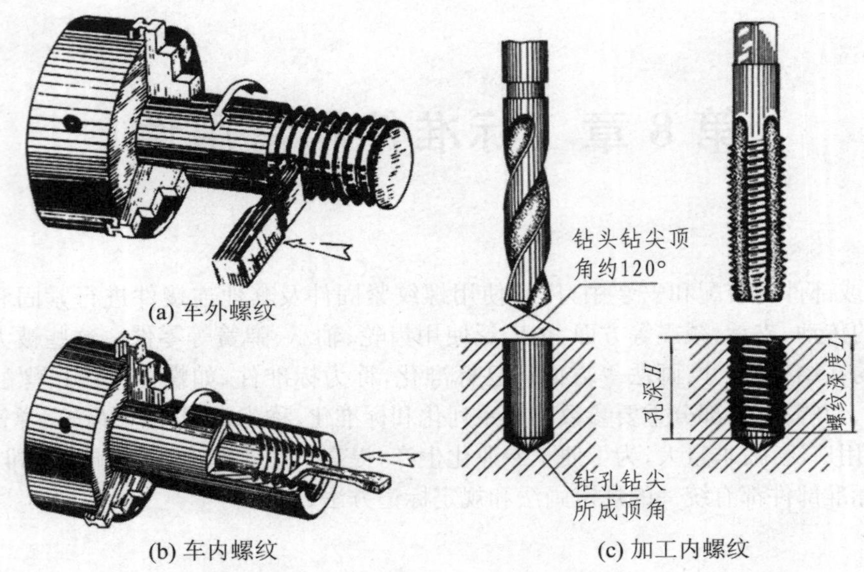

(a) 车外螺纹　(b) 车内螺纹　(c) 加工内螺纹

图 8.1　螺纹的加工

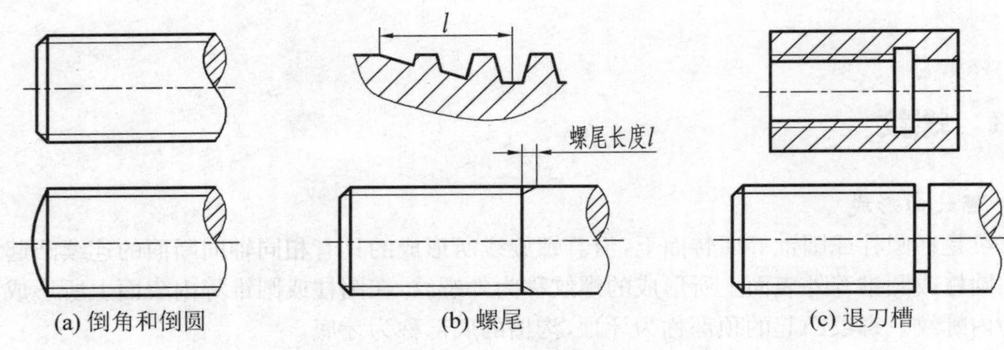

(a) 倒角和倒圆　(b) 螺尾　(c) 退刀槽

图 8.2　螺纹的结构示例

(1) 牙型

在通过螺纹轴线的断面上，螺纹的轮廓形状称为螺纹牙型。常见的牙型有三角形、梯形、锯齿形等，如图 8.3 所示。不同的螺纹牙型有不同的用途，如三角形螺纹用于连接，梯形、锯齿形螺纹用于传动。

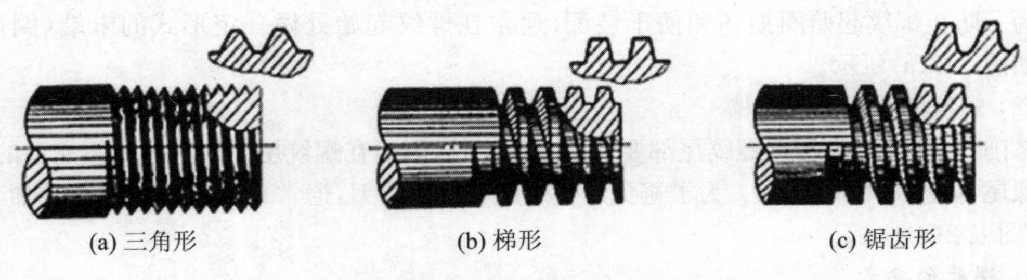

(a) 三角形　(b) 梯形　(c) 锯齿形

图 8.3　螺纹的牙型

(2) 公称直径

公称直径代表螺纹尺寸的直径，指螺纹大径的基本尺寸。螺纹的大径是外螺纹的牙顶或内螺纹的牙底所在假想圆柱面的直径，用 d(外螺纹)或 D(内螺纹)表示。螺纹的小径是外螺纹的牙底或内螺纹的牙顶所在假想圆柱面的直径，用 d_1(外螺纹)或 D_1(内螺纹)表示。螺纹的中径是母线通过牙型上沟槽和凸起宽度相等处的假想圆柱面的直径，用 d_2(外螺纹)或 D_2(内螺纹)表示。如图 8.4 所示。

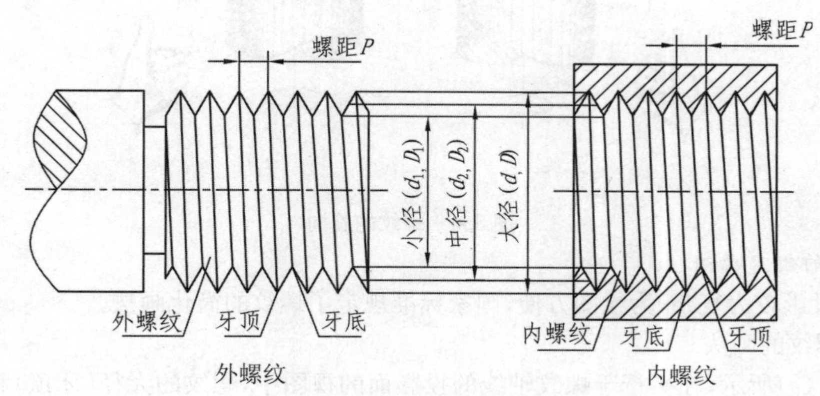

图 8.4　螺纹的螺距、直径

(3) 线数 n

螺纹有单线与多线之分。沿一条螺旋线形成的螺纹称为单线螺纹，沿两条或两条以上在轴向等距分布的螺旋线形成的螺纹称为多线螺纹，如图 8.5 所示。

(4) 螺距 P 和导程 P_h

螺纹相邻两牙在中径线上对应两点间的轴向距离称为螺距，同一条螺旋线上相邻两牙在中径线上对应两点间的轴向距离称为导程。对于单线螺纹，$P_h = P$；对于多线螺纹，$P_h = nP$，如图 8.5所示。

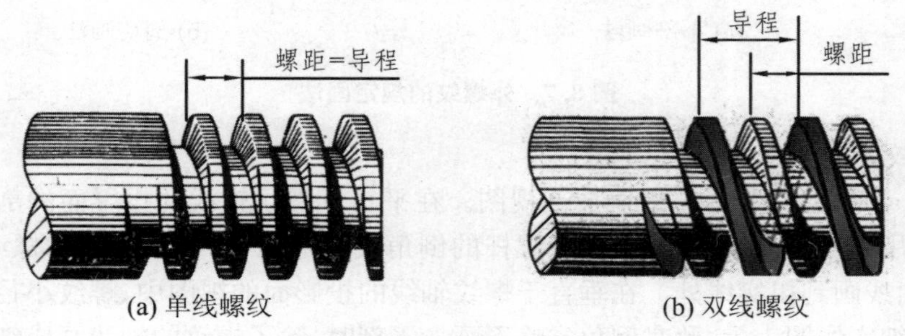

(a) 单线螺纹　　(b) 双线螺纹

图 8.5　螺纹的线数、螺距和导程

(5) 旋向

螺纹有左旋和右旋之分。顺时针旋转时旋入的螺纹称为右旋螺纹，逆时针旋转时旋入的螺纹称为左旋螺纹，如图 8.6 所示。实际应用中多采用右旋螺纹。

一对内、外螺纹旋合的条件是：牙型、公称直径、旋向、线数、螺距(导程)5 个基本要素必须一致。牙型、直径和螺距 3 项都符合国家标准规定的螺纹称为标准螺纹；牙型符合标准、直径或螺距不符合标准的螺纹称为特殊螺纹；牙型不符合标准的称为非标准螺纹。

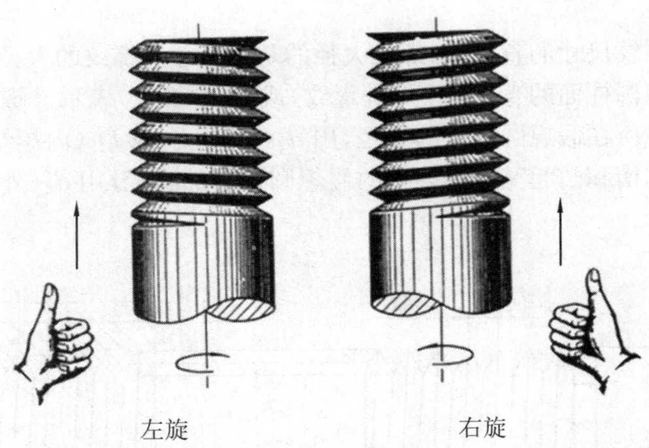

图 8.6 螺纹的旋向

4. 螺纹的规定画法

螺纹的投影较为复杂，为绘图方便，国家标准规定了螺纹的简化画法。

(1) 外螺纹的画法

如图 8.7(a)所示，在平行于螺纹轴线的投影面的视图中，螺纹的大径(牙顶)和螺纹终止线用粗实线表示，小径(牙底)用细实线表示，并且应画至螺杆的倒角或倒圆内，小径通常画成大径的 0.85 倍，倒角的轴向距离按 0.15d 绘制。在垂直于螺纹轴线的投影面的视图中，螺纹大径画粗实线圆，小径用 3/4 圈细实线圆表示，此时倒角省略不画。在剖视图中，剖面线应画到粗实线处，如图 8.7(b)所示。

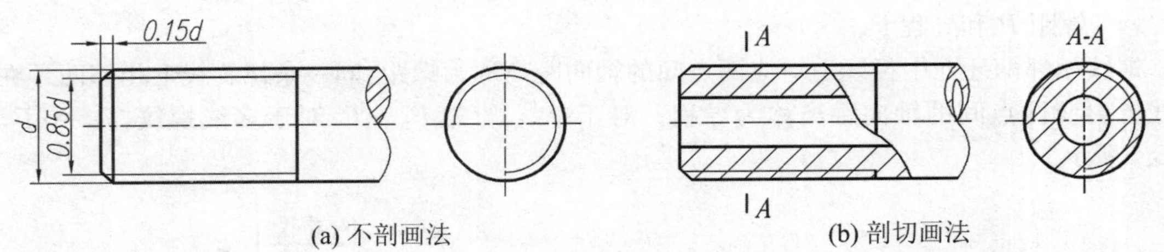

图 8.7 外螺纹的规定画法

(2) 内螺纹的画法

如图 8.8(a)所示，内螺纹一般画成剖视图。在平行于螺纹轴线的投影面的剖视图中，螺纹的大径(牙底)用细实线表示，并且应画至螺杆的倒角或倒圆内，小径(牙顶)和螺纹终止线用粗实线表示，剖面线画到粗实线处。在垂直于螺纹轴线的投影面的视图中，螺纹小径画粗实线圆，大径用 3/4 圈细实线圆表示，此时倒角省略不画。不剖时，除了螺纹的轴线画成细点画线，其余图线均画虚线，如图 8.8(b)所示。

绘制不通的螺孔时，一般应将钻孔深度和螺孔深度分别画出，钻孔深度比螺孔深度大约 0.5D，钻孔底部的锥顶角应按钻头锥角画成 120°。如图 8.8(a)所示。

螺尾部分一般不必画出。当需要表示螺纹收尾时，螺尾部分的牙底用与轴线成 30°的细实线表示。

(3) 螺纹旋合的画法

内、外螺纹旋合后的画法，常用剖视图来表示。旋合部分按外螺纹画法绘制，其余部分仍按各自的画法表示。表示大、小径的粗、细实线应分别对齐，与倒角的大小无关，如图 8.9(a)所示。如需表示螺纹的牙型，可按局部剖视图绘制，如图 8.9(b)所示。

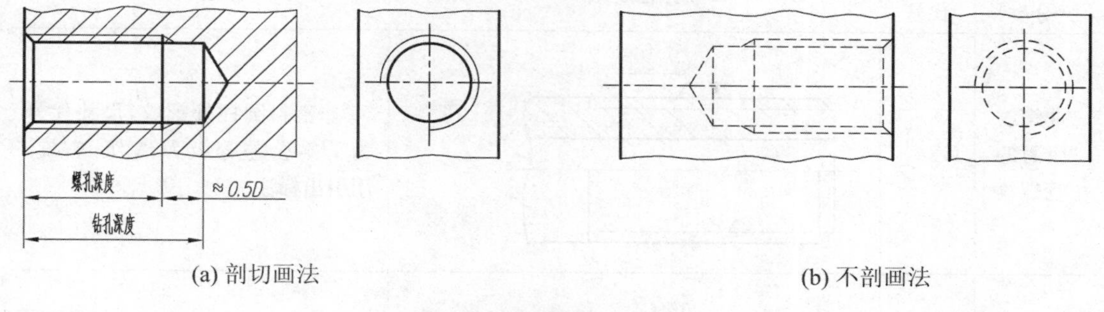

(a) 剖切画法　　(b) 不剖画法

图 8.8　内螺纹的规定画法

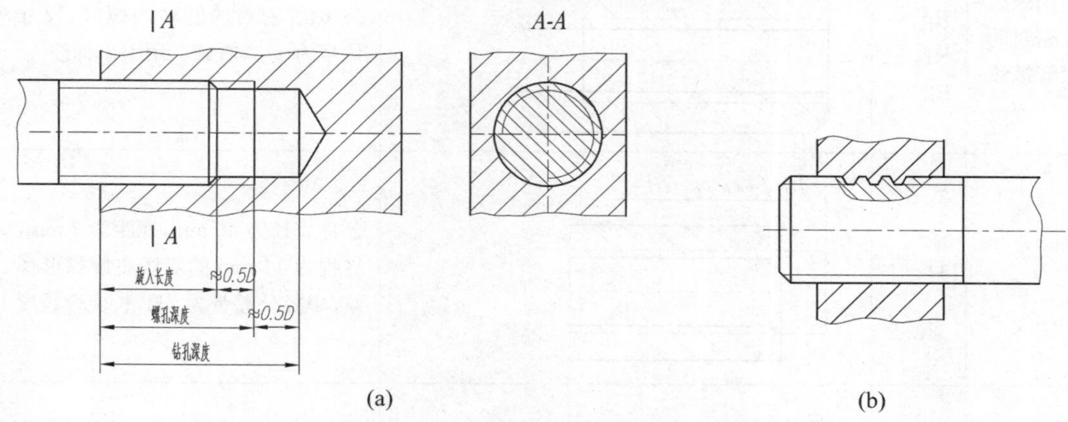

(a)　　(b)

图 8.9　螺纹旋合的规定画法

5. 螺纹的种类和标注

由于不同的螺纹采用统一规定的画法，因此在图样中为了便于识别螺纹的种类和表示螺纹的要素及技术要求等，必须对螺纹按规定的格式进行标注。各种常用螺纹的分类和标记示例见表 8.1。

表 8.1　常用标准螺纹的分类和标记示例

螺纹分类	特征代号	标记示例		标记说明
普通螺纹	M	粗牙	M16-5g6g	公称直径为 16 mm，右旋粗牙普通螺纹，中径公差带为 5g，顶径(大径)公差带为 6g，中等旋合长度
		细牙	M10×1.5LH-7H-L	公称直径为 10 mm，螺距为 1.5 mm，左旋细牙普通螺纹，中径和顶径(小径)公差带均为 7H，长旋合长度

续表

螺纹分类	特征代号	标记示例	标记说明
非螺纹密封的管螺纹	G	G1/2A	55°非密封圆柱外螺纹，尺寸代号为 1/2，公差等级为 A 级，右旋。用引出标注
用螺纹密封的管螺纹	Rc、Rp、R1、R2	Rp1/2	55°螺纹密封的圆柱内螺纹，尺寸代号为 1/2，右旋。用引出标注
梯形螺纹	Tr	Tr40×14（P7）-7H-L	公称直径为 40 mm，螺距为 7 mm，导程为 14 mm 的双线右旋梯形螺纹，中径公差带为 7H，长旋合长度
锯齿形螺纹	B	B32×6LH-7e	公称直径为 32 mm，螺距为 6 mm，单线左旋锯齿形螺纹，中径公差带为 7e，中等旋合长度

（1）螺纹的种类

螺纹按用途分为连接螺纹和传动螺纹两大类。

连接螺纹起连接和紧固作用。常用的有：粗牙普通螺纹、细牙普通螺纹、非螺纹密封的管螺纹、用螺纹密封的管螺纹。它们的牙型均为三角形。

传动螺纹是用来传递动力或运动的，常用的有梯形螺纹和锯齿形螺纹。梯形螺纹牙型为等腰梯形，是最常用的传动螺纹。锯齿形螺纹是一种承受单向力的传动螺纹，牙型为锯齿形。

（2）螺纹的标注

① 普通螺纹、梯形螺纹、锯齿形螺纹：将规定标记注写在尺寸线或尺寸线的延长线上，尺寸界线从螺纹大径引出。其标记格式为

螺纹特征代号 公称直径×导程（P 螺距）旋向-公差带代号-旋合长度代号

标注时应注意：单线螺纹的螺距与导程相同，导程（P 螺距）项只注螺距，普通粗牙螺纹不标注螺距。

旋向：分为右旋和左旋，右旋不标注，左旋用 LH 表示。

螺纹公差带代号:由表示公差等级大小的数字和表示公差带位置的字母组成(内螺纹用大写字母,外螺纹用小写字母),如 6H、5g 等。当螺纹的中径公差带与顶径公差带的代号不同(顶径指外螺纹的大径和内螺纹的小径)时,则分别标注,如 5g6g。当螺纹的中径公差带与顶径公差带的代号相同时,则只标注一个代号,如 7H。梯形螺纹、锯齿形螺纹只标注中径公差带。

旋合长度代号:普通螺纹旋合长度分为:短(S)、中(N)、长(L)三种,梯形螺纹、锯齿形螺纹旋合长度分 N、L 两种。当旋合长度为 N 时,省略标注。

② 管螺纹的标注:标注时用一条斜向细实线,一端指向螺纹大径,另一端引一横向细实线,将螺纹标记写在横线上方。其标记格式为

螺纹特征代号　尺寸代号　公差等级代号-旋向代号

标注时应注意以下几点:

(a) 管螺纹的尺寸代号不是螺纹的大径,是带有外螺纹的管子的孔径,单位为英寸。

(b) 公差等级代号仅外螺纹分 A、B 两级标注,内螺纹不标注。

(c) 当旋向为右旋时,不标注,左旋用 LH 表示。

8.1.2　螺纹紧固件

螺纹紧固件指的是通过一对内、外螺纹旋合起到连接、紧固作用的零件,常用的螺纹紧固件有:螺栓、双头螺柱、螺钉、螺母和垫圈等,如图 8.10 所示。这类零件的结构和尺寸都已标准化,一般由标准件厂大量生产,使用单位可按要求根据相关标准选用。

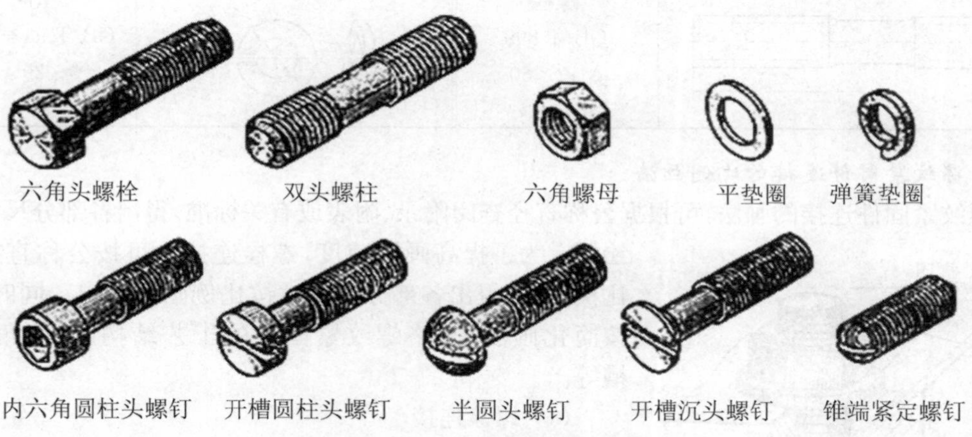

图 8.10　常用的螺纹紧固件示例

1. 螺纹紧固件的规定标记

在国家标准中,螺纹紧固件均有相应规定的标记,一般格式为

名称　标准编号　型式与尺寸、规格等-性能等级等-表面处理

其中,当产品标准中只有一种型式、精度、性能等级或材料及热处理、表面处理时,标记允许省略。表 8.2 是常用螺纹紧固件的视图、主要尺寸及规定标记示例。

表 8.2　常用的螺纹紧固件及其标记示例

名称及视图	规定标记示例	名称及视图	规定标记示例
六角头螺栓 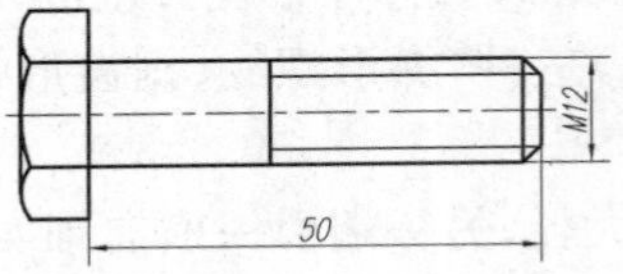	螺栓 GB/T 5780—2000 M12×50	开槽锥端紧定螺钉 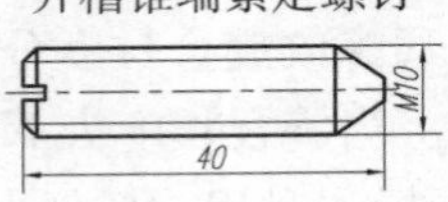	螺钉 GB/T 71 M10×40
内六角圆柱头螺钉 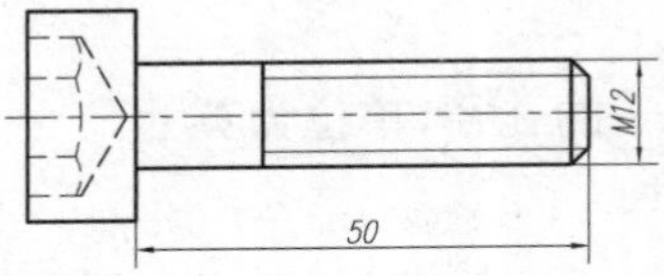	螺钉 GB/T 70.1—2008 M12×50	I型六角螺母 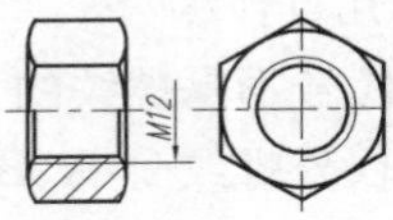	螺母 GB/T 6170—2000 M12
开槽圆柱头螺钉 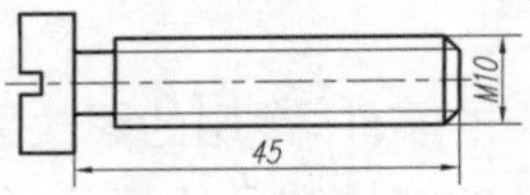	螺钉 GB/T 65—2000 M10×45	平垫圈 A 级 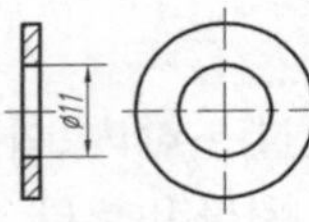	垫圈 GB/T 97.1—2002 10～200HV
双头螺柱 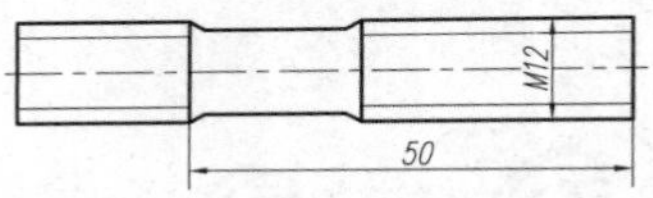	螺柱 GB/T 899 M12×50	标准型弹簧垫圈 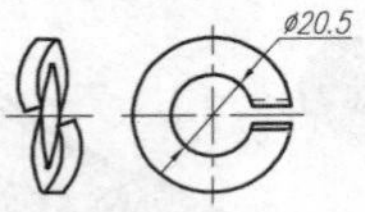	垫圈 GB/T 93—1987 20

2. 螺纹紧固件连接的比例画法

螺纹紧固件连接的画法，可根据公称直径查阅附录、附表或有关标准，得出各部分尺寸进行绘制。为了提高画图速度，螺栓连接也可按公称直径进行比例折算，得出各部分的尺寸按比例画法画出。同时，也可按简化画法，省略螺纹紧固件的工艺结构，如倒角、退刀槽等。

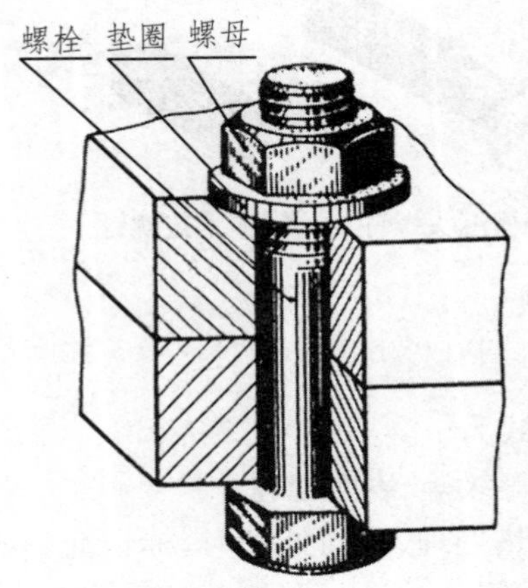

图 8.11　螺栓连接

(1) 螺栓连接

螺栓连接由螺栓、螺母、垫圈构成，主要用于连接不太厚、拆装比较方便、能钻成通孔的两零件的连接，如图 8.11 所示。被连接的两零件上钻有直径比螺栓大径略大的孔(孔径≈1.1d，设计时可查阅相关国家标准)，连接时，先把螺栓穿过通孔，然后在螺栓上部套上垫圈，以增加支承面积和防止损伤零件的表面，最后拧紧螺母。图 8.12 为单个紧固件的比例画法，图 8.13(a)和图 8.13(b)分别为螺栓连接的比例画法和简化画法。图中螺栓长度 l 可按下式计算确定：

$$l=\delta_1+\delta_2+h+m+a$$

其中，$a=(0.3\sim0.5)d$。根据上式计算得出数值后，再从相应的螺栓标准所规定的长度系列中选取合适的 l 值。

从螺栓连接图中可以看出，画螺纹紧固件连接图应遵循下述规定：

① 两零件接触表面只画一条线，非接触表面画两条线。

② 剖视图中，相邻两零件的剖面线方向应相反，或方向一致、间距不等。

③ 对于紧固件和实心零件(如螺钉、螺栓、螺柱、螺母、垫圈、键、销、球及轴等)，若剖切平面通过它们的轴线，则这些零件都按不剖绘制，仍画外形；需要时可采用局部剖视图。

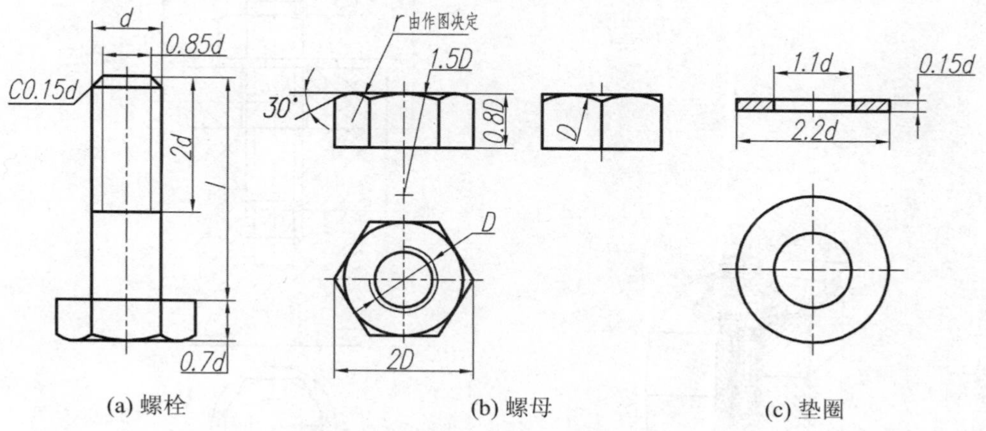

(a) 螺栓　(b) 螺母　(c) 垫圈

图 8.12　单个紧固件的比例画法

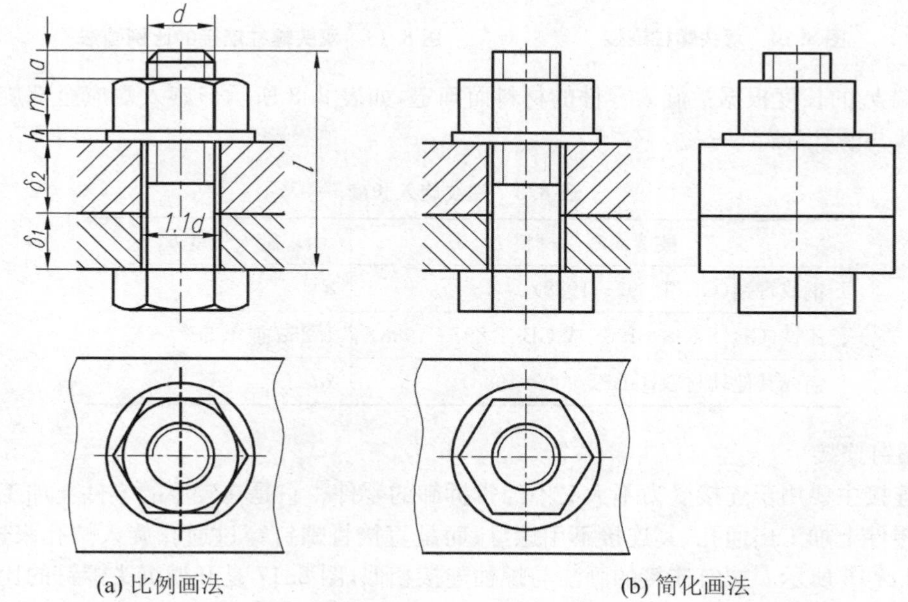

(a) 比例画法　(b) 简化画法

图 8.13　螺栓连接的画法

(2) 双头螺柱连接

双头螺柱连接由双头螺柱、螺母、垫圈构成，两端都有螺纹。当两个连接件中有一个零件较厚，且不允许钻成通孔时，通常采用双头螺柱连接，如图 8.14 所示。先在较厚的零件上加工一个螺纹孔，将螺柱的旋入端旋入，再将另一个钻有通孔(孔径≈1.1d)的被连接件套在螺柱的紧固端上，然后再加上垫圈，拧紧螺母，完成连接，图 8.15 是双头螺柱连接的比例画法。图中双头螺柱的有效长度按下式计算：

$$l=\delta+h+m+a$$

其中，$a=(0.3\sim0.5)d$。根据上式计算得出数值后，再从相应的双头螺柱标准所规定的长度系列中选取合适的 l 值。

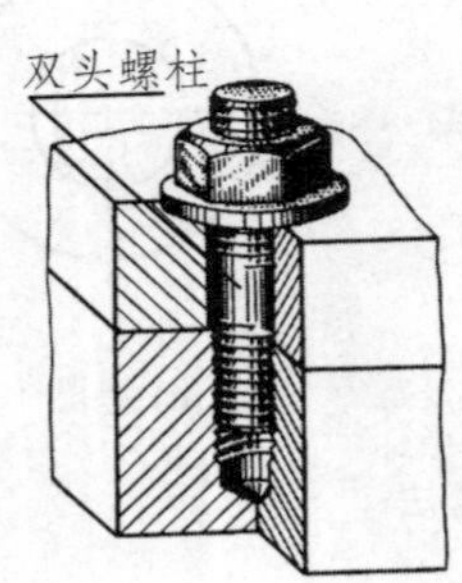

图 8.14 双头螺柱连接

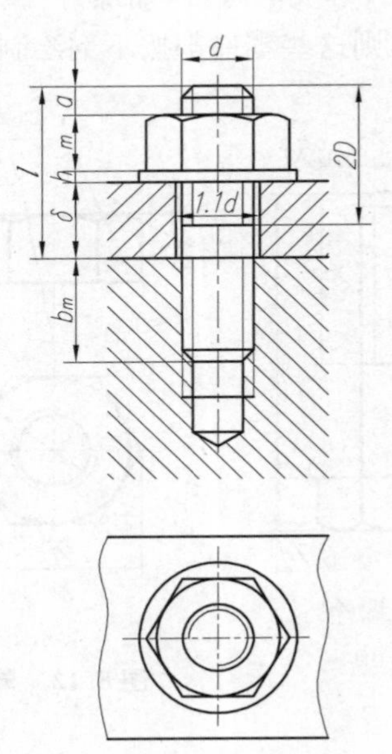

图 8.15 双头螺柱连接的比例画法

旋入端 b_m 的长度根据被旋入零件的材料而确定，如表 8.3 所示。旋入端应全部旋入螺孔，螺纹终止线与螺孔端部平齐。

表 8.3 螺纹旋入长度

被旋入零件材料	旋入长度 b_m
钢或青铜(GB/T 897—1988)	d
铸铁(GB/T 898—1988 或 GB/T 897—1988)	1.25d 或 1.5d
铝或其他软材料(GB/T 900—1988)	2d

(3) 螺钉连接

螺钉连接主要用于连接受力不大又不经常拆卸的零件。它是在较厚的零件上加工出螺孔，在另一个零件上加工出通孔，其连接不用螺母，而是直接将螺钉穿过通孔旋入螺孔来连接两个零件，如图 8.16 所示。螺钉连接的画法与螺柱连接相似，图 8.17 是开槽沉头螺钉的比例画法。图中螺钉的有效长度按下式计算：

$$l=\delta+b_m$$

式中 b_m 按表 8.3 选择，根据上式计算得出数值后，再从相应的螺钉标准所规定的长度系列中选取合适的 l 值。

螺钉的螺纹终止线必须高出下板的上端面，表示螺钉虽已拧紧，尚有余量。开槽螺钉头部的一字槽，在投影为圆的视图上应画成向右倾斜 45°，当槽的宽度小于 2 mm 时，槽的投影可以涂黑。

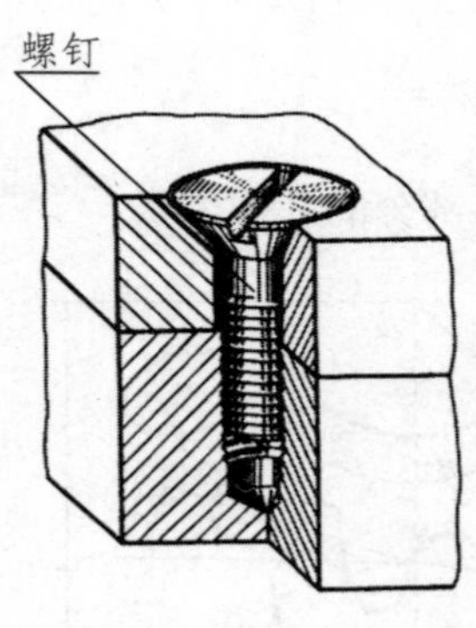

图 8.16　螺钉连接

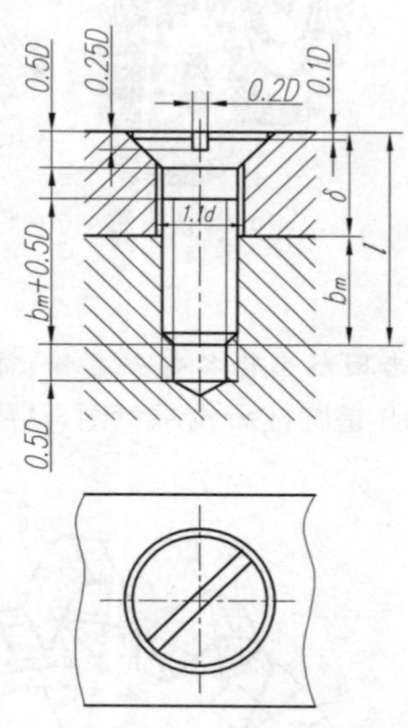

图 8.17　螺钉连接的比例画法

在装配图中，当螺孔是盲孔时，应尽可能画成如图 8.15 所示的形式，但也可简化画成如图 8.17所示的形式，即省略不画钻孔深度大于螺孔深度的一段，仅按有效螺纹部分的深度画出。

8.2　齿轮以及圆柱齿轮的规定画法

8.2.1　齿轮

齿轮是机械传动中应用最为广泛的一种传动零件，它不仅可以传递动力，还可以改变转速和回转方向。齿轮的参数中只有模数、齿形角已经标准化，因此，它属于常用件。常用的齿轮传动形式有 3 种，如图 8.18 所示。圆柱齿轮用于两平行轴之间的传动；圆锥齿轮用于传递两相交轴之间的传动；蜗轮、蜗杆用于两交叉轴之间的传动。

本书仅介绍圆柱齿轮的画法。

8.2.2　圆柱齿轮

圆柱齿轮的轮齿有直齿、斜齿和人字齿等，下面主要介绍直齿圆柱齿轮的几何要素和规定画法。

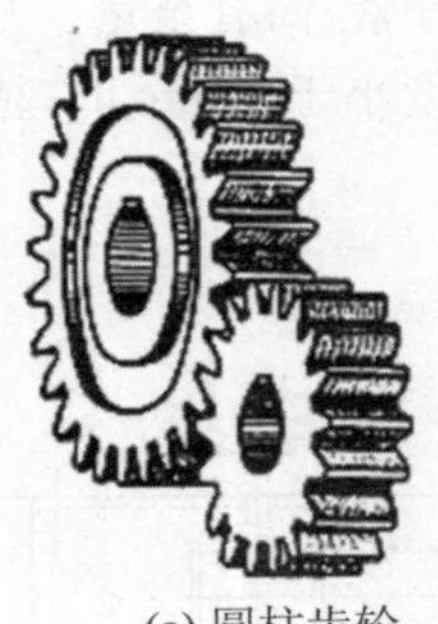
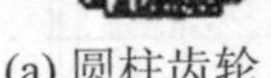
(a) 圆柱齿轮

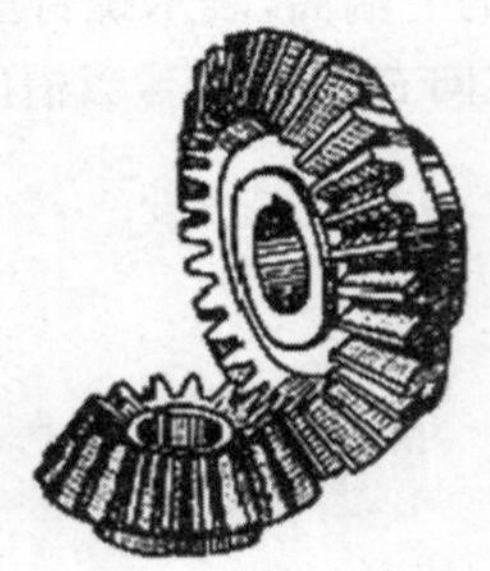
(b) 圆锥齿轮

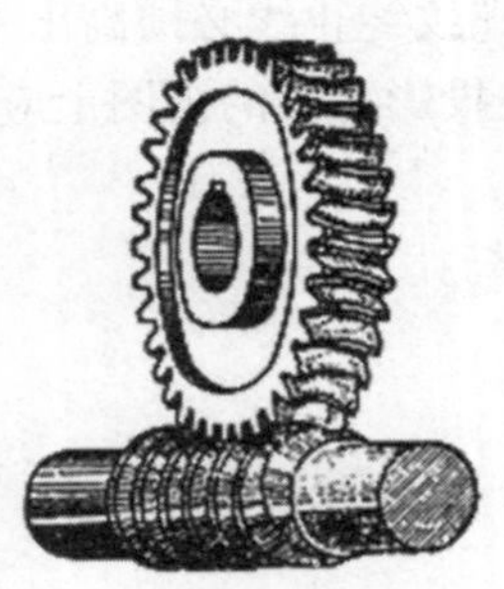
(c) 蜗轮蜗杆

图 8.18　常见的齿轮传动

1. 直齿圆柱齿轮各部分名称、符号和尺寸计算

图 8.19 是圆柱齿轮示意图，从图中可以看出圆柱齿轮各部分的几何要素。

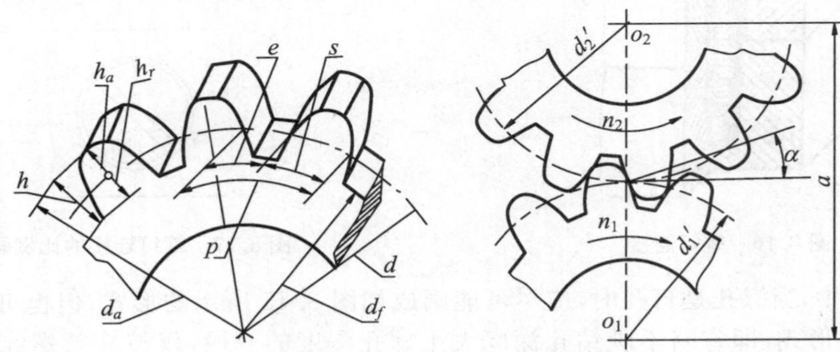

图 8.19　齿轮各部分名称

① 齿数 z：齿轮上轮齿的个数。

② 齿顶圆直径 d_a：通过轮齿顶部的圆的直径。

③ 齿根圆直径 d_f：通过轮齿根部的圆的直径。

④ 分度圆直径 d：在齿顶圆和齿根圆之间，规定一定直径为 d 的圆，作为计算齿轮各部分尺寸的基准，并把这个圆称为分度圆，其直径为模数与齿数的乘积。分度圆也是加工制造齿轮时作为齿数分度的圆。

⑤ 节圆直径 d'：一对啮合齿轮连心线上齿廓的啮合接触点 P 点称为节点，在定传动比的齿轮传动中，节点在齿轮运动平面的轨迹为一个圆，这个圆即为节圆，其直径以 d' 表示。此时齿轮传动可以认为两个齿轮的节圆相切做纯滚动。一对正确安装的标准齿轮，其分度圆是相切的，此时分度圆又称为节圆。

⑥ 齿顶高 h_a：齿顶圆与分度圆之间的径向距离 $h_a=(d_a-d)/2$。

⑦ 齿根高 h_f：齿根圆与分度圆之间的径向距离 $h_f=(d-d_f)/2$。

⑧ 齿高 h：齿顶圆与齿根圆之间的径向距离 $h=h_a+h_f$。

⑨ 齿距 p：在分度圆上相邻两齿廓对应点之间的弧长。

⑩ 齿厚 s：每个齿廓在分度圆上的弧长。

⑪ 齿槽宽 e：一个齿槽的两侧齿廓之间在分度圆上的弧长。对于标准齿轮 $s=e$，$p=s+e$。

⑫ 模数 m：齿距 p 与圆周率 π 的比值，即 $m=p/\pi$。

根据分度圆周长＝$\pi d=zp$，则 $d=(p/\pi)z=mz$。由此可知，齿数一定，模数大的齿轮，其分度圆直径、轮齿也大，齿轮承受的力就大。

模数是设计、制造齿轮的重要参数，不同模数的齿轮，要用不同模数的刀具来加工制造。为了便于设计加工，模数的数值要标准化，见表 8.4。

表 8.4　齿轮模数系列

第一系列	1，1.25，1.5，2，2.5，3，4，5，6，8，10，12，16，20，25，32，40，50
第二系列	1.75，2.25，2.75，(3.25)，3.5，(3.75)，4.5，5.5，(6.5)，7，9，(11)，14，18，22，28，36，45

注：选用模数时，应优先选用第一系列；其次选用第二系列；括号内的模数尽可能不用。

⑬ 压力角 α：两个相啮合的轮齿齿廓在接触点 P 处的公法线与两分度圆的公切线的夹角，我国标准齿轮的压力角为 20°。只有模数和压力角都相等的齿轮才能互相啮合。

⑭ 传动比 i：主动齿轮的转速 n_1 与从动齿轮的转速 n_2 之比，即 $i = n_1/n_2$。用于减速的一对啮合齿轮，其传动比 $i>1$。

⑮ 中心距 a：两啮合圆柱齿轮轴线之间的最短距离，即 $a=(d_1+d_2)/2=m(z_1+z_2)/2$。标准直齿圆柱齿轮基本尺寸的计算公式见表 8.5。

表 8.5　直齿圆柱齿轮各部分的尺寸计算公式

名称	代号	计算公式	名称	代号	计算公式
模数	m	$m=p/\pi=d/z$	分度圆直径	d	$d=mz$
齿顶高	h_a	$h_a=m$	齿顶圆直径	d_a	$d_a=m(z+2)$
齿根高	h_f	$h_f=1.25m$	齿根圆直径	d_f	$d_f=m(z-2.5)$
齿高	h	$h=h_a+h_f=2.25m$	中心距	a	$a=(d_1+d_2)/2=m(z_1+z_2)/2$

2. 圆柱齿轮的画法

(1) 单个圆柱齿轮的画法

根据 GB/T 4459.2—2003 规定的齿轮画法，齿顶圆和齿顶线用粗实线绘制，分度圆和分度线用点画线绘制，齿根圆和齿根线用细实线绘制或省略不画。在剖视图中，当剖切平面通过齿轮的轴线时，轮齿一律按不剖处理，齿根线用粗实线绘制。对于斜齿或人字齿，在投影为非圆的视图中，可画成半剖视图或局部剖视图，在外形上画三条与齿线方向一致的细实线，用于表示轮齿的走向，如图 8.20 所示。

(2) 两圆柱齿轮啮合的画法

在垂直于圆柱齿轮轴线的投影面的视图中，啮合区内的分度圆相切，齿顶圆均用粗实线绘制，也可省略不画，如图 8.21(a)和(b)所示。在通过轴线的剖视图中，啮合区内一个齿轮的轮齿用粗实线绘制，另一个齿轮的轮齿被遮挡的部分用虚线绘制或省略不画，如图 8.21(a)所示。在投影为非圆的外形图中，啮合区内的齿顶线不需画出，分度线用粗实线绘制，如图8.21(c)和(d)所示。

(3) 圆柱齿轮的零件图示例

图 8.22 为一直齿圆柱齿轮的零件图。在齿轮零件图中，除具有一般零件图的内容外，齿顶圆直径、分度圆直径及有关齿轮的基本尺寸必须直接注出(齿根圆直径规定不注)，并在图样右上角的参数表中，列出制造和检验齿轮所需要的项目，如齿数、模数等。

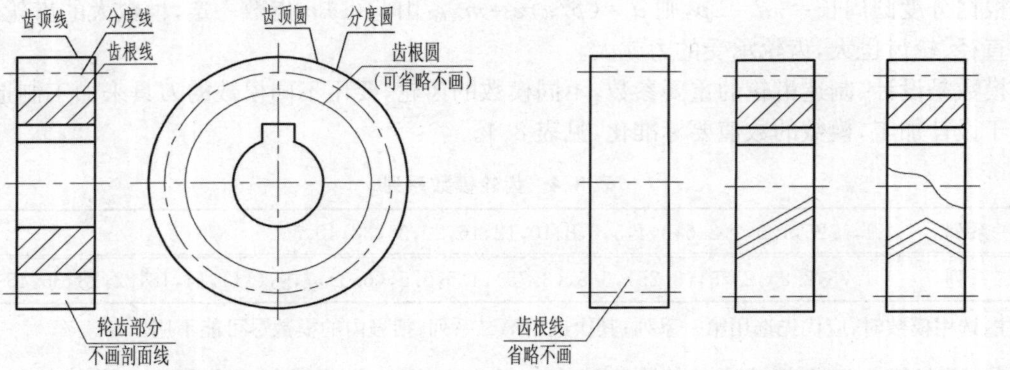

齿顶线 分度线 齿根线 齿顶圆 分度圆 齿根圆（可省略不画） 轮齿部分不画剖面线 齿根线省略不画

(a) 规定画法　(b) 省略画法　(c) 外形视图（斜齿）　(d) 外形视图（人字齿）

图 8.20　单个圆柱齿轮的画法

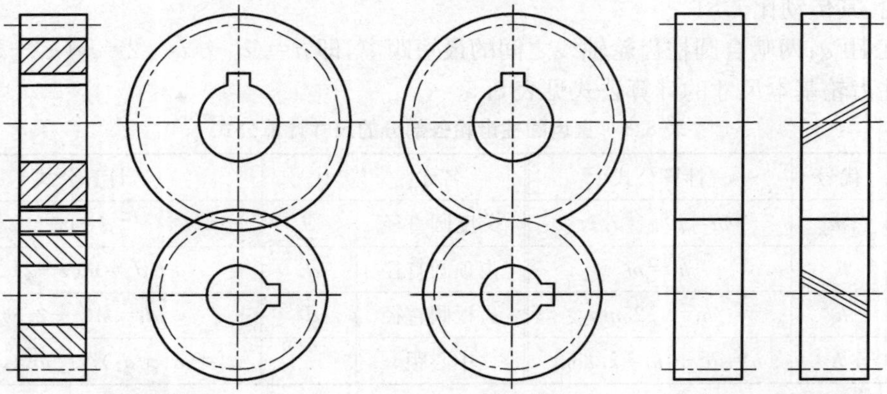

(a) 规定画法　(b) 直齿（外形视图）　(c) 斜齿（半剖视图）　(d) 人字齿（局部视图）

图 8.21　圆柱齿轮啮合的规定画法

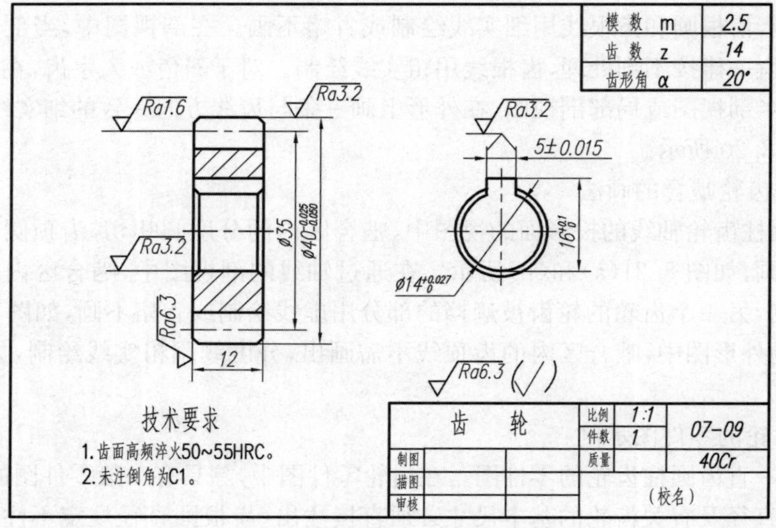

图 8.22　圆柱齿轮零件图示例

8.3　键　和　销

8.3.1　键联接

键是一种标准件，通常用来连接轴和轴上的传动零件（如齿轮、带轮等），起传递扭矩的作用。如图 8.23 所示，键的一部分被安装在轴上的键槽内，另一凸出部分则嵌入轮毂槽内，使两个零件一起转动。

1. 常用键的种类及标记

常用的键有：普通平键、半圆键、钩头楔键等，如图 8.24 所示。

普通平键是应用最广的键，按形状不同分为 A 型、B 型、C 型 3 种，其形状和尺寸如图 8.25 所示。其规定标记为

标准号　键　类型代号 $b \times h \times L$

在标记时，除 A 型可省略型号 A，B 型、C 型均要注出型号 B 或 C。

例如，$b=16$ mm，$h=10$ mm，$L=100$ mm 的普通 A 型平键的标记为

GB/T　1096 键　A16×10×100

又如，$b=16$ mm，$h=10$ mm，$L=100$ mm 的普通 B 型平键的标记为

GB/T　1096 键　B16×10×100

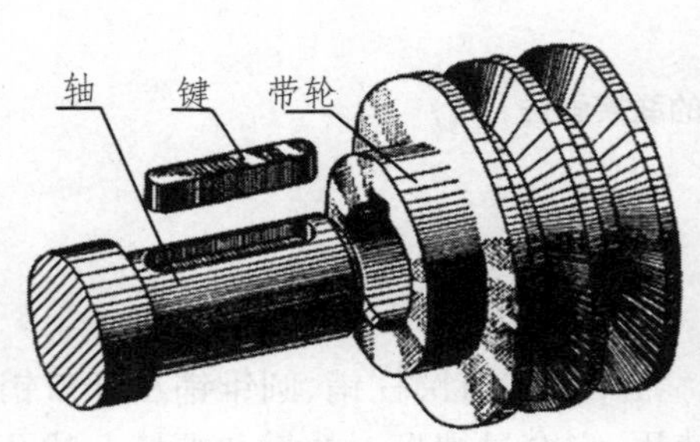

图 8.23　键联接

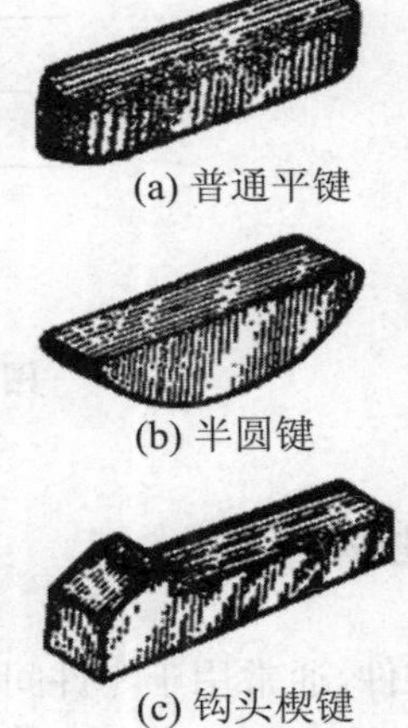

图 8.24　常用的键

2. 普通平键联接的画法

图 8.26 为轴和齿轮的键槽和及其尺寸注法。t_1 和 t_2 是键槽深度，可根据相关国家标准查出。

图 8.27 为轴和齿轮用键联接的装配画法。普通平键的两侧面是工作面，通过工作表面和被连接件接触来传递扭矩。因此，侧面应画一条线，而键的上顶面是非工作表面，它和齿轮上的键槽底部间有间隙，应画两条线。剖切平面通过键的对称平面作纵向剖切时，键按不剖绘制。

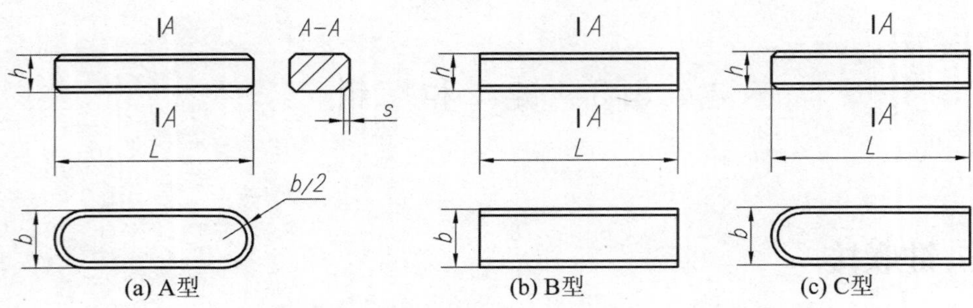

图 8.25　普通平键的型式和尺寸

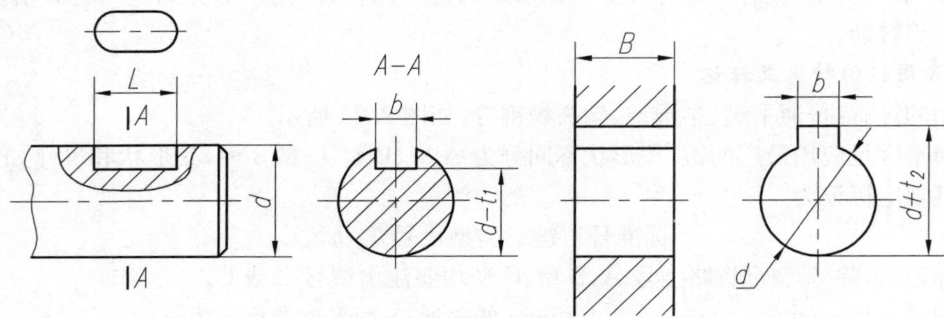

图 8.26　键槽的尺寸标注

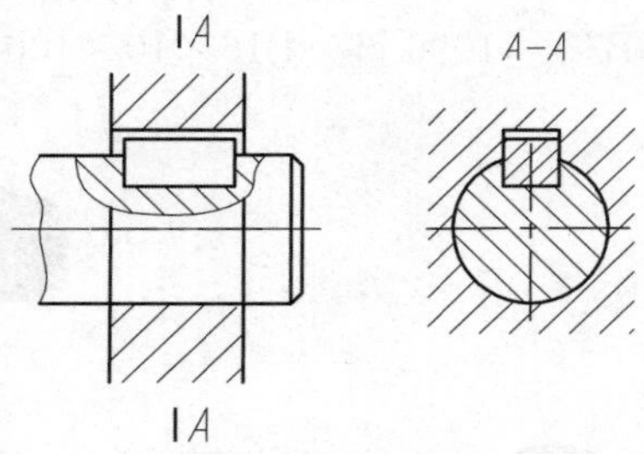

图 8.27　普通平键的联接画法

8.3.2　销连接

销也是标准件，通常用于零件间的连接和定位。常用的销有圆柱销、圆锥销和开口销等，如图 8.28 所示。其中开口销常与六角开槽螺母配合使用，它穿过螺母上的槽和螺杆上的孔，并在销的尾部叉开，以防螺母松动。销的规定标记为

销　标准号　类型代号 $d\times l$

例如，公称直径 $d=6$ mm、公称长度 l=30 mm、材料为 35 钢、热处理硬度为 28～38HRC、表面氧化处理的 A 型圆锥销的标记为

销　GB/T　117　6×30

圆锥销的公称直径指小端直径。

用销连接和定位的两个零件的销孔，一般须一起加工，并在图上注写“装配时作”或“与××

件配作”的字样。销的连接画法如图 8.29 所示。当剖切平面通过销的轴线时，销按不剖绘制。

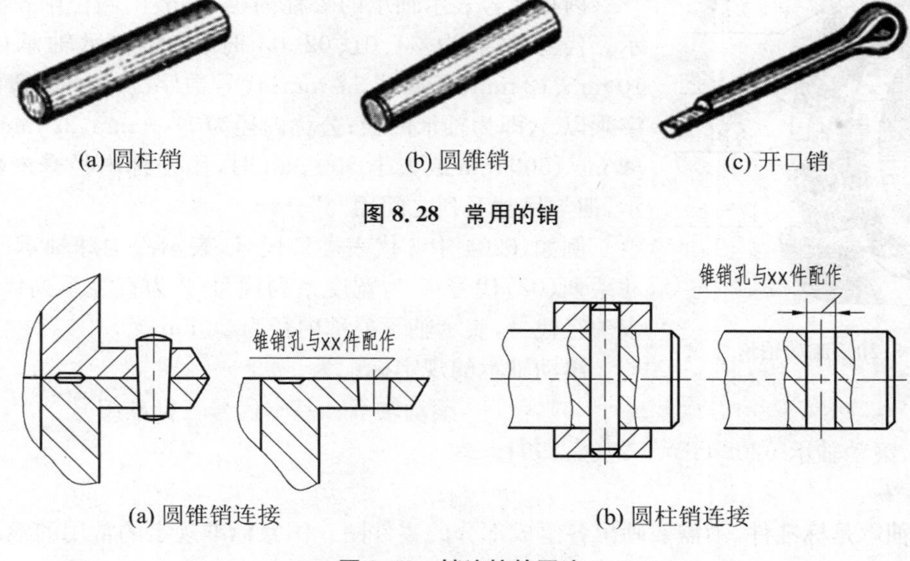

(a) 圆柱销　(b) 圆锥销　(c) 开口销

图 8.28　常用的销

(a) 圆锥销连接　(b) 圆柱销连接

图 8.29　销连接的画法

8.4　滚动轴承

8.4.1　滚动轴承的结构及其分类

滚动轴承用来支承旋转轴并承受轴上载荷，具有摩擦力小、结构紧凑、拆装方便等优点，故广泛应用于机器设备中。滚动轴承属标准组件，同螺纹紧固件一样，掌握其规定画法和标记方法十分重要。

滚动轴承的种类很多，但它们的结构大致相同，如图 8.30 所示，一般由外圈、内圈、滚动体和隔离罩组成，通常外圈装在机座的孔内，固定不动，而内圈套在转动的轴上，随轴转动。

8.4.2　滚动轴承的代号和画法

1. 代号

滚动轴承代号由前置代号、基本代号、后置代号构成，一般情况下只标注轴承基本代号。当轴承在结构形状、尺寸、公差等级、技术性能等特征改变时，在其基本代号前后再添加前置代号和后置代号。

轴承基本代号由轴承类型代号、尺寸系列代号、内径代号构成。

轴承类型代号用数字或字母来表示。例如，“6”表示深沟球轴承，“5” 表示推力球轴承，“3”表示圆锥滚子轴承。

尺寸系列代号由轴承的宽(高)度系列代号和直径系列代号组合而成，用两位数字来表示。

它的主要作用是区别内径相同而宽度和外径不同的轴承。

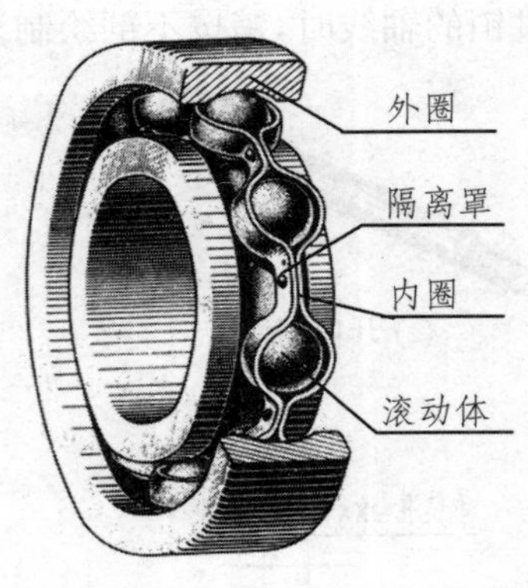

图 8.30　流动轴承

内径代号表示轴承的公称内径，一般用两位阿拉伯数字表示。代号数字为 00、01、02、03 时，分别表示轴承内径 $d=$ 10 mm、12 mm、15 mm、17 mm；代号数字为 04～99 时，代号数字乘以 5，即为轴承内径；公称内径为 1～9 mm、22 mm、28 mm、32 mm、500 mm 或大于 500 mm 时，用公称内径毫米数直接表示，但与尺寸系列之间用“/”分开。

例如，6204 中 6 代表类型代号，表示深沟球轴承；2 代表尺寸系列(02)代号：0 为宽度系列代号，2 为直径系列代号；04 代表内径代号，表示轴承公称内径为 20 mm。

滚动轴承的规定标记为

滚动轴承　基本代号　标准编号

例如，滚动轴承 6208 GB/T 276—1994。

2. 画法

滚动轴承是标准件，不需要画出各组成部分的零件图。国家标准规定的常用的滚动轴承的代号、结构型式、规定画法、特征画法及用途见表 8.5。通用画法见图 8.31。

表 8.5　常用滚动轴承的型式、画法和用途

轴承类型及标准编号	结构型式	规定画法	特征画法	用途
深沟球轴承 GB/T 276—1994 6000				主要承受径向力
推力球轴承 GB/T 297—1994 30000				只承受轴向力
圆锥滚子轴承 GB/T 301—1995 51000				同时承受径向力和轴向力

如不需要确切地表示滚动轴承的外形轮廓、载荷特性、结构特征，可采用通用画法，用矩形线框及位于线框中央正立的、不与矩形线框接触的“十”字形符号来表示；如需较详细地表示滚动轴承的主要结构，可采用规定画法；如需较形象地表示滚动轴承的结构特征，可采用特征画法，在矩形线框内画出其结构要素符号表示结构特征。

绘制滚动轴承时应遵守以下规则：

① 各种符号、矩形线框和轮廓线均用粗实线表示。

② 矩形线框或外形轮廓的大小应与滚动轴承的外形尺寸一致，并与所属图样采用同一比例。

③ 在剖视图中，采用通用画法和特征画法绘制时，一律不画剖面符号。采用规定画法时，轴承的滚动体不画剖面线，其各套圈可画成方向和间隔相同的剖面线。

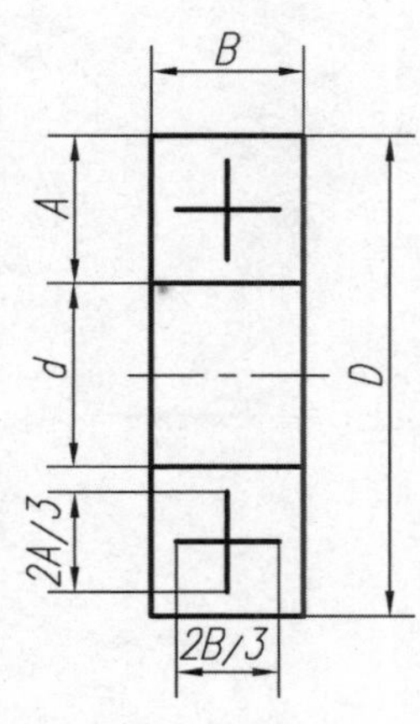

图 8.31　常用滚动轴承通用画法

8.5　弹　　簧

弹簧在机器和仪表中起减震、加紧、储能、测力等作用，其特点是外力去除后能立即恢复原状。弹簧的种类很多，常见的有：螺旋弹簧、碟形弹簧、涡卷弹簧、板簧等。其中螺旋弹簧应用最为广泛，根据受力不同又有：压缩弹簧、拉伸弹簧和扭转弹簧 3 种，如图 8.32 所示。本节仅介绍圆柱螺旋压缩弹簧的主要尺寸和规定画法。

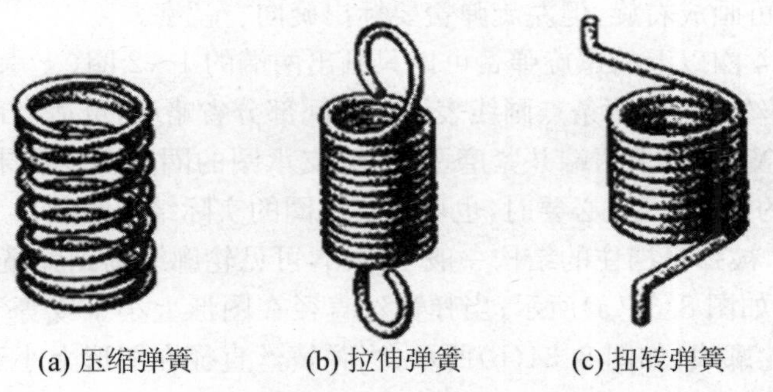

(a) 压缩弹簧　(b) 拉伸弹簧　(c) 扭转弹簧

图 8.32　常用弹簧种类

1. 圆柱螺旋压缩弹簧各部分名称及其尺寸

如图 8.33 所示，关于圆柱螺旋压缩弹簧各部分名称及其尺寸说明如下：

① 线径 d：制造弹簧材料的直径。

② 弹簧外径 D_2：弹簧最大直径，$D_2=D_1+2d=D+d$；

弹簧内径 D_1：弹簧最小直径，$D_1=D_2-2d=D-d$；

弹簧中径 D：弹簧平均直径，$D=(D_2+D_1)/2=D_2-d=D_1+d$。

③ 弹簧节距 t：除磨平压紧的支承圈外，相邻两圈间的轴向距离。

④ 支承圈数 n_2：为了保证弹簧在被压缩时受力均匀，使中心轴线垂直于支承面，需要将弹簧的两端并紧、磨平。并紧、磨平的各圈仅起支承作用，称为支承圈。

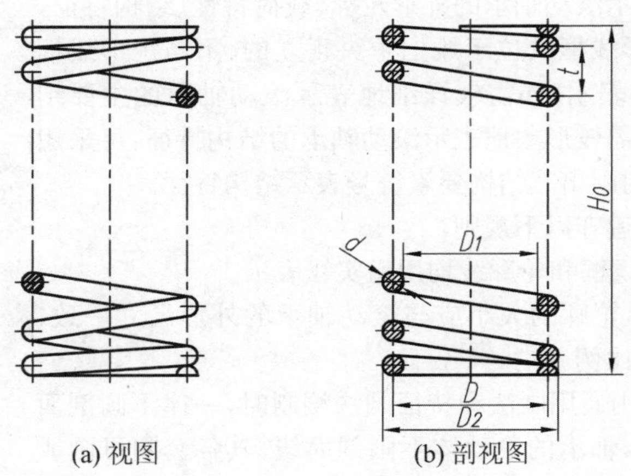

(a) 视图 (b) 剖视图

图 8.33 螺旋压缩弹簧的画法

有效圈数 n:除支承圈外的保持节距相等的圈数。

总圈数 n_1:有效圈数加支承圈数,$n_1=n+n_2$。

⑤ 自由高度 H_0:未受负荷时的弹簧高度,$H_0=nt+(n_2-0.5)d$。

⑥ 展开长度 L:制造弹簧时所需坯料的长度,$L\approx n_1\sqrt{(\pi D)^2+t^2}$。

2. 圆柱螺旋压缩弹簧的规定画法

根据国家标准 GB/T 4459.4—2003 的规定,圆柱螺旋压缩弹簧的画法如图 8.33 和图 8.34 所示:

① 在平行于弹簧轴线的投影面的视图中,其各圈的轮廓应画成直线。

② 螺旋弹簧均可画成右旋,但左旋弹簧要标出旋向"左"字。

③ 有效圈数在 4 圈以上的螺旋弹簧可以只画出两端的 1～2 圈(支承圈除外),中间部分省略不画,用通过弹簧丝中心的两条点画线表示。中间部分省略后,可适当地缩短图形的长度。

④ 螺旋压缩弹簧,如要求两端并紧磨平,不论支承圈的圈数多少和末端贴紧情况如何,均按支承圈为 2.5 圈的形式绘制,必要时,也可按支承圈的实际结构绘制。

⑤ 在装配图中,被弹簧挡住的结构一般不画出,可见轮廓线画到弹簧的外轮廓线或弹簧丝断面的中心线为止,如图 8.34(a)所示;当弹簧丝直径在图形上小于或等于 2 mm 时,其断面可涂黑且不画各圈的轮廓线,如图 8.34(b)所示;当弹簧丝直径在图形上小于或等于 1 mm 时,允许用示意图表示,如图 8.34(c)所示。

3. 圆柱螺旋压缩弹簧的画法示例

例 8.1 已知弹簧中径 $D=45$ mm,材料直径 $d=6$ mm,自由高度 $H_0=105$ mm,有效圈数 $n=6.5$,支承圈数 $n_z=2$,右旋,试画出这个 YA 型圆柱螺旋压缩弹簧。

分析 先进行计算,然后作图。

因为 $H_0=nt+(n_z-0.5)d$,所以 $t=[H_0-(n_z-0.5)d]/n=[105-(2-0.5)\times 6]/6.5=14.8$ mm。由 d、H_0、n、n_z 计算出节距 t 后,虽然 $n_z=2$,但绘图时,两端的支承圈仍按照 GB/T 4459.5—2003 规定,用 $n_z=2.5$ 圈绘制。画图步骤见图 8.35。

作图 ① 根据 D 作出中径(两条平行中心线),并定出自由高度 H_0,如图 8.35(a)所示。

② 画出支承圈部分,按材料直径 d 作出簧丝断面的圆和半圆,如图 8.35(b)所示。

③ 根据节距 t 画出有效圈部分簧丝断面,如图 8.35(c)所示。

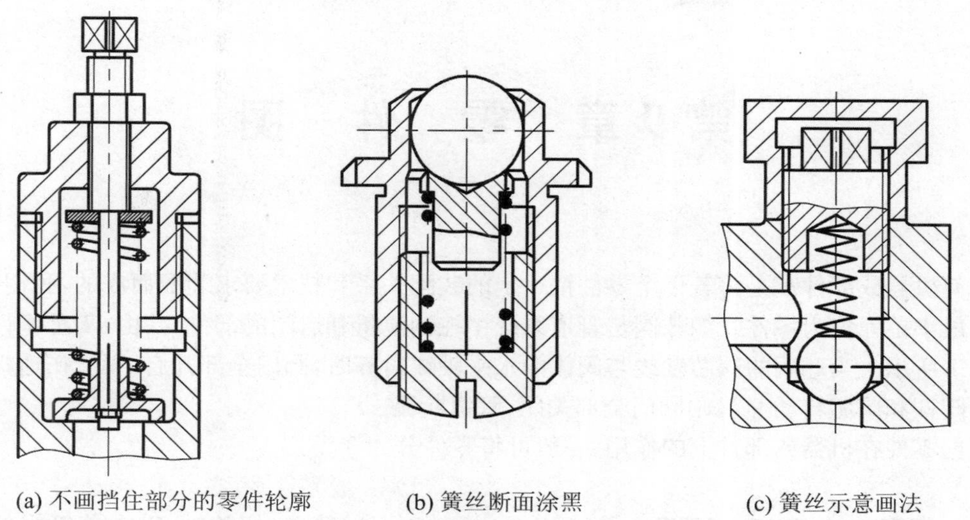
(a) 不画挡住部分的零件轮廓　(b) 簧丝断面涂黑　(c) 簧丝示意画法

图 8.34　装配图中螺旋压缩弹簧的规定画法

④ 按右旋方向作簧丝断面的切线，校对、加深、画剖面线，如图 8.35(d)所示。

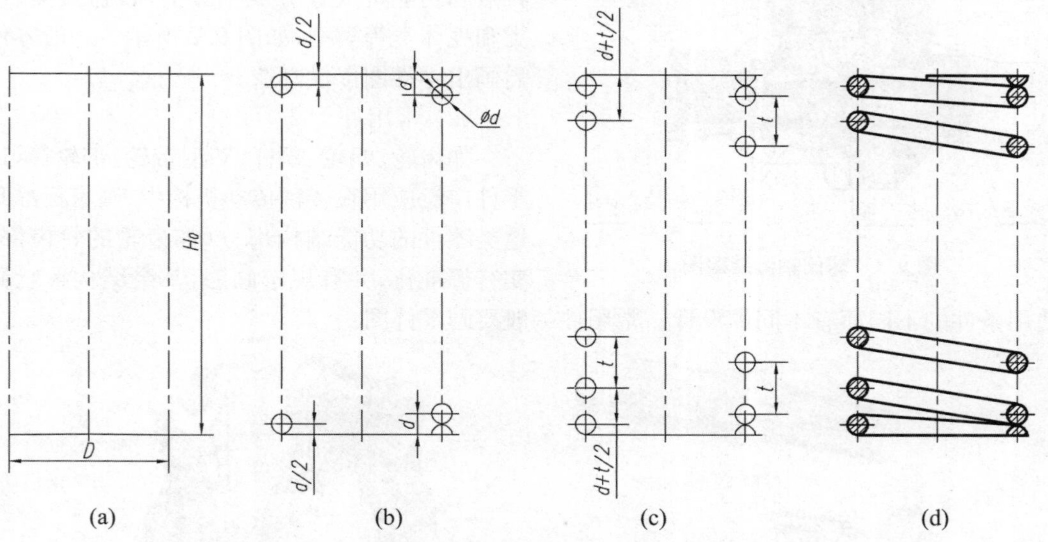

(a)　(b)　(c)　(d)

图 8.35　圆柱螺旋压缩弹簧的画图步骤

第9章 零 件 图

任何机器或部件都是由若干个零件按一定的装配关系和技术要求装配而成的，我们把构成机器的最小单元称为零件。如球阀是管道系统中控制流量和启闭的部件，共由 11 种零件组成，如图 9.1 所示。当球阀的阀芯轴线与阀体的水平轴线对齐时，阀门全部开启，管道畅通；转动扳手带动阀杆和阀芯转动 90°，则阀门全部关闭，管道断流。

根据零件在机器或部件上的作用，一般可将零件分为 3 类：

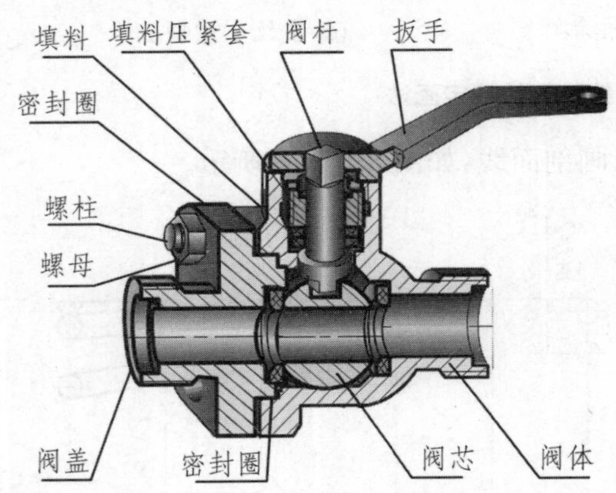

图 9.1　球阀轴测装配图

（1）一般零件

如箱体、箱盖、蜗轮轴、轴承盖等零件，它们的形状、结构、大小都必须按部件的功能和结构要求设计。机器上的一般零件按照它们的结构特点和功能可大致分成轴套类、转盘盖类、叉架类和壳体类等类型，如图 9.2 所示。一般零件都需画出零件图以供制造。

（2）常用件

如齿轮、蜗轮、蜗杆、V 型带轮、链轮等，这些零件广泛应用在各种传动机构中，国家标准只对这类零件的功能结构部分（如齿轮的轮齿部分）实行标准化，并有规定画法，其余结构形状则根据使用条件的不同而有不同的设计。常用件一般要画零件图。

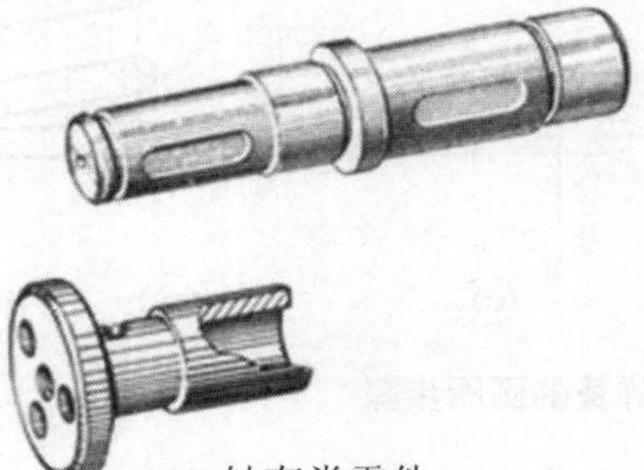

(a) 轴套类零件

(b) 叉架类零件

(c) 轮盘类零件

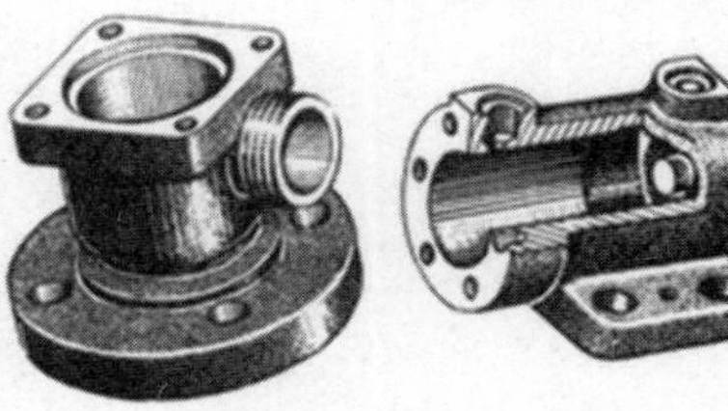

(d) 壳体类零件

图 9.2　一般零件的分类

(3) 标准件

如紧固件(螺栓、螺母、垫圈、螺钉……)、滚动轴承、油杯、毡圈、螺塞等。这些标准件使用特别广泛,其型式、规格、材料、画法等都有统一的国家标准规定,查阅有关标准,即能得到全部尺寸。使用时可从市场上买到或到标准件厂定做,不必画出零件图。

要制造机器必须先制造零件,直接指导制造和检验零件的图样就是零件图。零件图不仅应将零件的材料、内外结构形状和大小表达清楚,而且还要对零件的加工、检验、测量提出必要的技术要求。在生产中,零件图是指导加工制造、检验和验收零件的技术文件。

本章主要讨论零件图的作用和内容、零件上的常见结构及常用零件的画法、零件的视图选择、零件图中尺寸的合理标注、零件的技术要求、画零件图的方法及步骤和读零件图的方法及步骤等内容。

9.1 零件图的作用和内容

1. 零件图的作用

表示零件结构形状、尺寸大小及技术要求的图样称为零件图。它是设计部门提交给生产部门的重要技术文件。它要反映出设计者的意图,表达出机器(或部件)对零件的要求,同时要考虑到结构和制造的可能性与合理性,根据它在零件图上所表明的材料、尺寸和数量等要求进行备料,根据图样上提供的各部分的形状、大小和质量要求制订出合理的加工方法和检验手段。因此,在生产中,零件图是指导加工制造、检验和验收零件的技术文件,是制造、检验和验收零件的依据。

2. 零件图的内容

图 9.3 为铣刀头中轴零件的零件图,通常一张完整的零件图应包括下列基本内容:

(1) 一组视图

根据有关标准和规定,合理运用各种机件表达方法(视图、剖视图、断面图等),用一组视图来正确、完整、清晰、简洁地表达零件的内、外结构和形状。该轴的主视图采用断开缩短画法,左、右端采用局部剖视图,表达轴的两端分别有一个和两个普通平键,中心处有 M6 螺孔。由于轴类零件为回转体结构,采用一个主视图基本能够表达清楚轴的形状,可省去其左视图和俯视图。

此外,采用两个移出断面图,表达轴的键槽处的宽度和深度;选用一个局部放大图表达轴肩过渡处越程槽的结构。

(2) 完整尺寸

零件图应正确、完整、清晰、合理地标注出零件制造、检验和验收时所需的全部尺寸。如图 9.3 所示,该轴最大直径为$\varnothing$44 mm,最小直径为两端,分别为$\varnothing$25 mm 和$\varnothing$28 mm,长度为 400 mm。轴的径向尺寸以中心线为基准,长度方向以直径为$\varnothing$44 mm 轴段的右端面为主要基准,轴的左、右端面为辅助基准。

(3) 技术要求

零件图中必须用规定的代号、符号、数字和文字简明地标注或说明零件制造、检验或装配过程中应达到的各项要求,如表面粗糙度、极限与配合、形状和位置公差、热处理、表面处理等要求。图 9.3 中技术要求分析如下：

① 极限配合与表面粗糙度。该轴两端有键和轴上零件的连接，选用 k7 和 h6 的基孔制配合的轴；而中间两处直径为∅35 mm 处选用 k6 的公差，表示此处要安装滚动轴承以支承轴的转动。

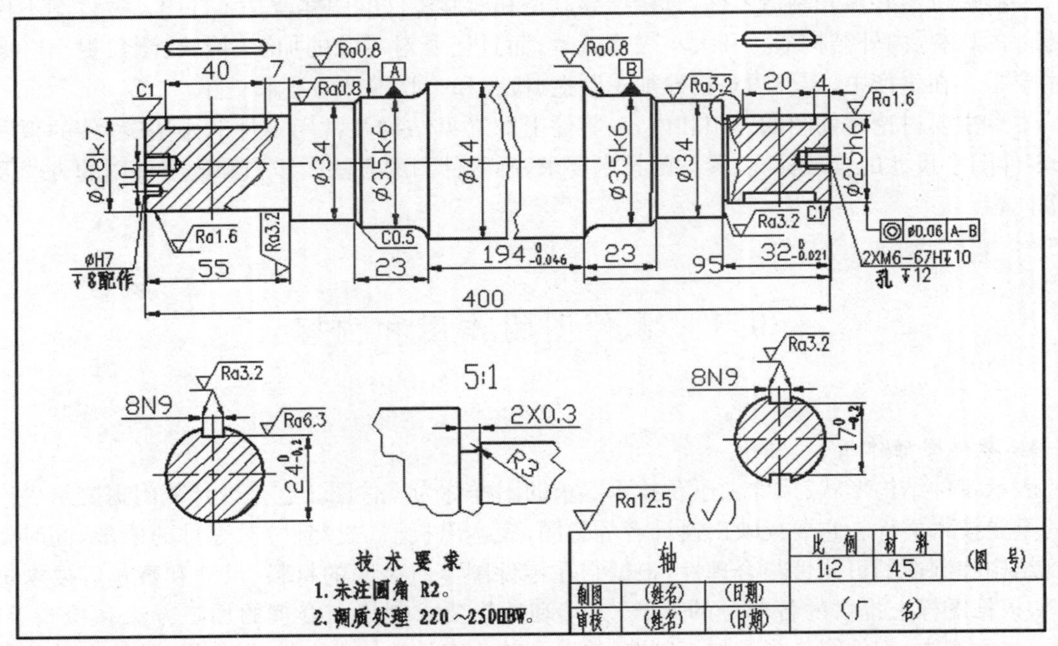

图 9.3 铣刀头中轴零件图

该轴的表面粗糙度值最小在直径∅35 mm 处，为 0.8 μm；两端安装零件的∅28k7、∅25h6 轴段的表面粗糙度值都为 1.6 μm；其余非连接部分表面质量要求较低，要求最低处为 12.5 μm。

② 几何公差。该轴右端直径∅25 mm 处的轴段的轴线对直径∅35 mm 处轴段的两个支承中心线有同轴度的要求，误差不得超过 0.06 mm。

③ 其他要求。该轴左端直径∅28 mm 处的端面上有一直径为 3 mm 的小孔，深度为 8 mm，需要与其连接的零件配作。阶梯处及端面分别有倒角，其值分别为 0.5 mm 和 1 mm 不等。

(4) 标题栏

标题栏画在图框的右下角，需填写零件的名称、材料、数量、比例、制图审核人员的姓名、日期等内容。图 9.3 中注出的零件名称为轴，材料为 45 钢，比例为 1∶2 等。

9.2 零件图的表达及尺寸标注

零件图要求将零件的结构形状完整、清晰地表达出来。要满足这些要求，就要对零件的结构形状特点进行分析，尽可能了解零件在机器或部件中的位置和作用，灵活地采用视图、剖视图、断面图以及其他表达方法，并且考虑尽量减少视图的数量，将零件表达清楚。

零件的大小是利用在图形上标注的一系列尺寸来表示的，根据所注尺寸才能加工零件。零件图上标注的尺寸除了要符合前面所述的(正确、完整、清晰)要求外,在可能范围内,还要标注得合理。

本节在组合体形体分析的基础上,运用机件常用的表达方法,针对各类零件的结构形状特点,结合实际生产来讨论零件图的视图选择,并介绍一些合理标注尺寸的初步知识。

9.2.1　零件图的视图表达

零件图的视图表达,就是要求选用适当的视图、剖视图、断面图以及其他表达方法,将零件的结构形状正确、完整、清晰地表达出来,在便于读图的前提下,力求尽量提高各视图的表达功能,减少视图数量,简化制图。

9.2.1.1　零件图视图选择的要求

零件图的视图选择,应首先考虑看图方便。根据零件的结构特点,选用适当的表示方法。由于零件的结构形状是多种多样的,所以在画图前,应对零件进行结构形状分析,结合零件的工作位置和加工位置,选择最能反映零件形状特征的视图作为主视图,并选好其他视图,以确定一组最佳的表达方案。

零件图的视图选择原则是:在正确、完整、清晰地表示零件形状的前提下,力求制图简便。

9.2.1.2　零件图的视图选择

1. 主视图的选择

主视图是表达零件形状最重要的视图,是一组视图的核心,其选择是否合理不但直接影响其他视图的选择和看图是否方便,而且影响到画图时图幅的合理利用,甚至影响零件图的表达效果及加工过程的方便性。一般来说,零件主视图的选择应满足"合理位置"和"形状特征"两个基本原则。

(1) 主视图应较好地反映零件的形状特征

主视图应较好地反映零件的结构形状特征,这一条称为"形状特征原则",它是确定主视图投射方向的依据。从形体分析的角度考虑,一定要选择能将零件各组成部分的形状及其相对位置反映得最好的方向作为主视图的投射方向,以满足表达零件清晰的要求,使人看了主视图就能了解零件的大致形状。例如,图 9.4(a)所示的轴,箭头 A 所指的投射方向,能够较多地反映出零件的结构形状,而箭头 B 所指的投射方向,反映出的零件结构形状较少,因此应以 A 向作为主视图的投射方向,如图 9.4(b)所示。

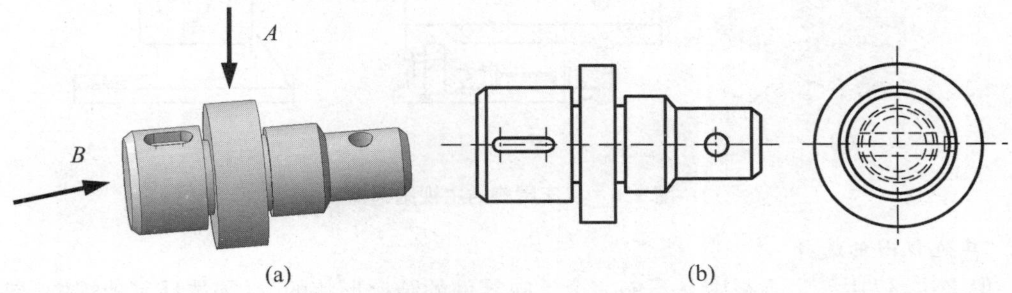

图 9.4　轴的主视图选择

主视图的投射方向只能确定主视图的形状,不能确定主视图在图纸上的位置;图 9.4 中的轴,按箭头 A 的方向投影,既可以把上述轴的主视图按轴线水平画,也可以按垂直和倾斜位置画,因此,还必须确定主视图的位置,即零件的摆放位置。

(2) 主视图应尽可能地反映零件的加工位置或工作位置

加工位置原则或工作位置原则是确定零件安放位置的依据。因零件图面向加工制造环节,摆放时应优先考虑加工位置,只有在加工位置多变且难以区分主次时才采用工作位置原则。

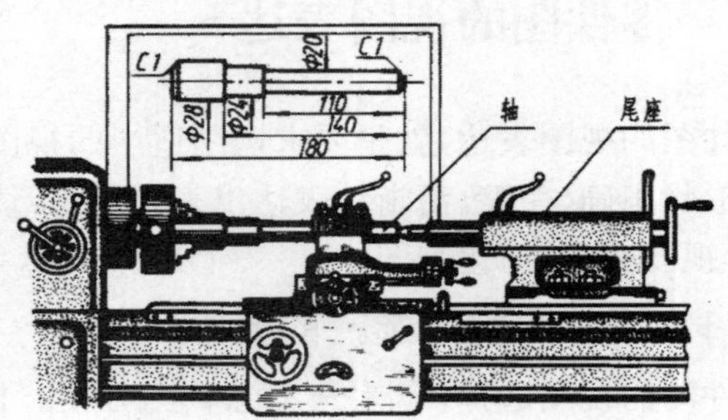

图 9.5 轴类零件的加工位置

加工位置是零件在机床上加工时的装夹位置。盘盖、轴套等以回转体构形为主的零件主要在车床或外圆磨床上加工,轴、套、轮和盘盖类零件的主视图,应尽量符合零件的主要加工位置,即轴线水平放置(零件在主要工序中的装夹位置),并将车削加工量较多的一端放在右边,如图 9.5所示,此原则为加工位置原则。主视图与加工位置一致的优点是方便看图加工,这样便于工人加工时看图操作。图 9.3 是铣刀头中轴的零件图。

工作位置是零件安装在机器中工作的位置。对于形状和结构比较复杂的零件,其主视图的放置,应尽量与零件在机器或部件中的工作位置一致。主视图与工作位置一致的优点在于便于根据装配关系来考虑零件的形状及有关尺寸和便于校对,同时也便于对照装配图来看图和画图,此原则为工作位置原则。支座、箱体类零件,一般按工作位置安放,因为这类零件结构形状一般比较复杂,加工不同的表面时往往其加工位置也不同。图 9.6 为机床尾座的主视图就是按工作位置来绘制的,由图可知,图 9.6(b)的表达效果显然比图 9.6(c)表达效果要好得多。另外,如果零件的工作位置是倾斜的,或者工作时在运动,其工作位置是不断变化的,则习惯上将零件摆正,使更多的表面平行或垂直于基本投影面。

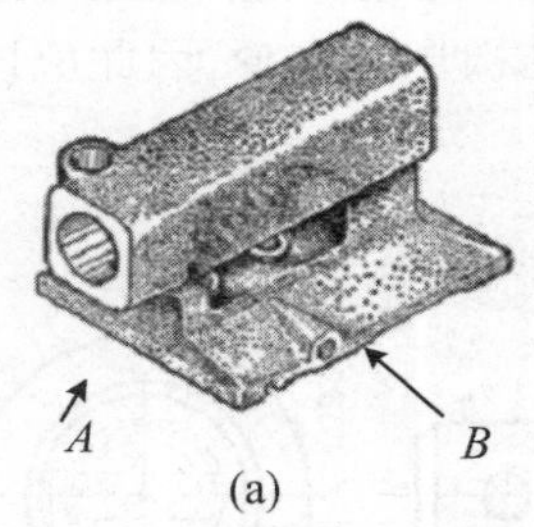

(a)

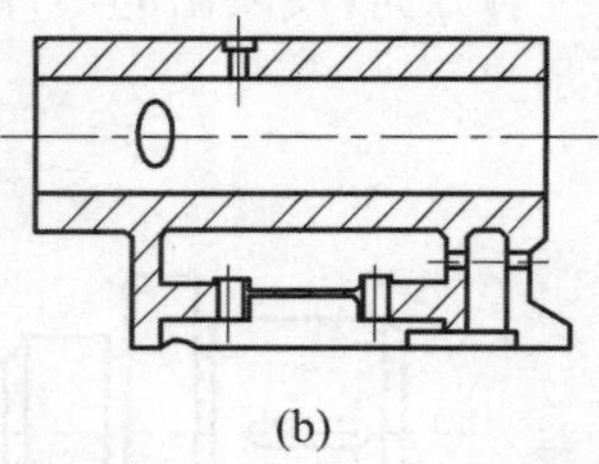

(b)

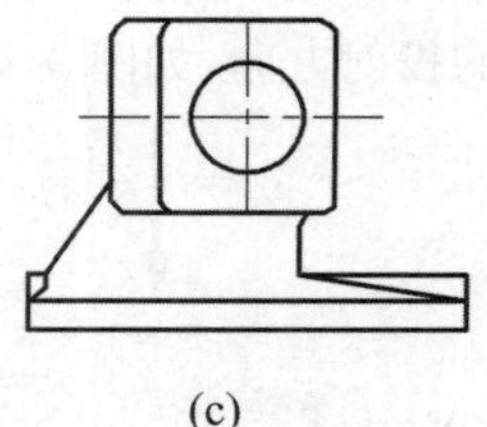

(c)

图 9.6 机床尾座的主视图选择

2. 其他视图的选择

一般来讲,仅用一个主视图是不能完全反映零件的结构形状的,必须选择其他视图,包括剖视、断面、局部放大图和简化画法等表达方法。在主视图确定后,对其表达未尽的部分,再选择其他视图予以完善表达。具体选用时,应注意以下几点:

① 在选择其他视图时，应根据零件的复杂程度及内、外结构形状，对零件各组成部分的内外结构形状逐个加以考虑，如果依靠尺寸、配合还不能表达清楚零件的形状，首先考虑还需要哪些视图（包括断面）与主视图配合，然后考虑其他视图之间的配合，使每个所选视图应具有独立存在的意义及明确的表达重点。注意避免不必要的细节重复，在明确表达零件的前提下，采用的视图数量尽量少，以免繁琐、重复，既要便于画图，又要便于看图，使视图数量为最少。

② 优先考虑采用基本视图，当有内部结构时应尽量在基本视图上作剖视，习惯上俯视图优先于仰视图，左视图优先于右视图；尽量避免使用虚线表达零件的轮廓及棱线，零件不可见的内部轮廓和外部被遮挡（在投射方向上）的轮廓，在视图中用虚线表示。为了不用或少用虚线就必须对尚未表达清楚的局部结构和倾斜部分结构增加必要的局部（剖）视图、斜视图或局部放大图，但为了减少视图的数量，保留少量的虚线是允许的。这两者之间的矛盾应在对具体零件表达的分析中权衡、解决。另外，采用局部视图、局部剖视图、斜视图或斜剖视图时，应尽可能地按投影关系配置在相关视图附近。

③ 按照视图表达零件形状要正确、完整、清晰、简洁的要求，进一步综合、比较、调整和完善，选出最佳的表达方案。

④ 要考虑合理地布置视图位置，既要使图样清晰匀称，便于标注尺寸及技术要求，充分利用图幅，又能减轻视觉疲劳。

如图 9.7 所示的轴承座，主要包括装油杯孔、螺钉孔、轴承孔、肋板、支承板和底板等结构。轴承座主要是起支承轴和轴上的齿轮的作用，如图 9.8 所示。

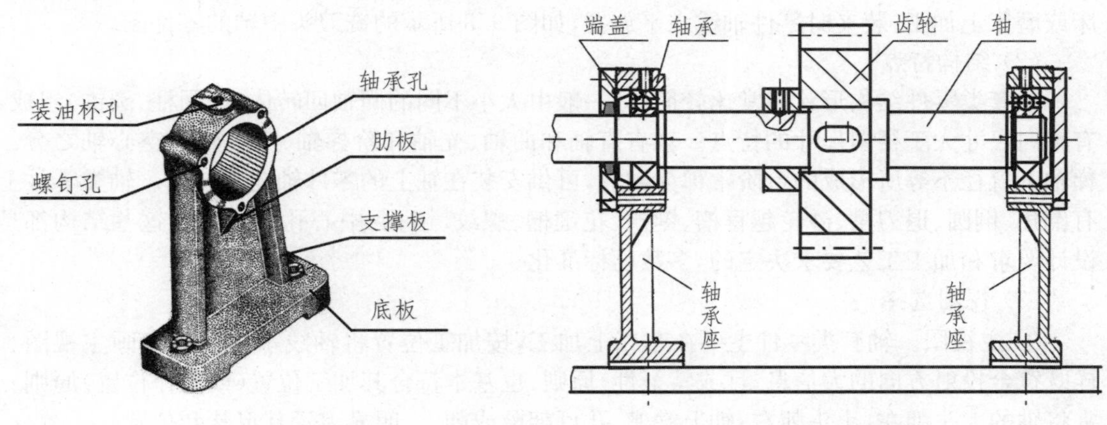

图 9.7 轴承座

图 9.8 轴承座功用图

比较轴承座的 3 个表达方案，如图 9.9 所示。在轴承座表达方案 1 中，主视图表达了零件的主要部分：轴承孔的形状特征，各组成部分的相对位置，3 个螺钉孔，凸台也得到了表达。选全剖的左视图，表达轴承孔的内部结构及肋板形状。选择 D 向视图表达底板的形状。选择移出断面表达支承板断面及肋板断面的形状。C 向局部视图表达上面凸台的形状。在轴承座表达方案 2 中，将方案 1 的主视图和左视图位置对调。俯视图选用 B-B 剖视表达底板与支承板断面及肋板断面的形状。C 向局部视图表达上面凸台的形状。俯视图前后方向较长，图纸幅面安排欠佳。而轴承座表达方案 3 中，俯视图采用 B-B 剖视图，其余视图同方案 1。

综上所述，方案 3 不但抓住了选择主视图这一关键，而且用较少的视图正确、完整、清晰地表达了轴承座的结构形状，所以在 3 种方案中，选第 3 种方案较好。

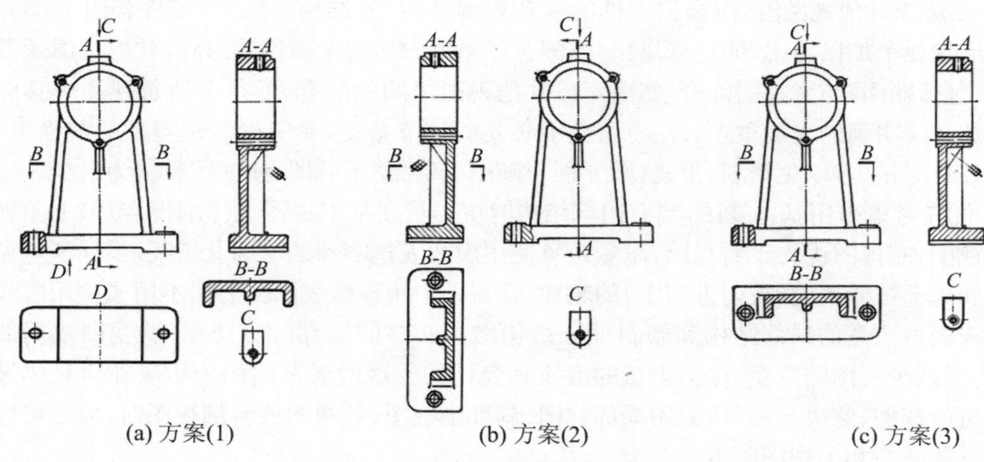

图 9.9 轴承座的视图方案选择

9.2.1.3 典型零件的表达分析

1. 轴套类零件

(1) 用途及加工方法

轴套类零件包括各种用途的轴和套。轴主要用来支承传动零件(如带轮、齿轮等)和传递动力。套一般装在轴上或机体孔中,用于定位、支承、导向或保护传动零件。此类零件主要是在车床或磨床上加工,装夹时零件轴线水平放置,如图 9.3 所示的铣刀头中轴的零件图。

(2) 结构特点

轴套类零件结构形状通常比较简单,一般由大小不同的同轴回转体(如圆柱、圆锥)组成,具有轴向尺寸大于径向尺寸的特点。轴有直轴和曲轴、光轴和阶梯轴、实心轴和空心轴之分。阶梯轴上直径不等所形成的台阶常称为轴肩,可供安装在轴上的零件轴向定位用。轴类零件上常有倒角、倒圆、退刀槽、砂轮越程槽、键槽、花键槽、螺纹、销孔、中心孔等结构。这些结构都是由设计要求和加工工艺要求决定的,多数已标准化。

(3) 视图选择

① 主视图。轴套类零件主要在车床上加工,按加工位置将轴线水平安放来画主视图。这样既符合投射方向的大信息量(或特征性)原则,也基本符合其加工位置(或工作位置)原则。通常将轴的大头朝左,小头朝右;轴上键槽、孔可朝前或朝上,明显表示其形状和位置。

形状简单且较长的零件可采用折断法;实心轴上个别部分的内部结构形状,可用局部剖视兼顾表达。空心套可用剖视图(全剖、半剖或局部剖)表达。轴端中心孔为标准结构不作剖视,用规定标准代号表示,如图 9.3 所示的铣刀头中轴的零件图。

② 其他视图。轴套类零件的主要结构形状是同轴回转体,在主视图上注出相应的直径符号∅,即可表示清楚形体特征。轴的径向尺寸基准是轴的轴线,故一般不必再选择其他基本视图(结构复杂的轴例外)。

基本视图没有表达完整、清楚的局部结构形状(如键槽、退刀槽、孔等),可另用断面图、局部视图或局部放大图等来补充表达,这样既清晰又便于标注尺寸。

2. 盘盖类零件

(1) 用途

轮盘类零件包括各种用途的轮和盘盖零件。这类零件的毛坯多为铸件或锻件,轮一般用键、销与轴连接，用以传递扭矩。作用主要是支承、轴向定位、防尘和密封等。如图9.10所示的端盖。

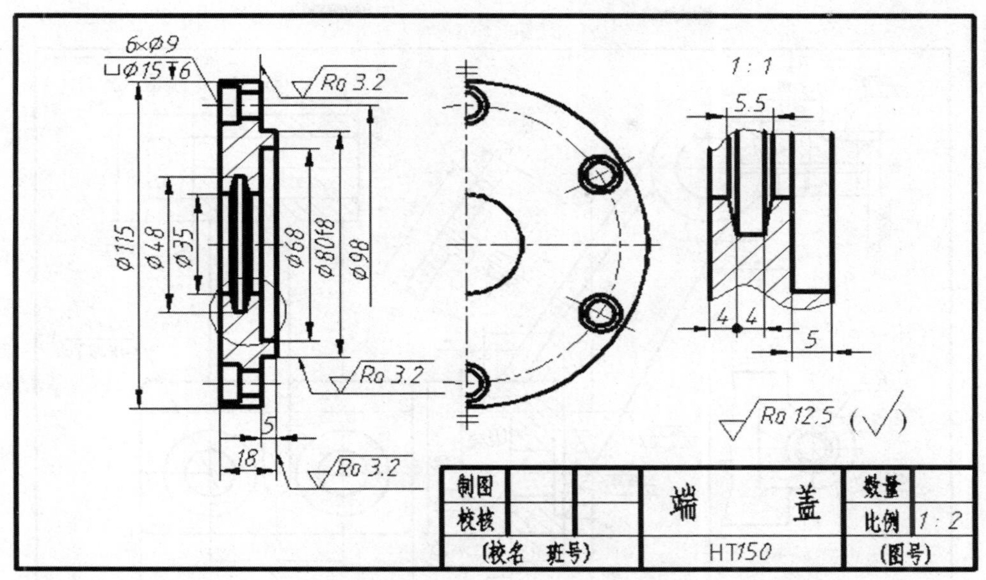

图9.10 端盖的零件图

(2) 结构特点

轮类零件常见有手轮、带轮、链轮、齿轮、蜗轮和飞轮等，盘盖类零件有圆、方等形状的法兰盘、端盖等。轮盘类主体部分多属回转体，一般径向尺寸大于轴向尺寸。其上常有均布的孔、肋、槽和齿等结构，透盖上常有密封槽。轮一般由轮毂、轮辐和轮缘三部分组成，较小的轮也可制成实体(辐板)式。

(3) 视图选择

① 主视图。轮盘类零件的毛坯有铸件或锻件，零件的主要回转面和端面都在车床上加工，故其主视图的选择与轴套类零件相同，即也按加工位置将其轴线水平安放画主视图。对有些较复杂的盘盖，因加工工序较多，这些不以车削加工为主的盘盖类零件，也可按工作位置安放视图。其主视图投射方向应首先满足形状特征性原则。

通常选零件投影非圆的视图作为主视图，其主视图通常侧重反映其内部形状，故多用各种剖视。

② 其他视图。轮盘类零件一般需要两个以上基本视图表达，除主视图外，为了表示零件上均匀分布的孔、槽、肋、轮辐等结构，还需选用一个端面视图(左视图或右视图)，图9.10中就增加了一个左视图，以表达6个均分分布的通孔。当基本视图图形对称时，可只画一半或略大于一半，如图9.10中的左视图；有时也可用局部视图表达。

基本视图未能表达的其他结构形状，可用断面图或局部视图表达。通常，如有轮辐、肋板等结构，用移出断面或重合断面来表示。此外，为了表达细小结构，还常采用局部放大图。

3. 叉架类零件

(1) 用途

叉架类零件包括各处用途的叉杆和支架零件，一般有拨叉、连杆、支座等。叉杆零件多为运动件，通常起传动、连接、调节或制动作用。支架零件通常用倾斜或弯曲的结构连接零件的工作部分与安装部分，起支承、连接等作用。其毛坯多为铸件或锻件。图 9.11 所示支架属于叉架类零件。

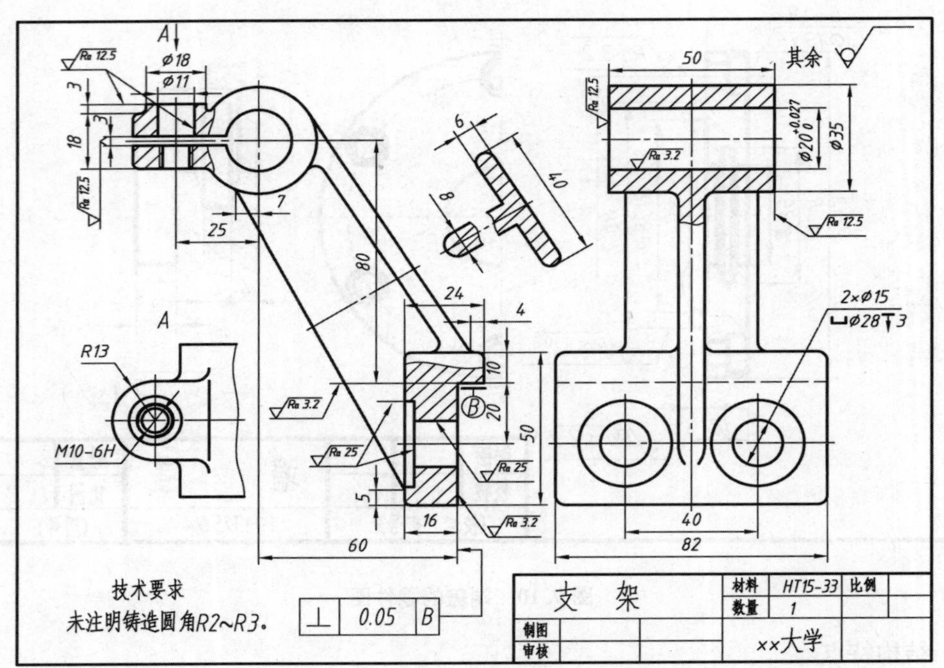

图 9.11 支架的零件图

(2) 结构特点

此类零件形状不规则，外形比较复杂。叉杆零件常有弯曲或倾斜结构，其上常有肋板、轴孔、耳板和底板等结构，局部结构常有油槽、油孔、螺孔和沉孔等。此外，叉架类零件多为铸件或锻件，因而还具有铸造圆角、凸台和凹坑等常见结构。

(3) 视图选择

① 主视图。一般叉架类零件结构形状比较复杂，加工部位较多，加工时各工序位置不同，较难区别主次工序，所以在主视图的投射方向符合特征原则的前提下，按工作(安装)位置安放主视图的，如图 9.11 所示的支架的主视图就是按安装位置安放的。当工作位置是倾斜的或不固定时，可将其放正后画出主视图。

主视图常采用剖视图(形状不规则时用局部剖视为多)表达主体外形和局部内形。其上的肋剖切时应采用规定画法。如零件表面过渡线较多，应仔细分析，正确表示。

② 其他视图。叉架类零件结构形状(尤为外形)较复杂，通常需要两个或两个以上的基本视图，并多用局部剖视兼顾内外形状来表达。

叉架零件的倾斜结构常用向视图、斜视图、局部视图、斜剖视图和断面图等表达。此类零件应适当地分散表达其结构形状，图 9.11 就采用了一个局部视图和一个移出断面来表达凸台和肋板的形状。

4. 壳体类零件

(1) 用途

壳体类零件一般是机器的主体,起支承、容纳、定位、密封和保护等作用,主要有阀体、泵体、减速器壳体等零件,其毛坯多为铸件,如图 9.12 所示的阀体。

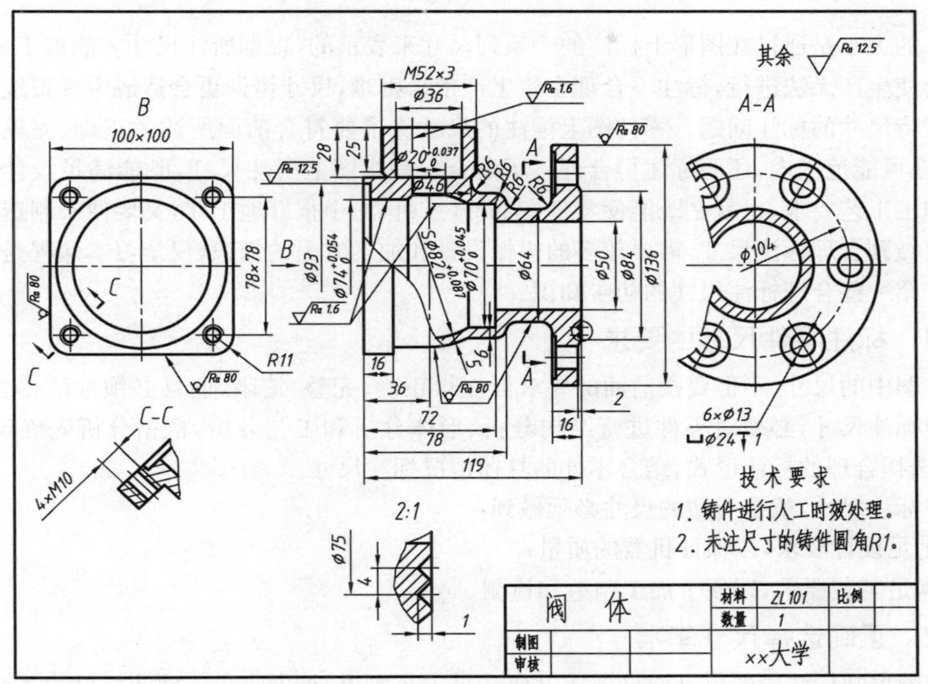

图 9.12 阀体的零件图

壳体类零件其作用是支持或包容其他零件,这类零件有复杂的内腔和外形结构,并带有轴承孔、凸台、肋板,此外还有安装孔、螺孔等结构。

(2) 结构特点

壳体类零件的主体形状为壳体,内外形状都较复杂,尤其内腔比较复杂,表面过渡线较多。此类零件壳壁上有各种位置的孔,并多有带安装孔的底板。同时,表面常带有凹坑或凸台结构,支承孔处常设有加厚凸台或加强肋等。

(3) 视图选择

① 主视图。箱体类零件多为铸件,一般都经过多道工序加工制造(如车、刨、铣、钻、镗、磨等),各工序加工位置不同,较难区分主次工序,因此这类零件的主视图的投射方向应在符合形状特征性原则的前提下,都按工作位置安放。

主视图常采用各种剖视图以重点表达其内部结构,如图 9.12 所示的主视图。

② 其他视图。箱体类零件内外结构形状都很复杂,常需 3 个或 3 个以上的基本视图。对箱体的内部结构形状都采用剖视图表示。如果外部结构形状简单,内部结构形状复杂,且具有对称平面,可采用半剖视;如果外部结构形状复杂,内部结构形状简单,可采用局部剖视或用虚线表示;如果外、内部结构都较复杂,且投影不重叠,也可采用局部剖视,如果重叠,外部结构形状和内部结构应分别表达;对局部的外、内部结构形状可采用局部视图、局部剖视图和断面图来表示。在图 9.12 中,由于主视图上无对称面,所以采用了大范围的局部剖视来表达内外形状,

并选用了 A-A 剖视、C-C 局部剖和密封槽处的局部放大图。

另处，对加工表面的截交线、相贯线和非加工表面的过渡线都应认真分析，正确图示。

9.2.2 零件图的尺寸标注

零件的大小是通过在图形上标注的一系列尺寸来表示的，根据所注尺寸才能加工零件。尺寸不全会使生产无法进行，标注不合理会给生产带来困难，尺寸错误更会造成零件报废，所以应该认真对待尺寸的标注问题。零件图上标注的尺寸除了要符合前面所述的正确、完整、清晰的要求外，在可能范围内，还要标注得合理。所谓合理是指图上所注尺寸，既能满足设计要求，又能满足加工工艺要求，也就是既能使零件在部件（或机器）中很好地工作，又要便于制造、测量和检验。要做到合理标注尺寸，需要较多的机械设计和加工方面的知识，仅学习本课程是不够的。本节仅介绍一些合理标注尺寸的初步知识。

9.2.2.1 标注零件尺寸的要求

零件图中的尺寸，不但要按前面的要求标注得正确、完整、清晰，而且必须标注得合理。为了合理地标注尺寸，必须对零件进行结构分析、形体分析和工艺分析，根据分析先确定尺寸基准，然后选择合理的标注形式，结合零件的具体情况标注尺寸。

合理标注尺寸，就是所注的尺寸必须做到：

① 满足设计要求，以保证机器的质量；

② 满足工艺要求，以便于加工制造和检测。

9.2.2.2 正确选择尺寸基准

零件图尺寸标注既要保证设计要求又要满足工艺要求，首先应当正确选择尺寸基准。所谓尺寸基准，就是指零件装配到机器上或在加工测量时，用以确定其位置的一些面、线或点。它可以是零件上对称平面、安装平面、端面、零件的结合面、主要孔和轴的轴线等。

1. 选择尺寸基准的目的

选择尺寸基准的目的有两个：一是为了确定零件在机器中的位置或零件上几何元素的位置，以符合设计要求；二是为了在制造零件时，确定测量尺寸的起点位置，便于加工和测量，以符合工艺要求。

2. 尺寸基准的分类

根据基准作用不同，一般将基准分为设计基准和工艺基准二类。工艺基准与设计基准之间的关系如图 9.13 所示。

（1）设计基准

根据零件结构特点和设计要求而选定的基准，称为设计基准。零件有长、宽、高 3 个方向，每个方向都要有一个设计基准，该基准又称为主要基准，如图 9.14(a)所示。

对于轴套类和轮盘类零件，实际设计中经常采用的是轴向基准和径向基准，而不用长、宽、高基准，如图 9.14(b)所示。

（2）工艺基准

在加工时，确定零件装夹位置和刀具位置的一些基准以及检测时所使用的基准，称为工艺基准。工艺基准有时可能与设计基准重合，该基准不与设计基准重合时又称为辅助基准。零件同一方向有多个尺寸基准时，主要基准只有一个，其余均为辅助基准，辅助基准必有一个尺寸与主要基准相联系，该尺寸称为联系尺寸。如图 9.14(a)中的 40、11、10，图 9.14(b)中的 30、90。

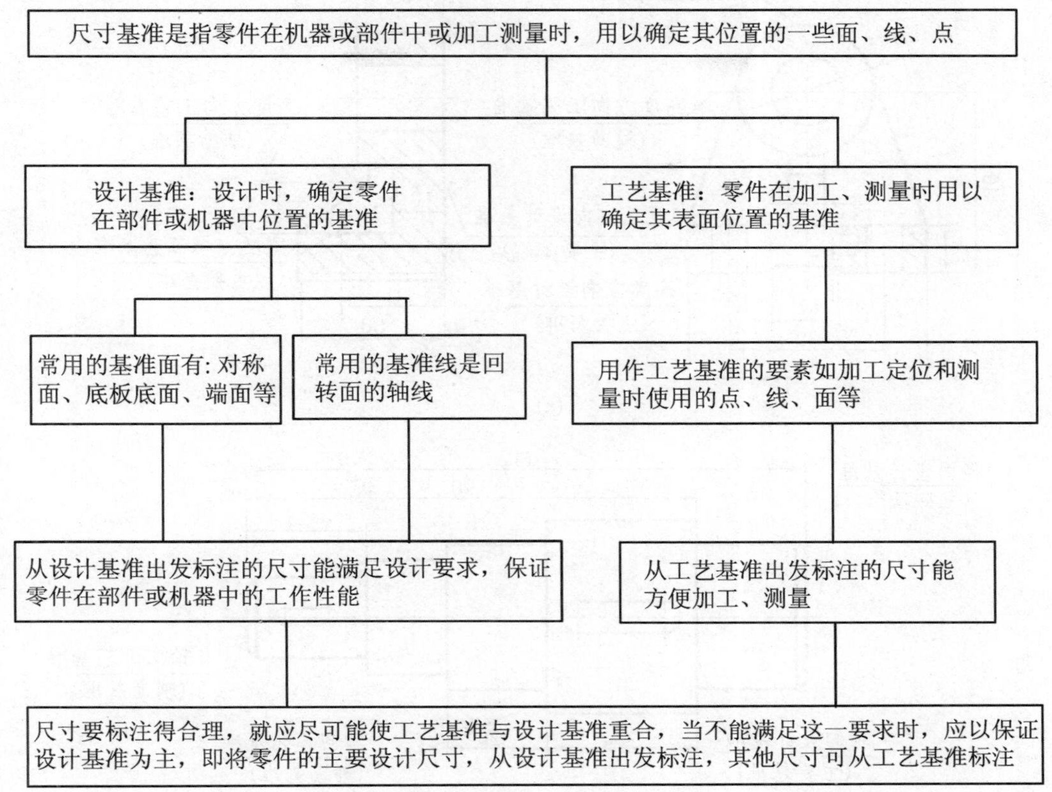

图 9.13 工艺基准与设计基准之间的关系

3. 选择基准的原则

选择基准，就是在标注尺寸时，选择是从设计基准出发，还是从工艺基准出发。这要根据具体情况进行取舍。一般是以零件上主要的对称面、回转体的轴线、主要支承面和装配面、主要加工面作为尺寸基准的。

选择零件基准时，尽可能使设计基准与工艺基准一致，以减少两个基准不重合而引起的尺寸误差。当设计基准与工艺基准不一致时，应以保证设计要求为主，将重要尺寸从设计基准注出，次要基准从工艺基准注出，以便加工和测量。

9.2.2.3 合理标注尺寸应注意的问题

合理地标注尺寸应注意以下问题：

1. 功能尺寸必须直接标出

影响产品的工作性能和装配技术要求的尺寸，称为功能尺寸。

由于零件在加工制造时总会产生尺寸误差，为了保证零件的加工质量，而又避免不必要的增加成本，在加工时，图样中所标注的尺寸都必须保证其精确度要求(没有注出精度的尺寸则不保证)。因此，功能尺寸应从设计基准直接注出。如图 9.15 的高度尺寸 a 为重要尺寸，应直接从高度方向主要基准直接注出，以保证精度要求，标注高度尺寸 c 则不合理。

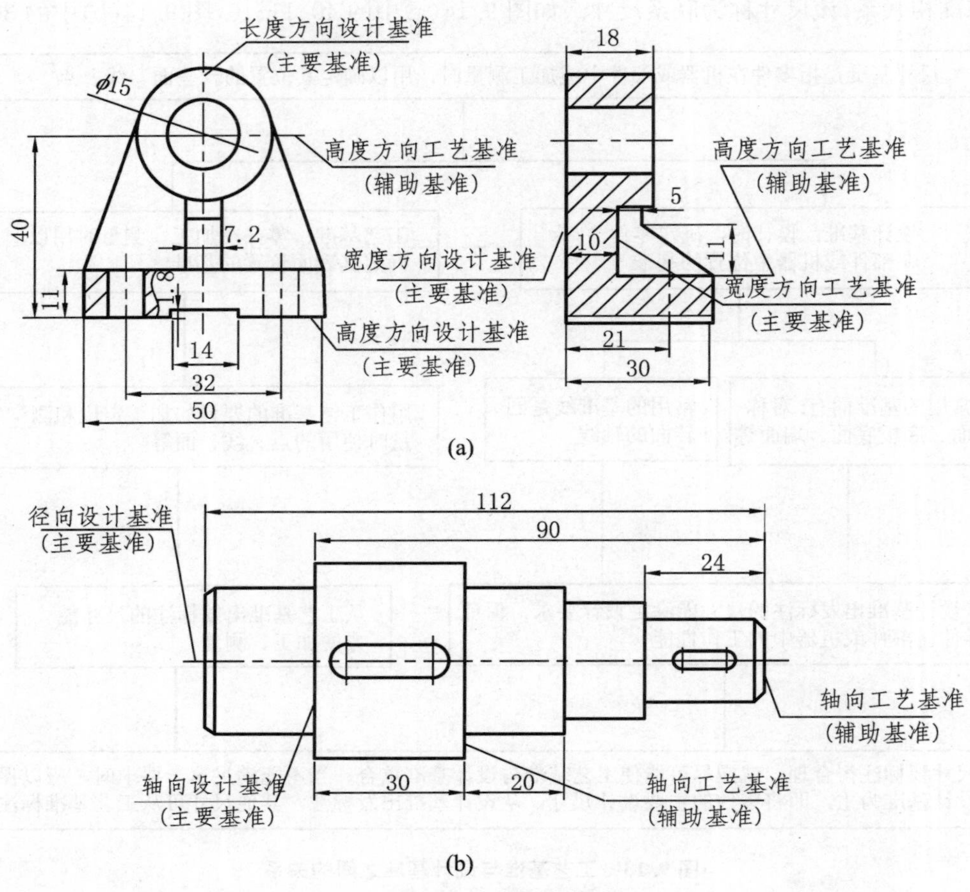

图 9.14 尺寸基准

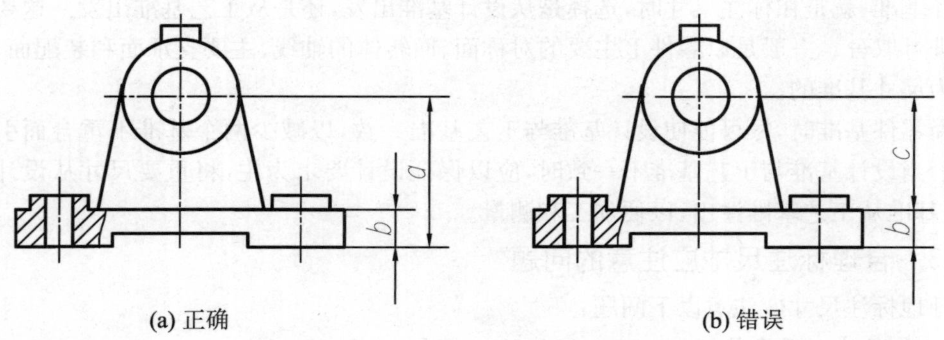

图 9.15 主要尺寸应直接注出

2. 标注尺寸应便于加工和测量

(1) 考虑加工时看图方便

一般一个零件需要经过几种加工方法(如车、刨、铣、钻、磨……)才能制成,可以按不同的加工方法,将所用尺寸分开标注。在标注尺寸时,最好将相同加工方法的有关尺寸集中标注,便于看图加工,如图 9.16 所示,是把车削与铣削所需要的尺寸分开标注。图 9.16 中的轴上的键槽是在铣床上加工的,因此,这部分的尺寸集中在轴线上、下两处标注,看起来就比较方便。

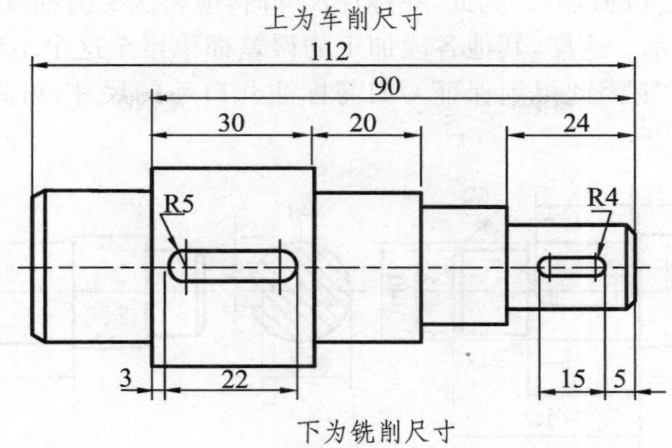

图 9.16 按加工方法标注尺寸

(2) 考虑测量方便

尺寸标注有多种方案,但要注意所注尺寸是否便于测量,如图 9.17 所示结构,两种不同标注方案中,不便于测量的标注方案是不合理的。

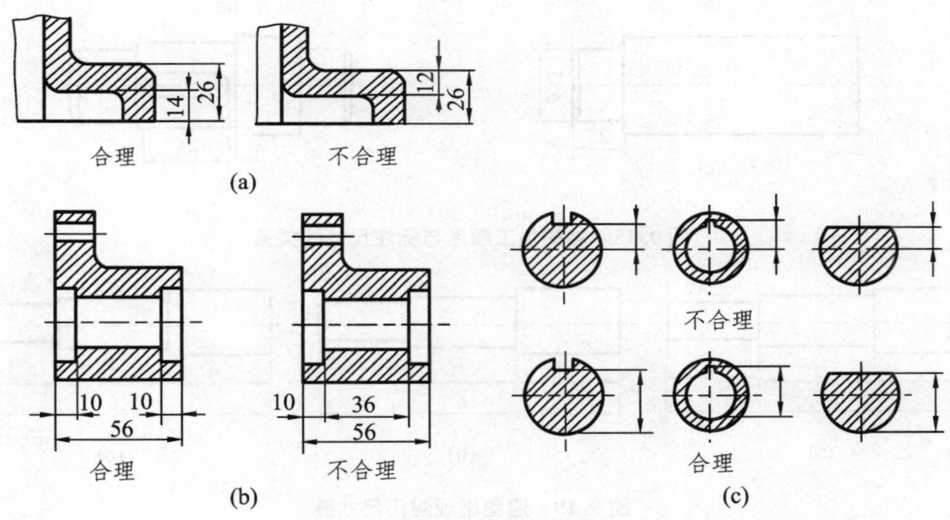

图 9.17 考虑尺寸测量方便

(3) 按加工顺序标注尺寸

按加工顺序标注尺寸,符合加工过程,便于加工和测量。如图 9.18所示。加工图 9.18 中的轴,仅尺寸 51 是长度方向主要尺寸,要直接注出,其余都按加工顺序标注。为了便于备料,注出了轴的总长 128;为了加工∅35 的轴颈,直接注出了尺寸 23。调头加工∅40 的轴颈,应直接注出尺寸 74;在加工∅35 的轴颈时,应保证功能尺寸 51。这样标注尺寸,既能保证设计要求,又符合加工顺序。

3. 避免出现封闭尺寸链

封闭的尺寸链是指一个零件同一方向上的尺寸像车链一样,一环扣一环首尾相连,成为封闭形状的情况。如图 9.19(a)所示,各分段尺寸与总体尺寸间形成封闭的尺寸链,在机器生产中是不允许的,因为各段尺寸加工不可能绝对准确,总存在一定尺寸误差,而各段尺寸误差的和不可能正好等于总体尺寸的误差。为此，在标注尺寸时，应将次要的轴段尺寸空出不注(称为开口环)，如图 9.19(b)所示。这样，其他各段加工的误差都积累至这个不要求检验的尺寸上，而全长及主要轴段的尺寸则因此得到保证。如需标注开口环的尺寸，可将其注成参考尺寸，如图 9.19(c)所示。

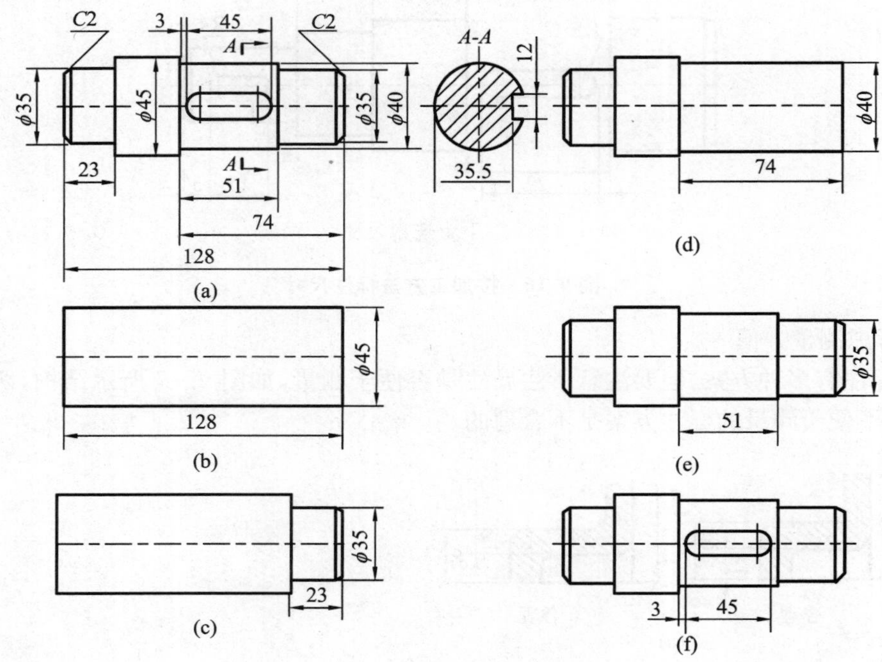

图 9.18 轴的加工顺序与标注尺寸的关系

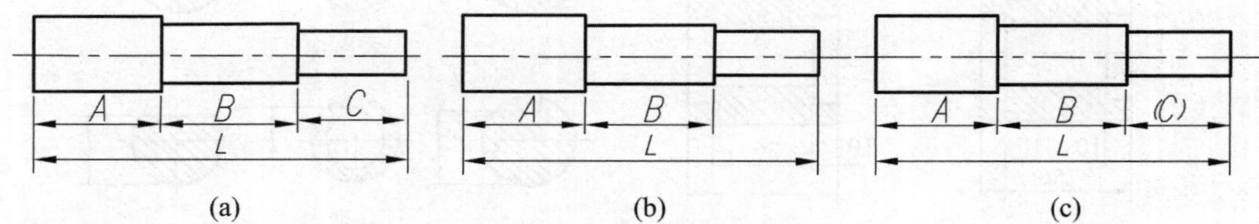

图 9.19 避免出现封闭尺寸链

4. 零件的工艺结构尺寸的标注

(1) 退刀槽及砂轮越程槽的尺寸标注

轴套类零件，常制有退刀槽(或砂轮越程槽)和倒角，在标注有关孔或轴的分段的长度尺寸时，必须把这些工艺结构包括在内，才符合工艺要求。常见的有螺纹退刀槽、砂轮越程槽、刨削越程槽等，图中的数据可由相关的标准查取。退刀槽的尺寸标注形式，一般可按“槽宽×直径”或“槽宽×槽深”标注。越程槽一般用局部放大图画出，如图 9.20 所示。

(2) 倒角和倒圆的尺寸标注

为了去除毛刺、锐边和便于装配，在轴和孔的端部(或零件的面和面的相交处)一般都加工成倒角；为了避免因应力集中而产生裂纹，在轴肩处往往加工成圆角的过渡形式即为倒圆。倒角和倒圆的尺寸注法如图 9.21 所示，有时倒角和倒圆也可以不画，但必须标注。45°倒角可用简化标注(图 9.21(a))，其余角度必须分开标注(图 9.21(b))。

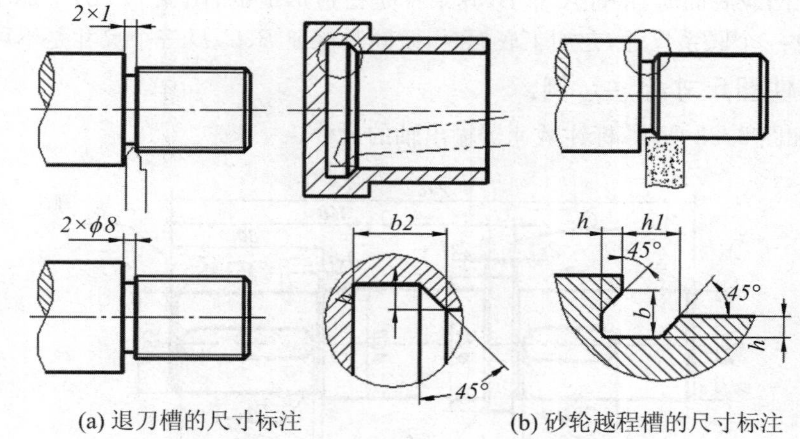

(a) 退刀槽的尺寸标注 (b) 砂轮越程槽的尺寸标注

图 9.20 退刀槽及砂轮越程槽的尺寸标注

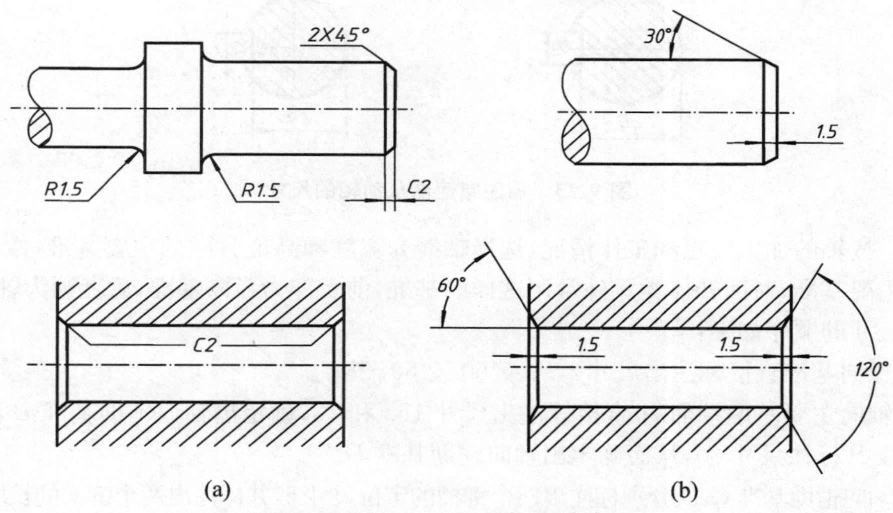

(a) (b)

图 9.21 倒角和倒圆的尺寸注法

(3) 毛坯面的尺寸注法

标注零件上毛坯面的尺寸时,加工面与毛坯面之间,在同一个方向上,只能有一个尺寸联系,其余则为毛坯面与毛坯面之间或加工面与加工面之间的联系。如图 9.22 所示,该零件是一个有矩形孔的圆形罩,只有凸缘底面是加工面。图 9.22(a)中用尺寸 B 将加工面与非加工面联

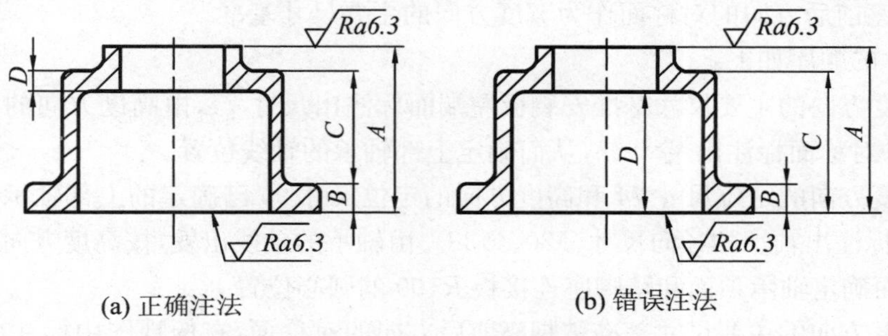

(a) 正确注法 (b) 错误注法

图 9.22 同一方向的加工面和非加工面之间的尺寸标注

系起来，即加工凸缘底面时，保证尺寸 B，其余都是铸造形成的；图 9.22(b)中加工面与非加工面间有 B、C、D 三个联系尺寸，在加工底面时，要同时保证 B、C、D 三个尺寸是不可能的。

9.2.2.4 零件图尺寸标注示例

例 9.1 如图 9.23 所示，标注减速器输出轴的尺寸。

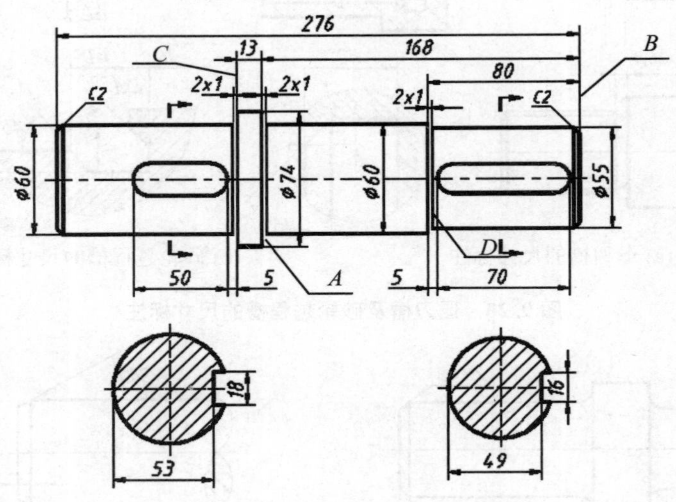

图 9.23 标注减速器从动轴的尺寸

分析 按轴的加工特点和工作情况，选择轴线为宽度和高度方向的主要基准，端面 A 为长度方向的主要基准，对回转体类零件常用这样的基准，前者即为径向基准，后者则为轴向基准。

标注尺寸的顺序如下：

① 由径向基准直接标注出尺寸∅74、∅60、∅60、∅55。

② 由轴向主要基准端面 A 直接标注出尺寸 168 和 13，确定出轴向辅助基准 B 和 C，由轴向辅助基准 B 标注尺寸 80，从而确定出轴向辅助基准 D。

③ 由轴向辅助基准 C、D 分别标注出两个键槽的定位尺寸 5，并标注出两个键槽的长度 50、70。

④ 按尺寸标注方法的规定标注出键槽的断面尺寸以及砂轮越程槽和倒角的尺寸。

例 9.2 如图 9.24 所示，标注踏脚座的尺寸。

分析 对于非回转体类零件，标注尺寸时通常选用较大的加工面、重要的安装面、与其他零件的结合面或主要结构的对称面作为主要尺寸基准。如图 9.24 所示的标注踏脚座，选取安装板左端面作为长度方向的主要尺寸基准；选取安装板的水平对称面作为高度方向的主要尺寸基准；选取踏脚座前后方向的对称面作为宽度方向的主要尺寸基准。

标注尺寸的顺序如下：

① 由长度方向的主要尺寸基准安装板左端面标注出尺寸 74，由高度方向的主要尺寸基准安装板的水平对称面标注出尺寸 95，从而确定上部轴承的轴线位置。

② 由长度方向的定位尺寸 74 和高度方向的定位尺寸 95 已确定的上部轴承的轴线作为径向辅助基准，标注出轴承的径向尺寸∅20、∅38。由轴承的轴线出发，按高度方向分别标注出尺寸 22、11，从而确定轴承顶面和踏脚座连接板 $R100$ 的圆心位置。

③ 由宽度方向的主要尺寸基准踏脚座前后方向的对称面，在俯视图中标注出尺寸 30、40、60，以及在 A 向局部视图中标注出尺寸 60、90。

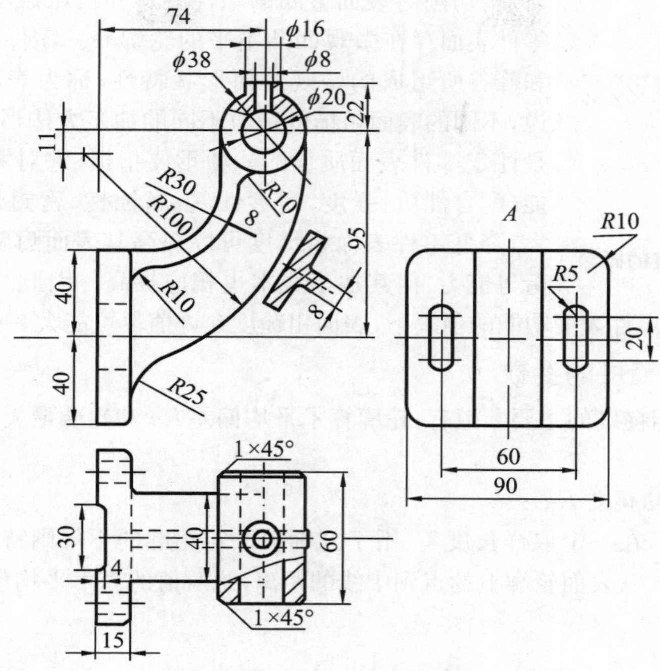

图 9.24 踏脚座的尺寸标注

其他尺寸敬请读者自行继续分析和标注。

9.3 零件图的技术要求简介

为了使零件达到预定的设计要求,保证零件的使用性能,零件图上除了表达零件形状尺寸外,在零件上还必须标注和说明零件在制造过程中必须达到的质量要求,即技术要求。技术要求主要包括:表面粗糙度、尺寸公差、形状和位置公差、材料的热处理及表面处理以及其他有关制造零件的要求等。技术要求一般应尽量用技术标准规定的代号(符号)标注在零件图中;对一些无法标注在图形上的内容,或需要统一说明的内容,应以"技术要求"为标题,用文字分条注写在标题栏的上方或左方。

9.3.1 表面粗糙度的概念及其注法

9.3.1.1 表面粗糙度的概念

在产品制造过程中,表面质量是评定零件质量的重要技术指标。它与机器零件的耐磨性、抗疲劳强度、接触刚度、密封性、抗腐蚀性、配合以及外观都有密切的关系。因此,零件的表面质量直接影响着机器的使用和寿命。

零件在加工过程中,受刀具的形状和刀具与工件之间的摩擦、机床的震动及零件金属表面的塑性变形等因素影响,表面不可能绝对光滑,如图 9.25 所示。由于刀具在零件表面上留下的

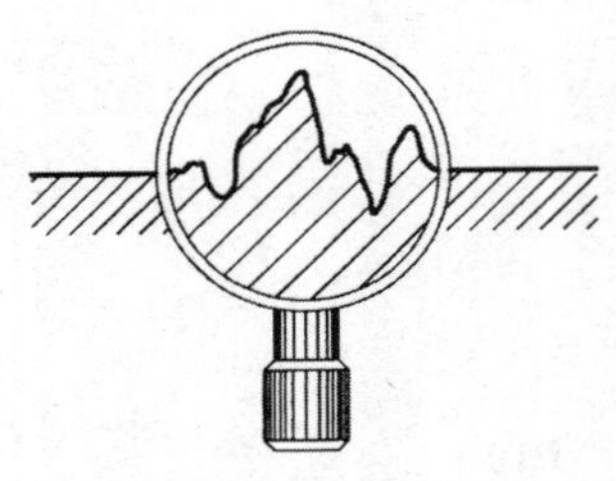

图 9.25 表面粗糙度的概念

刀痕、切削时表面金属的塑性变形和机床振动等因素的影响，使零件表面存在微观凹凸不平的轮廓峰。零件表面具有较小间距和峰谷所组成的微观几何形状特性，称为表面粗糙度。一般来说，不同的表面粗糙度是由不同的加工方法形成的。表面粗糙度是评定零件表面质量的一项重要指标，它对零件的寿命、工作性能（配合性质、强度、耐磨性、抗腐蚀性、密封性）、外观等影响较大，降低零件表面粗糙度可以提高其表面耐腐蚀、耐磨性和抗疲劳等能力，但其加工成本也相应提高。因此，零件表面粗糙度的选择原则是：在满足零件表面功能的前提下，表面粗糙度允许值尽可能大一些。

9.3.1.2 表面粗糙度的参数

评定零件表面粗糙度的主要参数有：轮廓算术平均偏差 Ra 和轮廓最大高度 Rz。使用时宜优先选用 Ra。

1. 轮廓算术平均偏差 Ra

如图 9.26 所示，在一个取样长度 l_r（用于判别被评定轮廓的不规则特征的 x 轴向上的长度）内，纵坐标值 $z(x)$（表面轮廓上的点到中线的距离）绝对值的算术平均值，用 Ra 表示，其表达式为

$$Ra = \frac{1}{l_r}\int_0^{l_r} |z(x)| \, dx \tag{9.1}$$

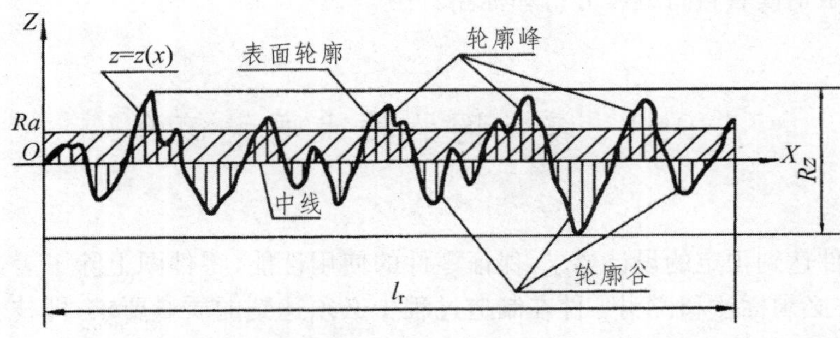

图 9.26 轮廓曲线和表面粗糙度参数

或近似表示为

$$Ra \approx \frac{1}{n}\sum_{i=1}^{n} |z(x_i)| \tag{9.2}$$

2. 轮廓最大高度 Rz

Rz 是在一个取样长度内，最大轮廓峰高和最大轮廓谷深之和的高度，如图 9.26 所示。

9.3.1.3 表面粗糙度参数的选用

零件表面粗糙度数值的选用，应该既要满足零件表面的功用要求，又要考虑经济合理性。具体选用时，可参照生产中的实例，用类比法确定，同时注意下列问题：

① 在满足功用的前提下，尽量选用较大的表面粗糙度参数值，以降低生产成本。

② 在同一零件上，工作表面的粗糙度参数值应小于非工作表面的粗糙度参数值。

③ 受循环载荷的表面及容易引起应力集中的表面（如圆角、沟槽），表面粗糙度参数值

要小。

④ 配合性质相同时，零件尺寸小的比尺寸大的表面粗糙度参数值要小；同一公差等级，小尺寸比大尺寸、轴比孔的表面粗糙度参数值要小。

⑤ 运动速度高、单位压力大的摩擦表面比运动速度低、单位压力小的摩擦表面的粗糙度参数值小。

⑥ 一般地说，尺寸和表面形状要求精确程度高的表面，粗糙度参数值小。

9.3.1.4 表面粗糙度的符号、代号和标注方法

1. 表面粗糙度的符号与代号

表面粗糙度的图形符号的比例如图 9.27 所示。图 9.27 中的尺寸比例见表 9.1 所示。

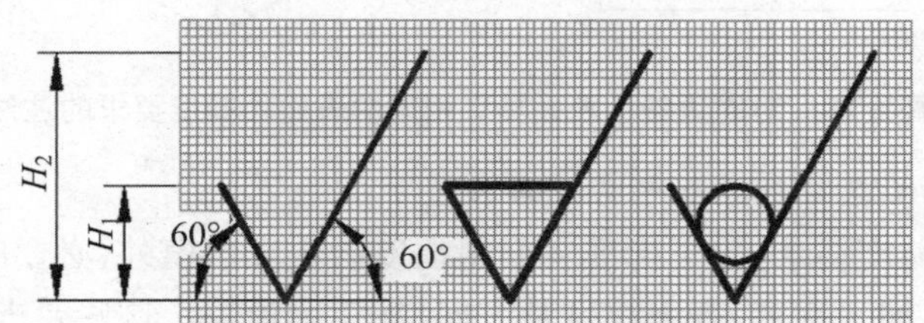

图 9.27 表面粗糙度的图形符号的比例

表 9.1 表面粗糙度符号的尺寸 （单位：mm）

轮廓线的线宽 b	0.35	0.5	0.7	1	1.4	2	2.8
数字与字母的高度 h	2.5	3.5	5	7	10	14	20
符号的线宽 d' 数字与字母的笔画宽度 d	0.25	0.35	0.5	0.7	1	1.4	2
高度 H_1	3.5	5	7	10	14	20	28
高度 H_2	8	11	15	21	30	42	60

标注表面粗糙度要求时的图形符号见表 9.2。

表 9.2 标注表面粗糙度要求时的图形符号

符号名称	符号	含义
基本图形符号		基本符号，表示表面可用任何方法获得的。当通过一个注释解释时可以单独使用
扩展图形符号		基本符号加一短画，表示表面是用去除材料的方法获得的。当其含义是“被加工并去除材料的表面”时可单独使用
		基本符号加一小圆，表示表面是用不去除材料方法获得的，也可用于表示保持上道工序形成的表面，不管这种状况是通过去除材料或不去除材料形成的
完整图形符号		在上述 3 个符号的长边上均可加一横线，用于标注有关参数和说明

2. 表面粗糙度的标注方法

当图样中某个视图上构成封闭轮廓的各个表面具有相同的表面粗糙度要求时，在完整图形符合上加上一个圆圈，标注在封闭轮廓线上，如图 9.28 所示，图中的表面粗糙度符号是指对图形中封闭轮廓的 6 个面的共同要求(不包括前后面)。

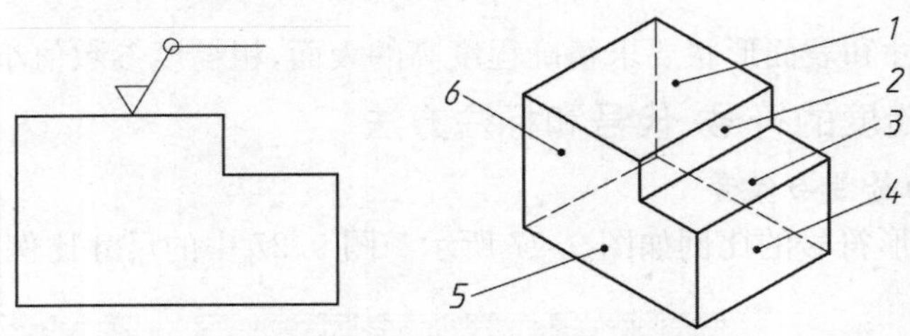
1
2
3
4
5
6

图 9.28　对周边各个表面具有相同的表面粗糙度要求的注法

3. 表面粗糙度要求在图形符号中的注写位置

为了明确表面粗糙度要求，除了标准表面粗糙度参数和数值外，必要时应标注补充要求，包括：传输带、取样长度、加工工艺、表面纹理及方向、加工余量等。这些要求在图形符号中的注写位置如图 9.29。

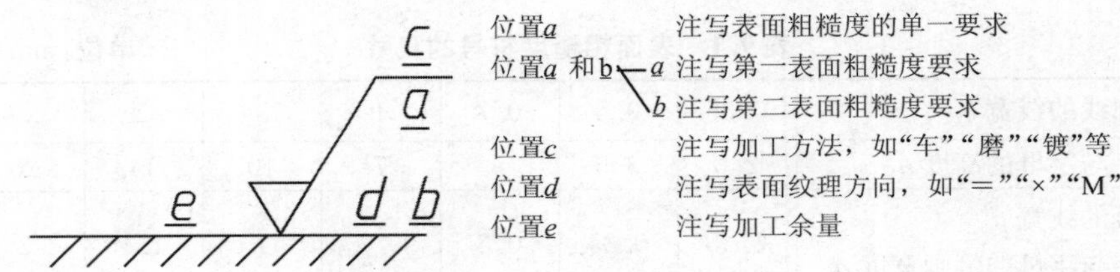
c
a
e
d
b
位置a　注写表面粗糙度的单一要求
位置a 和 b — a 注写第一表面粗糙度要求
b 注写第二表面粗糙度要求
位置c　注写加工方法，如“车”“磨”“镀”等
位置d　注写表面纹理方向，如“=”“×”“M”
位置e　注写加工余量

图 9.29　补充要求的注写位置

4. 表面粗糙度代号

表面粗糙度符号中注写了具体参数代号及参数值等要求后，称为表面粗糙度代号。表面粗糙度代号及其含义示例见表 9.3 所示。

表 9.3　表面粗糙度代号及其含义示例

代号示例	含义/解释	补充说明
Ra 0.8	表示不允许去除材料，单向上限值，默认传输带，R 轮廓，算术平均偏差为 0.8 μm，评定长度为 5 个取样长度(默认)，16%规则(默认)	参数代号与极限值之间应留空格，未标注传输带应理解为默认传输带
Rzmax 0.2	表示去除材料，单向上限值，默认传输带，R 轮廓，轮廓最大高度的最大值为 0.2 μm，评定长度为 5 个取样长度(默认)，最大规则	极限值单向向上，可不标注“U”，若单向向下，则应加注“L”
0.008-0.8 / Ra 3.2	表示去除材料，单向上限值，传输带 0.008～0.8 mm，R 轮廓，算术平均偏差为 3.2 μm，评定长度为 5 个取样长度(默认)，16%规则(默认)	传输带“0.008～0.8”中的前后数值分别为短波和长波滤波器的截止波长(λs～λc)，以示波长范围，此时取样长度等于 λc，即 lr=0.8 mm

续表

代号示例	含义/解释	补充说明
-0.8 / Ra3 3.2	表示去除材料，单向上限值，传输带0.002 5～0.8 mm，R 轮廓，算术平均偏差为 3.2 μm，评定长度为 3 个取样长度(默认)，16%规则(默认)	传输带仅注出一个截止波长值(本例 0.8 表示 λc 值)时，另一截止波长值 λs 应理解为默认值，由 GB/T 6062 中查知 λs=0.002 5 mm
U Ramax 3.2 L Ra 0.8	表示不允许去除材料，双向上限值，两极限值均使用默认的传输带，R 轮廓，上极限值：算术平均偏差为 3.2 μm，评定长度为 5 个取样长度(默认)，最大规则。下极限值：算术平均偏差为 0.8 μm，评定长度为 5 个取样长度(默认)，16%规则(默认)	本例为双向极限要求，用"U"和"L"分别表示上限值和下限值，在不致引起歧义时，可以不加注"U"和"L"

5. 表面粗糙度代号在图样中的注法

① 表面粗糙度代号对每个表面只标注一次，并尽可能注在相应尺寸及其公差的同一个视图上。除非另有说明，所注的表面粗糙度代号是对完工零件表面的要求。

② 表面粗糙度的注写和读取方向与尺寸的注写和读取方法相同。

③ 表面粗糙度代号可标注在轮廓线上，其符号从材料外指向接触表面，如图 9.30 所示。必要时可用带箭头或黑点的指引线引出标注，如图 9.31 所示。

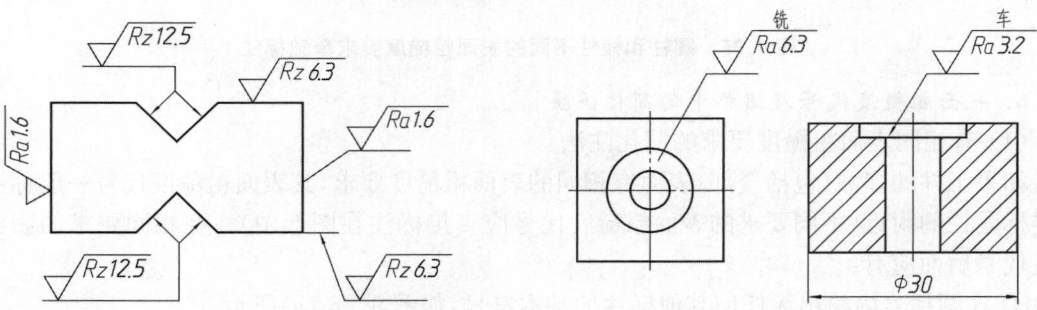

图 9.30　表面粗糙度要求标注在轮廓线上　　**图 9.31　用指引线引出标注表面粗糙度要求**

④ 在不致引起误解时，表面粗糙度代号可以标注在给定的尺寸线上，如图 9.32 所示。

⑤ 表面粗糙度代号可以标注在几何公差框格的上方，如图 9.33 所示。

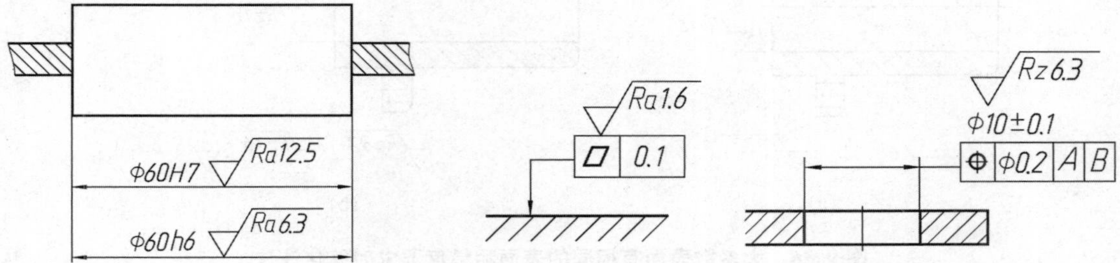

图 9.32　表面粗糙度要求标注在尺寸线上　　**图 9.33　表面粗糙度要求标注在几何公差框格的上方**

⑥ 圆柱和棱柱的表面粗糙度代号只标注一次，如图 9.34 所示。如果每个棱柱表面由不同的表面粗糙度要求，则分别单独标注，如图 9.35 所示。

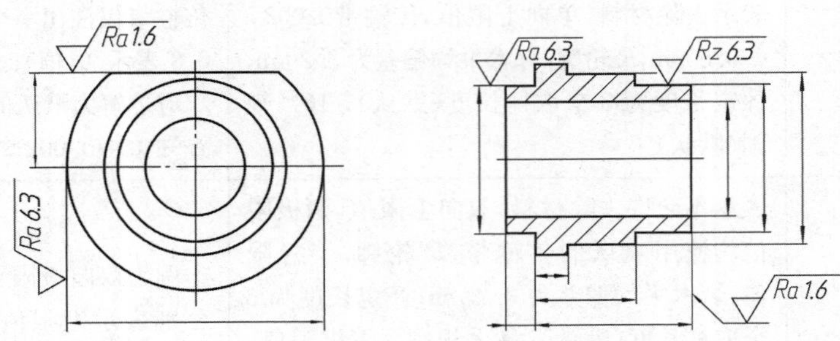

图 9.34 表面粗糙度要求标注在圆柱特征的延长线上

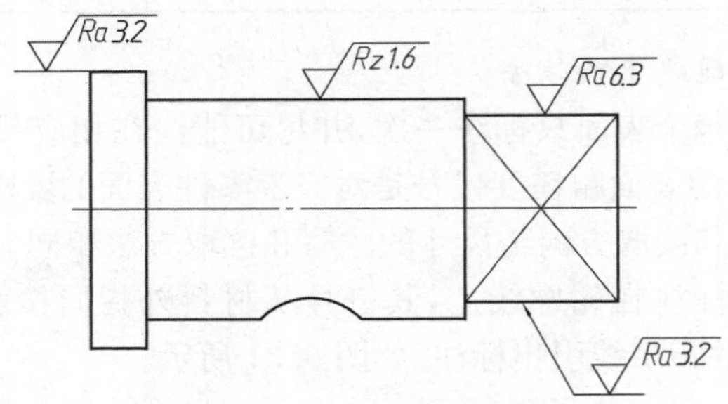

图 9.35 圆柱和棱柱不同的表面粗糙度要求单独标注

6. 表面粗糙度代号在图样中的简化注法

(1) 有相同表面粗糙度要求的简化注法

如果工件的多数(包括全部)表面有相同的表面粗糙度要求，其表面粗糙度代号一般标注在图样标题栏的附近(不同要求的表面粗糙度代号应直接标注在图形中)。在相同要求的表面粗糙度代号后面应有：

① 在圆括号内给出无任何其他标注的基本符号，如图 9.36 (a)所示。

② 在圆括号内给出其他不同的表面粗糙度要求，如图 9.36(b)所示。

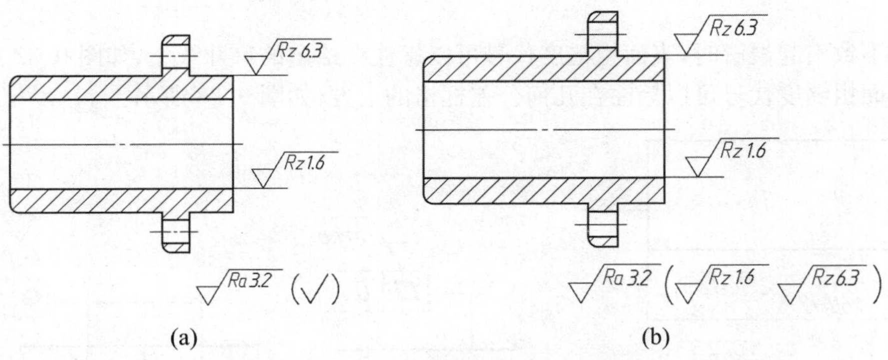

图 9.36 大多数表面有相同的表面粗糙度要求时简化注法

(2) 多个表面有共同要求的注法

① 用带字母的完整符号的简化注法。用带字母的完整符号以等式的形式，在图形或标题栏附近对有相同的表面粗糙度要求的表面进行简化注法，如图 9.37(a)所示。

② 只用表面粗糙度符号的简化注法。用表面粗糙度符号以等式的形式，给出多个表面共同的表面粗糙度要求。如图 9.37(b)所示，图中的这 3 种简化注法，分别表示：未指定工艺方法、要求去除材料、不允许去除材料的表面粗糙度符号。

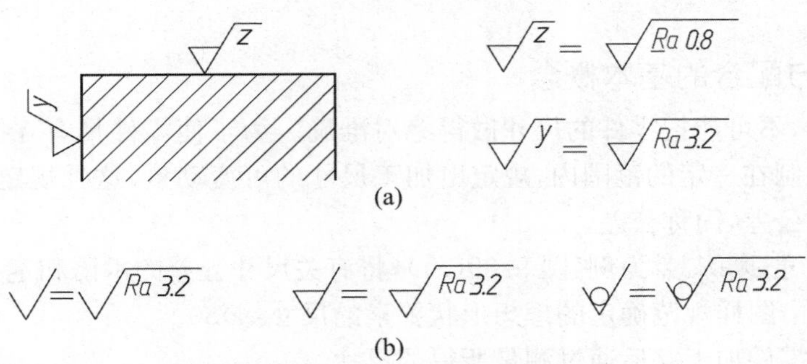

图 9.37 多个表面有共同的表面粗糙度要求时的简化注法

(3) 两种或多种工艺获得的同一表面的注法

由几种不同的工艺方法获得的同一表面，当需要明确每一种工艺方法的表面粗糙度要求时，可按图 9.38(a)所示进行标注(图中 Fe 表示基体材料为钢，Ep 表示加工工艺为电镀)。

图 9.38(b)所示为 3 个连续的加工工艺的表面粗糙度、尺寸和表面处理的标注。

第一道工序：表面没有纹理要求，采用去除材料的加工工艺，单向上限值，使用默认的传输带，R 轮廓最大高度 $Rz=1.6\ \mu\text{m}$，评定长度为 5 个取样长度(默认)，16%规则(默认)。

第二道工序：镀铬，无其他表面粗糙度要求。

第三道工序：表面没有纹理要求，采用磨削加工工艺，单向上限值，仅对长为 50 mm 的圆柱表面有效，R 轮廓最大高度 $Rz=3.2\ \mu\text{m}$，使用默认的传输带，评定长度为 5 个取样长度(默认)，16%规则(默认)。

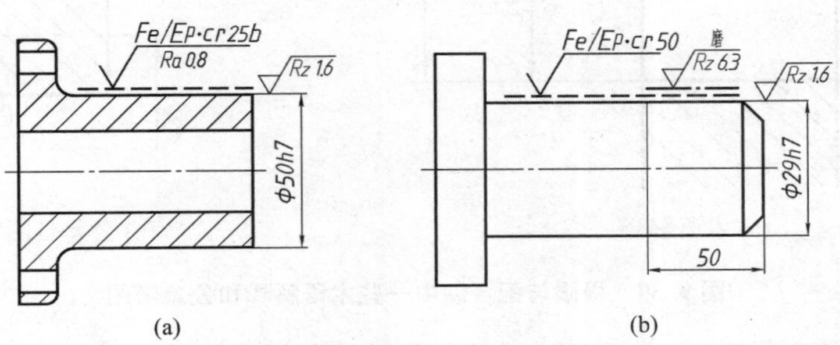

图 9.38 多种工艺获得的同一表面的注法

9.3.2 极限与配合的概念及其标注

极限与配合是零件图和装配图中重要的技术要求，也是检验产品质量的一项技术指标。

9.3.2.1 零件的互换性

按零件图要求加工出来的一批相同规格的零件，装配时不需经过任何的选择或修配，任选其中一件就能达到规定的技术要求和连接装配使用要求，这种性质称为互换性。零件具有互换性，便于装配和维修，还可用专用设备生产，提高产品数量和质量，利于组织生产和协作，提高生产率，同时降低产品的成本。要满足零件的互换性，就要求有配合关系的尺寸在一个允许的范围内变动，并且在制造上又是经济合理的，建立公差与配合制度是保证零件具有互换性的必要条件。

9.3.2.2 极限与配合的基本概念

在加工过程中，不可能把零件的尺寸做得绝对准确。为了使零件具有互换性，必须将零件尺寸的加工误差限制在一定的范围内，规定出加工尺寸的可变动量，这种规定的实际尺寸允许的变动量称为尺寸公差，简称公差。

下面以孔的尺寸$\varnothing 30^{+0.01}_{-0.01}$为例(图 9.39(a))，将有关尺寸公差的术语和定义介绍如下：

① 公称尺寸：由图样规范确定的理想形状要素的尺寸：∅30。

② 实际尺寸：零件加工完后通过测量所得的尺寸。

③ 极限尺寸：允许尺寸变化的两个极限值。实际尺寸位于其中，也可达到极限尺寸，它以公称尺寸为基数来确定。

上极限尺寸：30＋0.01＝30.01，即允许的最大尺寸。

下极限尺寸：30－0.01＝29.99，即允许的最小尺寸。

如果实际尺寸在两个极限尺寸所决定的闭区间内，则为合格；否则为不合格。

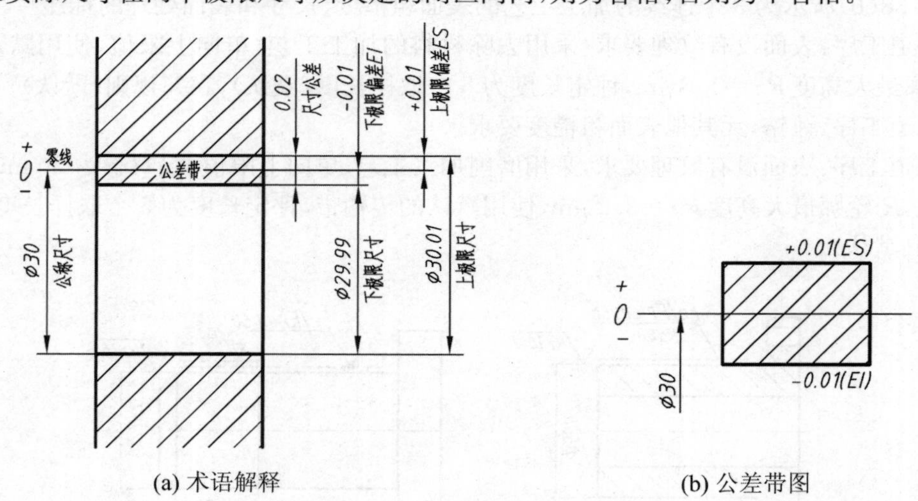

(a) 术语解释　　(b) 公差带图

图 9.39　极限与配合制中一些术语解释和公差带图

④ 极限偏差(简称偏差)：极限尺寸减其公称尺寸所得的代数差，偏差数值以毫米(mm)为单位。

上极限偏差：上极限尺寸减其公称尺寸所得的代数差。

下极限偏差：下极限尺寸减其公称尺寸所得的代数差。

上极限偏差和下极限偏差统称为极限偏差。极限偏差可以为正、负或零值。孔的上、下极限偏差代号分别用大写字母 *ES*、*EI* 表示；轴的上、下极限偏差代号分别用小写字母 *es*、*ei* 表示，

即 ES：30.01－30＝0.01 mm；EI：29.99－30＝－0.01 mm。

⑤ 尺寸公差(简称公差)：允许尺寸的变动量，即上极限尺寸减下极限尺寸，也等于上极限偏差减下极限偏差所得的代数差。尺寸公差是没有正负号，取绝对值，即

尺寸公差＝上极限尺寸－下极限尺寸＝上极限偏差－下极限偏差

尺寸公差：30.01－29.99＝0.02 mm 或|0.01－(－0.01)|＝0.02 mm。

⑥ 零线：在公差与配合图解(简称公差带图)中，表示公称尺寸的一条直线，以其为基准确定偏差和公差。零线之上的偏差为正，零线之下的偏差为负。

⑦ 尺寸公差带(简称公差带)：在公差带图解中，由代表上、下极限偏差的两条直线所限定的一个区域，如图 9.39(b)所示。

公差带与公差的区别在于公差带既表示了公差(公差带的大小)，又表示了公差相对于零线的位置(公差带位置)。

⑧ 极限制：经标准化的公差与偏差制度，称为极限制。

⑨ 标准公差：国家标准表列的，用以确定公差带大小的任一公差称为标准公差。它是由公称尺寸和公差等级所确定的。标准公差顺次分为 20 个等级，即 IT01、IT0、IT1…IT18 ；IT 表示公差，数字表示公差等级。标准公差的数值由公称尺寸和公差等级来确定，其中公差等级确定尺寸的精确程度。各级标准公差的数值可查表 9.4。

表 9.4 标准公差数值(GB/T 1800.1—2009)

公称尺寸/mm		标准公差等级																			
		IT01	IT0	IT1	IT2	IT3	IT4	IT5	IT6	IT7	IT8	IT9	IT10	IT11	IT12	IT13	IT14	IT15	IT16	IT17	IT18
大于	至	/μm													/mm						
—	3	0.3	0.5	0.8	1.2	2	3	4	6	10	14	25	40	60	0.1	0.14	0.25	0.40	0.60	1.0	1.4
3	6	0.4	0.6	1	1.5	2.5	4	5	8	12	18	30	48	75	0.12	0.18	0.30	0.48	0.75	1.2	1.8
6	10	0.4	0.6	1	1.5	2.5	4	6	9	15	22	36	58	90	0.15	0.22	0.36	0.58	0.90	1.5	2.2
10	18	0.5	0.8	1.2	2	3	5	8	11	18	27	43	70	110	0.18	0.27	0.43	0.70	1.10	1.8	2.7
18	30	0.6	1	1.5	2.5	4	6	9	13	21	33	52	84	130	0.21	0.33	0.52	0.84	1.30	2.1	3.3
30	50	0.6	1	1.5	2.5	4	7	11	16	25	39	62	100	160	0.25	0.39	0.62	1.00	1.60	2.5	3.9
50	80	0.8	1.2	2	3	5	8	13	19	30	46	74	120	190	0.30	0.46	0.74	1.20	1.90	3.0	4.6
80	120	1	1.5	2.5	4	6	10	15	22	35	54	87	140	220	0.35	0.54	0.87	1.40	2.20	3.5	5.4
120	180	1.2	2	3.5	5	8	12	18	25	40	63	100	160	250	0.40	0.63	1.00	1.60	2.50	4.0	6.3
180	250	2	3	4.5	7	10	14	20	29	46	73	115	185	290	0.46	0.72	1.15	1.85	2.90	4.6	7.2
250	315	2.5	4	6	8	12	16	23	32	52	81	130	210	320	0.52	0.81	1.30	2.10	3.20	5.2	8.1
315	400	3	5	7	9	13	18	25	36	57	89	140	230	360	0.57	0.89	1.40	2.30	3.60	5.7	8.9
400	500	4	6	8	10	15	20	27	40	63	97	155	250	400	0.63	0.97	1.55	2.50	4.00	6.3	9.7

⑩ 基本偏差：确定公差带相对于零线位置的那个极限偏差称为基本偏差。它可以是上偏差或下偏差，一般指靠近零线的那个偏差，如图 9.40 所示。

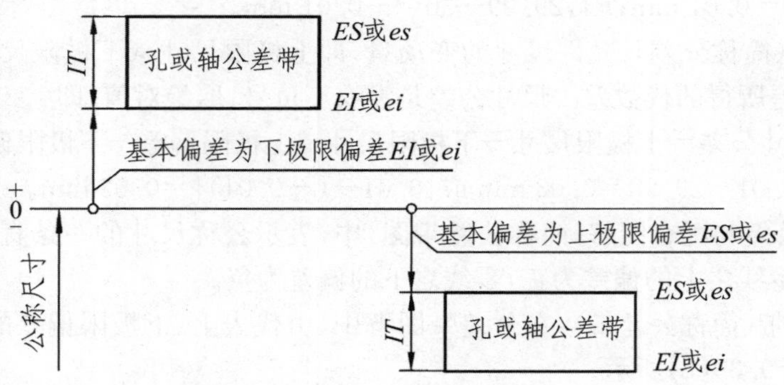

图 9.40 公差带大小及位置

孔和轴分别规定了 28 个基本偏差，其代号用拉丁字母表示，大写字母表示孔，小写字母表示轴，基本偏差系列见图 9.41。在基本偏差系列图中，只表示公差带的位置，而没有表示公差带的大小，因此公差带一端为开口，这一端的偏差取决于各级标准公差的大小。因此，根据孔、轴的基本偏差和标准公差，就可计算孔、轴的另一偏差。

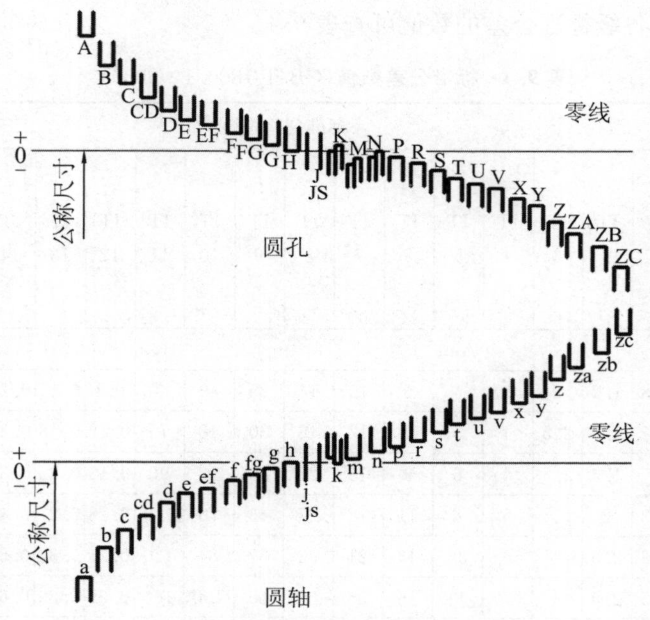

图 9.41 基本偏差系列示意图

例如，轴的另一极限偏差（下极限偏差 ei 或上极限偏差 es）：

$$ei = es - IT \quad \text{或} \quad es = ei + IT$$

孔的另一极限偏差（上极限偏差 ES 或下极限偏差 EI）：

$$ES = EI + IT \quad \text{或} \quad EI = ES - IT$$

孔和轴的公差带代号由基本偏差代号与公差等级代号组成。并且要用同一号字母和数字书写。例如，∅30H8 的含义如图 9.42(a)所示，表示公称尺寸为∅30，公差等级为 8 级，基本偏差为 H 的孔。又如，∅30f7 的含义如图 9.42(b)所示，表示公称尺寸为∅30，公差等级为 7 级，基本偏差为 f 的轴。

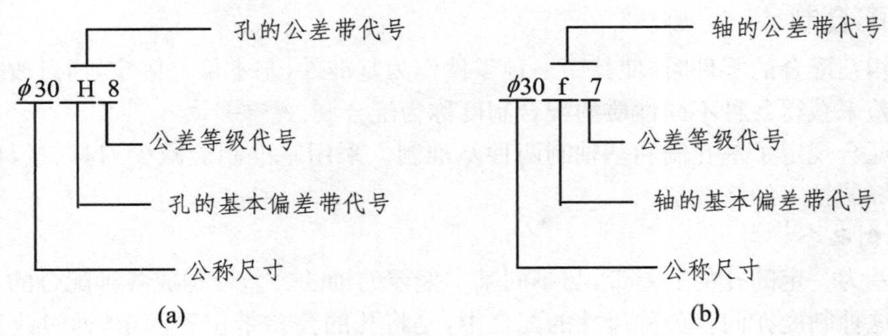

图 9.42 孔和轴的公差带代号的含义

9.3.2.3 配合

公称尺寸相同的、相互结合的孔和轴公差带之间的关系，称为配合。

由于孔和轴的实际尺寸不同，配合后会产生间隙或过盈，孔的尺寸减去相配合轴的尺寸之差为正时是间隙，为负时是过盈。

根据实际需要，配合分为 3 类：间隙配合、过盈配合和过渡配合。

1. 间隙配合

间隙配合时，孔的公差带完全在轴的公差带之上，任取其中一对轴和孔相配都成为具有间隙的配合(包括最小间隙为零)，如图 9.43(a)所示。

2. 过盈配合

过盈配合时，孔的公差带完全在轴的公差带之下，任取其中一对轴和孔相配都成为具有过盈的配合(包括最小过盈为零)，如图 9.43(b)所示。

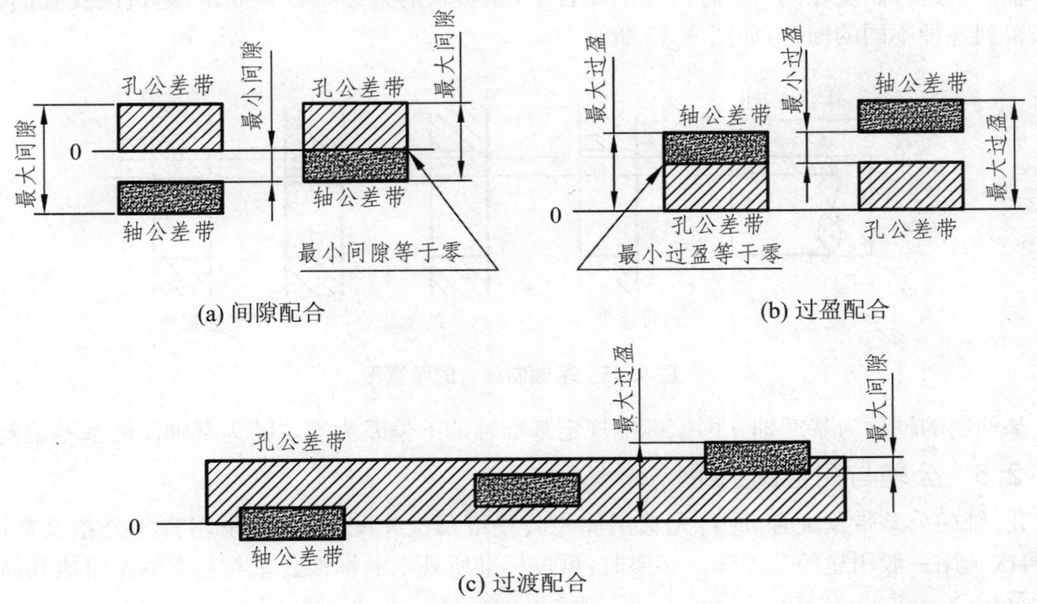

图 9.43 三类配合的示意图

3. 过渡配合

过渡配合时，孔和轴的公差带相互交叠，任取其中一对孔和轴相配合，可能具有间隙，也可能具有过盈的配合，如图 9.43(c)所示。

9.3.2.4 配合制

在制造相互配合的零件时，使其中一种零件作为基准件，基本偏差固定，通过改变另一种非基准件的偏差来获得各种不同性质的配合制度称为配合制。

国标对配合规定了基孔制和基轴制两种基准制。采用基准制能减少刀具、量具规格数量，从而获得较好的技术经济效益。

1. 基孔制配合

基本偏差为一定的孔的公差带，与不同基本偏差的轴的公差带构成各种配合的一种制度称为基孔制。这种制度在同一公称尺寸的配合中，是将孔的公差带位置固定，通过改变轴的公差带来得到各种不同的配合，如图 9.44 所示。

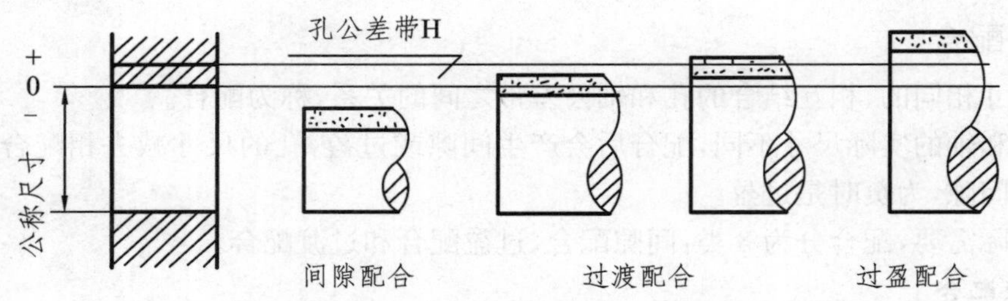

图 9.44 基孔制配合的示意图

基孔制的孔称为基准孔。国标规定基准孔的下偏差为零，"H"为基准孔的基本偏差。

2. 基轴制配合

基本偏差为一定的轴的公差带与不同基本偏差的孔的公差带构成各种配合的一种制度称为基轴制。这种制度在同一公称尺寸的配合中，是将轴的公差带位置固定，通过改变孔的公差带来得到各种不同的配合，如图 9.45 所示。

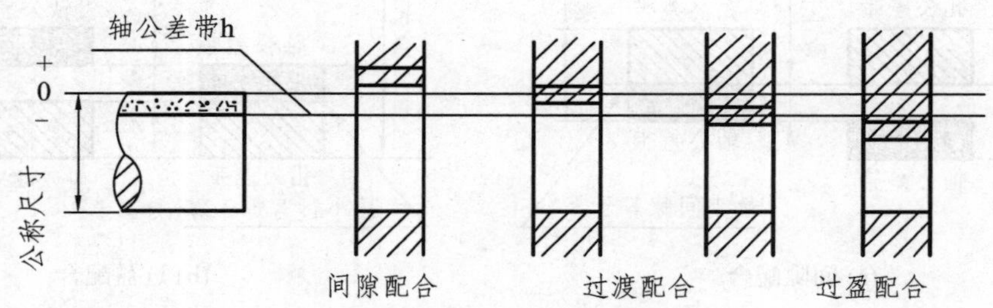

图 9.45 基轴制配合的示意图

基轴制的轴称为基准轴。国家标准规定基准轴的上偏差为零，"h"为基轴制的基本偏差。

9.3.2.5 公差与配合的选用

孔、轴的公差带及配合，应首先选用优先公差带及优先配合；其次采用常用公差及常用配合；再次选用一般用途的公差带。必要时，可按标准所规定的标准公差与基本偏差组成孔、轴公差带及配合。

国家标准根据机械工业产品生产使用的需要，考虑到各类产品的不同特点，制定了优先及常用配合。基孔制及基轴制的优先、常用配合见表 9.5 和表 9.6。

在生产中，应尽量选用优先配合和常用配合。一般情况下，优先采用基孔制，这样可以限制刀具、量具的规格数量。基轴制通常仅用于具有明显经济效果的场合和结构设计要求不适合采用基孔制的场合。为降低加工工作量，在保证使用要求的前提下，应当使选用的公差为最大值。由于加工孔较困难，一般在配合中选用孔比轴低一级的公差等级，如 H8/f7。

表 9.5　基孔制优先、常用配合

基准孔	轴																				
	a	b	c	d	e	f	g	h	js	k	m	n	p	r	s	t	u	v	x	y	z
	间隙配合								过渡配合				过盈配合								
H6						H6/f5	H6/g5	H6/h5	H6/js5	H6/k5	H6/m5	H6/n5	H6/p5	H6/r5	H6/s5	H6/t5					
H7						H7/f6	H7*/g6	H7*/h6	H7/js6	H7*/k6	H7/m6	H7*/n6	H7*/p6	H7/r6	H7*/s6	H7/t6	H7*/u6	H7/v6	H7/x6	H7/y6	H7/z6
H8					H8/e7	H8*/f7	H8/g7	H8*/h7	H8/js7	H8/k7	H8/m7	H8/n7	H8/p7	H8/r7	H8/s7	H8/t7	H8/u7				
				H8/d8	H8/e8	H8/f8		H8/h8													
H9			H9/c9	H9*/d9	H9/e9	H9/f9		H9*/h9													
H10			H10/c10	H10/d10				H10/h10													
H11	H11/a11	H11/b11	H11/c11	H11/d11				H11*/h11													
H12		H12/b12						H12/h12	常用配合 59 种，其中包括优先配合 13 种。右上角标注的* 的为优先配合												

表 9.6　基轴制优先、常用配合

基准轴	孔																				
	A	B	C	D	E	F	G	H	JS	K	M	N	P	R	S	T	U	V	X	Y	Z
	间隙配合								过渡配合				过盈配合								
h5						F6/h5	G6/h5	H6/h5	JS6/h5	K6/h5	M6/h5	N6/h5	P6/h5	R6/h5	S6/h5	T6/h5					
h6						F7/h6	G7*/h6	H7*/h6	JS7/h6	K7*/h6	M7/h6	N7*/h6	P7*/h6	R7/h6	S7*/h6	T7/h6	U7*/h6				
h7					E8/h7	F8*/h7		H8*/h7	JS8/h7	K8/h7	M8/h7	N7/h6									
h8				D8/h8	E8/h8	F8/h8		H8/h8													
h9				D9*/h9	E9/h9	F9/h9		H9*/h9													
h10				D10/h10				H10/h10													
h11	A11/h11	B11/h11	C11*/h11	D11/h11				H11*/h11													
h12		B12/h12						H12/h12	常用配合 47 种，其中包括优先配合 13 种。右上角标注的* 的为优先配合												

9.3.2.6 公差与配合的标注与查表方法

1. 配合代号

配合代号由组成配合的孔,轴公差带代号表示,写成分数的形式,分子为孔的公差带代号,分母为轴的公差带代号,即$\frac{\text{孔公差带代号}}{\text{轴公差带代号}}$或孔公差带代号/轴公差带代号。若为基孔制配合,配合代号为$\frac{\text{基准孔公差带代号}}{\text{轴公差带代号}}$,如$\frac{H6}{k5}$、$\frac{H8}{e7}$或 H6/k5、H8/e7 等;若为基轴制配合,配合代号为$\frac{\text{孔公差带代号}}{\text{基准轴公差带代号}}$,如$\frac{K6}{h5}$、$\frac{E8}{h7}$或 K6/h5、E8/h7 等。

2. 在图样中的标注

(1) 零件图中公差尺寸的标注

在零件图中,线性尺寸的公差有 3 种注法:

① 在孔或轴的公称尺寸右边,只标注公差带代号如图 9.46(a)所示。这种标注是在大批量生产、专用量具检测时采用。

② 在孔或轴的公称尺寸右边,标注上、下极限偏差,如图 9.46(b)所示。上极限偏差写在公称尺寸的右上方,极限偏差应与公称尺寸注在同一底线上,极限偏差数值应比公称尺寸数值小一号。上、下极限偏差前面必须标出正、负号。上、下极限偏差的小数点对齐,小数点后的位数也必须相同。当上极限偏差或下极限偏差为零时,用数值 0 标出,并与上极限偏差或下极限偏差的小数点前的个位数对齐。当公差带相对于公称尺寸对称配置,即两个极限偏差相同时,极限偏差只需注一次,并应在极限偏差与公称尺寸之间注出符号"±",两者的数值高度应一样。例如 50±0.25。必须注意,极限偏差数值表中所列的极限偏差单位为微米(μm),标注时,必须换算成毫米(mm)。用极限偏差标注的形式,用于小批、单件生产的通用量具检测。

③ 在孔和轴的公称尺寸后面,同时标注公差带代号和上、下极限偏差,这时,上、下极限偏差必须加上括号,如图 9.46(c)所示。既明确配合精度又有公差数值。适用于生产规模不确定的情况。

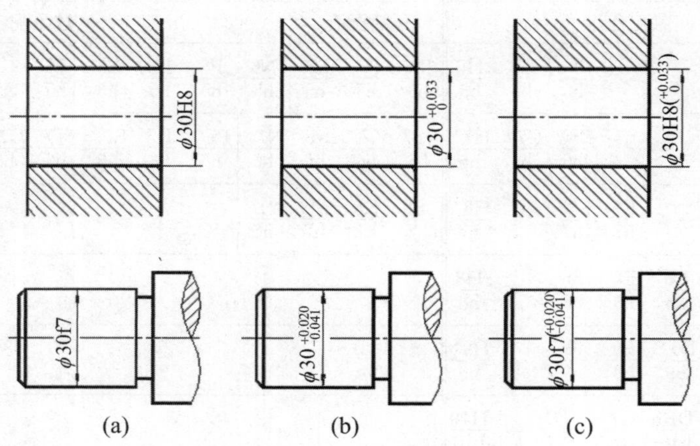

图 9.46 公差在零件图中的规定注法

(2) 装配图中配合代号的标注

在装配图中一般只注配合代号,不注偏差数值,配合的代号由两个相互结合的孔和轴的公差带的代号组成，用分数形式表示，分子为孔的公差带代号，分母与轴的公差带代号，标注的通用形式如图 9.47 所示。

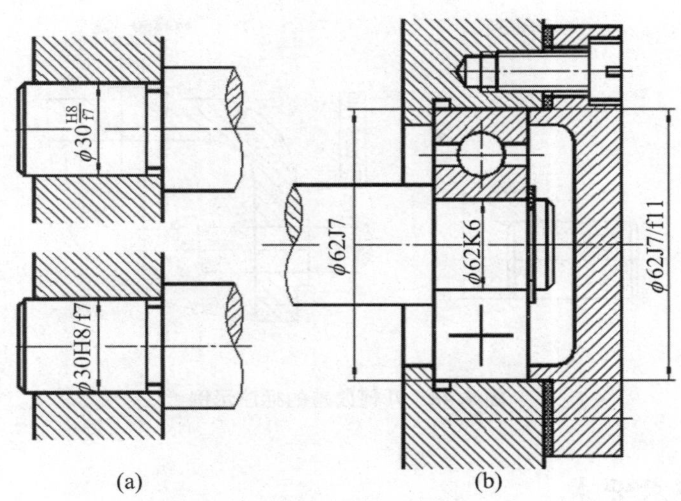

图 9.47 公差在装配图中的规定注法

3. 查表方法

例 9.3 查表写出$\varnothing$18H8/f7 的极限偏差数值。

H8 /f7 是基孔制的优先配合(见基孔制优先、常用配合表)。

H8 是基准孔的公差带代号。

f7 是配合轴的公差带代号。

$\varnothing$18H8 基准孔的极限偏差(由附表 A30 查得：上偏差 $ES=+0.027$；下偏差 $EI=0$，所以$\varnothing$18H8 可写成$\varnothing18^{+0.027}_{0}$)。

$\varnothing$18f7 配合轴的极限偏差(由附表 A29 查得：上偏差 $es=-0.016$；下偏差 $ei=-0.034$，所以$\varnothing$18f7 可写成$\varnothing18^{-0.016}_{-0.034}$)。

9.3.3 形状和位置公差的概念及其注法

形状和位置公差(简称形位公差)是指零件的实际形状和位置对理想形状和位置的允许变动量。在机器中某些精确程度较高的零件，不仅需要保证其尺寸公差，而且还要保证其形状和位置公差。

对一般零件来说，它的形状和位置公差，可由尺寸公差、加工机床的精度等加以保证。对要求较高的零件，则根据设计要求，需在零件图上注出有关的形状和位置公差，即几何公差。几何公差是为了保证机器的质量，要限制零件对几何误差的最大变动量。允许变动量的值称为公差值。

如图 9.48(a)所示，为了保证滚柱的工作质量，除了注出直径的尺寸公差外，还需要注出滚柱轴线的几何公差 −|$\varnothing$0.006 ，这个代号表示滚柱实际轴线与理想轴线之间的变动量——直线度，必须保持在$\varnothing$0.006 mm 的圆柱面内。又如图 9.48(b)所示，箱体上两个孔是安装锥齿轮轴的孔，如果两孔轴线歪斜太大，就会影响锥齿轮的啮合传动。为了保证正常的啮合，应该使两孔轴线保持一定的垂直位置，所以要注上几何公差——垂直度，图中标注的几何公差 ⊥|0.05|A，

即垂直度说明一个孔的轴线,必须位于距离为 0.05 mm 且垂直于另一个孔的轴线的两平行平面之间。

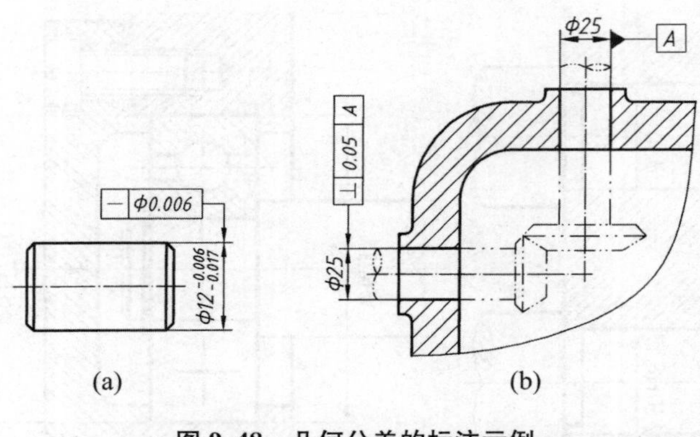

图 9.48　几何公差的标注示例

9.3.4　其他技术要求

热处理和表面处理对金属材料的机械性能(如强度、弹性、塑性、韧性和硬度)的改善及对提高零件的耐磨性、耐热性、耐腐蚀性、耐疲劳和美观有显著作用。

根据零件的不同要求,可以采用不同的方法进行处理,常见的热处理和表面处理方法见附表 A33。

9.4　零件的常见工艺结构

零件的结构形状,主要是由它在机器(或部件)中的作用决定的。但是,制造工艺对零件的结构,也有某些要求,即零件的工艺结构。下面列举一些常见的工艺结构,供画图时参考。

9.4.1　零件的铸造工艺结构

1. 起模斜度

用铸造的方法制造零件毛坯时,为了便于在砂型中取出模样,在沿起模方向的内外壁上应有适当斜度,称为起模斜度,一般沿模样方向做成约 1∶20 的斜度,如图 9.49(a)所示。通常,在图样上不画出这种斜度,也不标注,如图 9.49(b)所示,可在技术要求或其他技术文件中统一规定。

2. 铸件壁厚均匀

铸件各部分壁厚应尽量均匀,在不同壁厚处应使厚壁与薄壁逐渐过渡,以免铸件在冷却过程中,在较厚处形成热节,产生缩孔。铸件壁厚也应直接注出,如图 9.50 所示。

3. 铸造圆角

在铸件毛坯上相邻两表面相交处,都有铸造圆角,这样既能方便起模,又能防止浇铸铁水时将砂型转角处的型砂冲落，还可避免铸件尖角处在冷却时产生裂纹或缩孔。铸造圆角的大小一般为 $R3 \sim R5$。铸造圆角在图样上一般不予标注，常集中注写在技术要求中。当有一个表面加工后圆角被切去时，应画成尖角。如图 9.51 所示。

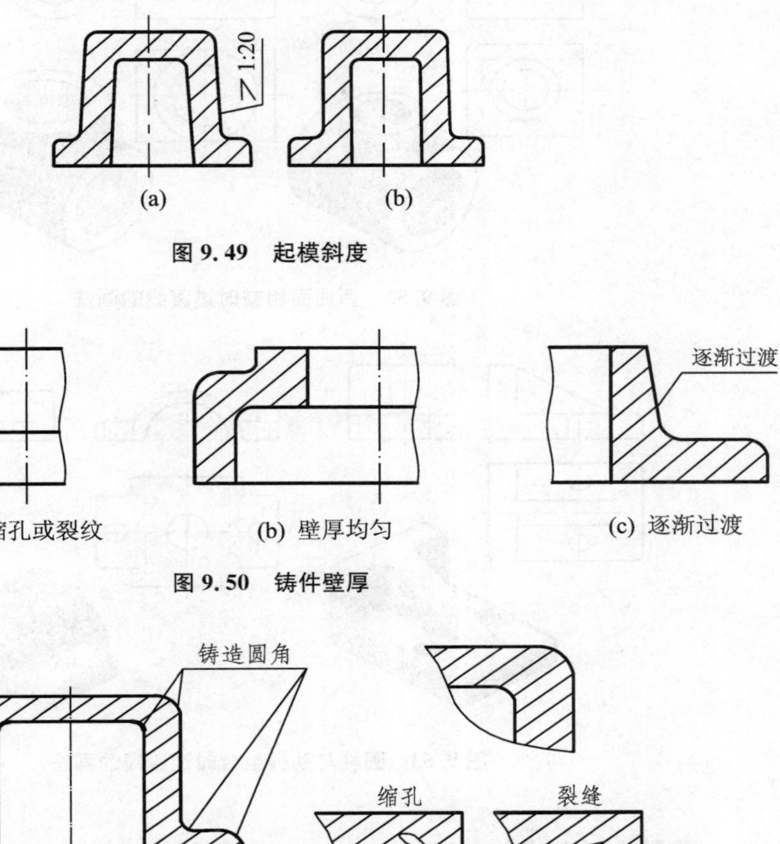

(a) (b)

图 9.49 起模斜度

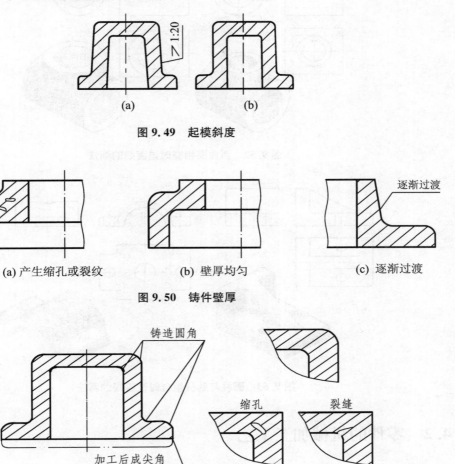

(a) 产生缩孔或裂纹 (b) 壁厚均匀 (c) 逐渐过渡

图 9.50 铸件壁厚

图 9.51 铸造圆角

4. 过渡线

如前所述，两个非切削表面相交处一般均做成圆角过渡，所以两表面的交线就变得不明显。这种交线称为过渡线。当过渡线的投影和面的投影重合时，按面的投影绘制；当过渡线的投影不与面的投影重合时，过渡线按其理论交线的投影用细实线绘出，但线的两端要与其他轮廓线断开，如图 9.52 和图 9.53 所示。

应特别注意的是两非切削表面的交线，虽然由于铸造圆角的原因变得不明显，形成了过渡线，但若其三面投影均与平面或曲线的投影重合，则不按过渡线绘制。此外，过渡线上一般不能标注尺寸。

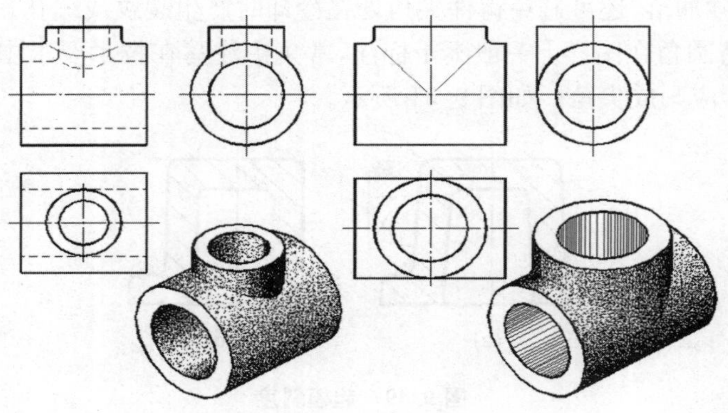

图 9.52　两曲面相交时过渡线的画法

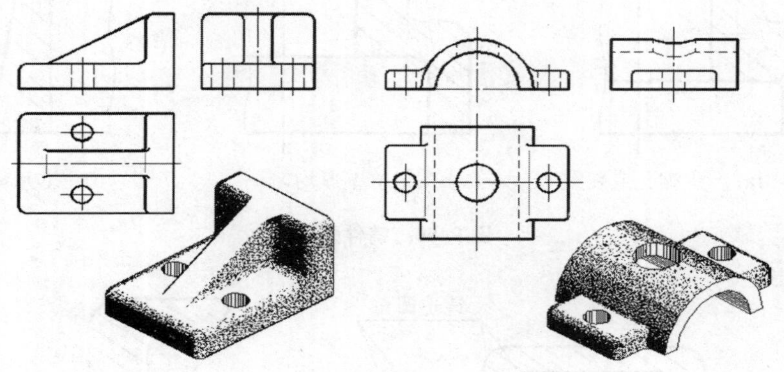

图 9.53　圆柱与肋板组合时过渡线的画法

9.4.2　零件的机械加工工艺

1. 倒角和倒圆

如图 9.54 所示，为了去除零件的毛刺、锐边和便于装配，在轴或孔的端部，一般都加工成倒角；为了避免因应力集中而产生裂纹，在轴肩处往往加工成圆角的过渡形式，称为倒圆。

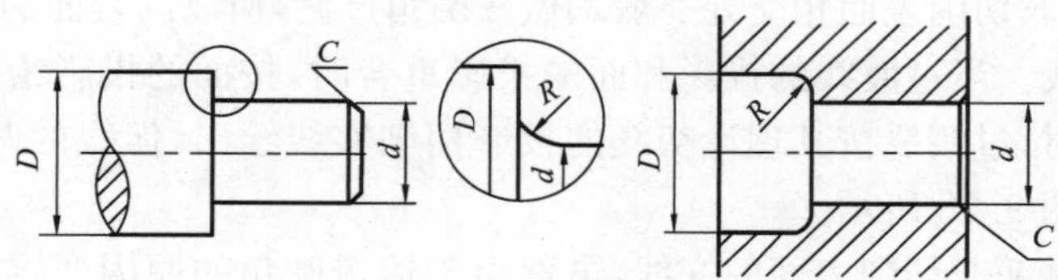

图 9.54　倒角和倒圆

2. 工艺凸台和凹坑

零件上凡与其他零件接触的表面一般都要加工，为了保证两零件表面的良好接触，同时减少接触面的加工面积，以降低制造费用，在零件的接触表面处常设计出凸台或凹坑，如图 9.55 所示。

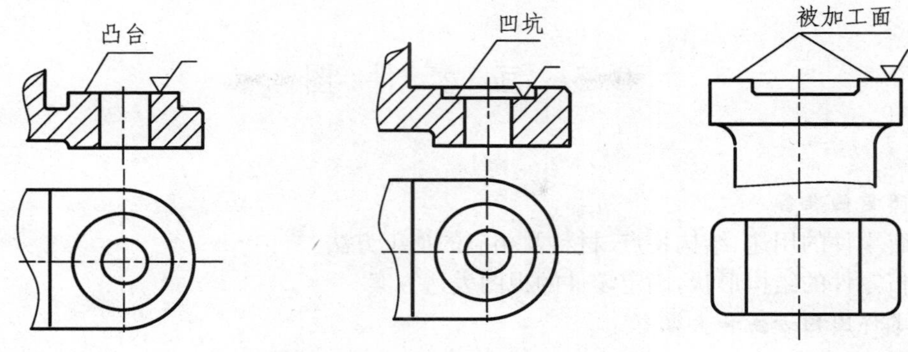

图 9.55 工艺凸台和凹坑

3. 螺纹退刀槽和砂轮越程槽

在切削加工中，为了使刀具易于退出，并在装配时容易与有关零件靠紧，常在加工表面的台肩处先加工出退刀槽或越程槽，如图 9.56 所示。

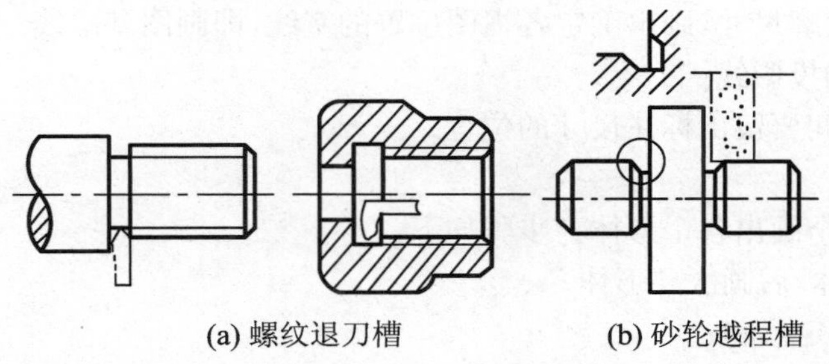

(a) 螺纹退刀槽 (b) 砂轮越程槽

图 9.56 螺纹退刀槽和砂轮越程槽

4. 钻孔结构

用钻头加工盲孔时，由于钻头尖部有一个约 120°的锥角，所以不通孔的底部总有一个圆锥面。扩孔加工也将在直径不等的两柱面孔之间留下的圆锥面。钻孔深度指的是圆柱部分的深度，不包括锥坑，如图 9.57(a)和(b)所示。

钻孔时，应尽量使钻头垂直于孔端面，否则易将孔钻偏或将钻头折断。当孔的端面是斜面或曲面时，应先把该平面铣平或制作成凸台或凹坑等结构，如图 9.57(c)和(d)所示。

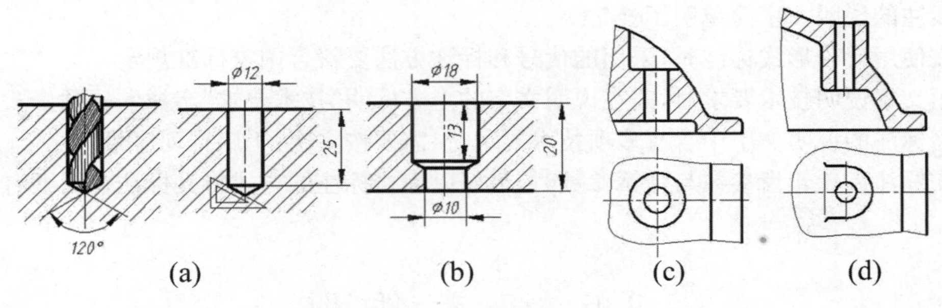

(a) (b) (c) (d)

图 9.57 钻孔结构

9.5 画零件图

1. 画图前的准备

① 了解零件的用途、结构特点、材料及相应的加工方法。

② 分析零件的结构形状,确定零件的视图表达方案。

2. 画零件图的方法和步骤

(1) 定图幅

根据视图数量和大小,选择适当的绘图比例,并确定图幅大小。

(2) 画出图框和标题栏

画出图框和标题栏,并填写标题栏。

(3) 布置视图

根据各视图的轮廓尺寸,画出确定各视图位置的基线,即画图基准线。画图基线包括:对称线、轴线、某一基面的投影线。

注意:各视图之间要留出标注尺寸的位置。

(4) 画底稿

按投影关系,逐个画出各个形体。步骤如下:

① 先画主要形体,后画次要形体;

② 先定位置,后定形状;

③ 先画主要轮廓,后画细节。

(5) 加深

检查无误后,加深并画剖面线。

(6) 完成零件图

标注尺寸、表面粗糙度、尺寸公差等,填写技术要求和标题栏。

为了引起加工人员在加工时的注意,往往还需要在绘制的零件图上填写一定的技术要求,如表面粗糙度、形状和位置公差、热处理、零件的加工制造以及检验的要求等。在填写技术要求时,需要注意如下几点:

① 标注的说明文字简单明了。

② 在使用代号形式标注时,采用的代号和标注方法要符合国家标准规定。

③ 用文字说明技术要求时,需在说明文字的上方标明"技术要求"字样的标题。

④ 当标注的说明文字中含有多项技术要求时,需要按主次、工序排列序号。

⑤ 在标注齿轮轮齿参数与弹簧参数时,最好以表格标注的方式将其标注在图纸右上角。

9.6 读零件图

在生产实际中看零件图,要求在了解零件在机器中的作用和装配关系的基础上,弄清零件的结构形状、尺寸、材料和技术要求等，评价零件设计的合理性，必要时提出改进意见，或者为零件拟定适当的加工制造工艺方案。

读零件图时，应联系零件在机器或部件中的位置、作用以及与其他零件的关系，才能理解和读懂零件图。看零件图的目的就是要根据零件图，了解零件的名称、材料和用途，并分析视图，构思零件的结构、形状；分析尺寸，了解零件各部分的大小及相对位置；阅读零件的技术要求，以帮助了解零件的功用或指导生产。

一般来说，读零件图的要求主要包括以下几点：

① 了解零件的名称、用途、材料和数量等；

② 了解组成零件各部分结构形状的特点、功用，以及它们之间的相对位置；

③ 了解零件的尺寸标注、制造方法和技术要求。

9.6.1 读零件图的方法和步骤

1. 看标题栏

首先看标题栏，了解零件的名称、材料、比例等，并浏览全图，对零件有个概括了解。例如，零件属什么类型，大致轮廓和结构等，然后从相关技术资料或其他途径了解零件的主要作用和与其他零件的连接关系。

2. 表达方案分析

根据视图布局，首先确定主视图，围绕主视图分析其他视图的配置。分析用多少视图、剖视、断面等，找出它们的名称、相互位置和投影关系；凡有剖视、断面处的要找到剖切平面位置及方向；有局部视图和斜视图的地方必须找到表示投影部位的字母和表示投影方向的箭头；对于局部视图和局部放大图要找到投影方向和部位，弄清楚各个图形彼此间的投影关系。

3. 进行形体分析和线面分析

先看大致轮廓，利用形体分析法，将零件按功能分解为主体、安装、联接等几个独立部分进行形体分析，逐一看懂；然后明确每一部分在各个视图中的投影范围与各部分之间的相对位置；最后仔细分析每一部分的外部结构、内部结构和形状以及作用，对不便于形体分析的部分进行线面分析。

4. 进行尺寸分析和了解技术要求

根据零件的形体结构，分析确定长、宽、高各方向的主要基准。分析尺寸标注和技术要求，找出各部分的定形和定位尺寸，明确哪些是主要尺寸和主要加工面，进而分析制造方法等；了解技术要求，包括表面粗糙度、尺寸公差、形位公差和其他技术要求，要注意这些要求的确定是否妥当，以便保证质量要求。

5. 综合考虑

综上所述，把零件的结构形状、尺寸标注、工艺和技术要求等内容综合起来，就能了解零件的全貌，比较全面地阅读这张零件图，也就看懂了零件图。但是需要注意的是，在实际读图过程中，上述步骤常常是穿插进行的。

9.6.2 读零件图举例

下面以识读图9.1球阀轴测装配图所示的球阀中的主要零件：阀杆、阀盖和阀体为例，说明识读零件图的方法和步骤，最后的归纳综合，请读者自行思考。

9.6.2.1　阀杆

阀杆的零件图如图 9.58 所示。

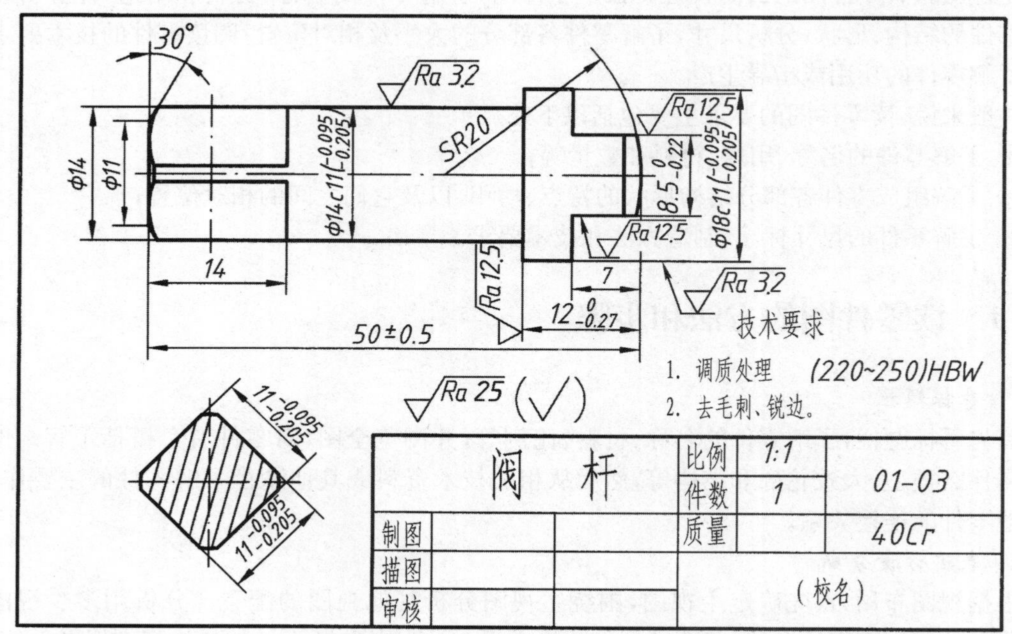

图 9.58　阀杆的零件图

1. 概括了解

从标题栏可知，阀杆的零件图按 1∶1 的比例绘制，与实物大小一致。材料为 40Cr(合金结构钢)。从图 9.58 中可以看出，它是由回转体经过切削加工而形成的，因而阀杆属于回转体类零件。

对照球阀轴测装配图(图 9.1)可以分离出阀杆的轴测图，如图 9.59 所示，由图 9.59 可以看出，阀杆的上部是 4 个角上为圆柱面的四棱柱体，与扳手的方孔相配合；阀杆的下部的凸榫与阀芯上部的凹槽相配合。阀杆的作用是通过转动扳手从而带动阀芯旋转，以控制球阀的启闭和流量。

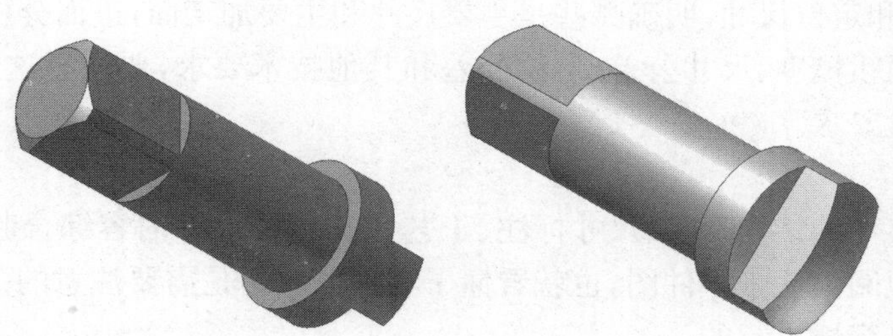

图 9.59　阀杆的轴测立体图

2. 分析视图和零件的结构形状

阀杆零件图用一个基本视图和一个断面图来表达，主视图按加工位置将阀杆水平横放。左端的四棱柱体采用移出断面来表示。

3. 分析尺寸和技术要求

阀杆以水平轴线作为径向尺寸基准，也就是高度和宽度方向的尺寸基准。由此标注出径向各部分尺寸∅14、∅11、∅14c11($^{-0.095}_{-0.205}$)、∅18c11($^{-0.095}_{-0.205}$)。凡是尺寸数字后面注写公差代号或偏差值，说明零件该部分与其他零件有配合关系。如∅14c11($^{-0.095}_{-0.205}$)和∅18c11($^{-0.095}_{-0.205}$)分别与球阀中的填料压紧套和阀体有配合关系（图 9.1），所以表面粗糙度的要求较严，Ra 值为3.2 μm。

选择表面粗糙度为 Ra12.5 的端面作为阀杆的轴向主要尺寸基准，也就是长度方向的尺寸基准，由此标注出尺寸 $12_{-0.27}^{\ 0}$，以右端面为轴向的第一辅助基准，由此标注出尺寸 7、50±0.5，以左端面为轴向的第二辅助基准，标注出尺寸 14。

阀杆应该经过调质处理 220～250HBW，以提高材料的韧性和强度。调质和 HBW（布氏硬度），以及后面的阀盖和阀体例图中出现的时效处理等，都是热处理和表面处理中的专有名词。

9.6.2.2　阀盖

阀盖的零件图如图 9.60 所示。

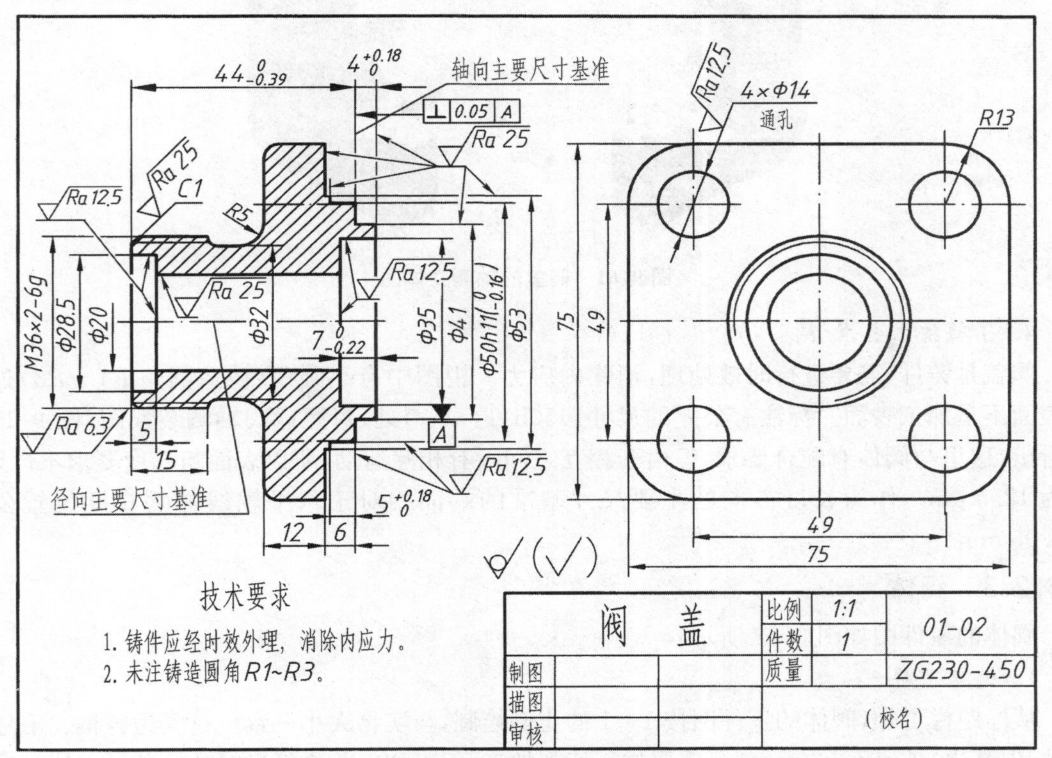

图 9.60　阀盖的零件图

1. 概括了解

从标题栏可知，阀杆的零件图按 1∶1 的比例绘制，与实物大小一致。材料为铸钢。从图 9.60中可以看出，虽然阀盖的方形凸缘不是回转体，但阀盖的其他各部分都是回转体，如图 9.61所示，因而仍然将它看作回转体类零件。阀盖的制造过程是先铸造出毛坯，经过时效处理后，再经过切削加工而形成的。

2. 视图表达和结构形状分析

阀盖由主视图和左视图表达。主视图采用全剖视图，表达了阀盖两端的阶梯孔、中间的通孔的形状及其相对位置，右端的方形凸缘，以及左端有用于连接管道系统的外螺纹。选用轴线水平安放的主视图，既符合主要加工位置，又符合阀盖在球阀中的工作位置。左视图用外形视图（基本视图）清晰的表示了带圆角的方形凸缘及其四个角上的通孔和其他可见的轮廓形状。

3. 尺寸分析

大多数盘盖类零件的主体部分是回转体，所以通常以轴孔的轴线作为径向主要尺寸基准，由此标注出阀盖各部分同轴线的直径尺寸和螺纹尺寸，方形凸缘也用它作为高度和宽度方向的尺寸基准。在标注有公差的尺寸$\varnothing 50\text{h}11(^{\ 0}_{-0.16})$处，表明在这里与阀体有配合要求。以阀盖的重要端面作为轴向的主要尺寸基准，即长度方向的尺寸基准，在图 9.60 中为标注有表面粗糙度为 $Ra12.5$ 的右端凸缘的端面。由此标注出尺寸 $4^{+0.18}_{\ 0}$、$44^{\ 0}_{-0.39}$ 以及 $5^{+0.18}_{\ 0}$、6 等。以左端面为轴向的辅助基准，由此标注出尺寸 5 和 15。分别以右端面和标注有表面粗糙度为 $Ra25$ 的右端凸缘的端面为轴向的辅助基准，由此分别标注出尺寸 $7^{\ 0}_{-0.22}$ 和 12。

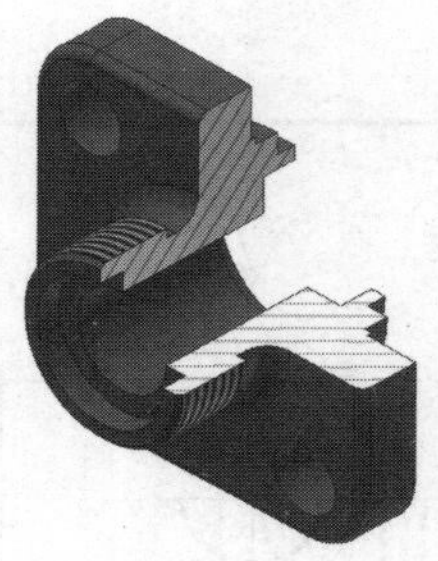

图 9.61 阀盖的轴测立体图

4. 了解技术要求

阀盖是铸件，需要进行时效处理，消除内应力。视图中有小圆角（铸造圆角 $R1 \sim R3$）过渡的表面不是加工表面。标注有公差的尺寸$\varnothing 50\text{h}11(^{\ 0}_{-0.16})$处，对照球阀轴测装配图（图 9.1）可以看出，这里与阀体有配合要求，但由于相互之间没有相互运动，所以表面粗糙度要求不严，Ra 值为 12.5 μm。作为长度方向的主要尺寸基准的端面相对于水平轴线的垂直度位置公差为0.05 mm。

9.6.2.3 阀体

阀体的零件图如图 9.62 所示。

1. 概括了解

从标题栏可知，阀体的零件图按 1∶1 的比例绘制，与实物大小一致。材料为铸钢。毛坯是铸件，但其内、外表面都有一部分需要进行切削加工，因而加工前应经过时效处理。阀体是球阀中的一个重要零件，虽然按照形体分析可以将它看作为是具有水平轴线和铅垂轴线的两个回转体构成的组合体，但不是主要由单一的轴线形成的回转体，所以阀体应属于非回转体类零件，如图 9.63 所示。

2. 视图表达和结构形状分析

对照球阀轴测装配图（图 9.1）可知，阀体左端通过螺柱和螺母与阀盖连接，形成球阀容纳阀芯的$\varnothing 43$ 的圆柱空腔。左端$\varnothing 50\text{h}11(^{+0.16}_{\ 0})$圆柱形槽与阀盖的圆柱形凸缘相配合。阀体空腔右侧∅35圆柱形槽用来放置密封圈，以保证在球阀关闭时不泄露液体。阀体右端有用于连接管道系统的外螺纹M36×2-6g；内部有阶梯孔∅28.5、∅20与空腔相连通。在阀体上部的∅36圆柱体中，有∅26、∅22H11($^{+0.13}_{0}$)、∅18H11($^{+0.11}_{0}$)的阶梯孔，与空腔相连通，在阶梯孔内容纳阀杆、填料压紧套、填料等；阶梯孔的顶端有一个90°扇形限位块(对照俯视图和左视图可以看清楚)，用来控制扳手和阀杆的旋转角度，在孔∅22H11($^{+0.13}_{0}$)的上端制出具有退刀槽的内螺纹M24×1.5-7H，与填料压紧套的外螺纹旋合，将填料压紧；孔∅18H11($^{+0.11}_{0}$)则与阀杆下部的凸缘相配合，阀杆的凸缘在这个孔内转动。由此可以想象出阀体的形状，如图9.63所示的阀体的轴测剖视图。

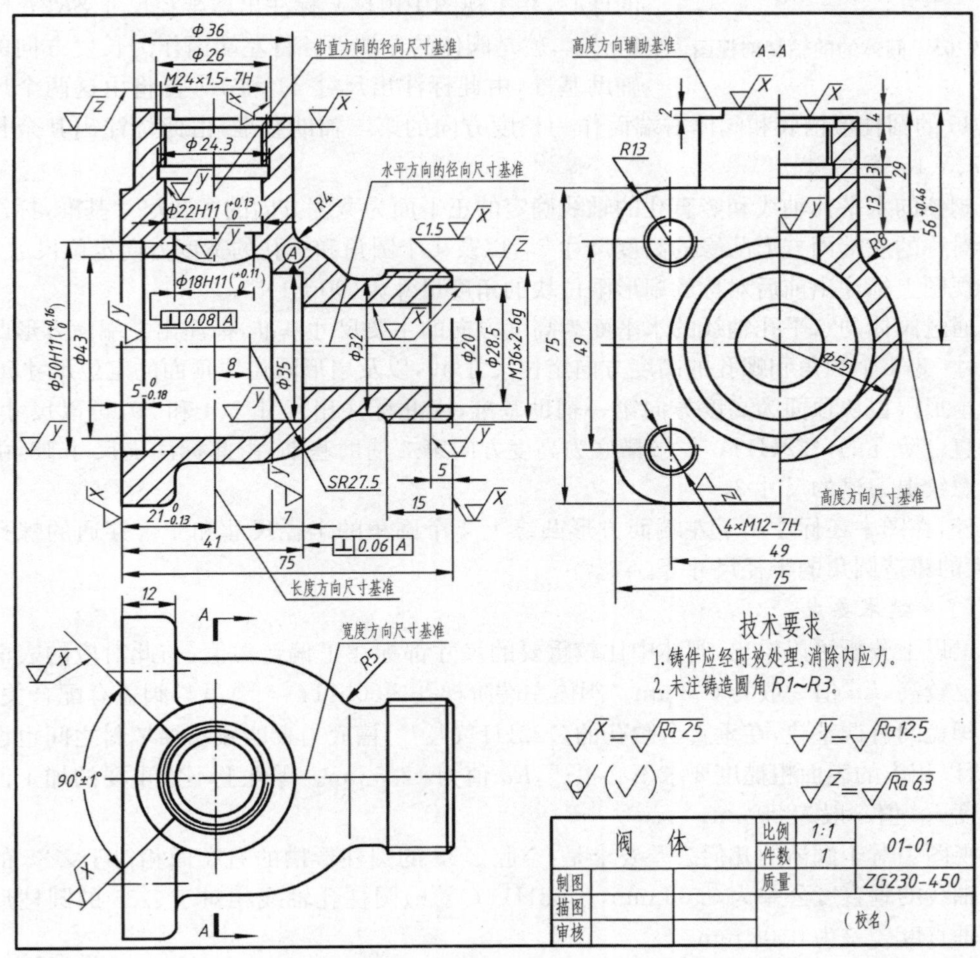

图9.62　阀体的零件图

3. 尺寸分析

阀体的结构形状比较复杂，要标注的尺寸很多，这里仅分析其中的一些主要尺寸，其余尺寸敬请读者自行分析。

以阀体的水平孔轴线为径向尺寸基准，它同时也是高度和宽度方向的主要尺寸基准，由此标注出尺寸∅50h11($^{+0.16}_{0}$)、∅43、∅35、∅20、∅28.5、∅32，以及右端的外螺纹M36×2-6g等。同时，也由这个径向尺寸基准标注出阀体下部的侧垂圆柱面的外形尺寸∅55。

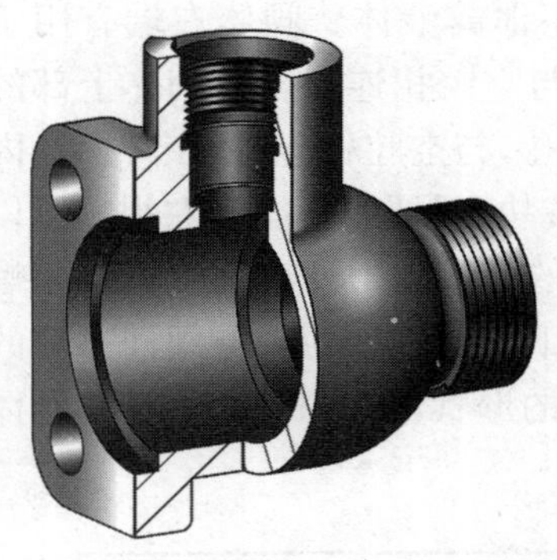

图 9.63 阀体的的轴测剖视图

带有公差的尺寸为配合尺寸，如∅50h11($^{+0.16}_{0}$)就是与阀盖相配合的尺寸。以阀体的竖直孔的轴线为径向尺寸基准，它同时也是长度和宽度方向的主要尺寸基准，由此标注出尺寸∅36、∅26、M24×1.5-7H、∅34.3、∅22H11($^{+0.13}_{0}$)、∅18H11($^{+0.11}_{0}$)等。同时标注出竖直孔的轴线到左端面的距离尺寸$21_{-0.13}^{0}$。

以过阀体的竖直孔的轴线的侧平面为长度方向的主要尺寸基准，在水平轴线上向右 8 mm，就是阀体的球形外轮廓的球心，在主视图中由球心标注出球半径尺寸 *SR*27.5；向左$21_{-0.13}^{0}$，就是阀体的左端面。将左端面作为长度方向的第一辅助基准，由此标注出尺寸 41 和 75，再将由这两个尺寸确定的∅35 的圆柱形槽底和阀体右端面作为长度方向的第二辅助基准，由此标注出其余长度尺寸，如 7、5、15 等。

以阀体的水平孔轴线和竖直孔的轴线确定的正平面为宽度方向的主要尺寸基准，标注出阀体前后对称的左端面方形凸缘的高度尺寸 75，以及 4 个圆角和螺孔的宽度方向定位尺寸 49，同时在俯视图上标注出前后对称的扇形限位块的角度尺寸为(90±1)°。

以通过阀体的水平孔轴线的水平面为高度方向的主要尺寸基准，标注出左端面方形凸缘的高度尺寸 75，4 个圆角和螺孔的高度方向定位尺寸 49，以及扇形限位块顶面的定位尺寸$56_{0}^{+0.46}$，然后以扇形限位块顶面为高度方向第一辅助基准，由此标注出尺寸 2、4 和 29；再以尺寸 29 确定的垂直台阶孔的∅22H11($^{+0.13}_{0}$)槽底为高度方向第二辅助基准，由此标注出尺寸 13，由此再标注出螺纹退刀槽的尺寸 3。

此外，在图中还标注出了左端面方形凸缘上 4 个圆角的半径尺寸和 4 个穿通的螺孔的尺寸，较大的铸造圆角的半径尺寸等。

4. 了解技术要求

通过以上分析可以看出，阀体中比较重要的尺寸都标注了偏差数值，与此对应的表面粗糙度要求也较高，*Ra* 值一般为 6.3 μm。阀体左端阶梯孔∅50h11($^{+0.16}_{0}$)虽与阀盖有配合关系，但阀体与阀盖间有调整垫，在垂直台阶孔的∅22H11($^{+0.13}_{0}$)槽底与聚四氟乙烯填料之间也设有垫料垫，所以相应的表面粗糙度要求不必很严，*Ra* 值为 12.5 μm。零件上不太重要的加工面的表面粗糙度 *Ra* 值一般为 25 μm。

主视图中对于阀体的几何公差要求是：空腔∅35 的圆柱形槽的右端面相对于∅35 的圆柱形槽的轴线的垂直度公差为 0.06 mm，∅18H11($^{+0.11}_{0}$)圆柱孔轴线相对于∅35 的圆柱形槽的轴线的垂直度公差为 0.08 mm。

此外，在图中还用文字补充说明了有关热处理和未标注铸造圆角 *R*1～*R*3 的技术要求。

第 10 章　装　配　图

10.1　装配图的作用和内容

装配图是表达机器或部件的工作原理、装配关系等的图样。

1. 装配图的作用

装配图表明机器或部件的结构形状、装配关系、工作原理、技术要求等内容。表示一个部件的装配图称为部件装配图，表示一台完整机器的装配图则称为总装配图。装配图与零件图一样，是生产中重要的技术文件。

装配图的作用如下：

① 在产品的设计中，先要根据产品的工作原理画出装配图，然后再根据装配图进行零件设计，画出零件图。

② 在产品的制造过程中，要依据装配图制订装配工艺规程。

③ 在机器的使用和维护中，通过装配图了解机器的工作原理和构造。

2. 装配图的内容

(1) 一组视图

用一组视图表达机器或部件的工作原理、各零件间的装配关系、连接方式以及主要零件的结构形状。

如图 10.1 所示，球阀装配图共用了 3 个基本视图和 1 个局部剖视图来表示：主视图符合工作位置，采用全剖视，表达全部零件的相对位置、连接和装配关系等；左视图采用半剖视，主要表达阀杆与球形阀瓣的连接情况及形状；俯视图主要表达球阀的外形及手柄的极限位置；局部剖表达定位凸块与手柄的相对位置。

(2) 必要的尺寸

必要的尺寸包括：机器或部件的规格(性能)尺寸、零件间的配合尺寸、外形尺寸、机器或部件的安装尺寸以及设计时确定的其他重要尺寸。

(3) 技术要求

用文字或符号来说明机器或部件的装配、安装、调试、检验和使用与维护等方面的技术要求。

(4) 序号、明细栏和标题栏

在装配图中必须对每个零件编写序号，并在明细栏中依次列出零件的序号、名称、数量、材料等内容，以便读图、图样管理及进行生产准备、生产组织工作。标题栏主要说明机器或部件的名称、图样代号、比例、重量及责任者的签名和日期等内容。

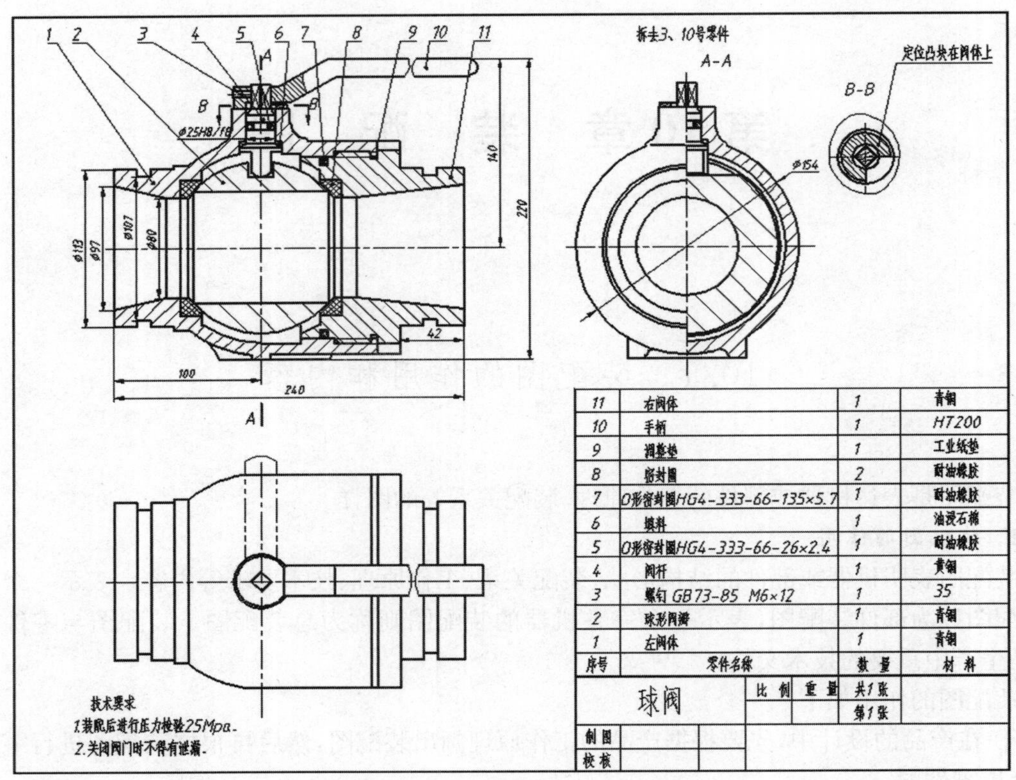

图 10.1 球阀的装配图

10.2 装配图的表达方法

1. 装配图的规定画法

装配图和零件图一样，也是按正投影的原理、方法和《机械制图》国家标准的有关规定绘制的。零件图的表达方法（视图、剖视图、断面图、局部放大图、简化画法和其他规定画法等）及视图选用原则，一般都适用于装配图。但由于装配图与零件图各自表达对象的重点及在生产中所使用的范围有所不同，因而国家标准对装配图在表达方法上还有一些自身的规定画法和特殊的表达方法。

① 两零件接触表面画一条线。如图 10.2 所示的轴和轴承孔的配合面，只画一条线。两基本尺寸不相同的不接触表面和非配合表面，即使其间隙很小，也必须画两条线。如图 10.1 所示的填料与球形阀瓣孔之间即便间隙很小，也必须画两条线。

② 在剖视图或断面图中，相邻的不同零件的剖面线方向应相反，或者方向一致、间隔不等。但在同一张图样上同一个零件在各个视图中的剖面线方向、间隔必须一致。如图 10.2 所示的滚动轴承、机座和端盖处的剖面线画法。

③ 当剖切面通过紧固件和轴、连杆、球、勾子、键、销等实心零件时，若按纵向剖切，且剖切平面通过其对称平面或轴线，则这些零件均按不剖绘制。如图 10.1 所示的轴。当需要特别表

明轴等实心零件上的凹坑、凹槽、键槽、销孔等结构时，可采用局部剖视来表达。

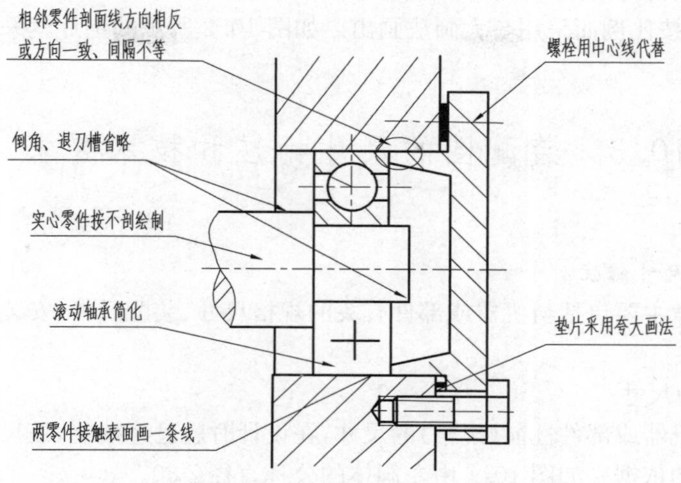

图 10.2 装配图的规定画法

2. 装配图的特殊表达方法

装配图除了视图、剖视图、断面图、局部放大图、简化画法和其他规定画法等基本表示法外，还有一些特殊表示法。

(1) 沿零件的结合面剖切和拆卸画法

如果装配图是沿某些零件的结合面剖切的，则在该零件的结合面上不画剖面线，但被剖切到的其他零件仍应画剖面线。剖切范围可根据需要灵活选择。如图 10.10 所示的齿轮油泵装配图的左视图就是沿零件的结合面剖切后画的。

在装配图中，当某些零件遮住了所需表达的内容或者为了减少不必要的绘图工作量时，就可假想拆卸某个零件后进行绘制。装配图中采用拆卸画法时，必须进行标注。采用拆卸画法的视图需加以说明时，可标注“拆去××零件”等字样。如图 10.1 所示的球阀装配图的左视图的表达方法就是拆去零件螺钉 3、手柄 10 后画出的。

拆卸画法的拆卸范围比较灵活，可以将某些零件全拆；也可以将某些零件半拆，此时以对称线为界，类似于半剖；还可以将某些零件局部拆卸，此时，以波浪线分界，类似于局部剖。

(2) 假想画法

为了表示运动零件的极限位置，或部件和相邻零件(部件)的相互关系，可以用双点画线画出其轮廓。如图 10.1 所示球阀装配图的俯视图用双点画线画出了手柄 10 的一个极限位置图。

(3) 简化画法

① 相同零、部件组的简化。对于若干相同的零件组，如螺栓、螺母、垫圈等，可详细地画出一组或几组，其余只用点画线表示其装配位置即可。如图 10.2 所示的螺栓用点画线代替，滚动轴承可只画出一半，另一半按规定示意画法画出。

② 小尺寸零件的涂黑画法。在装配图中，对剖面厚度小于 2 mm 的零件可以涂黑来代替剖面线。

③ 较小工艺结构的省略画法。装配图中可不画工艺结构，如倒角、小圆角、退刀槽等。如图 10.2 中的倒角和退刀槽都未画出。

(4) 夸大画法

对薄片零件、细丝弹簧、微小间隙等,若按它们的实际尺寸,在装配图中就很难画出或难以明显表达,此时可不按比例而采用夸大画法画出。如图 10.2 所示的垫片就采用了夸大画法。

10.3 装配图的尺寸标注和技术要求

1. 装配图中的尺寸标注

装配图中的尺寸主要包括与机器或部件有关的规格尺寸、装配尺寸、安装尺寸、外形尺寸及其他重要尺寸。

(1) 性能(规格)尺寸

性能尺寸表示机器或部件性能(规格)的尺寸,在设计时就已经确定,该尺寸是设计、了解和选用该机器或部件的依据。如图 10.1 中左阀体的公称直径∅80。

(2) 装配尺寸

装配尺寸包括保证有关零件间配合性质的尺寸、保证零件间相对位置的尺寸、装配时进行加工的有关尺寸等。如图 10.1 中阀杆和左阀体的配合尺寸∅25H8/f8 等。

(3) 安装尺寸

安装尺寸是指机器或部件安装时所需的尺寸。如图 10.1 中∅113、140、100 等。

(4) 外形尺寸

外形尺寸表示机器或部件外形轮廓的大小,即总长、总宽和总高。它为包装过程所占有的空间大小提供了数据。如图 10.1 中球阀的总长、总宽和总高分别为 240、∅154、220。

(5) 其他重要尺寸

其他重要尺寸是在设计中确定,又不属于上述几类尺寸的一些重要尺寸。如运动零件的极限尺寸,主体零件的重要尺寸等。

2. 装配图中的技术要求

用文字或符号说明与机器或部件有关的性能、装配、检验、安装、调试和使用等方面的特殊要求。技术要求一般注写在明细表的上方或图纸下部空白处,如图 10.1 所示。如果内容很多,也可另外编写成技术文件作为图纸的附件。

10.4 装配图的零、部件序号和明细栏

1. 编写零部件序号的规定和方法

(1) 序号的组成

序号由指引线、圆点(或箭头)、横线(或圆)及序号数字组成。

在所指零部件的可见轮廓内画一圆点,然后从圆点开始画指引线(细实线),在指引线的另一端画一水平线或圆(都是细实线),在水平线上或圆内注写序号,序号的字高应比尺寸数字大 1 号或 2 号。如图 10.3 所示。

(2) 编写零部件序号的规定和方法

① 对很薄的零件或涂黑的断面,可在指引线末端画箭头,并指向该部分的轮廓。如图 10.4(a)所示。

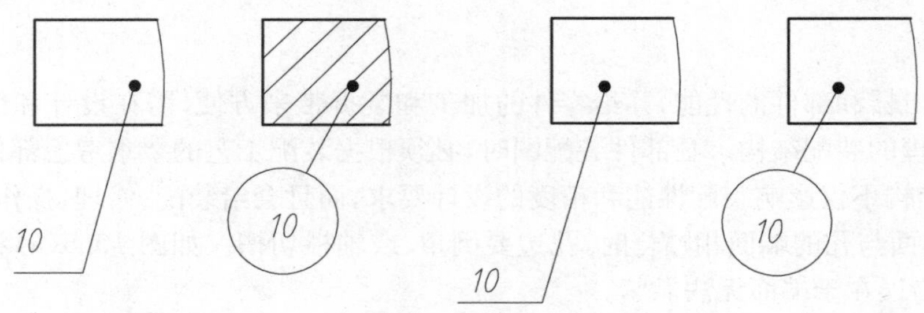

图 10.3　序号的组成

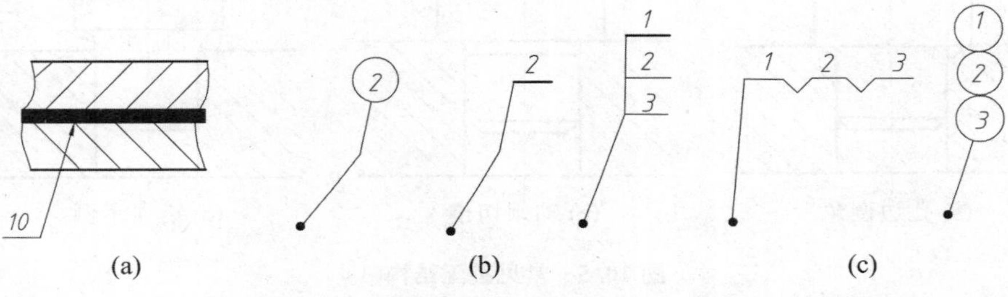

图 10.4　序号编写的规定

② 指引线相互不能相交;当它通过有剖面线的区域时,不应与剖面线平行;必要时,指引线可以画成折线,但只允许曲折一次。如图 10.4(b)所示。

③ 一组紧固件以及装配关系清楚的零件组,可采用公共指引线。如图 10.4(c)所示。

④ 装配图中的标准化组件(如油杯、滚动轴承、电机等)可作为一个整体,只编写一个序号。

⑤ 零、部件序号应沿水平或垂直方向按顺时针或逆时针方向顺次排列整齐,并尽可能均匀分布。如图 10.1 所示。

⑥ 部件中的标准件可以与非标准零件一样编写序号,如图 10.1 所示;也可以不编写序号,而将标准件的数量与规格直接用指引线表明在图中。

2. 明细栏

明细栏是装配图与零件图的重要区别,用以说明零件的序号、代号、名称、数量、材料内容等。如图 10.1 所示。关于明细栏有如下规定:

① 明细栏是机器或部件中全部零部件的详细目录,应画在标题栏的上方。

② 零部件的序号应自下而上填写,如位置不够,可将明细栏分段画在标题栏的左方。当明细栏不能配置在标题栏的左方时,可作为装配图的续页,按 A4 幅面单独绘制,其填写顺序应自上而下。

③ 代号栏用来注写图样中相应组成部分的图样代号或标准号。

④ 备注栏中,一般填写该项的附加说明或其他有关内容。如分区代号、常用件的主要参数,如齿轮的模数、齿数,弹簧的内径或外径、簧丝直径、有效圈数、自由长度等。

10.5 装配结构的合理性简介

为了保证机器和部件的性能，并给零件的加工和装拆带来方便，需在设计和绘制装配图的过程中确定合理的装配结构。画部件装配图时，必须根据装配工艺的要求考虑部件结构的合理性，不合理的结构不仅影响装配性能和精度的设计要求，而且会给装配、修理、操作带来困难。

① 轴肩端面与孔的端面相贴合时，孔边要倒角、或轴根切槽。如图 10.5(a)和(b)所示，而图 10.5(c)的错误在于端面无法靠紧。

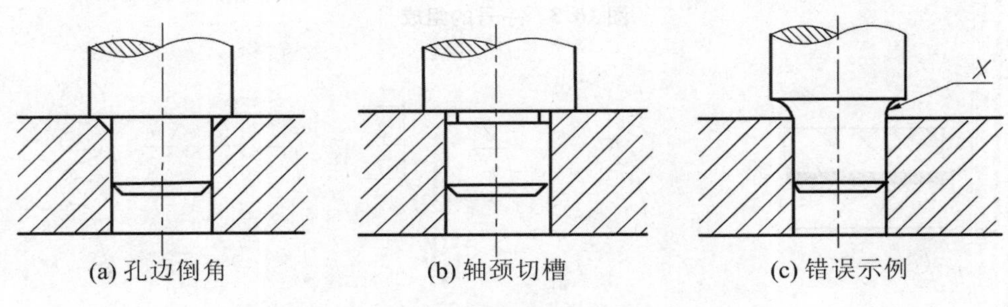

图 10.5 常见装配结构(1)

② 两个零件接触时，在同一方向上接触面只能有一对，如图 10.6 所示。

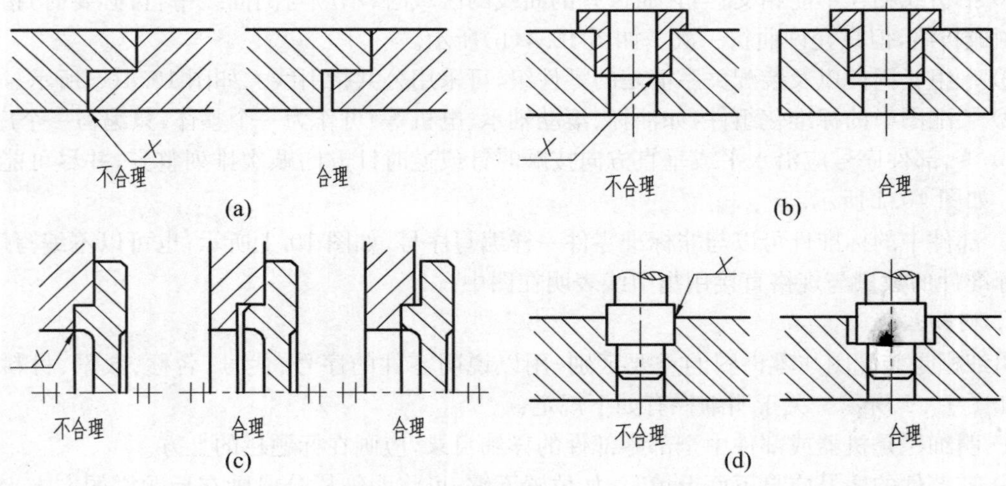

图 10.6 常见装配结构(2)

③ 为了防止机器中的螺纹连接件因机器的运动或震动而产生松脱，造成机器故障或毁坏。因此，应采用必要的锁紧装置。常见的螺纹锁紧装置有：弹簧垫圈锁紧(图 10.7(a))、双螺母锁紧(图 10.7(b))、圆螺母与止退垫圈锁紧(图 10.7(c))等。

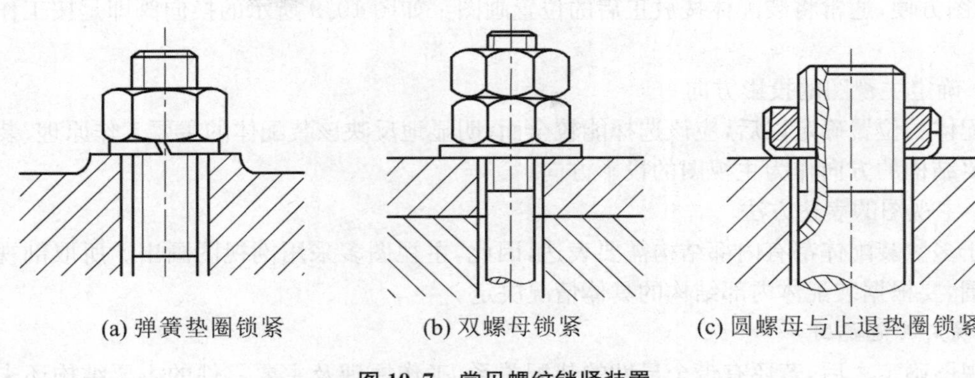

(a) 弹簧垫圈锁紧
(b) 双螺母锁紧
(c) 圆螺母与止退垫圈锁紧

图 10.7 常见螺纹锁紧装置

10.6 装配图的画法

10.6.1 画装配图的方法

1. 分析装配体

在画图以前，必须对所表达部件的功用、工作原理、结构特点、零件之间的装配关系及技术条件等进行分析、了解，以便着手考虑视图表达方案。

如图 10.8 所示的换向阀，换向阀用于流体管路中控制流体的输出方向。在图示情况下，流体从右边进入，因上出口不通，就从下出口流出。当转动手柄，使阀门旋转 180°时，则下出口不通，就从上出口流出。根据手柄转动角度的大小，还可以调节出口处的流量。

图 10.8 换向阀

2. 选择表达方案

装配图的视图选择与零件图一样，应使所选的每一个视图都有其表达的重点内容，并具有独立存在的意义。一般来讲，选择表达方案时应遵循这样的思路：以装配体的工作原理为线索，从装配干线入手，用主视图及其他基本视图来表达对部件功能起决定作用的主要装配干线，兼顾次要装配干线，再辅以其他视图表达基本视图中没有表达清楚的部分，最后达到把装配体的工作原理、装配关系等完整清晰地表达出来。

装配图表达方案的基本要求是：完全、正确、清楚。完全指部件的功用、工作原理、主要结构和零件之间的装配关系要表达完全。正确指表达部件的视图、剖视图、规定画法等表示方法要正确。清楚指图形清楚易懂，便于读图。

3. 确定主视图

(1) 确定装配体的安放位置

装配图应以工作位置和清楚反映主要装配关系的方向作为主视图，以便了解装配体的情况及与其他机器的装配关系，并尽可能反映其工作原理和形状特征。如果装配体的工作位置倾斜，为画图方便，通常将装配体按放正后的位置画图。如图 10.9 所示的换向阀即是按工作位置安放的。

(2) 确定主视图的投影方向

装配体的位置确定以后，应该选择能较全面、明显地反映该装配体的主要工作原理、装配关系及主要结构的方向作为主视图的投影方向。

(3) 主视图的表达方法

由于多数装配体都有内部结构需要表达，因此，主视图多采用剖视图画出。所取剖视的类型及范围，要根据装配体内部结构的具体情况决定。

4. 确定其他视图

主视图确定之后，若还有带全局性的装配关系、工作原理及主要零件的主要结构还未表达清楚，应选择其他基本视图来表达。

基本视图确定后，若装配体上尚还有一些局部的外部或内部结构需要表达，可灵活地选用局部视图、局部剖视或断面等来补充表达。

注意：机器(或部件)上一般都存在一条或几条装配干线，为了清楚地表达这些装配关系，一般都通过装配干线的轴线剖切，画出剖视图。

5. 注意事项

画装配图时应注意以下事项：

① 应从装配体的全局出发，综合进行考虑。特别是一些复杂的装配体，可能有多种表达方案，应通过比较择优选用。

② 设计过程中绘制的装配图应详细一些，以便为零件设计提供结构方面的依据。指导装配工作的装配图，则可简略一些，重点在于表达每种零件在装配体中的位置。

③ 装配图中，装配体的内外结构应以基本视图来表达，而不应以过多的局部视图来表达，以免图形支离破碎，看图时不易形成整体概念。

10.6.2 画装配图的步骤

画装配图之前，先确定图幅，即按照选定的表达方案，根据所画部件的大小，再考虑视图数量、标注尺寸、序号、标题栏、明细栏和注写技术要求所应占的位置，选择绘图比例，确定图幅，然后进行画图。

① 布置视图。画各视图的主要基准线。并注意各视图之间留有适当间隔，以便标注尺寸和进行零件编号。如图 10.9(a)所示。

② 顺着主要装配干线依次画齐零件。如图 10.9(b)所示。按阀体 1—阀门 2 的顺序逐步画出三投影。

③ 画次要装配干线，分别画齐各部分结构。如图 10.9(c)所示。

④ 画剖面线，检查全图。如图 10.9(d)所示。

⑤ 标注尺寸、编写序号、填明细栏、编写技术要求，完成全图。如图 10.9(e)所示。

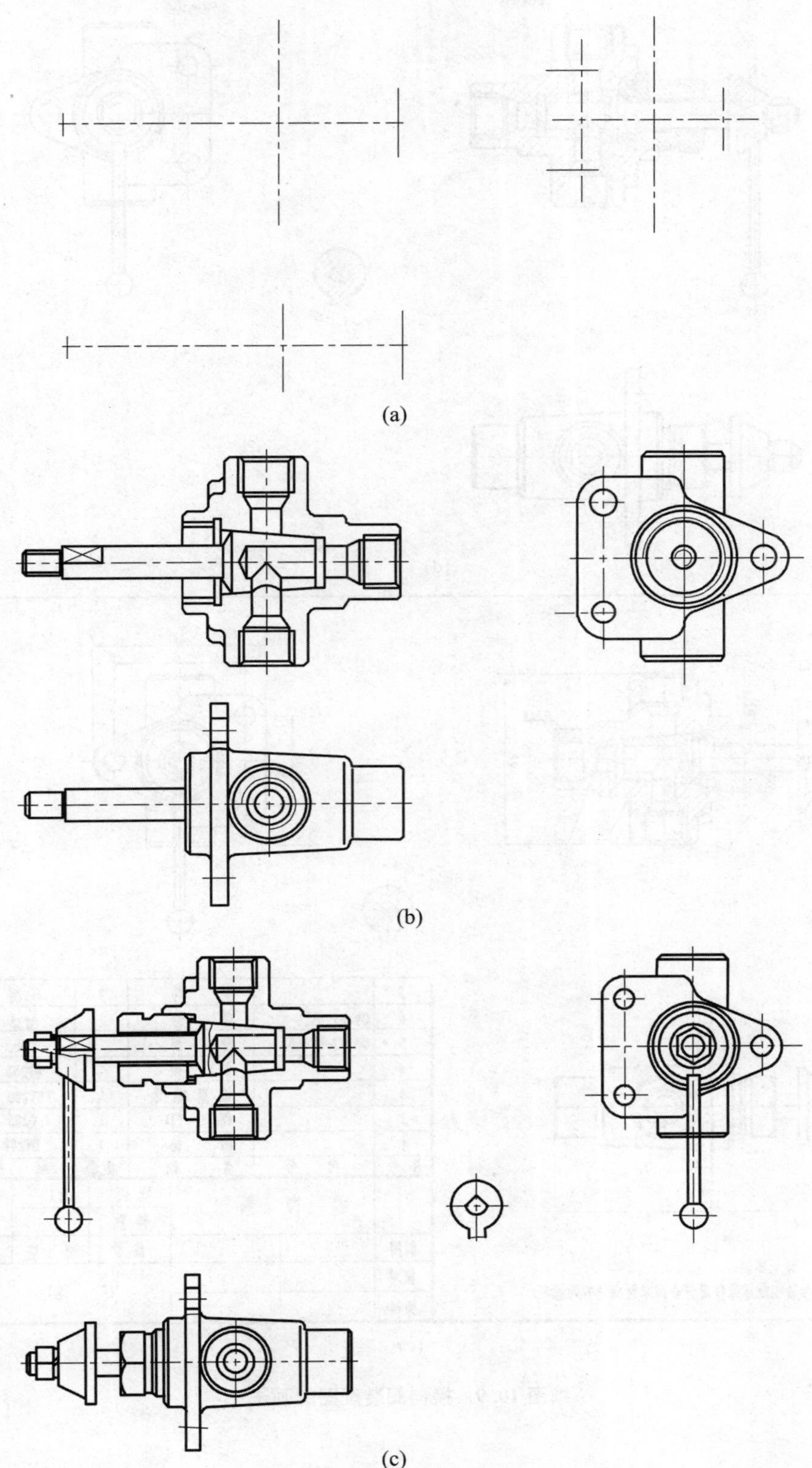

图 10.9　换向阀装配图的画法

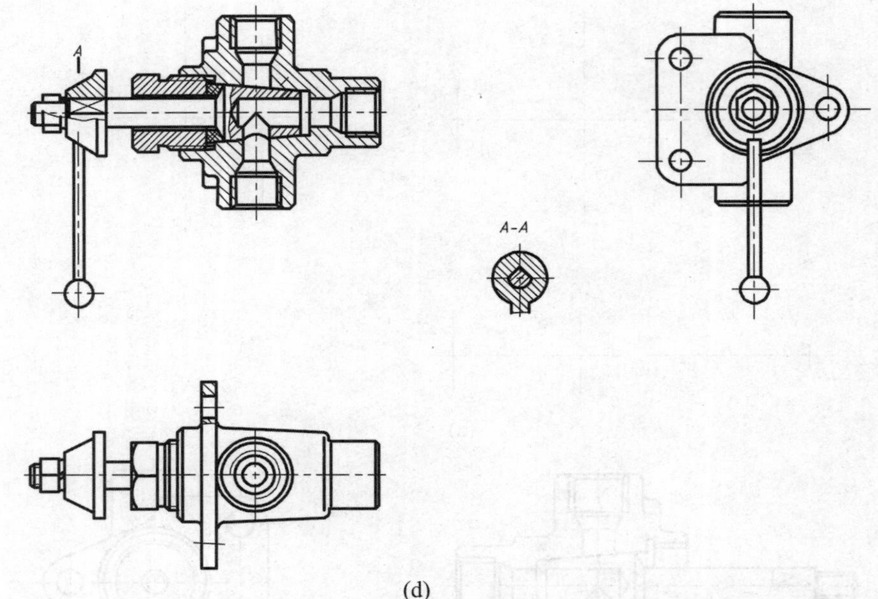

(d)

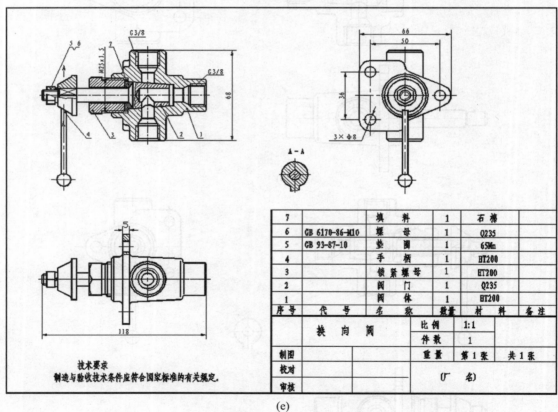

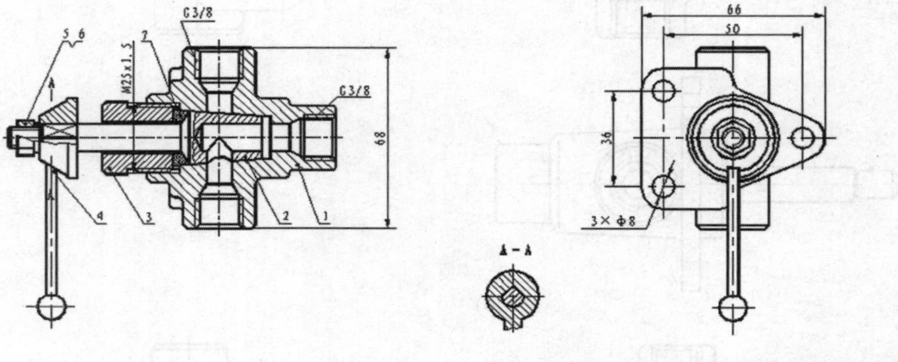

序号	代号	名称	数量	材料	备注
7		填料	1	石棉	
6	GB 6170-86-M10	螺母	1	Q235	
5	GB 93-87-10	垫圈	1	65Mn	
4		手柄	1	HT200	
3		锁紧螺母	1	HT200	
2		阀门	1	Q235	
1		阀体	1	HT200	

换向阀		比例	1:1	
		件数	1	
制图		重量	第1张	共1张
校对		(厂名)		
审核				

技术要求

制造与验收技术条件应符合国家标准的有关规定。

(e)

续图 10.9 换向阀装配图的画法

10.7　看装配图及由装配图拆画零件图

10.7.1　看装配图及由装配图拆画零件图的步骤和方法

1. 概括了解

① 看标题栏了解部件的名称，对于复杂部件可通过说明书或参考资料了解部件的构造、工作原理和用途。

② 看零件编号和明细栏，了解零件的名称、数量和它在装配图中的位置。

③ 分析各视图的名称及投影方向，弄清剖视图、断面图的剖切位置，从而了解各视图的表达意图和重点。

另外，浏览一下所有视图、尺寸和技术要求，初步了解该装配图的表达方法及各视图间的大致对应关系，以便为进一步看图打下基础。

2. 了解装配关系和工作原理

分析装配体的工作原理，分析装配体的装配连接关系，分析装配体的结构组成情况及润滑、密封情况，分析零件的结构形状。对照视图，将零件逐一从复杂的装配关系中分离出来，想出其结构形状。分离时，可按零件的序号顺序进行，以免遗漏。标准件、常用件往往一目了然，比较容易看懂。轴套类、轮盘类和其他简单零件一般通过一个或两个视图就能看懂。对于一些比较复杂的零件，应根据零件序号指引线所指部位，分析出该零件在该视图中的范围及外形，然后对照投影关系，找出该零件在其他视图中的位置及外形，并进行综合分析，想象出该零件的结构形状。

3. 分析零件，看懂零件的结构形状

先分析主要零件，然后分析其他零件。从表达零件最清楚的视图入手，利用零件序号和剖面线的方向及疏密度，分离出零件在各视图中的投影轮廓，结合零件的功用及其与相邻零件的装配连接关系，想象出零件的结构形状。

对照投影关系时，借助三角板、分规等工具，往往能大大提高看图的速度和准确性。

4. 由装配图拆画零件图

由装配图拆画零件图，是将装配图中的非标准零件从装配图中分离出来画成零件图的过程，这是设计工作中的一个重要环节。拆画零件图一般有两种情况，一种情况是装配图及零件图从头到尾均由一人完成。在这种情况下拆画零件图一般比较容易，因为在设计装配图时，对零件的结构形状已有所考虑。另一种情况是，装配图已绘制完毕，由他人来拆画零件图，这种情况下拆画零件图，难度要大一些，这就必须要在读懂装配图的基础上即理解别人设计意图的基础上才能进行。我们这里主要讨论第二种情况下的拆画零件图工作。

拆画零件图的步骤及注意事项：

(1) 分离零件

按读装配图的要求，看懂部件的工作原理、装配关系和零件的结构形状，将零件分离出来。

(2) 确定表达方案

要根据零件的结构形状确定零件的视图表达方案,而不能盲目照抄装配图的表达方法。要从零件的整体结构形状出发选择视图。

(3) 补全投影和确定形状

在画零件图时,对分离出的零件投影轮廓,补全被其他零件遮挡的图线,想象该零件的整体形状。

在装配图中允许不画的零件的工艺结构如倒角、圆角、退刀槽等,在零件图中应全部画出。对于装配图中表达不完全的结构,应根据零件的功用及与相邻零件的装配连接关系确定结构形状。

(4) 标注零件图上的尺寸

根据零件的作用及装配连接关系,选择尺寸基准,并确定主要尺寸。在尺寸标注时,需要注意的是:

① 装配图上标注的尺寸。装配图上注出的尺寸都是重要尺寸,直接标注到零件图上。

② 查标准确定的尺寸。零件中标准结构的尺寸、与标准件直接配合的零件结构尺寸应从有关标准中查出后标注标准数字。

③ 需要计算的尺寸。例如,齿轮齿顶圆直径等应依据模数、齿数计算出来并标注。

④ 在装配图上直接量取的尺寸。其余在装配图上未注明的尺寸,应从装配图中按比例量取,并注意与相关零件的尺寸协调,圆整为整数。

(5) 技术要求

零件的表面粗糙度、尺寸公差、形位公差等的确定,要根据该件在装配体中的功用,以及该件与相关件的关系来确定。零件的其他技术要求,可用文字注写在"技术要求"标题下。

上述读装配图的方法和步骤仅是一个概括的说明。实际读图时,几个步骤往往是平行或交叉进行的。因此,读图时应根据具体情况和需要灵活运用这些方法,通过反复的读图实践,便能逐渐掌握其中的规律,提高读装配图的速度和能力。

10.7.2 看装配图及由装配图拆画零件图举例

10.7.2.1 看齿轮油泵装配图

图 10.10 是齿轮油泵装配图。

1. 概括了解

齿轮油泵是液压传动和润滑系统中常用的部件,由 18 种零件组成,用 2 个视图表达,属中等复杂程度部件。齿轮油泵用于小型机床的润滑系统,它将油箱中的润滑油送到小型机床上有关运动部件需要润滑的部位。

主视图采用全剖视图,主要表达轴、齿轮等各个零件间的装配连接关系。左视图在采用沿着垫片 1 与泵体 2 的结合面剖切产生的半剖视图 *B-B* 的基础上,又在吸油口、出油口画了一处局部剖视图,清楚地表达了泵体的外形、两齿轮的啮合情况及吸油、出油的工作原理,还表达了吸油口、出油口的情况。齿轮油泵长、宽、高 3 个方向的外形尺寸分别为 185、132、168。

2. 了解装配关系和工作原理

如图 10.10 所示,泵体 3 是齿轮油泵中的主要零件之一。在泵体内腔装有两个齿轮,动力通过主动齿轮轴 12 上的齿轮 6,传递给主动齿轮轴,并带动从动齿轮轴 4 旋转,使右边吸油腔形成部分真空，润滑油被吸入并充满齿轮的齿槽间，由于齿轮的旋转，润滑油沿着壳壁被带到左边出油腔内，由于齿轮啮合使齿槽内润滑油被挤压，从而产生高压油输出。填料 11、垫片 2 起密封防漏作用。垫片调节齿轮两侧面间隙的大小。泵体上的吸油口和出油口均用管螺纹与输油管相连。如图 10.11 所示。

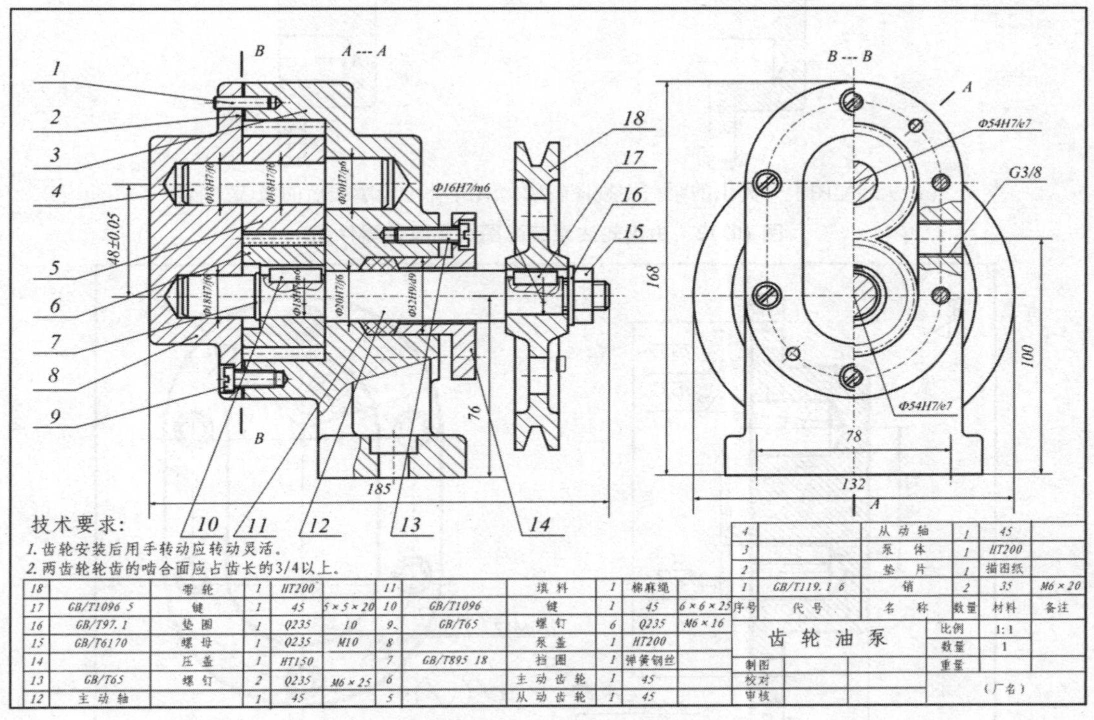

技术要求：

1. 齿轮安装后用手转动应转动灵活。
2. 两齿轮轮齿的啮合面应占齿长的3/4以上。

序号	代号	名称	数量	材料	备注
18		带轮	1	HT200	
17	GB/T1096 5	键	1	45	5×5×20
16	GB/T97.1	垫圈	1	Q235	10
15	GB/T6170	螺母	1	Q235	M10
14		压盖	1	HT150	
13	GB/T65	螺钉	2	Q235	M6×25
12		主动轴	1	45	
11		填料	1	棉麻绳	
10	GB/T1096	键	1	45	6×6×25
9	GB/T65	螺钉	6	Q235	M6×16
8		泵盖	1	HT200	
7	GB/T895 18	挡圈	1	弹簧钢丝	
6		主动齿轮	1	45	
5		从动齿轮	1	45	
4		从动轴	1	45	
3		泵体	1	HT200	
2		垫片	1	描图纸	
1	GB/T119.1 6	销	2	35	M6×20

齿轮油泵		比例	1:1
		数量	1
制图		重量	
校对		（厂名）	
审核			

图 10.10　齿轮油泵装配图

3. 分析零件，想象各零件的结构形状，拆画零件图

现以拆画泵盖（序号 8）零件图为例进行分析。由图 10.10 齿轮油泵装配图的主视图可知：泵盖上、下部分别有主动齿轮轴 12、从动齿轮轴 4 轴颈的支承孔，并通过销钉 1 和螺钉 9 和泵体 3 装配在一起。由左视图可知：泵盖的外形为长圆形，沿着周围分布有 2 个圆柱销孔和 6 个沉头螺孔。

拆画泵盖零件图时，先从主视图上分离出泵盖的视图轮廓，由于在装配图的主视图上，泵盖的一部分可见投影被其他零件所遮挡，所以它是一副不完整的图形，如图 10.12(a)所示。根据泵盖的作用和装配关系，在画零件图时，对分离出的泵盖的零件投影轮廓，补全被其他零件遮挡的可见轮廓线，如图 10.12(b)所示。

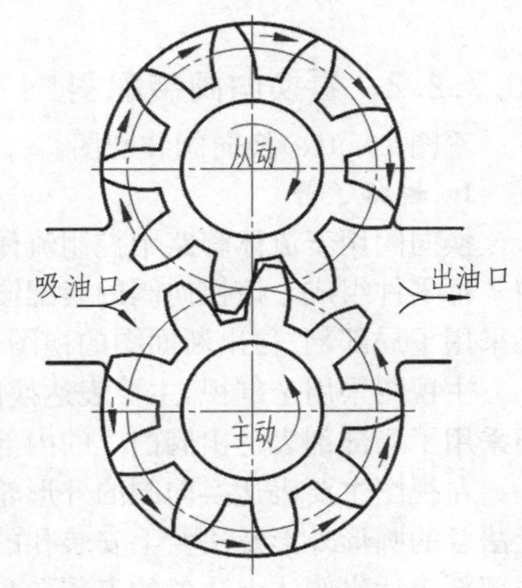

图 10.11　齿轮油泵工作原理

图 10.13 是表达外形的泵盖的零件图，并选择了尺寸基准，标注了尺寸；还写出表面粗糙度、形位公差等技术要求。这张零件图可以完整、清晰地表达该泵盖。

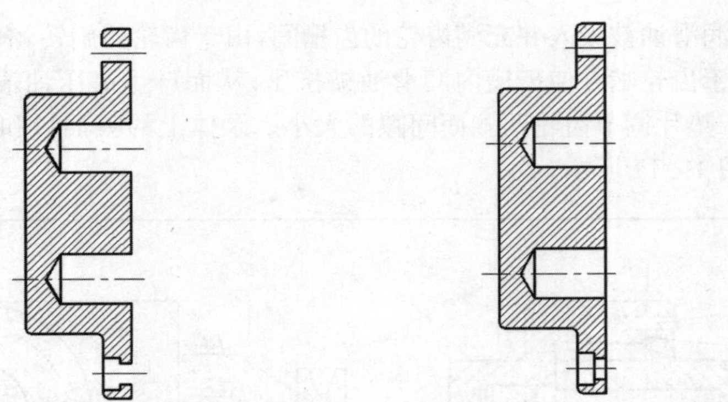

(a) 从装配图上分离出的泵盖主视图轮廓　　(b) 补全轮廓线后的泵盖主视图

图 10.12　由齿轮油泵装配图拆画泵盖零件图

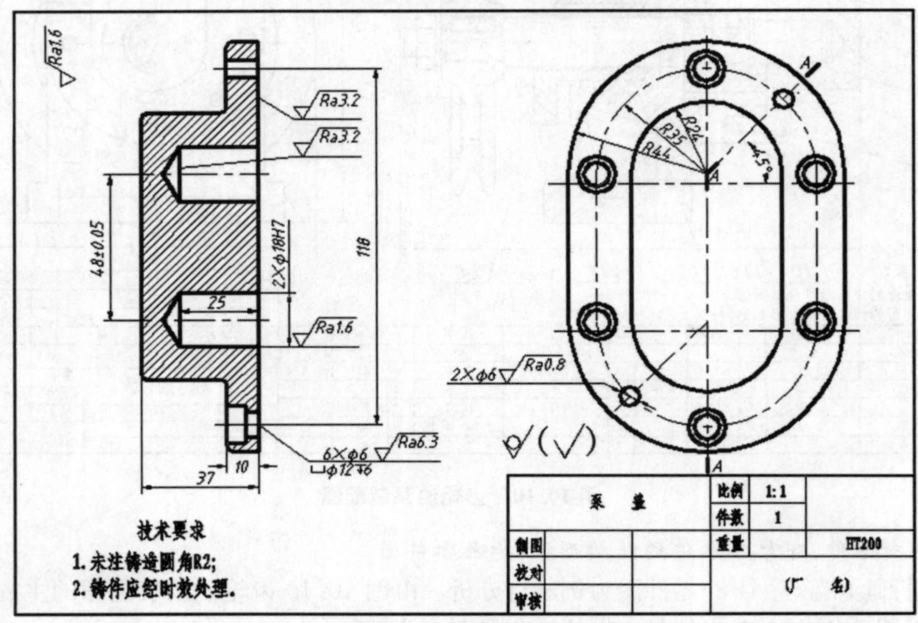

图 10.13　泵盖零件图

10.7.2.2　看换向阀装配图

看图 10.9(e)换向阀装配图。

1. 概括了解

换向阀用于流体管路中控制流体的输出方向，由图 10.9(e)换向阀装配图可知，该换向阀由 7 种零件组成。该换向阀的装配图除了采用主视图、左视图、俯视图表达换向阀的结构情况，还采用了局部剖、移出断面图的视图表达方式。

主视图采用全剖视，主要表达换向阀内部结构情况，反映绝大多数零件的位置及装配关系。还采用了局部剖表达出阀门 2 的内部孔腔。

左视图主要表达换向阀的外形轮廓及阀体 1 与阀门 2、手柄 4 的装配关系，还可看出阀体上法兰的圆形外形及法兰上安装孔的位置。俯视图表达出了整个换向阀的俯视情况，还采用了局部剖表达出阀体上法兰的安装孔和法兰的壁厚。

2. 了解装配关系和工作原理

该换向阀的装配关系和工作原理在本章第 6 节已经介绍，在此不再赘述。

3. 分析零件，想象各零件的结构形状，拆画零件图

现以拆画阀体(序号1)零件图为例进行分析。由图10.9(e)换向阀装配图的主视图可知：阀体的上端、下端和右端各有一个内螺纹孔，内部有个用以安装阀门的通孔，阀体左端与锁紧螺母2相连。由左视图可知阀体的外形，在外部分布有3个圆柱孔。

拆画阀体零件图时，先从主视图上分离出泵盖的视图轮廓，由于在装配图的主视图上，阀体的一部分可见投影被其他零件所遮挡，所以它是一幅不完整的图形，如图10.14(a)所示。根据阀体的作用和装配关系，在画零件图时，对分离出的阀体的零件轮廓进行投影，补全被其他零件遮挡的可见轮廓线，如图10.14(b)所示。

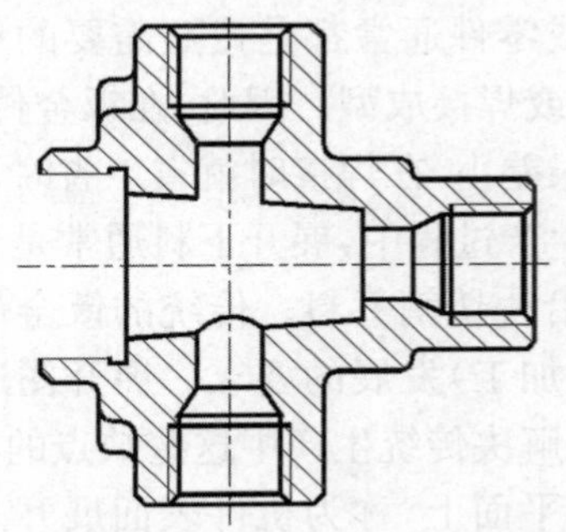

(a) 从装配图上分离出的阀体主视图轮廓

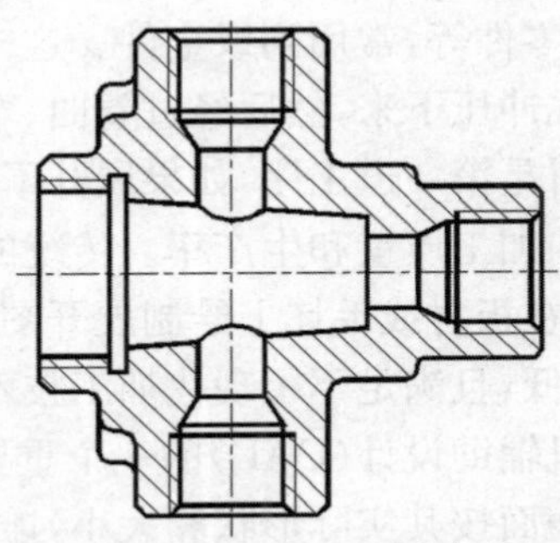

(b) 补全轮廓线后的阀体主视图

图10.14 由换向阀装配图拆画阀体零件图

图10.15是表达外形的阀体的零件图，并选择了尺寸基准，标注了尺寸；还写出表面粗糙度、形位公差等技术要求。这张零件图可以完整、清晰地表达该阀体。

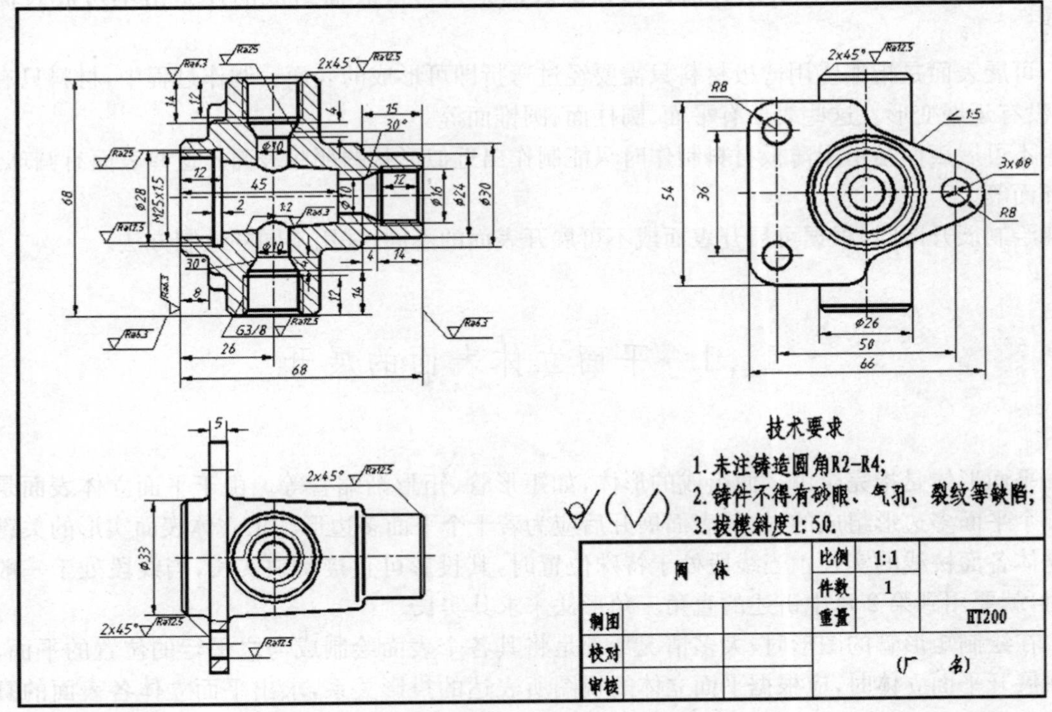

图10.15 阀体零件图

第 11 章　表面展开图

在现代工业生产中，许多工业设备和零件都是由薄板材料制造的，如防护罩、通风管道、容器、小的支架零件等，常用到钣金件。这样的设备或零件通常都是按照需要的形状先从薄板上将材料裁剪或冲压下来，然后经过卷曲、弯折、扣合或焊接成型。因此，在钣金件的加工过程中，如果展开下料是第一道工序，如果展开下料精确、误差小，在焊接时就省工省时、降低材料消耗、提高钣金件的加工质量和生产率。传统的钣金件生产过程中，展开下料通常是人工采用作图法或划线法，先在板材或毛坯上绘制展开图，然后再沿线切割下料。传统的钣金件展开下料方法误差大、效率低，且满足不了现代加工技术（如数控加工）发展的要求。展开图通过计算机辅助绘图是计算机辅助设计（CAD）的一个重要方面，是解决传统生产中这些缺点的有效手段。

将机件表面按其实际形状和大小，摊平在一个平面上，称为机件表面展开。展开后所得到的平面图形，称为该机件表面的展开图。画展开图的实质就是根据立体的投影图，求出立体表面展开后的实形。求立体表面展开后实形的方法有图解法和计算法两种。图解法是根据展开原理得到的，关键是求线段的实长和曲线的展开长度，而计算法是用解析计算代替图解法中的展开作图过程。在计算机辅助设计中，也可以通过展开程序展开设计的零件。

在绘制展开图之前，必须分清该形体的表面是由可展表面组成的还是由不可展表面组成的。

可展表面是指那些用薄板材料只需要经过弯折即可形成的表面。制作过程中，材料只有弯折，没有延展变形。这些表面有平面、圆柱面、圆锥面等。

不可展表面是指用薄板材料制作时只能制作出近似形状的那些表面。这些表面有圆球面、圆环面等。

绘制展开图时，根据可展开表面或不可展开表面的不同，采用不同的绘制方法。

11.1　平面立体表面的展开

平面形体是指完全由平面组成的形体，如矩形管、矩形渐缩管等。由于平面立体表面是由若干个平面多边形组成的，故其表面展开后应为若干个平面多边形。求立体表面实形的关键是求立体各面棱线的实长。当线段处于特殊位置时，其投影可直接反映实长，当线段处于一般位置时，就要用到第 2 章中讲述的直角三角形法来求其实长。

在绘制矩形管的图形时，大多情况下都是将其各个表面绘制成与之平行的位置的平面，因此在展开平面立体时，应根据平面立体的视图所表达的投影关系，求出平面立体各表面的真实形状和大小，将各块表面的实际形状依次排列在材料上，并依次地画出在同一平面上，即可完成矩形管的展开图。

矩形渐缩管的形状大致上像一只斗，进、出口端面可能有倾斜情况。

11.1.1　棱柱表面的展开

棱柱管的各条棱线相互平行，如果从某棱线处断开，然后将棱面沿着与棱线垂直的方向打开并依次摊平在一个平面内，就得到了棱柱管的展开图。这种绘制展开图的方法称为平行线法。作图时应当求出各条棱线之间的距离和棱线的各自实长，并且展开后各棱线仍然保持互相平行的关系。

例 11.1　作斜口直立四棱柱管的展开图（图 11.1）。

分析　从图 11.1 可以看出，四棱柱的 4 条棱线均为铅垂线，其正面投影反映了棱线的实长；下底面 $ABCD$ 为水平面，其水平投影反映了实形。因为棱线垂直于下底面，所以棱线必然垂直于下底面的 4 条边，则棱线之间的距离就是下底面四边形的边长，并且展开后下底面的 4 条边成一直线。

作图　① 选棱线 AE 为基准棱线，确定 AE 在展开图中的位置，且取 $AE=a''e''$，$ab=a''b''=10$。如图 11.1 所示。

② 过 A 点作棱线 AE 的垂直线，且在该垂直线上截取线段 $AB=ab$，$BC=bc$，$CD=cd$，$DA=da$，得 B、C、D、A 点。

③ 过 B、C、D、A 点分别作直线平行于棱线 AE，并分别截取线段 $BF=b'f'$，$CG=c'g'$，$DH=d'h'$，$AE=a'e'$，得 F、G、H、E 点。

④ 依次连接 E、F、G、H、E 各点，即得到斜口直立四棱柱管的展开图，如图 11.1 所示。

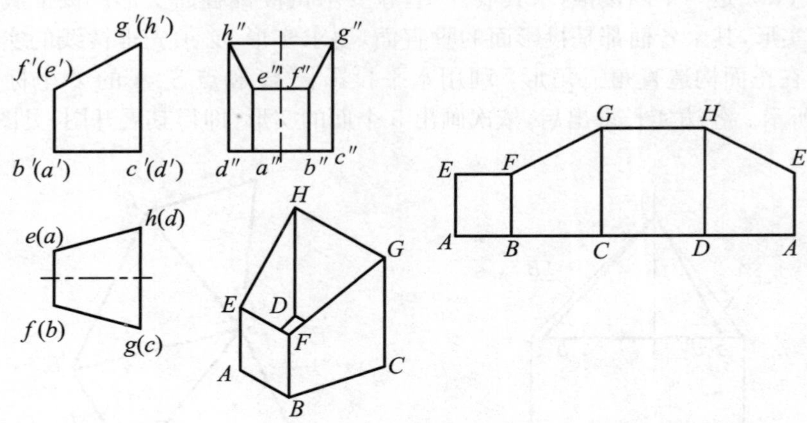

图 11.1　斜口直立四棱柱管的展开图

例 11.2　作斜口直立四棱柱管的展开图（图 11.2）。

分析　斜三棱柱各上下底面为相同的水平面内的三角形，侧面是平行四边形，如图 11.2(a)所示。上下底面实形已知，各侧面棱线为正平线，正面投影反映实长。但是平行四边形仅知四边实长，其形状仍然是不可确定的，因此沿对角线将其分解为两个三角形，求出三角形的实形，再拼合成平行四边形。

作图　① 将 3 个侧面分解为三角形，分别作 3 个侧面的对角线 $AE(ae,a'e')$、$BF(bf,b'f')$、$CD(cd,c'd')$。如图 11.2 所示。

② 求出各对角线实长。利用水平投影长和 Z 坐标差构造直角三角形求解。

③ 依次画出各三角形的实形。画时充分利用平行直线展开仍为平行这一性质，可以提高作图速度和准确性。

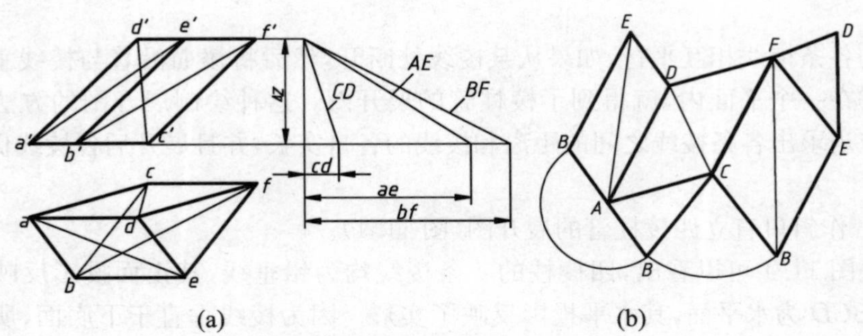

图 11.2 斜三棱柱的表面展开图画法

11.1.2 棱锥表面的展开

棱锥管的所有棱线汇交于锥顶，因此在求作棱锥管的展开图时，首先应确定各条棱线的实长及其相互之间的夹角，或者求出底面多边形每边的实长，即得各棱面的实形，依次将其展开在一个平面内。由于各条棱线汇交于一点，这种求作展开图的方法称为放射线法。

例 11.3 求作四棱锥的表面展开图(图 11.3)。

分析 图 11.3 是一个四棱锥，求其展开图，就要求得棱锥各面实形。棱锥底面是水平面，水平投影反映实形，其余各面都是投影面的垂直面，要求实形，必须先求棱线的实长。例如，求 SA 的实长，可在正面构造直角三角形，利用水平投影长 sa 和点 S、A 的 Z 坐标差求得实长。如图 11.3(a)所示。各边实长求出后，依次画出 5 个面的实形，即得其展开图，见图 11.3(b)。

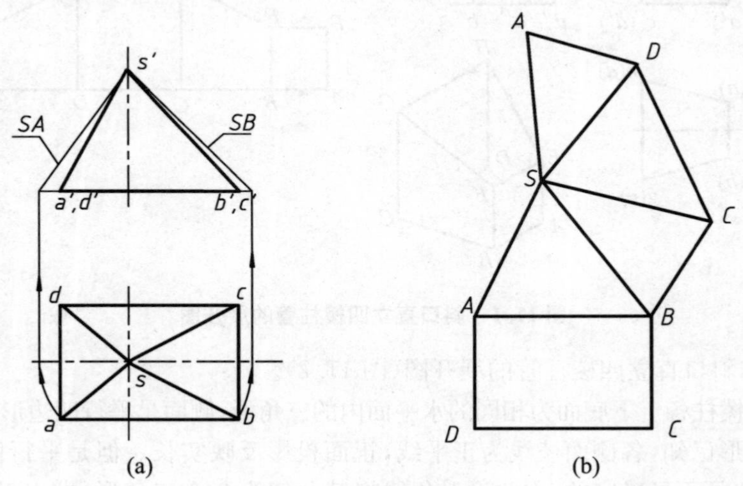

图 11.3 四棱锥的表面展开图画法

例 11.4 作截头三棱锥的表面展开图(图 11.4)。

分析 图 11.4 是三棱锥被正垂面截切，求其展开图应首先画出完整的锥面展开图，然后在展开图上找到各棱线与截平面交点的位置，再连接起来即可。

三棱锥的底面是水平面，实形由俯视图可直接得到。各侧面棱线均为一般位置直线，需要求实长。由于各棱线的 Z 坐标差均相等，为简化作图，可将 3 个求实长的直角三角形叠在一起画。正垂面与各棱线的交点 E、F、G 在求实长三角形中反映实长的边 S_0A_0、S_0B_0、S_0C_0 上的位置可以利用定比性求得，为 E_0、F_0、G_0 点。

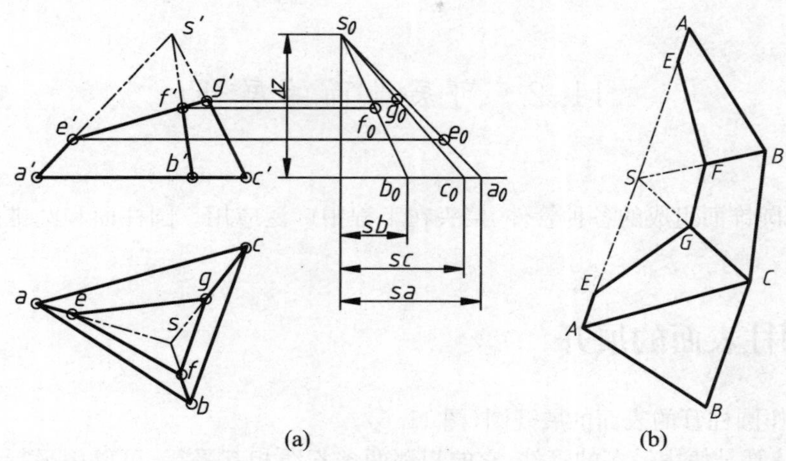

图 11.4　截头三棱锥的表面展开图画法

例 11.5　求作四棱锥管表面的展开图(图 11.5)。

分析　该机件可以看成是由四棱锥截割而成的四棱锥台。其上下底面为水平面，其水平投影反映底面多边形各边的实长，而四条棱线的实长可以利用直角三角形法或旋转法求得，因而可以求出各棱面的实形，然后依次将棱面展开在一个平面内，即得到其展开图。

作图　如图 11.5 所示。① 在主视图上求出棱线交点的投影 s' 及其水平投影 s，在 $b'c'$ 的延长线上量取 $OA_1=sa$，由 O 点作垂直线与过 s' 的水平线交于 S_1，S_1A_1 即为四棱锥棱线的实长。

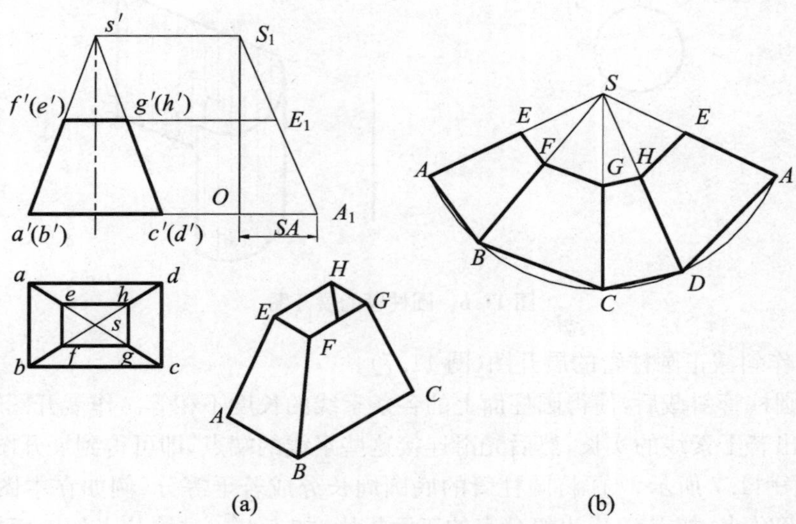

图 11.5　四棱锥管表面的展开图

② 由 e' 作水平线交 S_1A_1 于 E_1，则 A_1E_1 即为四棱锥管的棱线的实长。

③ 以 S 点为圆心，以 S_1A_1 为半径作圆弧，在该圆弧上截取弦长 $AB=ab$，$BC=bc$，$CD=cd$，$DA=da$，并将 A、B、C、D、A 各点与 S 点连线，得到四棱锥的展开图。

④ 以 S 为圆心，S_1E_1 为半径作圆弧交棱锥各棱线于 E、F、G、H、E 各点，依次连各点，即得四棱锥管的展开图，如图 11.5(b)所示。

11.2 可展曲面的展开

由圆柱面、圆锥面组成的各种管件、接头在工程中广泛应用。圆柱面和圆锥面属于直纹曲面，为可展曲面。

11.2.1 圆柱表面的展开

例 11.6 作圆柱管的表面的展开图(图 11.6)。

分析 圆柱管是使用最多的管件，它的相邻两条素线相互平行，可以用平行线法作出其展开图。它的展开图是一个矩形，矩形的一直角边是圆面的展开线，即长度等于圆面周长的直线；另一直角边是圆柱管面上的某一素线，其长度等于圆柱管的高。正圆柱管的展开图如图 10.6 所示。

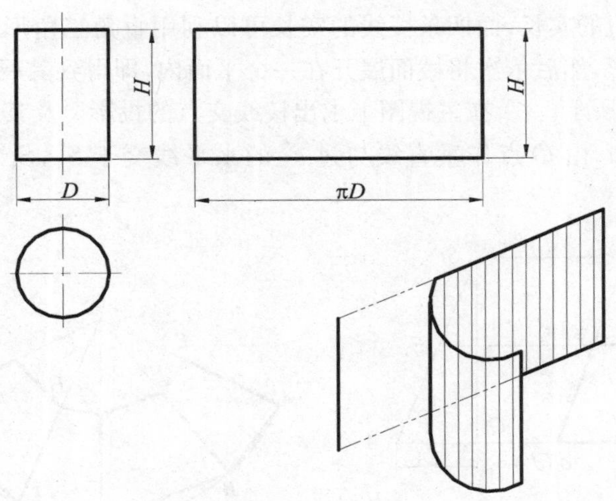

图 11.6 圆柱管的展开图

例 11.7 作斜截正圆柱管的展开图(图 11.7)。

分析 正圆柱管斜截后，使得圆柱面上的各条素线的长度不相等。作展开图时应根据视图的投影关系求出若干素线的实长，然后光滑连接这些素线的端点，即可得到展开图。

作图 如图 11.7 所示。① 将圆柱管的底圆周长分成若干等分(例如在本图中分为 12 等分)，得到若干等分点，如点 2；求出等分点的正面投影，如点 2′；过等分点的正面投影作相应的素线，即得到素线的实长，如 2′c′。

② 将圆周长展开成直线，其长度为 πD，并取同样的等分(例如在本图中的 12 等分)，得到等分点，如点 2；过这些等分点作该直线的垂直线，得到圆柱面展开后的各素线的位置线，如 $2C$。

③ 把斜截正圆柱管的正面投影上各素线的实长移至展开图上，得到相应素线的端点，如素线 $2C$ 的端点 C。

④ 依次光滑连接各素线的端点，即得到斜截正圆柱管的展开图。

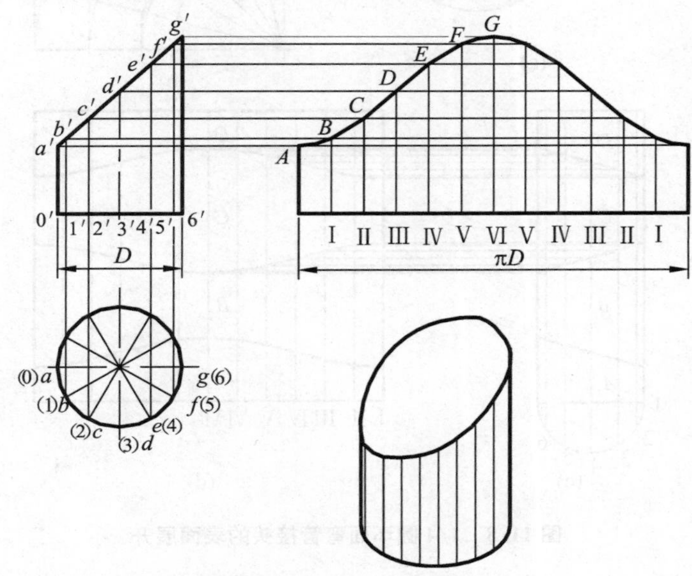

图 11.7　斜截正圆柱管的展开图

例 11.8　作等径直角弯管的表面展开图(图 11.8)。

分析　如图 11.8(a)所示弯管，用来连接等径两互相垂直的圆管。为了简化作图和节约材料，工程上常采用多节斜口圆管拼接而成一个直角弯管来展开。本例所示弯管由四节斜口圆管组成。中间两节是两面斜口的全节，端部两节是一个全节分成的两个半节，由这四节可拼接成一个直圆管，如图 11.8(b)和图 11.8(c)所示。根据需要直角弯管可由 n 节组成，此时应有$(n-1)$个全节，各节斜口角度 α 可用公式计算：$\alpha=90°/2(n-1)$(本例弯管由 4 节组成，$\alpha=150°$)。

弯头各节斜口的展开曲线可按上例斜口圆管展开图的画法作出，如图 11.8 所示。在实际生产中，若用钢板制作弯管，不必画出完整的弯管正面投影，只需要求出斜口角度，画出下端半节的展开图，再以它为样板画出其余各节的下料曲线。

例 11.9　作等径三通管的表面展开图(图 11.9)。

分析　等径三通管实际上为相贯体，画等径三通管的展开图，应该首先确定相贯线，然后以相贯线为界限，将它划分为两个圆柱管的切割体，再按基本体的展开方法作出各自的展开图。由于两个圆柱管的轴线都平行于正面，它们的表面素线的正面投影都反映实长，所以可以按照图 11.9 的方法画出它们的展开图。

作图　如图图 11.9 所示。① 求出相贯线的投影。两圆柱管垂直正交且直径相等，因此，相贯线的正面投影为互相垂直的两线段。

② 作正立圆柱管Ⅰ的展开图，方法同例 11.6 的作图原理。

③ 作水平圆柱管Ⅱ的展开图，方法同图 11.6 所示。然后求出相贯线点的位置，依次光滑

地将各相贯线点连线，就可以得到相贯线所围成的孔的展开图。

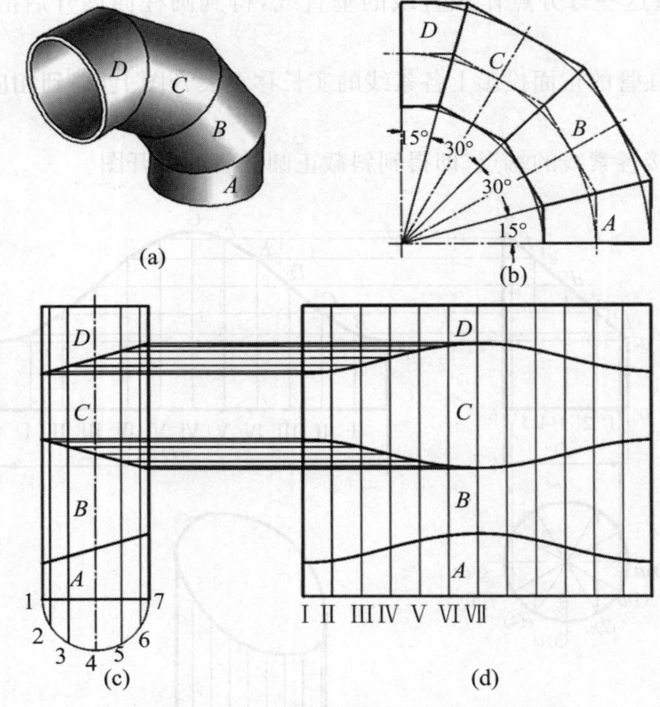

图 11.8　1/4 圆环面弯管接头的表面展开

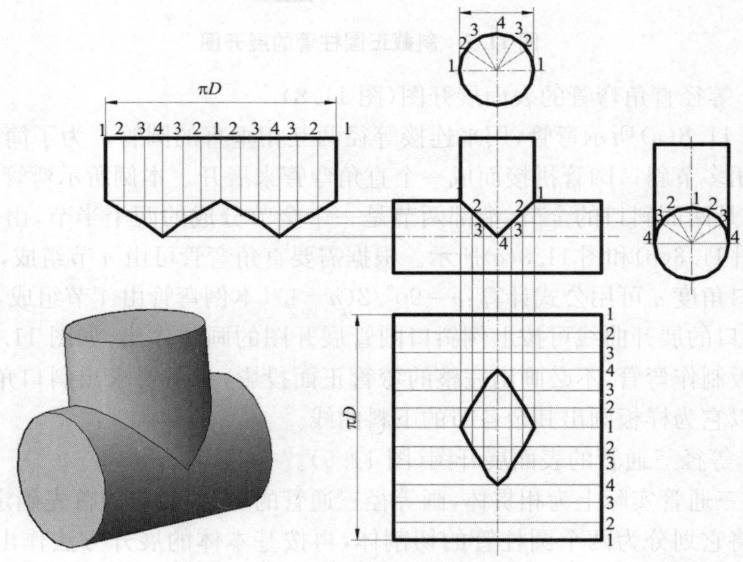

图 11.9　等径三通管的表面展开图

例 11.10　作异径正三通管的表面展开图(图 11.10)。

分析　如图 11.10 所示，异径直角三通管的大小两个圆管的轴线是垂直相交的。图 11.10(b)画出了它们正面和侧面投影。为了简化作图，往往不画水平投影，而把小圆管水平投影的圆分别用半个圆画有正面和侧面投影上。作展开图时，必须先在视图上准确地画出两圆管的相贯线，然后分别作出大、小圆管的展开图。具体作图步骤如下：

1. 作两圆管的相贯线

画相贯线的作图方法与步骤可以参考前面有关章节。这里介绍一种方法，其实质就是前面所述的辅助平面法，这种方法作图紧凑，实际工作中应用较多。

作图　① 将小圆管的半圆分成 6 等分，并标出相应符号（注意正面投影和侧面投影符号的编写次序）。

② 作小圆管相应的等分素线。

③ 侧面投影上等分素线与大圆管的圆交于点 1″、2″、3″、4″，由这些点分别作水平线，在 V 面投影上与相应的等分素线交于点 1′、2′、3′、4′，用光滑曲线连接各点，即为所求相贯线的正面投影。

2. 作展开图

作图　① 小圆管展开，与前述斜口圆管展开方法相同，如图 11.10 所示。

② 大圆管展开，主要是求相贯线展开后的图形。先将大圆管展开成一个矩形，其边长分别为大圆管的长度和周长。然后作一水平对称线 11 为大圆管最高素线的展开位置，在矩形的垂直边上，在所作水平线的上下量取 12＝弧长 1″2″，23＝弧长 2″3″，34＝弧长 3″4″（可取弦长近似代替弧长），过 1、2、3、4 各点作水平线，与过正面投影图上 1′、2′、3′、4′各点向下所引铅垂线相交，得相应交点Ⅰ、Ⅱ、Ⅲ、Ⅳ。光滑连接这些点，即得相贯线展开后的图形，如图 11.10 所示。

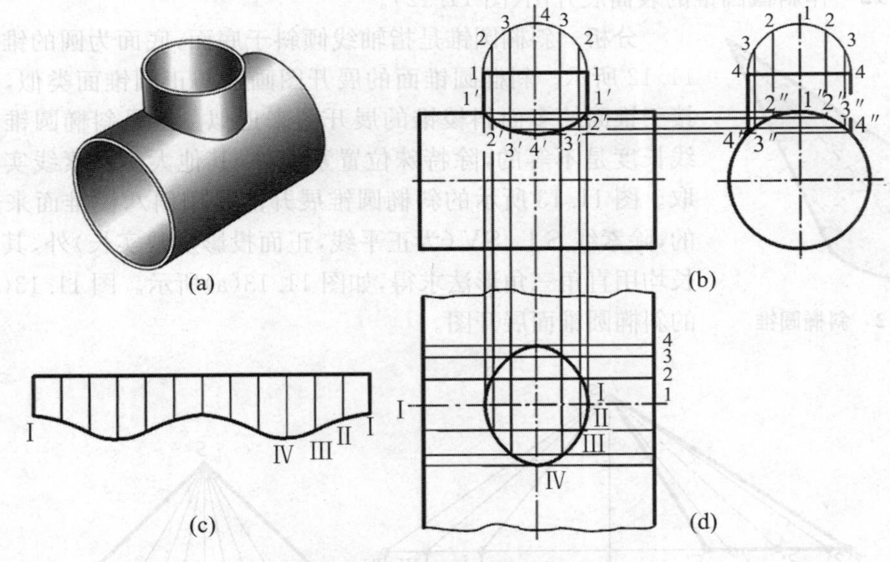

图 11.10　异径直角三通管的表面展开图

在实际生产中，也常常只将小圆管展开，弯成圆管后，定位在大圆管上划线开口，最后把两管焊接起来。

11.2.2　圆锥表面的展开

例 11.11　作圆锥的表面展开图（图 11.11）。

分析　由于圆锥面上所有素线汇交于锥顶，所以可用放射线法求作圆锥管件的展开图。正圆锥面展开后为扇形,用计算方法可求出该扇形的直线边等于圆锥素线的实长,扇形的弧长等于底圆的周长 πD,中心角为 $\alpha=180°\dfrac{D}{L}$,如图 11.11 所示。

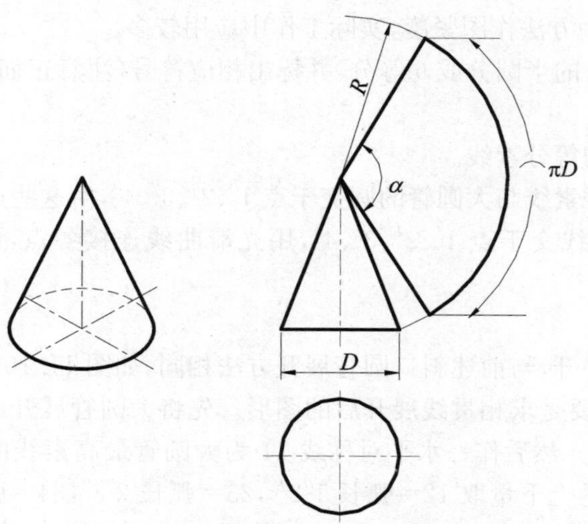

图 11.11 正圆锥管的展开图

例 11.12 作斜截圆锥的表面展开图(图 11.12)。

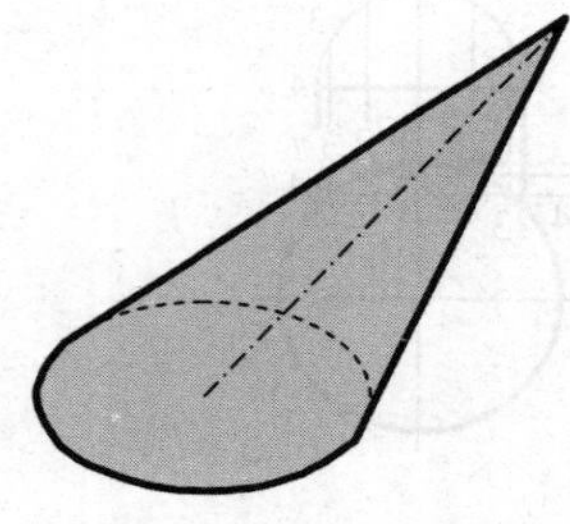

图 11.12 斜椭圆锥

分析 斜椭圆锥是指轴线倾斜于底面,底面为圆的锥体。如图 11.12 所示。斜椭圆锥面的展开图画法与正圆锥面类似,也是用内接于锥面的多面斜棱锥的展开图来近似。但是斜椭圆锥面上的素线长度是不等的,除特殊位置素线外,其他大多数素线实长需要求取。图 11.13 所示的斜椭圆锥展开图是用斜八棱锥面来近似表示的,除素线 SⅠ、SⅤ(为正平线,正面投影反映实长)外,其余素线实长均用直角三角形法求得,如图 11.13(a)所示。图 11.13(b)为完成的斜椭圆锥面展开图。

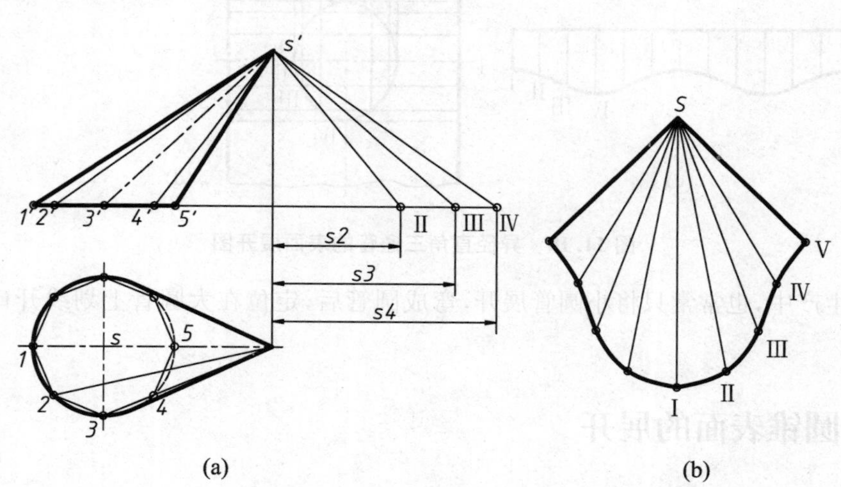

图 11.13 斜椭圆锥面展开图

例 11.13 作斜截圆锥管的展开图(图 11.14)。

分析 斜截圆锥管的展开图为正圆锥展开图的一部分。因此,应该首先作出正圆锥的展开图,然后求出切口平面与正圆锥面各素线的交点,再确定这些点在相应素线实长上的真实位置,得到被截素线的实长,依次连接这些素线的端点,即可得到所要求作的展开图。

作图 如图 11.14 所示。① 求出锥顶的正面投影 s',作出正圆锥面的展开图。

② 用旋转法求出被截去素线的实长,例如素线 SⅡ 被截去的素线长度为 SB。

③ 以 s'为圆心,以被截去素线的实长为半径画圆弧,与相应的正圆锥素线相交可得到若干交点,例如 $A,B,C,\cdots$,依次光滑连接这些交点,即可得到斜截正圆锥管的展开图。

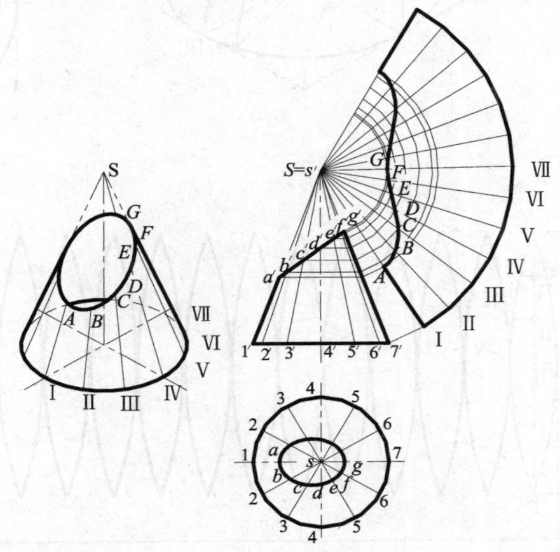

图 11.14 斜截圆锥管的表面展开图

11.3 不可展曲面的近似展开

曲面中的扭曲面、曲纹曲面及不规则曲面等都属不可展曲面。生产中可用近似的方法画出其表面的展开图,将不可展表面分解为若干小块,使每一小块接近于可展表面(如平面、柱面或锥面),然后按照可展表面的方法进行展开。

11.3.1 圆球面的近似展开

圆球面的展开方法常用的有两种:近似柱面法和近似锥面法。

1. 近似柱面法

近似柱面法是用柱面代替局部球面,以直线段代替球表面的圆弧线段。首先将球面等分成若干瓣,如图 11.15(a)所示,将其中的每一瓣都用一个和该瓣所在球面相外切的正圆柱面来近似,图 11.15(b)示出了与上半球面上某个瓣相外切的假想圆柱面,用这部分柱面的展开图来近似表示这一处球瓣的展开图。

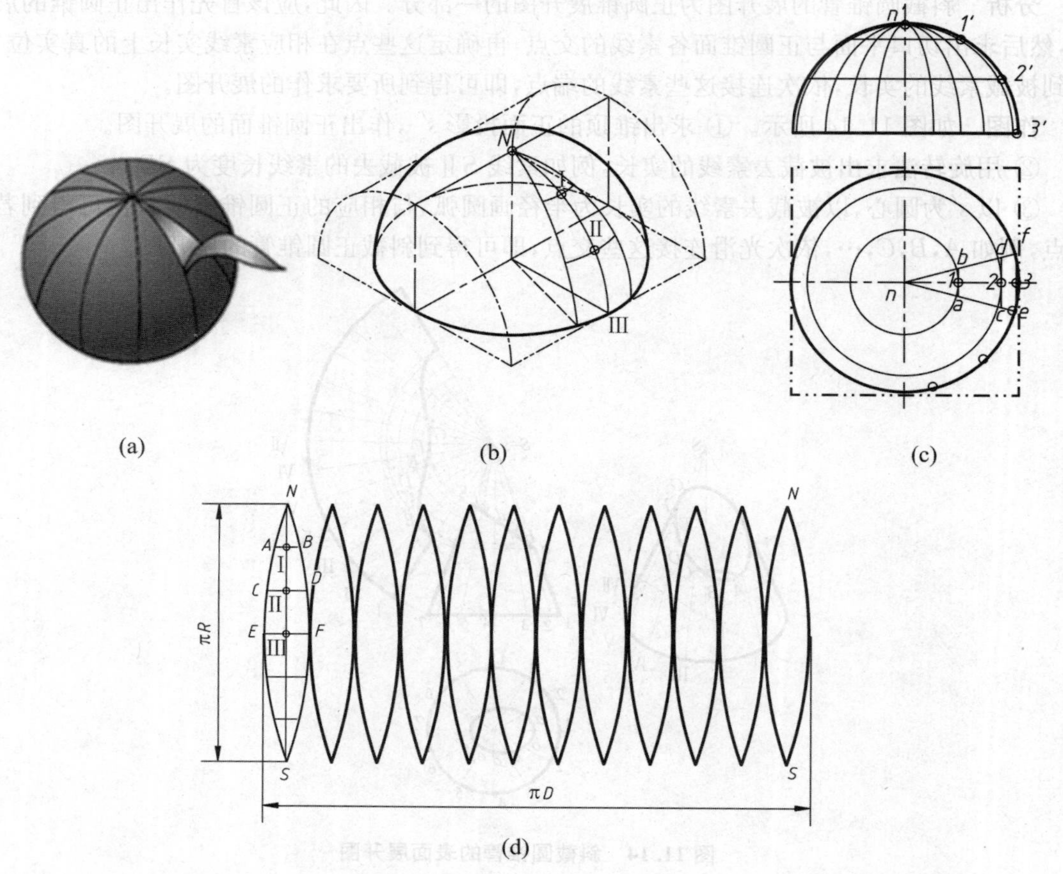

图 11.15 用近似柱面法展开球面

作图 ① 将半球的水平投影若干等分(份数越多效果越好),图 11.15 中是 12 等分,只作出了其中一瓣 NEF(由于各瓣的展开图是一样的,求一份也就可以了)。

② 将半球的正面投影的轮廓线若干等分,图中为 6 等分,得右边等分点 1′、2′、3′,并求得等分点的水平投影 1、2、3。

③ 以过 N Ⅰ Ⅲ的球的外切柱面来近似表示该瓣,也即用过各分点的圆柱素线:切线 ab、cd、ef 来代替弧长,这些切线都是正垂线,因而水平投影反映实长。如图 11.15(c)所示。

④ 在图 11.15(d)中,展开瓣 NEF,过点 N 作垂线 NS,长度为半圆周长 πR(也可用 6 倍 $n'1'$弦长代替)。将 NS 六等分,上半部分的等分点为Ⅰ、Ⅱ、Ⅲ;过各等分点分别作垂线,使 $AB=ab$,$CD=cd$,$EF=ef$,并对称得下半部分。

⑤ 光滑连接点 $NACE$ 和 $NBDF$,此为半个球瓣的展开图,向下对称得整瓣展开图,也即 1/12的球面展开。作整个球的展开,可用相同的方法作全 12 个瓣的展开即可。

2. 近似锥面法

用若干水平面将球面分为几个小块,图 11.16(a)为 6 个水平面分球面为 7 块,中间的标号Ⅰ块用圆柱面 近似展开,标号Ⅱ、Ⅲ、Ⅴ、Ⅵ用圆锥台来近似展开,标号Ⅳ、Ⅶ则用圆锥面来近似展开,如图 11.16(b)所示,各锥面的锥顶点分别位于球轴上的 S_2、S_3、S_4 等点。将各部分分别展开后组合在一起，即得完整球面的近似展开图，如图 11.16(c)所示。

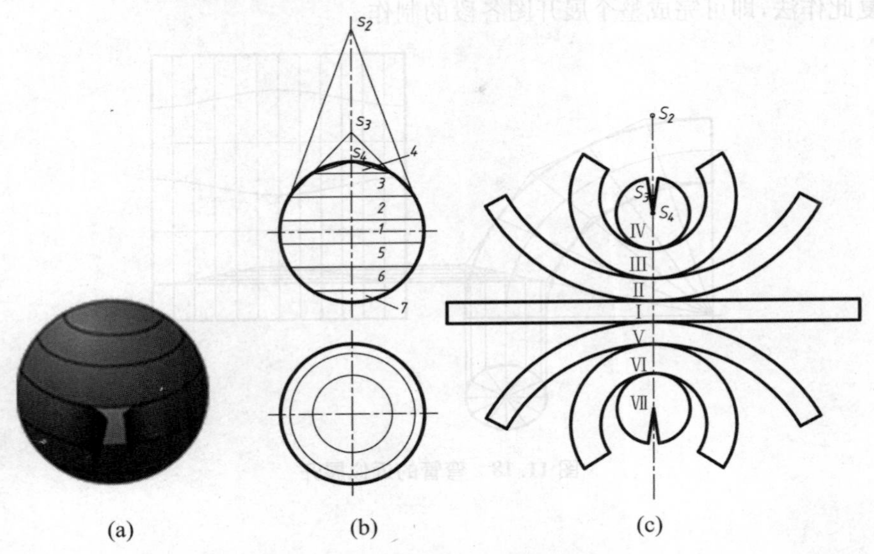

图 11.16　用近似锥面法展开球面

11.3.2　圆环面的近似展开

圆环面的展开，可以先将环面分成若干节，如图 11.17(a)所示，每一节用与它外切的正圆柱面来代替。图 11.17(b)是一个 1/4 环面，将它分为 4 节，每一节用斜截圆柱面来代替，见图 11.17(c)，这样就得到一个直角弯头，其展开图作法见图 11.18。

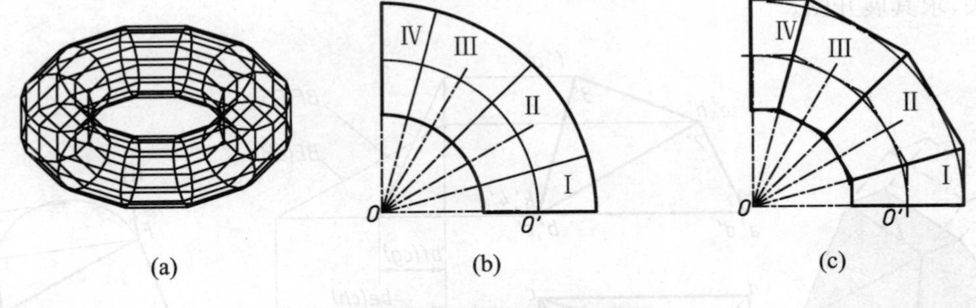

图 11.17　圆环面的近似展开

例 11.14　求作通风管的弯接头圆环面的展开图(图 11.18)。

分析　圆环面出现在通风管的弯接头部分，其整体形状如同水管的弯接头。制做时通常采用分段制成倾斜端面的圆柱面近似拼接。这种曲面也不能直接展开。

作图　如图 11.18 所示。① 将弯管表面分成若干段。分的段数越多，逼近情况越好。为了作图清晰，本例中按 15°进行分段。中间部分有的分段具有垂直端面，下料时可以将此段作成一个整体。

② 将其端部的一段，如同展开倾斜端面的圆柱面一样展开。

③ 按素线的长短接替向上延伸，绘制出第二段始端的展开曲线，再按此曲线向上作镜像，

完成第二段末端的展开曲线。

④ 重复此作法，即可完成整个展开图各段的制作。

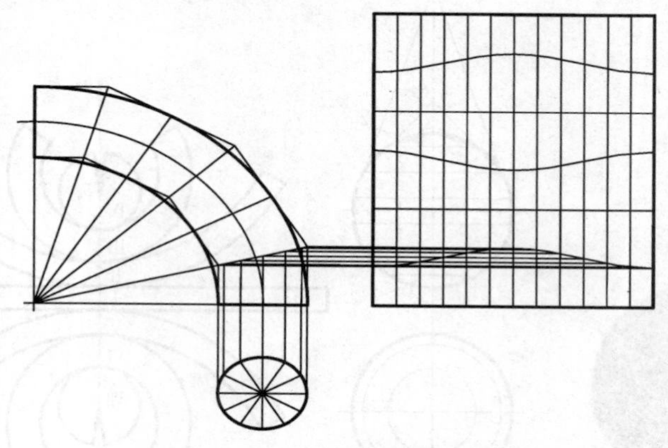

图 11.18 弯管的近似展开

11.4 变形接头表面的展开

连接两个不同形状或大小的接口的过渡部分，称为变形接头。变形接头用来连接两段截面形状不同的管道，使通道形状逐渐变化，减少过渡处的阻力。变形接头的表面应设计成可展表面，以保证表面能准确展开。

例 11.15 如图 11.19(a)所示的斜口方管接头是用来连接正方形(底面)和矩形(顶面)的变形接头，求其展开图。

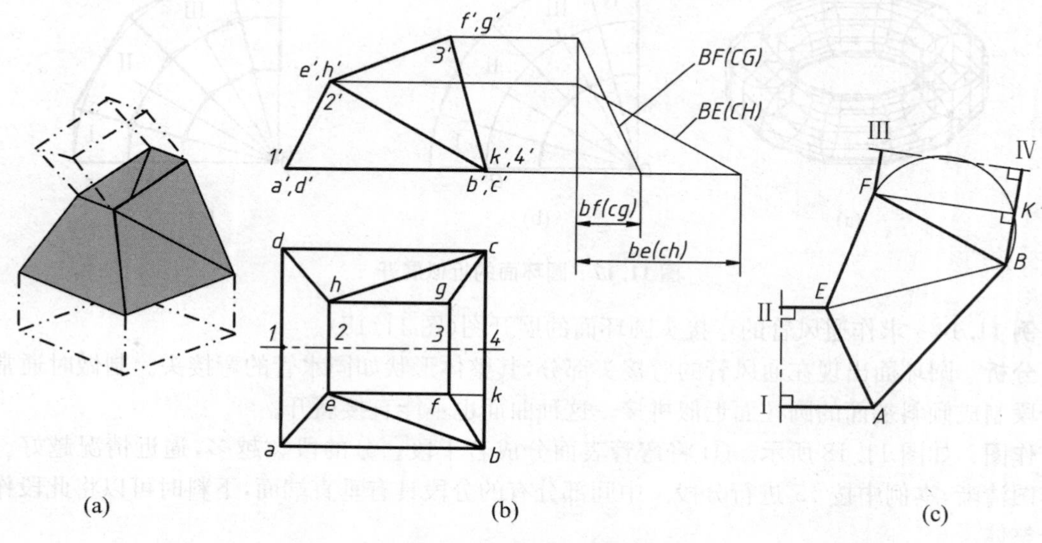

图 11.19 斜口方管接头展开图

分析 由图 11.19(b)可以看出，斜口方管接头是前后对称的，其左右两侧面为等腰梯形，都是正垂面。前后两个侧面不是平行面，从投影图中可知 EF 与 AB 的正面投影相交，水平投影平行，故直线 $EF(GH)$ 与直线 $AB(CD)$ 交叉，不可能组成平面。为此连接 BE，把 $ABFE$ 分成△AEB 和△EBF 两个平面，也可以连接 AF，分 $ABFE$ 为△AEF 和△ABF。只要依次求出各平面形的实形，即可作出方管的展开图。

作图　① 求实长。用直角三角形法求直线 BE、BF 的实长，如图 11.19(b)。

② 水平投影 $1a$、$2e$、$3f$、$4b$ 为正垂线，正面投影 $1'2'$、$3'4'$、$e'f'$ 为正平线，$a'b'=ab$ 为侧垂线，这些投影均反映相应边的实长。

③ 作展开图。由于图形前后对称，可先作出前半部分，如图 11.19(c)所示。作对称中心线，在其上取ⅠⅡ$=1'2'$。过Ⅰ、Ⅱ两点分别作ⅠⅡ的垂线，并取Ⅱ$E=2e$，Ⅰ$A=1a$，连接 AE，即得四边形ⅠⅡEA 的实形。

④ 以 AE 为一边，BE 和 AB 为另两边（实长已有），作出△AEB 实形。

⑤ 以 BE 为一边，EF 和 BF 为另两边（实长已有），作出△BEF 实形。

⑥ 对于四边形 BFⅢⅣ，可以把它分成直角三角形 BKF 和矩形 KFⅢⅣ。$FK\perp KB$，故可以 BF 为直径作半圆，自 B 以 $BK(=bk)$ 为半径作圆弧，交点为 K。连接 BK，并延长至Ⅳ，使Ⅳ$B=4b$。作ⅢF 平行于ⅣB 且Ⅲ$F=3f$，即得四边形ⅢⅣBF 的实形。由此完成展开图的一半，另一半可利用对称相等求出。

例 11.16　作变形接头的展开图（图 11.20）。

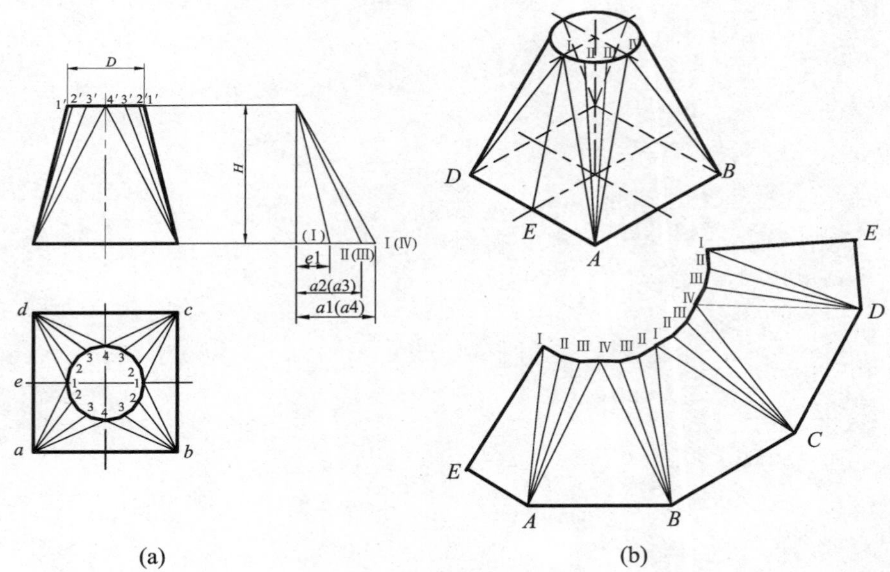

图 11.20　变形接头的展开图

分析　该变形接头为一个上圆下方的变形接头，它的表面由 4 个等腰三角形和 4 个相等的倾斜椭圆锥面组成，其轴侧图如图 11.20(b)所示。它的下底面 $ABCD$ 为水平面，水平投影反映了下底面多边形的实形，每条为实长的边即为等腰三角形的底边，只要求出腰的实长就可以得到等腰三角形的实形；对于变形接头的椭圆锥面可将其分成若干个三角形，用棱锥面近似代替椭圆锥面，然后求出三角形的实形。最后将变形接头的全部组成部分的实形依次画在同一个平面内，就得到变形接头的展开图。

作图　如图 11.20 所示。① 在变形接头的水平投影上，将顶圆的每 1/4 周长分为 3 等分，得点 1、2、3、4，并求出其正面投影 1′、2′、3′、4′，再将它们与 A 点的同面投影连线，得到椭圆锥面的 4 条素线 AⅠ、AⅡ、AⅢ、AⅣ的两面投影，如图 11.20(a)所示。

② 取素线的水平投影和其正面投影两端点的 z 坐标差(即变形接头的高)为两直角边作直角三角形，求出素线的实长为 AⅠ、AⅡ、AⅢ、AⅣ，且 AⅡ＝AⅢ，AⅠ＝AⅣ，同为等腰三角形腰的实长；用同样方法求得等腰三角形高的实长 EⅠ，如图 11.20(a)所示。

③ 作等腰三角形 ABⅣ的实形。取 $AB=ab$，分别以 A、B 点为圆心，以腰长 AⅣ为半径作圆弧得到交点Ⅳ，△ABⅣ为实形，如图 11.20(b)所示。

④ 作椭圆锥的实形：分别以Ⅳ、A 点为圆心，以线段 43、AⅡ为半径作圆弧得交点Ⅲ，则△AⅢⅣ为椭圆锥面的 1/3 实形。用相同方法依次作出椭圆锥面的其余部分的实形△AⅡⅢ和△AⅠⅡ。光滑连接Ⅰ、Ⅱ、Ⅲ、Ⅳ点，得到一个椭圆锥面的实形，如图 11.20(b)所示。

⑤ 以 A、Ⅰ为圆心，分别$\frac{1}{2}AD$、EⅠ为半径作圆弧得到交点 E，则△AEⅠ为等腰三角形 AⅠD一半的实形，EⅠ为变形接头展开图切口的结合边。

⑥ 重复上述的作图步骤，依次作出变形接头其余组成部分的实形，并且画在同一个平面内，从而得到整个变形接头的展开图，如图 11.20(b)所示。

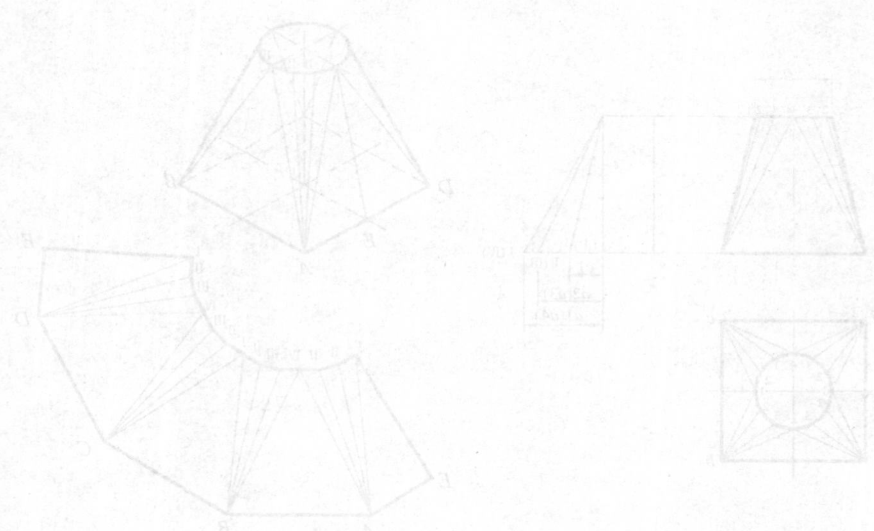

第 12 章　AutoCAD 基础

AutoCAD 是由美国 Autodesk 公司开发的通用计算机辅助设计(Computer Aided Design, CAD)软件,具有易于掌握、使用方便、体系结构开放等优点,能够绘制二维图形与三维图形、标注尺寸、渲染图形以及打印输出图纸,目前已广泛应用于机械、建筑、电子、航天、造船、石油化工等领域。AutoCAD 彻底改变了传统的手工绘图模式,把工程设计人员从繁重的手工绘图中解放了出来,极大地提高了设计效率和工作质量。

本书以 AutoCAD 2008 中文版为软件环境,介绍软件的基础知识。AutoCAD 2008 与先前的版本相比,它扩展了 AutoCAD 以前版本的优势和特点,并且在用户界面、性能、操作、用户定制、协同设计、图形管理、产品数据管理等方面进一步得到加强,同时保证与低版本完全兼容。

12.1　认识 AutoCAD

12.1.1　AutoCAD 简介

AutoCAD 是一款通用的绘图软件,自 1982 年问世以来,已经经历了十余次升级,每一次升级都使其功能逐步增强,且日趋完善。也正因为 AutoCAD 具有强大的辅助绘图功能,因此它已成为工程设计领域中应用最为广泛的计算机辅助绘图与设计软件之一。AutoCAD 在设计、绘图和相互协作方面展示了强大的技术实力,深受广大技术人员的喜爱。

AutoCAD 2008 是该软件的新版本,是 Autodesk 公司于 2008 年 6 月 25 日推出的一款平面绘图软件。与以前的版本相比较,AutoCAD 2008 具有更好的绘图界面,以及形象生动、简洁、快速的设计环境。本章将以该版本为基础,介绍 AutoCAD 软件绘图的基础知识、基本功能、常用命令和二维形绘制方法。

12.1.2　AutoCAD 工作界面

AutoCAD 具有极其开放的界面布局和面向用户自由创作的操作方法。这样在进行设计时,可根据设计需要安排 AutoCAD 的界面元素布局。

在使用 AutoCAD 绘制图形之前,首先应该对工作界面有一个全面的认识,以便学习 AutoCAD。完整的 AutoCAD 工作界面如图 12.1 所示,主要包括标题栏、菜单栏、工具栏、选项板、绘图区等元素组成,简单介绍如下:

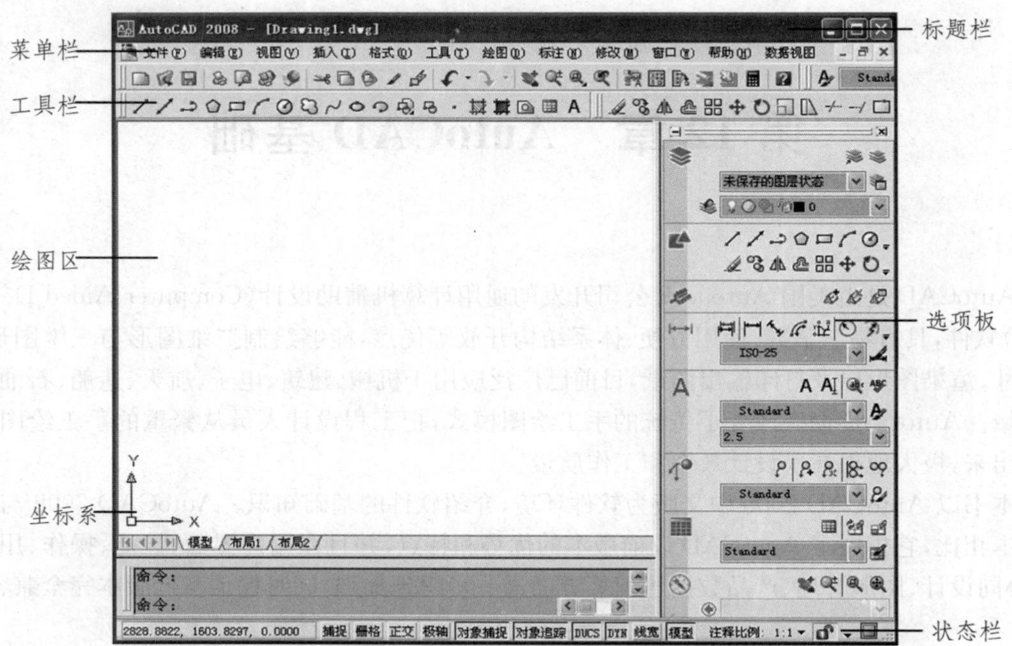

图 12.1　AutoCAD 操作界面

1. 标题栏

屏幕的顶部是标题栏，显示了 AutoCAD 的名称及当前文件的位置、名称等信息，它位于整个界面的顶部。正常启动 AutoCAD 后，其左边是标准的 Windows 应用程序控件按钮，右边是窗口控制按钮和程序开关按钮。

2. 菜单栏

在标题栏下方是菜单栏，为 AutoCAD 的主菜单。AutoCAD 中的全部命令都可以利用菜单命令来执行。选择菜单栏中的某一命令项，将弹出其相应的下拉子菜单。除了菜单栏以外，AutoCAD 还提供了右键菜单，可以提高工作效率。

AutoCAD 为用户提供了个人开发的机会，每个用户都可以根据工作要求、个人喜好，拥有自己独特的界面风格，包括对菜单的自定义和对工具栏的重新设置等。

3. 工具栏

AutoCAD 的工具栏对应着一些常用的命令，单击工具栏中的任意按钮，即可执行相应的操作。最初显示的工具栏一般有【标准】、【对象特性】、【绘图】、【图层】、【修改】等常用工具栏。

用户可以根据需要，自由选择打开或者关闭其中任意一个工具栏，并且可以按照个人的意愿来决定工具栏的屏幕显示位置。

4. 命令行

在 AutoCAD 中，可使用组合键【Ctrl＋9】控制命令窗口的显示和隐藏，命令窗口主要用于显示提示信息和接受用户输入的数据，它位于绘图界面的最下面。

在命令行中，一般需要用户输入的数据包括命令、绘图模式、变量名、坐标值、角度值等。按下鼠标左键不放，拖动命令行左边的标题栏进行移动，可以改变其固定大小，从而使其成为一个浮动面板。

5. 状态栏

状态栏位于整个界面的最下端，它的左边用于显示 AutoCAD 当前光标的状态信息，包括 X、Y、Z 三个方向上的坐标值，右边则显示一些具有特殊功能的按钮，一般包括捕捉、栅格、DYN(动态输入)、正交、极轴、帮助等。

6. 选项板

在 AutoCAD 中，工具选项板是在 CAD 绘图区域中固定或浮动的界面元素，该选项板提供了一种用来组织、共享和放置块、图案填充及其他工具的有效方法，并且还可以包含由第三方开发人员提供的自定义工具。

12.2　AutoCAD 二维图形的绘制

12.2.1　绘图方法

AutoCAD 常用的绘图方法有：通过绘图菜单点选相应绘图命令、通过绘图工具栏点选相应绘图命令和通过命令行直接键入命令 3 种方式。

1. 绘图菜单

绘图菜单是绘制图形最基本、最常用的菜单，其中包含了 AutoCAD 的大部分绘图命令。选择该菜单中的命令或子命令，可绘制出相应的二维图形。图 12.2 是绘图菜单和其二级菜单。

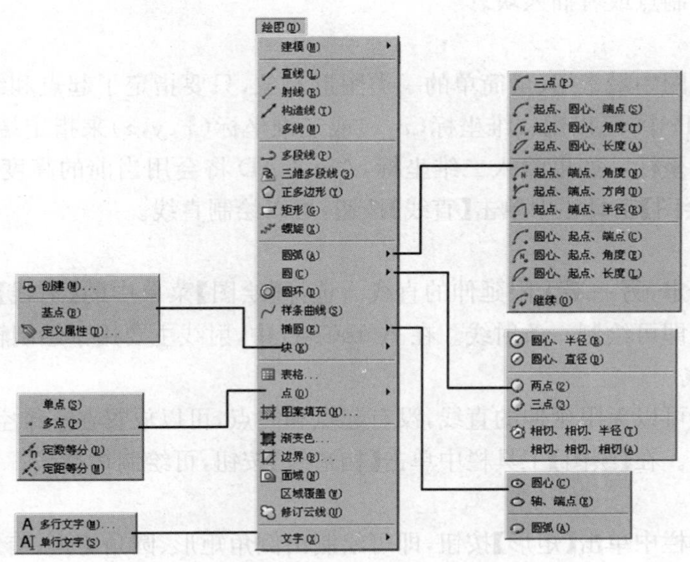

图 12.2　绘图菜单

2. 绘图工具栏

【绘图】工具栏中的每个工具按钮都与【绘图】菜单中的绘图命令相对应，是图形化的绘图命令，图 12.3 是 AutoCAD 的绘图工具栏。

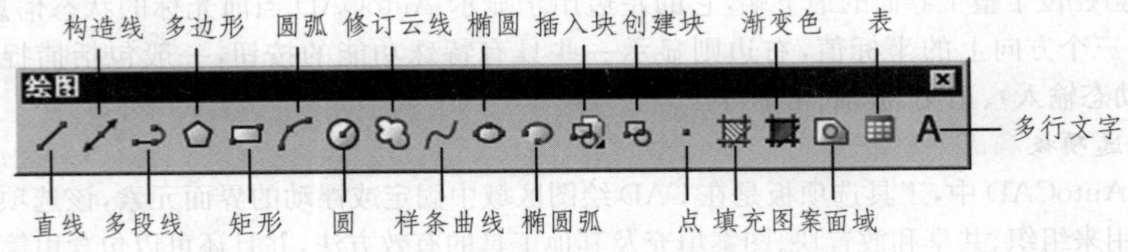

图 12.3 绘图工具栏

3. 绘图命令

使用绘图命令也可以绘制图形，在命令提示行中输入绘图命令，按 Enter 键，并根据命令行的提示信息进行绘图操作。这种方法快捷，准确性高，但要求掌握绘图命令及其选择项的具体用法。

AutoCAD 在实际绘图时，采用命令行工作机制，以命令的方式实现用户与系统的信息交互，而前面介绍的两种绘图方法是为了方便操作而设置的，是两种不同的调用绘图命令的方式。

12.2.2 绘图命令介绍

1. 绘制点对象

在 AutoCAD 中，绘制点对象有单点、多点、定数等分和定距等分 4 种。

选择【绘图】菜单中的【点】命令，可以在绘图窗口中一次指定一个点或多个点，最后可按【Esc】键结束；也可以在指定的对象上绘制等分点或者在等分点处插入块；也可以在指定的对象上按指定的长度绘制点或者插入块。

2. 绘制直线

直线是各种绘图中最常用、最简单的一类图形对象，只要指定了起点和终点即可绘制一条直线。在 AutoCAD 中，可以用二维坐标(x,y)或三维坐标(x,y,z)来指定端点，也可以混合使用二维坐标和三维坐标。如果输入二维坐标，AutoCAD 将会用当前的高度作为 Z 轴坐标值，默认值为 0。在【绘图】工具栏中单击【直线】按钮，可以绘制直线。

3. 绘制射线

射线为一端固定，另一端无限延伸的直线。选择【绘图】菜单中的【射线】命令，指定射线的起点和 1 个通过点即可绘制一条射线。在 AutoCAD 中，射线主要用于绘制辅助线。

4. 绘制构造线

构造线为两端可以无限延伸的直线，没有起点和终点，可以放置在三维空间的任何地方，主要用于绘制辅助线。在【绘图】工具栏中单击【构造线】按钮，可绘制构造线。

5. 绘制矩形

在【绘图】工具栏中单击【矩形】按钮，即可绘制出倒角矩形、圆角矩形、有厚度的矩形等多种矩形，具体类型可在命令行的提示符中选择。

6. 绘制正多边形

在 AutoCAD 中，可以选择【绘图】菜单或在【绘图】工具栏中单击【正多边形】按钮，可以绘制边数为 3～1 024 的正多边形。

7. 绘制圆和圆弧

单击工具栏中的【圆】按钮即可绘制圆。在 AutoCAD 中,可以使用 6 种方法绘制圆。这里不一一介绍,6 种方法可以见图 12.2 中圆的二级菜单。

选择工具栏中的【圆弧】按钮,即可绘制圆弧。

8. 绘制椭圆和椭圆弧

选择工具栏中的【椭圆】按钮,即可绘制椭圆。可以指定椭圆中心、一个轴的端点(主轴)以及另一个轴的半轴长度绘制椭圆;也可以指定一个轴的两个端点(主轴)和另一个轴的半轴长度绘制椭圆。

在【绘图】工具栏中单击【椭圆弧】按钮,可绘制椭圆弧。

12.2.3 编辑对象的方法

在 AutoCAD 中,用户可以使用夹点对图形进行简单编辑,或综合使用【修改】菜单和【修改】工具栏中的多种编辑命令对图形进行较为复杂的编辑。

1. 夹点

选择对象时,在对象上将显示出若干个小方框,这些小方框用来标记被选中对象的夹点,夹点就是对象上的控制点。在 AutoCAD 中,夹点是一种集成的编辑模式,提供了一种方便快捷的编辑操作途径。在不执行任何命令的情况下选择对象,显示其夹点,然后单击夹点可以对对象进行拉伸、缩放、移动或旋转操作。

2. 修改菜单

【修改】菜单用于编辑图形,创建复杂的图形对象。【修改】菜单中包含了 AutoCAD 的大部分编辑命令,通过选择该菜单中的命令或子命令,可以完成对图形的所有编辑操作。

3. 修改工具栏

【修改】工具栏的每个工具按钮都与【修改】菜单中相应的绘图命令相对应,单击即可执行相应的修改操作。

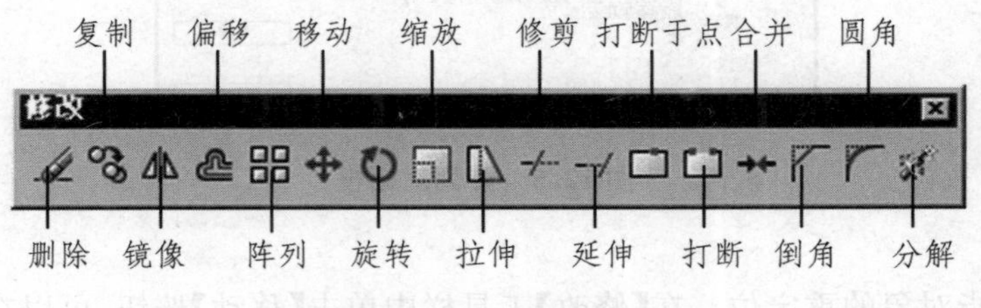

图 12.4 修改工具栏

12.2.4 编辑命令介绍

1. 删除对象

用【删除】菜单或在【修改】工具栏中单击【删除】按钮,都可以删除图形中选中的对象。

通常,当发出【删除】命令后,选择要删除的对象,然后按【Enter】键或【Space】键结束对象选择,同时删除已选择的对象。

2. 复制对象

在AutoCAD中，可以使用【复制】命令，创建与原有对象相同的图形。选择工具栏中的【复制】按钮，即可复制已有对象的副本，并放置到指定的位置。执行该命令时，首先需要选择对象，然后指定位移的基点和位移矢量(相对于基点的方向和大小)。

3. 镜像对象

在工具栏中单击【镜像】按钮即可执行该命令，此时，需要选择要镜像的对象，然后依次指定镜像线上的两个端点，命令行将显示“删除源对象吗？[是(Y)/否(N)]<N>:”提示信息。如果直接按【Enter】键，则镜像复制对象，并保留原来的对象；如果输入【Y】，则在镜像复制对象的同时删除原对象。

4. 偏移对象

可以使用【偏移】命令，对指定的直线、圆弧、圆等对象作同心偏移复制。在实际应用中，常利用【偏移】命令的特性创建平行线或等距离分布图形。

选择【修改】菜单或在【修改】工具栏中单击【偏移】按钮执行命令，其命令行显示：“指定偏移距离或[通过(T)/删除(E)/图层(L)]<通过>:”提示信息。

默认情况下，需要指定偏移距离，再选择要偏移复制的对象，然后指定偏移方向，以复制出对象。

5. 阵列对象

在AutoCAD中，还可以通过【阵列】命令多重复制对象。在工具栏中单击【阵列】按钮，可以打开【阵列】对话框，可以在该对话框中设置以矩形阵列或者环形阵列方式多重复制对象。

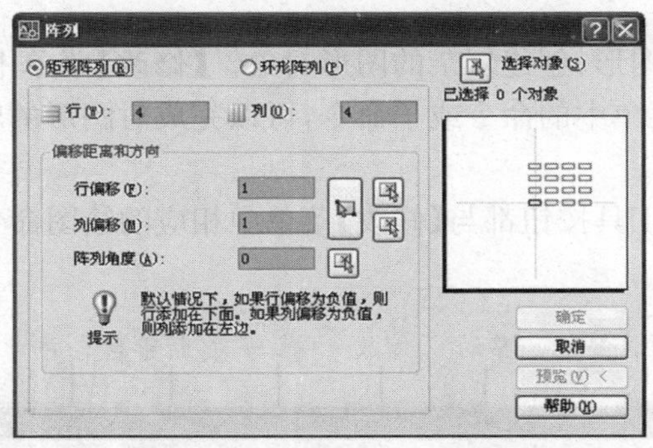

图12.5　阵列对话框

6. 移动对象

移动对象是指对象的重定位。在【修改】工具栏中单击【移动】按钮，可以在指定方向上按指定距离移动对象，对象的位置发生了改变，但方向和大小不改变。

7. 旋转对象

在【修改】工具栏中单击【修改】按钮，可以将对象绕基点旋转指定的角度，但大小不变。

8. 修剪和延伸对象

在AutoCAD中，可以使用【修剪】命令缩短对象。在【修改】工具栏中单击【修剪】按钮，可以以某一对象为剪切边修剪其他对象。单击【延伸】按钮可以延长指定的对象与另一对象相交或外观相交。延伸命令的使用方法和修剪命令的使用方法相似，不同之处在于：使用延伸命令时，如果在按下【Shift】键的同时选择对象，则执行修剪命令；使用修剪命令时，如果在按下

【Shift】键的同时选择对象，则执行延伸命令。

9. 缩放对象

可以使用【缩放】命令按比例增大或缩小对象。选择【修改】菜单或在【修改】工具栏中单击【缩放】按钮，可以将对象按指定的比例因子相对于基点进行尺寸缩放。

10. 倒角和圆角对象

在 AutoCAD 中，可以使用【倒角】命令修改对象使其以平角相接。在【修改】工具栏中单击【倒角】按钮，即可为对象绘制倒角。单击【圆角】按钮，即可对对象用圆弧修圆角。修圆角的方法与修倒角的方法相似，都需要在命令行中输入倒角尺寸。

11. 打断对象

使用【打断】命令可部分删除对象或把对象分解成两部分，还可以使用【打断于点】命令将对象在一点处断开成两个对象。

12. 分解对象

对于矩形、块等由多个对象组成的组合对象，如果需要对单个成员进行编辑，就需要先将它分解开。选择【修改】菜单或在【修改】工具栏中单击【分解】按钮，选择需要分解的对象后按【Enter】键，即可分解图形并结束该命令。

12.3 AutoCAD 绘图辅助

前面介绍了 AutoCAD 的绘图命令和图形编辑基础，但要在 AutoCAD 中顺利、准确地绘图，提高绘图效率，必须掌握 AutoCAD 的绘图辅助功能。如显示控制的方法，设置绘图范围、绘图单位、图层、线型、线宽，以及灵活运用捕捉、栅格、极轴等辅助工具。

12.3.1 图形显示控制

计算机显示屏幕的大小是有限的，也就是说我们的绘图区域受到计算机硬件的限制，AutoCAD 为我们提供的显示命令可以让我们平移或缩放图形，这样在绘制细节图纸的时候，我们就可以看得很清楚了，另外也可以方便的浏览全图。显示控制命令只能改变图形在屏幕上的视觉效果，而不能改变图形实际尺寸的大小，AutoCAD 提供的显示控制功能很多，这里仅简单介绍最常用的平移和缩放。

1. 平移

平移是指在不改变缩放系数的情况下，观察当前窗口中图形的不同部位，它相当于移动图纸。执行该命令后，屏幕上的光标呈一小手的标记。按住鼠标左键向上下左右移动，则图形将跟着上下左右移动，也可以通过按住鼠标中键执行该命令。

2. 鼠标滚轮缩放

转动鼠标滚轮来控制图形的缩放是一种非常简便的方法，它可在任何状态下使用，建议使用这一方法。滚轮前转为放大图形，滚轮后转为缩小图形，放大与缩小的基点在光标处。

12.3.2 绘图辅助工具

在 AutoCAD 中绘制图形时，尽管用户可以通过移动光标来指定点的位置，但该方法却很难精确指定点的某一位置，因此，要精确捕捉定位点，还可以使用系统提供的栅格、捕捉和正交功能来定位点。在绘图中，使用栅格和捕捉功能有助于创建和对齐图形中的对象，并且可以通过设置捕捉和栅格的间距，使其更能满足当前绘图工作的需要。

为了方便绘图，提高鼠标拾取定点的精度，AutoCAD 提供了多种绘图辅助工具，辅助工具的设置通过【草图设置】对话框。

【草图设置】对话框用于设置捕捉和栅格。选择【工具】菜单中的【草图设置】能打开【草图设置】对话框。该对话框内有 4 个选项板，它们分别是【捕捉和栅格】、【极轴追踪】、【对象捕捉】和【动态输入】，我们可根据对话框的提示进行相应的设置。图 12.6 为草图设置对话框。

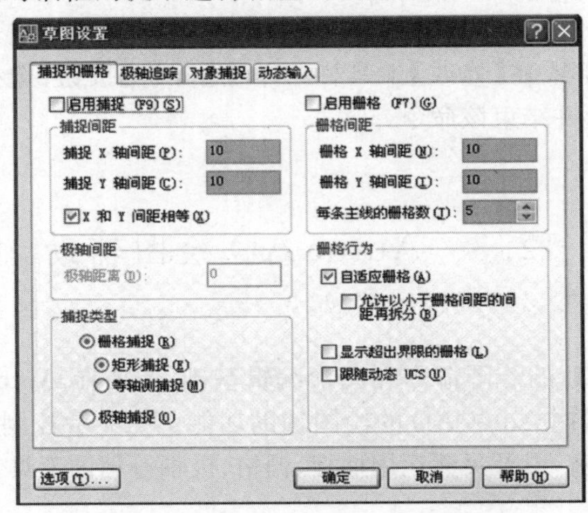

图 12.6 草图设置对话框

1. 栅格和捕捉设置

栅格是显示在用户定义的图形界限内的点阵，它类似于在图形下放置一张坐标纸，使用栅格可以对齐对象并直观显示对象之间的距离，可以直观地参照栅格进行草图绘制。在输出图纸时并不打印栅格，可以随时调整栅格的间距。

捕捉工具的作用是准确地对准到设置的捕捉间距点上，用于准确定位和控制间距。

2. 正交与极轴

正交与极轴都是为了准确地追踪到一定的角度而设置的，正交工具出现比较早，它仅仅能追踪到水平和垂直方向的角度。

而极轴是后来出现的更强大的工具，可以追踪更多的角度，可以设置增量角，所有 0°和增量角的整数倍角度都会被追踪到，还可以设置附加角以追踪单独的极轴角。

通过辅助工具栏上的【正交】或【极轴】按钮控制。打开正交功能后，光标只能在水平方向和垂直方向上移动。

3. 对象捕捉

在绘图的过程中，经常要指定一些点，而这些点是已有对象上的点，如端点、圆心、两个对象的交点等，这时，如果只是凭用户的观察来拾取它们，无论怎样小心，都不可能非常准确地找到这些点。为此,AutoCAD 提供了对象捕捉功能,即可以帮助我们迅速、准确地捕捉到某些特殊点,从而能够精确地绘制图形。

对象捕捉的前提是图形中必须有对象,一张空白的图纸是无法实现对象捕捉的。对象捕捉功能是通过辅助工具栏上的【对象捕捉】按钮控制。

4. 自动追踪

自动追踪是光标跟随参照线确定点位置的方法,它有两种工作方式:极轴追踪和对象捕捉追踪。将自动追踪和对象捕捉功能结合起来应用将会使图形绘制更加方便。极轴追踪是光标沿设定的角度增量显示参照线,在参照线上确定所需的点。利用对象捕捉追踪可获得对象上关键的点位,这些点即为追踪点,它们是参照线的出发点。

5. 动态输入

动态输入主要由指针输入、标注输入、动态提示 3 部分组成,使用动态输入功能可以在工具栏提示中输入坐标值,而不必在命令行中进行输入,光标旁边显示的工具栏提示信息将随着光标的移动而动态更新。当某个命令处于活动状态时,可以在工具栏提示中输入值。

12.3.3　图层设置与管理

图层是 AutoCAD 中一个极为重要的图形组织工具。图层类似于用叠加的方法来存放一幅图形的各种类似的信息,可以把图层想象成透明的纸,在不同的透明纸上画出一幅图形的各个不同部分,重叠起来就是一幅完整的图形。用户可以根据图层对图形几何对象、文字、标注等进行归类处理,使用图层来管理它们,不仅能使图形的各种信息清晰、有序,便于观察,而且也会给图形的编辑、修改和输出带来很大的方便。

1. 图层特性管理器对话框的组成

AutoCAD 提供了图层特性管理器,利用该工具用户可以很方便地创建图层以及设置其基本属性。选择格式菜单中的【图层】命令,即可打开【图层特性管理器】对话框,如图 12.7 所示。

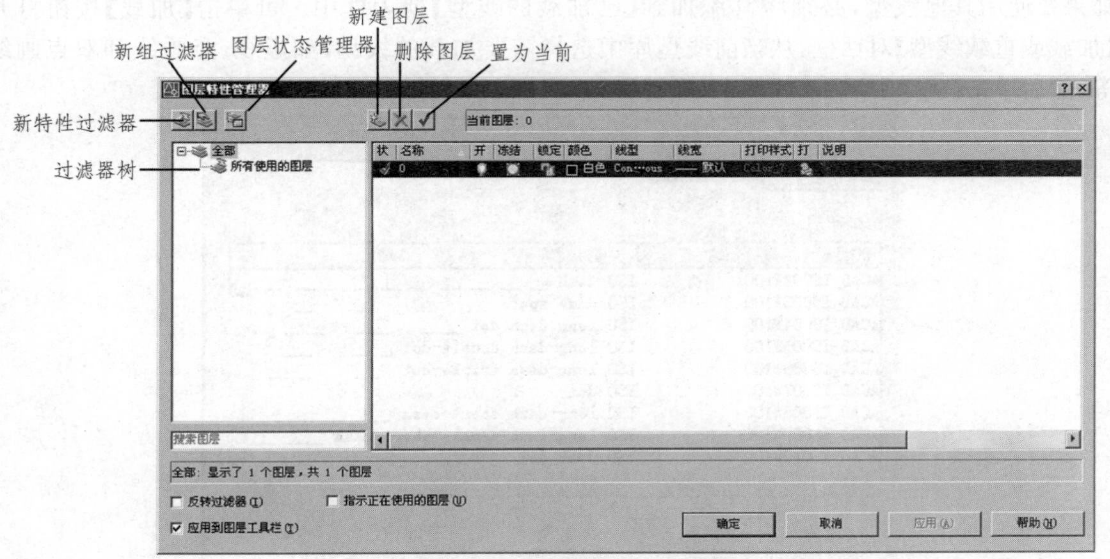

图 12.7　图层特性管理器对话框

2. 创建新图层

开始绘制新图形时，AutoCAD 将自动创建一个名为“0”的特殊图层。默认情况下，图层 0 将被指定使用 7 号颜色(白色或黑色，由背景色决定)、Continuous 线型、默认线宽及 Normal 打印样式，用户不能删除或重命名该图层。在绘图过程中，如果用户要使用更多的图层来组织图形，就需要先创建新图层。

在【图层特性管理器】对话框中单击【新建图层】按钮，可以创建一个名称为“图层 1”的新图层。默认情况下，新建图层与当前图层的状态、颜色、线性、线宽等设置相同。

当创建了图层后，图层的名称将显示在图层列表框中，如果要更改图层名称，可单击该图层名，然后输入一个新的图层名并按【Enter】键即可。

3. 设置图层颜色

颜色在图形中具有非常重要的作用，可用来表示不同的组件、功能和区域。图层的颜色实际上是图层中图形对象的颜色。每个图层都拥有自己的颜色，对不同的图层可以设置相同的颜色，也可以设置不同的颜色，绘制复杂图形时就可以很容易地区分图形的各部分。

新建图层后，要改变图层的颜色，可在【图层特性管理器】对话框中单击图层的【颜色】列对应的图标，打开【选择颜色】对话框更改各图层的颜色。

4. 使用与管理线型

线型是指图形基本元素中线条的组成和显示方式，如虚线和实线等。在 AutoCAD 中既有简单线型，也有由一些特殊符号组成的复杂线型，以满足不同国家或行业标准的要求。

(1) 设置图层线型

在绘制图形时要使用线型来区分图形元素，这就需要对线型进行设置。默认情况下，图层的线型为 Continuous。要改变线型，可在图层列表中单击【线型】列的 Continuous，打开【选择线型】对话框，在【已加载的线型】列表框中选择一种线型，然后单击【确定】按钮。

(2) 加载线型

默认情况下，在【选择线型】对话框的【已加载的线型】列表框中只有 Continuous 一种线型，如果要使用其他线型，必须将其添加到【已加载的线型】列表框中。可单击【加载】按钮打开【加载或重载线型】对话框，从当前线型库中选择需要加载的线型，如虚线、点画线和双点画线等，然后单击【确定】按钮。如图 12.8 所示。

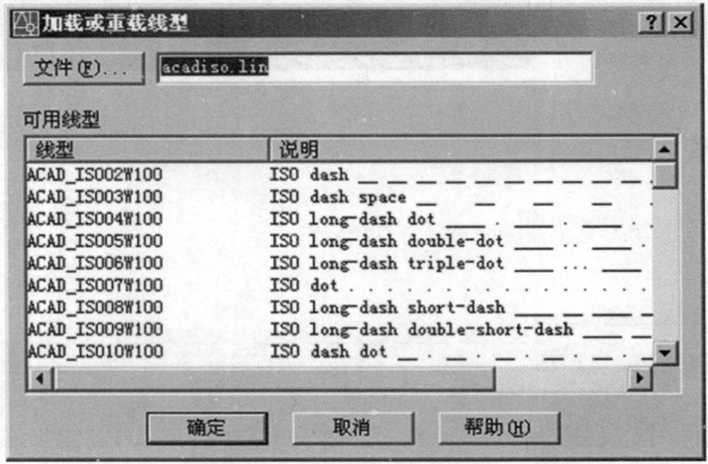

图 12.8 加载线型对话框

(3) 设置线型比例

选择【格式】菜单中的【线型】命令，打开【线型管理器】对话框，可设置图形中的线型比例，从而改变非连续线型的外观。

5. 设置图层线宽

线宽设置就是改变线条的宽度。在 AutoCAD 中，使用不同宽度的线条表现对象的大小或类型，可以提高图形的表达能力和可读性。

要设置图层的线宽，可以在【图层特性管理器】对话框的【线宽】列中单击该图层对应的线宽【默认】，打开【线宽】对话框，有 20 多种线宽可供选择。也可以选择【格式】菜单中的【线宽】命令，打开【线宽设置】对话框，通过调整线宽比例，使图形中的线宽显示得更宽或更窄。

6. 控制图层状态

控制图层包括控制图层开关、图层冻结和图层锁定，如图 12.9 所示。单击图标按钮可以改变图层的状态。

在【开】列表下，灯泡点亮表示图层处于打开状态，反之处于关闭状态。图层打开时，可显示和编辑图层上的内容；图层关闭时，图层上的内容全部隐藏，且不可被编辑或打印。

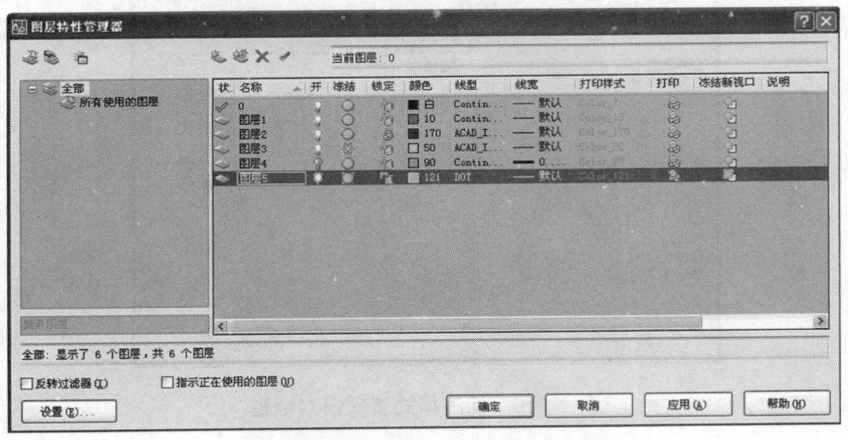

图 12.9　图层特性管理器对话框

在【冻结】列表下，图标成雪花状表示图层处于冻结状态，反之处于解冻状态。冻结图层时，图层上的内容全部隐藏，且不可被编辑或打印，从而减少复杂图形的重生成时间。

在【锁定】列表下，图标为开锁状态表示图层处于解锁状态，反之处于锁定状态。锁定图层时，图层上的内容仍然可见，并且能够捕捉或添加新对象，但不能被编辑。默认情况下，图层是解锁的。

当前层可以被关闭和锁定，但不能被冻结。

12.4　尺寸标注与编辑

在图形设计中，尺寸标注是绘图设计工作中的一项重要内容，因为绘制图形的根本目的是反映对象的形状，而图形中各个对象的真实大小和相互位置只有经过尺寸标注后才能确定。

AutoCAD 包含了一套完整的尺寸标注命令和实用程序，用户使用它们足以完成图纸中要求的尺寸标注。

12.4.1　标注样式

在介绍尺寸标注命令之前，让我们先了解另一重要内容即标注样式。在 AutoCAD 中，使用标注样式可以控制标注的格式和外观，建立强制执行的绘图标准，并有利于对标注格式及用途进行修改。标注样式可以根据尺寸标注需要由用户创建，对于不同样式可以进行不同设置，下面简要介绍标注样式创建和设置方法。

1. 创建标注样式

要创建标注样式，选择【格式】菜单中的【标注样式】命令，打开【标注样式管理器】对话框，单击【新建】按钮，在打开的【创建新标注样式】对话框中即可创建新标注样式，如图 12.10 所示是标注样式管理器对话框。

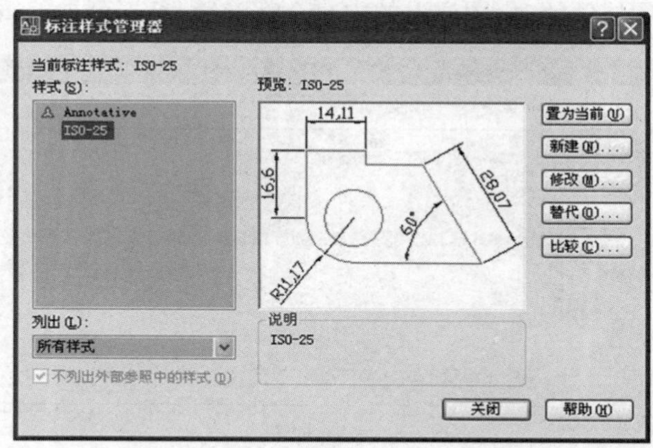

图 12.10　标注样式管理器对话框

2. 设置直线格式

如图 12.11 所示，在【新建标注样式】对话框中，使用【直线】选项卡可以设置尺寸线、尺寸界线的格式和位置。在【尺寸线】选项组中，可以设置尺寸线的颜色、线宽、超出标记以及基线间距等属性。在【尺寸界线】选项组中，可以设置尺寸界线的颜色、线宽、超出尺寸线的长度和起点偏移量、隐藏控制等属性。

3. 设置符号和箭头格式

使用【符号和箭头】选项卡可以设置箭头、圆心标记、弧长符号和半径标注折弯的格式与位置。

在【箭头】选项组中，可以设置尺寸线和引线箭头的类型及尺寸大小等。通常情况下，尺寸线的两个箭头应一致。为了适用于不同类型的图形标注需要，AutoCAD 设置了 20 多种箭头样式。可以从对应的下拉列表框中选择箭头，并在【箭头大小】文本框中设置其大小。

在【圆心标记】选项组中，可以设置圆或圆弧的圆心标记类型，如标记、直线和无。其中，选择【标记】选项可对圆或圆弧绘制圆心标记；选择【直线】选项，可对圆或圆弧绘制中心线；选择【无】选项，则没有任何标记。当选择【标记】或【直线】单选按钮时，可以在【大小】文本框中设置圆心标记的大小。

在【弧长符号】选项组中，可以设置弧长符号显示的位置，包括：标注文字的前缀、标注文字的上方和无三种方式。

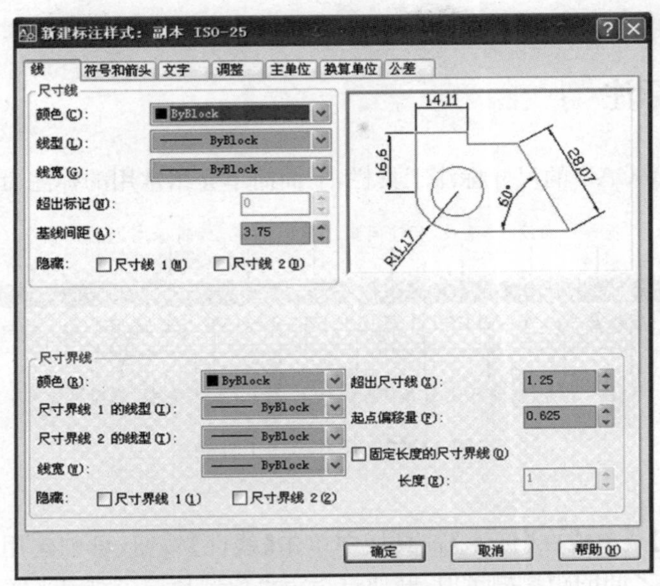

图 12.11　新建标注样式对话框

在【半径标注折弯】选项组的【折弯角度】文本框中，可以设置标注圆弧半径时标注线的折弯角度大小。

4. 设置文字格式

可以使用【文字】选项卡设置标注文字的外观、位置和对齐方式。在【文字外观】选项组中，可以设置文字的样式、颜色、高度和分数高度比例，以及控制是否绘制文字边框等。在【文字位置】选项组中，可以设置文字的垂直、水平位置以及从尺寸线的偏移量。在【文字对齐】选项组中，可以设置标注文字是保持水平还是与尺寸线平行。

5. 设置调整格式

可以使用【调整】选项卡设置标注文字、尺寸线、尺寸箭头的位置。在【调整选项】选项组中，可以确定当尺寸界线之间没有足够的空间同时放置标注文字和箭头时，应从尺寸界线之间移出对象。在【文字位置】选项组中，可以设置当文字不在默认位置时的位置。在【标注特征比例】选项组中，可以设置标注尺寸的特征比例，以便通过设置全局比例来缩放标注尺寸的数值。

6. 设置主单位格式

可以使用【主单位】选项卡设置主单位的格式与精度等属性。在【线性标注】选项组中，可以设置线性标注的单位格式与精度。在【角度标注】选项组中，可以使用【单位格式】下拉列表框设置标注角度时的单位，使用【精度】下拉列表框设置标注角度的尺寸精度，使用【消零】选项组设置是否消除角度尺寸的前导和后续零。

7. 设置换算单位格式

可以使用【换算单位】选项卡设置换算单位的格式。在 AutoCAD 中，通过换算标注单位，可以转换使用不同测量单位制的标注，通常是显示英制标注的等效公制标注，或公制标注的等效英制标注。在标注文字中，换算标注单位显示在主单位旁边的方括号“[ ]”中。

8．设置公差格式

在【新建标注样式】对话框中，可以使用【公差】选项卡设置是否标注公差，以及以何种方式进行标注。

12.4.2 尺寸标注

图 12.12 是 AutoCAD 的尺寸标注工具栏，下面简单介绍常用的标注命令。

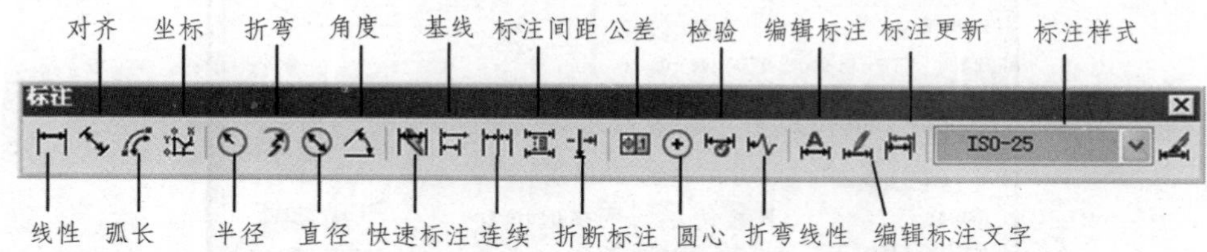

图 12.12 尺寸标注工具栏

1．线性标注

用户选择【标注】菜单或在【标注】工具栏中单击【线性】按钮，可创建用于标注用户坐标系 XY 平面中的两个点之间的距离测量值，并通过指定点或选择一个对象来实现。

2．对齐标注

在【标注】工具栏中单击【对齐】按钮，可以对对象进行对齐标注。

对齐标注是线性标注尺寸的一种特殊形式。在对直线段进行标注时，如果该直线的倾斜角度未知，那么使用线性标注方法将无法得到准确的测量结果，这时可以使用对齐标注。

3．弧长标注

在【标注】工具栏中单击【弧长】按钮，可以标注圆弧线段或多段线圆弧线段部分的弧长。

4．基线标注

在【标注】工具栏中单击【基线】按钮，可以创建一系列由相同的标注原点测量出来的标注。

在进行基线标注之前也必须先创建(或选择)一个线性、坐标或角度标注作为基准标注，然后执行该命令。

5．连续标注

在【标注】工具栏中单击【连续】按钮，可以创建一系列端对端放置的标注，每个连续标注都从前一个标注的第二个尺寸界线处开始。

与基线标注一样，在进行连续标注之前，必须先创建(或选择)一个线性、坐标或角度标注作为基准标注，以确定连续标注所需要的前一尺寸标注的尺寸界线，然后执行该命令。

6．半径标注

在【标注】工具栏中单击【半径】按钮，可以标注圆和圆弧的半径。执行该命令，并选择要标注半径的圆弧或圆。

7．折弯标注

在【标注】工具栏中单击【折弯】按钮，可以折弯标注圆和圆弧的半径。它与半径标注方法基本相同，但需要指定一个位置代替圆或圆弧的圆心。

8．直径标注

在【标注】工具栏中单击【直径标注】按钮，可以标注圆和圆弧的直径。

直径标注的方法与半径标注的方法相同。当选择了需要标注直径的圆或圆弧后，直接确定尺寸线的位置，系统将按实际测量值标注出圆或圆弧的直径。

9．圆心标记

在【标注】工具栏中单击【圆心标记】按钮，即可标注圆和圆弧的圆心。此时只需要选择待标注其圆心的圆弧或圆即可。

10．角度标注

在【标注】工具栏中单击【角度】按钮，可以测量圆和圆弧的角度、两条直线间的角度，或者三点间的角度。

11．引线标注

在【标注】工具栏中单击【快速引线】按钮，可以创建引线和注释，而且引线和注释可以有多种格式。

12．快速标注

在【标注】工具栏中单击【快速标注】按钮，可以快速创建成组的基线、连续、阶梯和坐标标注，快速标注多个圆、圆弧，以及编辑现有标注的布局。

13．几何公差标注

几何公差在机械制图中极为重要。几乎每张零件图都有公差标注要求。

在【标注】工具栏中单击【公差】按钮，打开【几何公差】对话框，可以设置公差的符号、值及基准等参数。如图 12.13 所示是几何公差的标注的对话框。

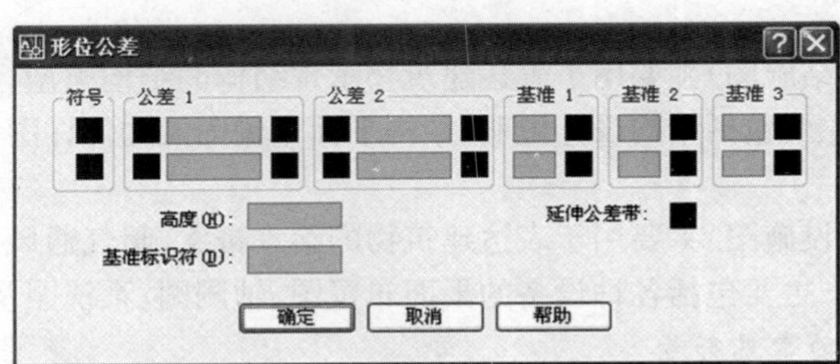

图 12.13　几何公差标注对话框

第 13 章 建筑制图简介

建筑工程图是表达房屋的建筑、结构、设备等内容的工程图样，是建筑施工中重要的技术依据。房屋是由许多构件、配件组成的。组成建筑结构的元件叫构件，如基础、墙、柱、梁等。具有某种特定功能的组装件叫配件，如门、窗、楼梯的栏杆、扶手等。在建筑设计的不同阶段，要绘制不同内容的设计图。如建筑施工图、结构施工图，以及给水排水、供暖、通风、电气、动力施工图等。

1. 房屋建筑图的分类

施工图要按国家制定的制图标准进行绘制，一个建筑物的施工图包括：

(1) 建筑施工图

建筑施工图（简称建施图）主要用于表达建筑物的规划位置、外部造型、内部各房间的布置、内外装修及构造施工要求等。主要包括施工图首页、总平面图、各层平面图、立面图、剖面图及详图等。

(2) 结构施工图

结构施工图（简称结施图）主要用于表达建筑物承重结构的结构类型、结构布置、构件种类、数量、大小、做法等。主要包括结构设计说明、结构平面布置图及构件详图等。

(3) 设备施工图

设备施工图（简称设施图）主要用于表达建筑物的给水排水、暖气通风、供电照明、燃气等设备的布置和施工要求。主要包括各种设备的平面布置图、轴测图、系统图及详图等。

2. 房屋建筑图中的常见符号

房屋建筑图中常见符号的含义及画法等如表 13.1 所示。

表 13.1 房屋建筑图中常见符号的含义及画法

内容	图　例	说　明
定位轴线	1 一般标注　1/3 2/C 附加定位轴线	定位轴线用细单点划线绘制，编号圆用细实线绘制，直径为 8 mm，详图可增至 10 mm
标高符号	(数字) 约3mm 45° ±0.000 5.250 −3.600 −0.450 标高符号的尖端应指向被标注的高度	标高符号用细实线绘制，符号尖端应指向被标注的高度，标高数字以米为单位
对称符号		对称符号用细实线绘制，平行线长度为 6～8 mm，间距为 2～3 mm

续表

内容	图　例	说　明
索引符号	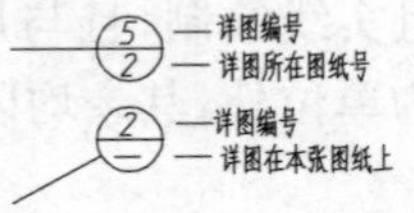 5/2 — 详图编号 — 详图所在图纸号；2/— — 详图编号 — 详图在本张图纸上	索引符号用细实线绘制，圆直径为 10 mm
详图符号	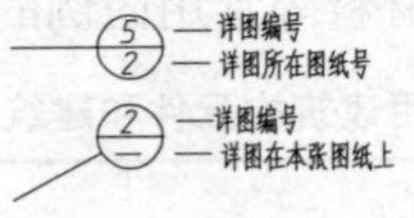 5/2 — 详图编号 — 详图所在图纸号；2/— — 详图编号 — 详图在本张图纸上	详图符号表示详图的位置与编号，圆直径约为 14 mm，用粗实线绘制
指北针和风玫瑰	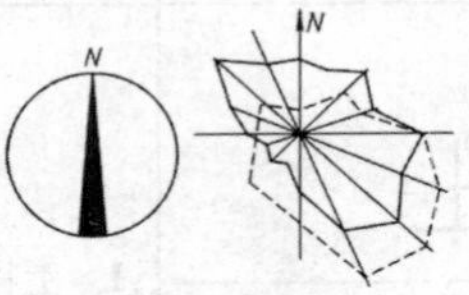 N	圆用细实线绘制，直径约为 24 mm，指针尾部宽度约为 3 mm，针尖指向北方

3. 房屋建筑图的绘图规则

(1) 图样名称

房屋建筑图中的图样主要有正立面图、侧立面图、平面图、剖面图、断面图。房屋建筑图每个图样都应标注图名，图名标注在图样的下方或一侧并在图名下方绘一粗实线。

(2) 比例

施工图一般都用较小的比例绘制，需要按比例绘制图样时，应由《技术制图——比例》GB/T 14690—93 规定的系列中选取适当的比例。如房屋的平、立剖面图常用的比例是 1∶50、1∶100、1∶200 等；详图采用的比例要大一些，常采用 1∶1 、1∶2 、1∶5、1∶10、1∶20、1∶50 等。比例应注写在图名的右侧。

(3) 图线

房屋建筑图所采用的线型、线宽及其用途等见表 13.2。

表 13.2　房屋建筑图中常用的线型、线宽及其用途

图线名称	图线型式、图线宽度	一般应用	图　例
粗实线	宽度：d 优先选用 0.5 mm、0.7 mm	可见轮廓线、可见过渡线	
中粗虚线	0.5~1　3~6	不可见轮廓线、不可见过渡线	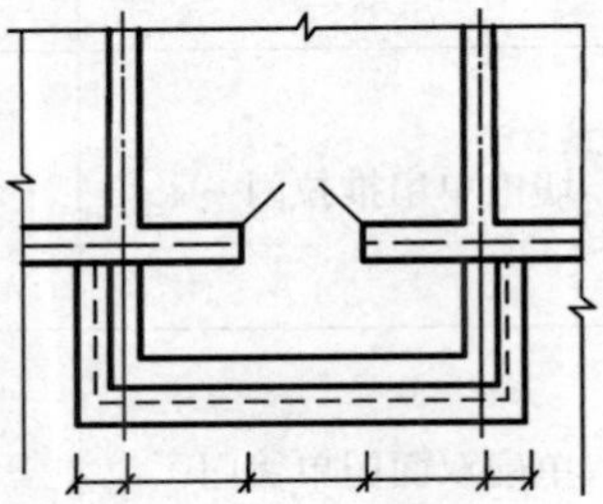
细实线		尺寸线、尺寸界线、剖面线、重合断面的轮廓线、辅助线、引出线、螺纹牙底线及齿轮的齿根线	
细折线		断裂处的边界线	
细点画线	15~20　15~20　各0.5~1	轴线、对称中心线、轨迹线、节圆及节线	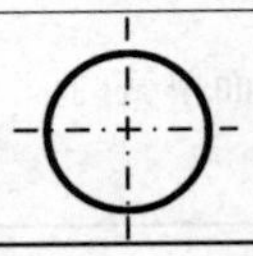

(4) 尺寸标注

房屋建筑图的尺寸标注与机械图基本相同，但也有一些区别，如尺寸界线与图样轮廓线的距离应不小于 2 mm，尺寸起止符号用中斜短粗实线绘制，且与尺寸界线顺时针成 45°，长度为 2～3 mm，尺寸单位除标高及总平面图以“米”为单位外，其余均以“毫米”为单位。

(5) 建筑构配件图例

在房屋建筑图中，各种建筑构配件和建筑材料等常用图例的形式表示，见表 13.3。

表 13.3　房屋建筑图中常用建筑构配件和建筑材料图例

名称	图　例	说　明
楼梯	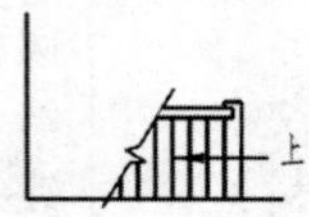	1. 上图为底层楼梯平面，中图为中间层楼梯平面，下图为顶层楼梯平面； 2. 楼梯、栏杆扶手及踏步的形式和数目应按实际情况绘制
	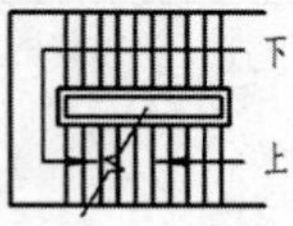	
	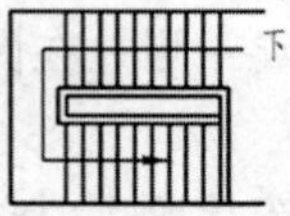	
单扇门(包括平开或单面单簧)	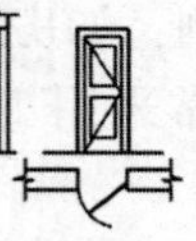	1. 门的名称用 M 表示； 2. 平面图上门线应 90°或 45°开启，弧线应画出； 3. 立面图中开启方向线交角的一侧为安装合页的一侧。实线为外开，虚线为内开
双扇门(包括平开或单面单簧)	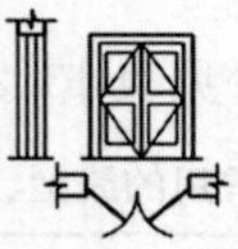	
对开折叠门	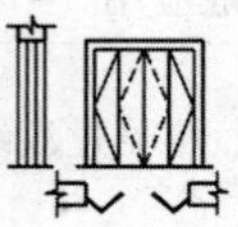	
墙内单扇推拉门	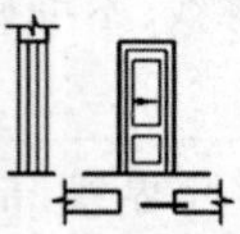	
单扇双面门单簧门	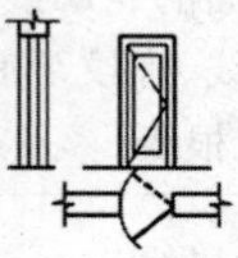	
双扇双面单簧门	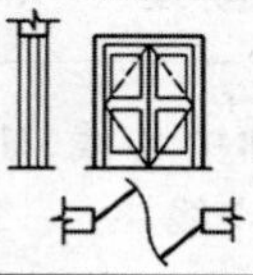	

续表

名称	图　例	说　明
单扇固定窗		1. 窗的名称用 C 表示； 2. 立面图中斜线表示窗的开启方向，实线为外开，虚线为内开，开启方向线交角的一侧为安装合页的一侧
单层外开上悬窗		
单层中悬窗		
单层外开窗		
双层内外开平开窗		

4．房屋建筑基本图样的形成和内容

(1) 平面图

假想用一个水平剖切平面经门窗洞口的位置将房屋剖开，将剖切平面以下的部分从上往下进行投射，就形成房屋的建筑平面图，简称平面图，如图 13.1 所示。平面图又分为底层平面图，标准层平面图，二层、三层平面图等。

平面图要反映房屋各房间的平面布置及交通情况，门、窗洞口的位置、宽度及门窗编号，其他构、配件如台阶、花台等的布置，轴线及其编号，剖切位置线及编号，房屋的建筑面积，各房间的大小等。底层平面图中还应画出指北针，以表明房屋的朝向。

(2) 立面图

将建筑物向平行于某个立面的投影面投射，得到建筑立面图，简称立面图，如图 13.2 所示。立面图分为正立面图、侧立面图、背立面图等，或者东、南、西、北立面图等。

立面图上反映房屋的立面造型和层数，门、窗、台阶、雨篷、花台等细部的形状和位置，外装修的材料、色彩、做法，立面图两端的轴线及编号。

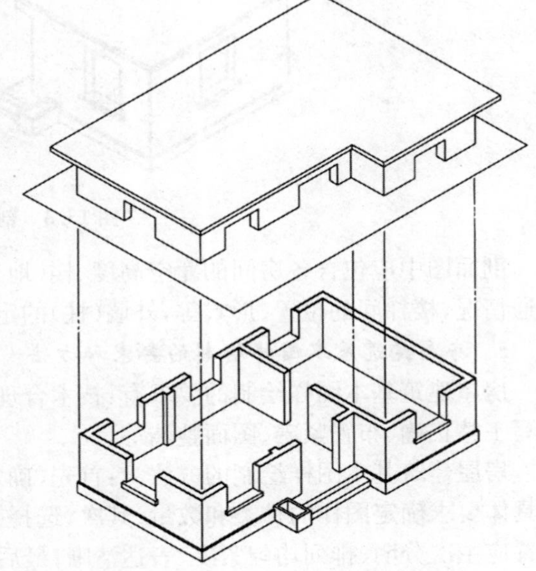

图 13.1　平面图的形成

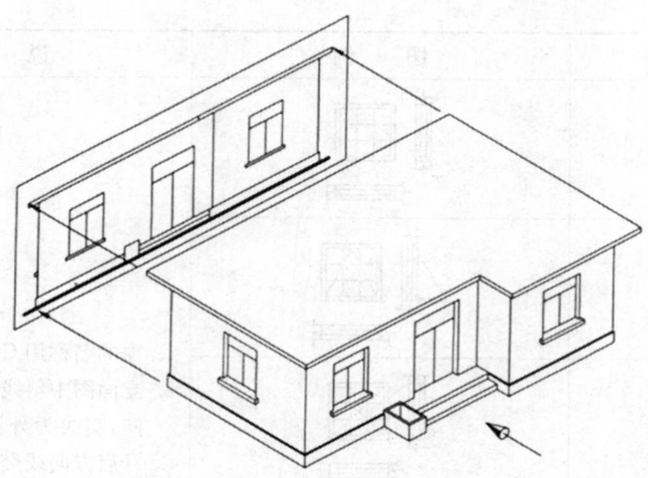

图 13.2 立面图的形成

(3) 剖面图

假想用一平行于房屋某墙面的铅垂剖切平面将房屋从屋顶到地面全部剖开，把需要留下的部分投射到与剖切平面平行的投影面上，得到建筑剖面图，简称剖面图，如图 13.3 所示。

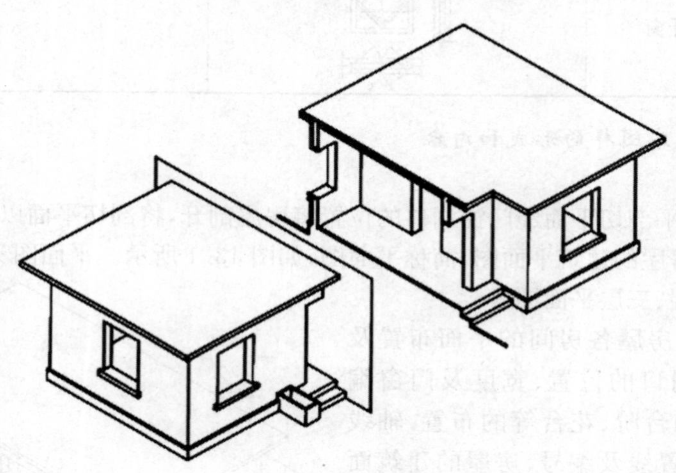

图 13.3 剖面图的形成

剖面图中应包含各房间的净空高度、楼(地)面、屋面的高度、构造和做法，各层楼之间上下交通情况，楼梯间的位置、形式等，外墙(柱)的定位轴线及其编号。

5. *房屋建筑基本图样绘制的要求和方法*

房屋建筑基本图样绘制的要求有：技术合理、投影正确、尺寸标注齐全、线型分明、文字说明书写工整正确、布置紧凑、图面整洁等。

房屋建筑基本图样绘制的方法为：首先，确定图样的数量。根据建筑物的复杂程度和施工的具体要求确定图样的种类和数量；其次，选择合适的比例；再次，进行合理的图面布置。图面布置应主次分明、排列均匀紧凑、表达清晰；最后，一般按平面图、立面图、剖面图、详图的顺序进行绘制，先画轻线底稿，检查无误后再描深，然后标注尺寸和注写文字说明。

下面以某传达室为例，介绍绘制房屋建筑平面图、立面图、剖面图的步骤。

(1) 平面图画法

如图 13.4 所示，传达室平面图的绘制步骤如下：

① 画定位轴线；

② 画墙身线和门窗位置；

③ 画门窗图例、编号、各种符号以及标注尺寸等。

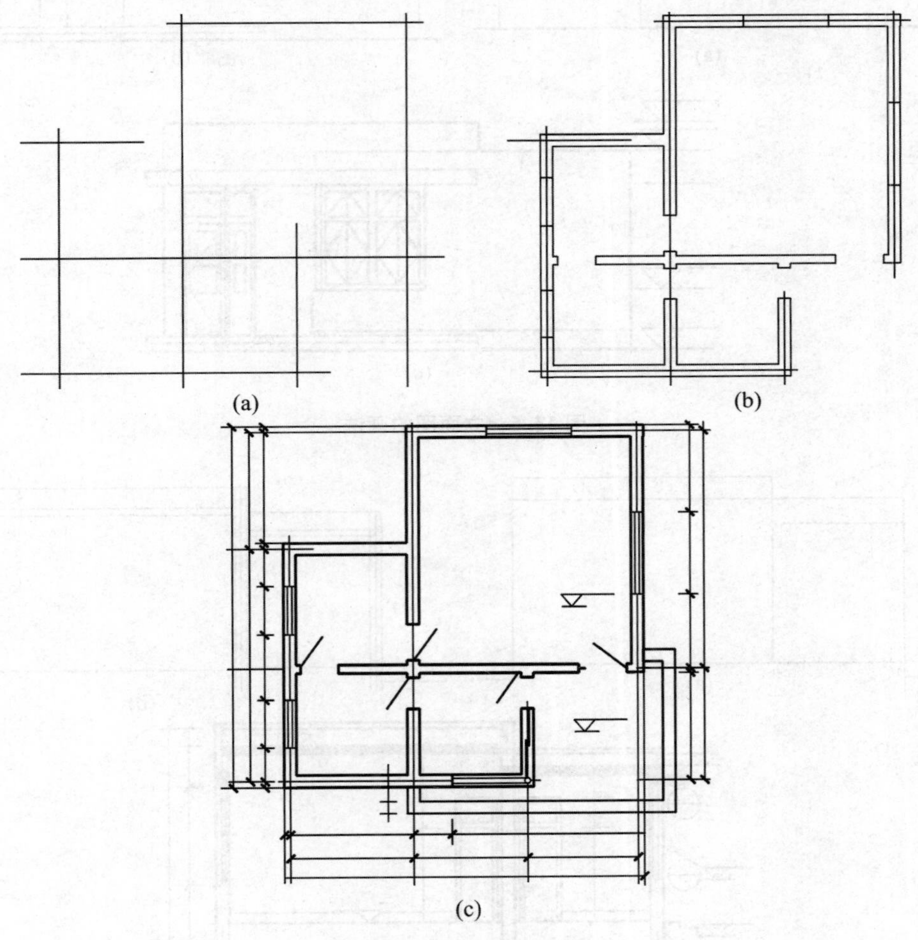

图 13.4　平面图的画法

(2) 立面图画法

如图 13.5 所示，传达室立面图的绘制步骤如下：

① 画定位轴线、地坪线、屋面和外墙轮廓线；

② 画门窗、台阶、雨篷、雨水管等细部结构；

③ 加深图线并注写尺寸、标高和文字说明等。

(3) 剖面图画法

如图 13.6 所示，传达室剖面图的绘制步骤如下：

① 画定位轴线、地坪线、屋面和墙身轮廓线；

② 画门窗位置、屋面板厚度以及女儿墙、雨篷等细部结构；

③ 加深图线,并注写尺寸、标高和文字说明等。

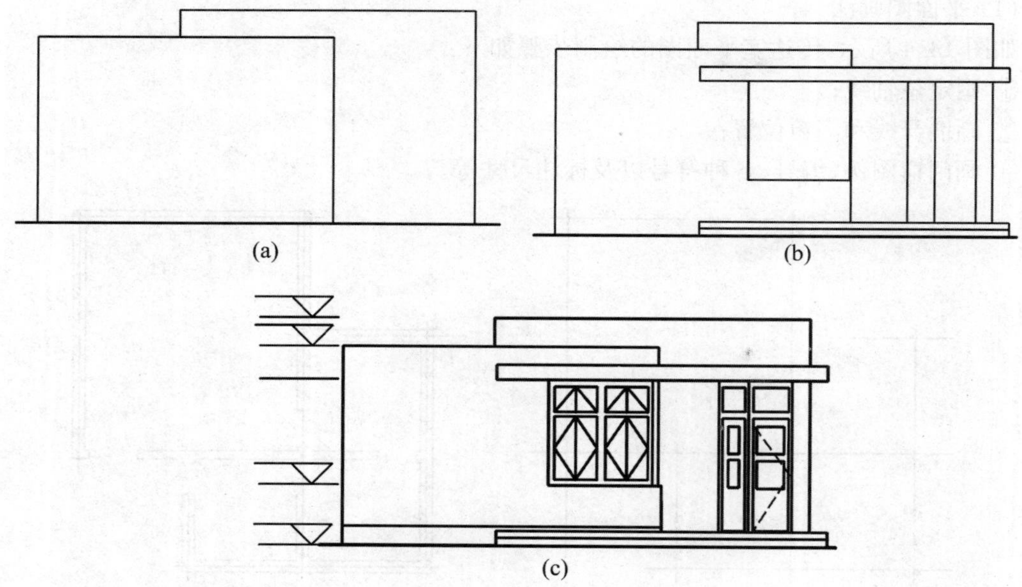

图 13.5 立面图的画法

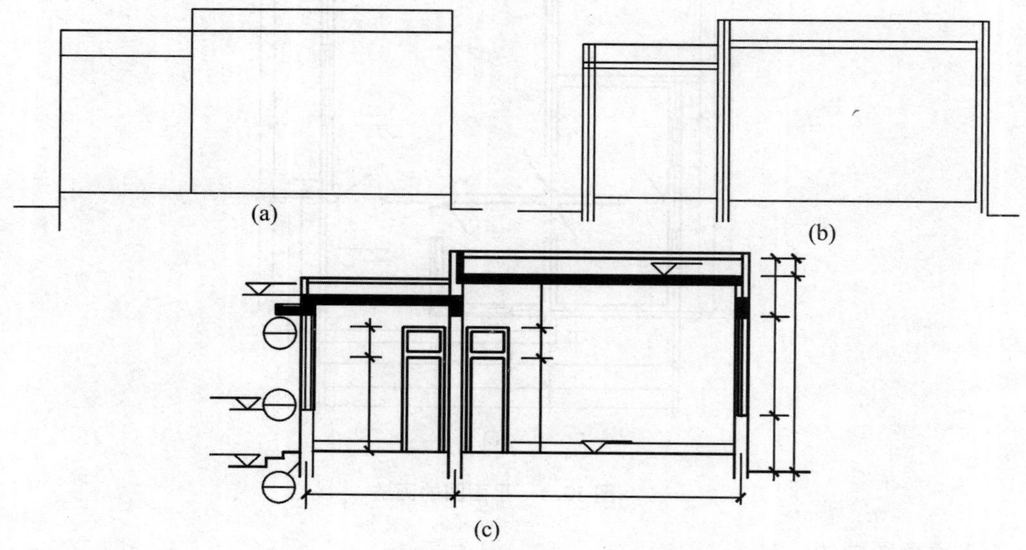

图 13.6 剖面图的画法

附　录

1. 螺纹

(1) 普通螺纹(GB/T 193—2003、GB/T 196—2003)

$H=0.866\ 025\ 404\ P$

$D_2=D-2\times\frac{3}{8}H=D-6\ 495\ P$

$d_2=d-2\times\frac{3}{8}H=d-6\ 495\ P$

$D_1=D-2\times\frac{5}{8}H=D-1.082\ 5\ P$

$d_1=d-2\times\frac{5}{8}H=D-1.0825\ P$

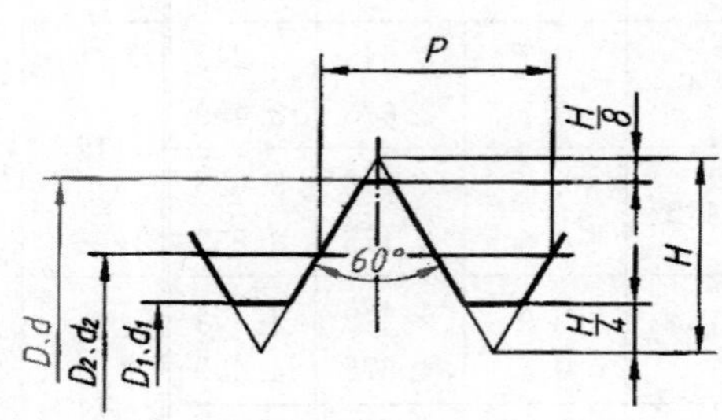

标记示例

公称直径 24 mm,螺距为 1.5 mm,右旋的细牙普通螺纹:

M24×1.5

表 A1　　(单位:mm)

公称直径 D、d 第一系列	公称直径 D、d 第二系列	螺距 P 粗牙	螺距 P 细牙
3		0.5	0.35
	3.5	0.6	
4		0.7	0.5
	4.5	0.75	
5		0.8	
6		1	0.75
	7		
8		1.25	1,0.75
10		1.5	1.25,1,0.75

公称直径 D、d 第一系列	公称直径 D、d 第二系列	螺距 P 粗牙	螺距 P 细牙
12		1.75	1.5,1.25,1
	14	2	1.5,1.25,1
16			1.5,1
	18	2.5	2,1.5,1
20			
	22		
24		3	
	27		
30		3.5	(3),2,1.5,1

公称直径 D、d 第一系列	公称直径 D、d 第二系列	螺距 P 粗牙	螺距 P 细牙
	33	3.5	(3),2,1.5
36		4	3,2,1.5
	39		
42		4.5	4,3,2,1.5
	45		
48		5	
	52		
56		5.5	
	60		

注:① 优先选用第一系列,其次选择第二系列,最后选择第三系列。尽可能地避免使用括号内的螺距。

② 公称直径 D、d 为 1~2.5 和 64~300 的部分未列入;第三系列全部未列入。

③ * M14×1.25 仅用于发动机的火花塞。

④ 中径 D_2、d_2 未列入。

表 A2 （单位：mm）

公称直径（大径）D、d	螺距 P	中径 D_2、d_2	小径 D_1、d_1	公称直径（大径）D、d	螺距 P	中径 D_2、d_2	小径 D_1、d_1	公称直径（大径）D、d	螺距 P	中径 D_2、d_2	小径 D_1、d_1
3	0.5	2.675	2.459	10	1.5	9.026	8.376	18	2.5	16.376	15.294
	0.35	2.773	2.621		1.25	9.188	8.647		2	16.701	15.835
3.5	0.6	3.110	2.850		1	9.350	8.917		1.5	17.026	16.376
	0.35	3.273	3.121		0.75	9.513	9.188		1	17.350	16.917
4	0.7	3.545	3.242	12	1.75	10.863	10.106	20	2.5	18.376	17.294
	0.5	3.675	3.459		1.5	11.026	10.376		2	18.701	17.835
4.5	0.75	4.013	3.688		1.25	11.188	10.647		1.5	19.026	18.376
	0.5	4.175	3.859		1	11.350	10.917		1	19.350	18.917
5	0.8	4.480	4.134	14	2	12.701	11.835	22	2.5	20.376	19.294
	0.5	4.675	4.459		1.5	13.026	12.376		2	20.701	19.835
6	1	5.530	4.917		1.25	13.188	12.647		1.5	21.026	20.376
	0.75	5.513	5.188		1	13.350	12.917		1	21.350	20.917
7	1	6.350	5.917	16				24	3	22.051	20.752
	0.75	6.513	6.188		2	14.701	13.835		2	22.701	21.835
8	1.25	7.188	6.647		1.5	15.026	14.376		1.5	23.026	22.376
	1	7.350	6.917		1	15.350	14.917		1	23.350	22.917
	0.75	7.513	7.188								

注：公称直径 D、d 为 1～2.5 和 27～300 的部分未列入，第三系列全部未列入。

（2）管螺纹

55°密封管螺纹：
- 第 1 部分：圆柱内螺纹与圆锥外螺纹（GB/T 7306.1—2000）
- 第 2 部分：圆锥内螺纹与圆锥外螺纹（GB/T 7306.2—2000）

55°非密封管螺纹（GB/T 7307—2001）

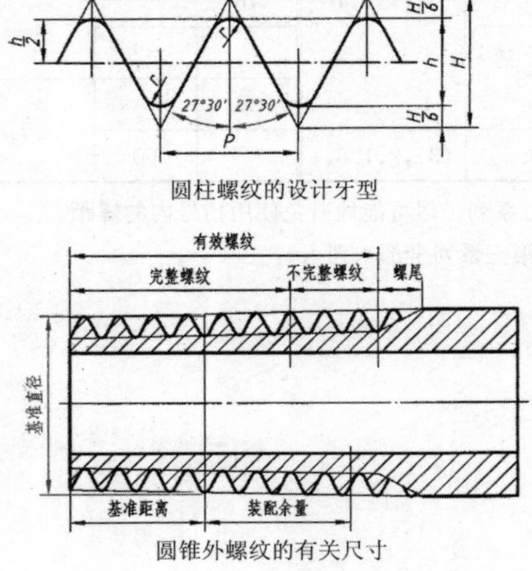

圆柱螺纹的设计牙型

圆锥外螺纹的有关尺寸

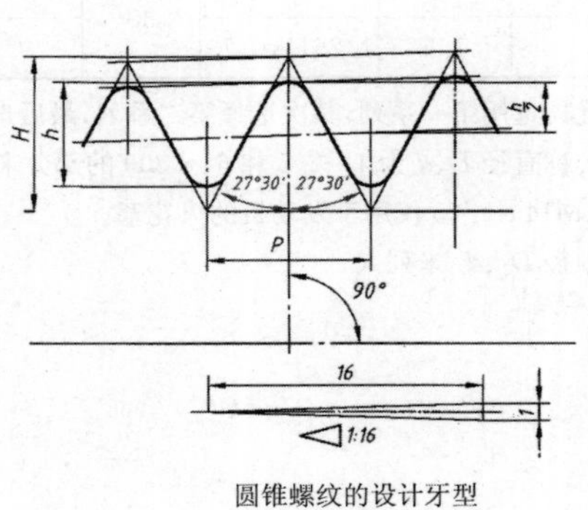

圆锥螺纹的设计牙型

标记示例

GB/T 7306.1

尺寸代号 3/4，右旋，圆柱内螺纹：

$R_p 3/4$

尺寸代号 3，右旋，圆锥外螺纹：

$R_1 3$

尺寸代号 3/4，左旋，圆柱内螺纹：

R_p 3/4 LH

GB/T 7306.2

尺寸代号 3/4，右旋，圆锥内螺纹：

$R_c 3/4$

尺寸代号 3，右旋，圆锥外螺纹：

$R_2 3$

尺寸代号 3/4，左旋，圆锥内螺纹：

R_c3/4 LH

GB/T 7307

尺寸代号 2，右旋，圆柱内螺纹：

G2

尺寸代号 3，右旋，A 级圆柱外螺纹：

G3A

尺寸代号 2，左旋，圆柱内螺纹：

G2 LH

尺寸代号 4，左旋，B 级圆柱外螺纹：

G4B—LH

表 A3　　(单位：mm)

尺寸代号	每 25.4 mm 内所含的牙数 n	螺距 P	牙高 h	基本直径或基准平面内的基本直径			基准距离（基本）	外螺纹的有效螺纹不小于
				大径 $d=D$	中径 $d_2=D_2$	小径 $d_1=D_1$		
1/16	28	0.907	0.581	7.723	7.142	6.561	4	6.5
1/8	28	0.907	0.581	9.728	9.147	8.566	4	6.5
1/4	19	1.337	0.856	13.157	12.301	11.445	6	9.7
3/8	19	1.337	0.856	16.662	15.806	14.950	6.4	10.1
1/2	14	1.814	1.162	20.955	19.793	18.631	8.2	13.2
3/4	14	1.814	1.162	26.441	25.279	24.117	9.5	14.5
1	11	2.309	1.479	33.249	31.770	30.291	10.4	16.8
$1\frac{1}{4}$	11	2.309	1.479	41.910	40.431	38.952	12.7	19.1
$1\frac{1}{2}$	11	2.309	1.479	47.803	46.324	44.845	12.7	19.1
2	11	2.309	1.479	59.614	58.135	56.656	15.9	23.4
$2\frac{1}{2}$	11	2.309	1.479	75.184	73.705	72.226	17.5	26.7
3	11	2.309	1.479	87.884	86.405	84.926	20.6	29.8
4	11	2.309	1.479	113.030	111.551	110.072	25.4	35.8
5	11	2.309	1.479	138.430	136.951	135.472	28.6	40.1
6	11	2.309	1.479	163.830	162.351	160.872	28.6	40.1

注：第 5 列中所列的是圆柱螺纹的基本直径和圆锥螺纹在基本平面内的基本直径；第 6、7 列只适用于圆锥螺纹。

(3) 梯形螺纹（GB/T 5796.2—2005、GB/T 5796.3—2005）

标记示例

公称直径为 40 mm，导程为 14 mm，螺距为 7 mm 的双线左旋梯形螺纹：

Tr40×14(P7)　LH

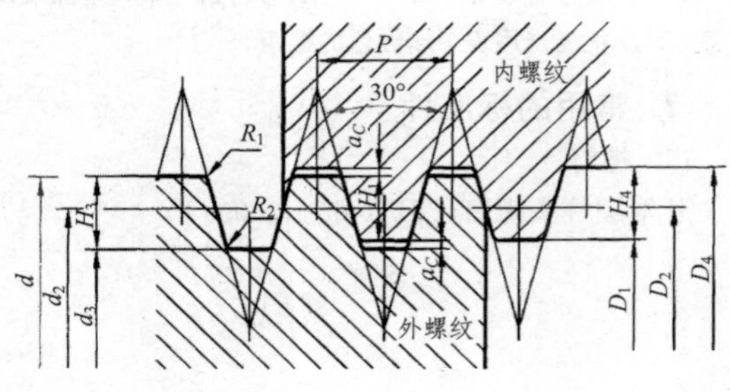

表 A4 （单位：mm）

公称直径 d 第一系列	公称直径 d 第二系列	螺距 P	中径 $d_2=D_2$	大径 D_4	小径 d_3	小径 D_1
8		1.5	7.250	8.300	6.200	6.500
	9	1.5	8.250	9.300	7.200	7.500
		2	8.000	9.500	6.500	7.000
10		1.5	9.250	10.300	8.200	8.500
		2	9.000	10.500	7.500	8.000
	11	2	10.00	11.500	8.500	9.000
		3	9.500	11.500	7.500	8.000
12		2	11.000	12.500	9.500	10.000
		3	10.500	12.500	8.500	9.00
	14	2	13.000	14.500	11.500	12.000
		3	12.500	14.500	10.500	11.000
16		2	15.000	16.500	13.500	14.000
		4	14.000	16.500	11.500	12.000
	18	2	17.000	18.500	15.500	16.000
		4	16.000	18.500	13.500	14.000
20		2	19.000	20.500	17.500	18.000
		4	18.000	20.500	15.500	16.000
	22	3	20.500	22.500	18.500	19.000
		5	19.500	22.500	16.500	17.000
		8	18.000	23.000	13.000	14.000
24		3	22.500	24.500	20.500	21.000
		5	21.500	24.500	18.500	19.000
		8	20.000	25.000	15.000	16.000

公称直径 d 第一系列	公称直径 d 第二系列	螺距 P	中径 $d_2=D_2$	大径 D_4	小径 d_3	小径 D_1
	26	3	24.500	26.500	22.500	23.000
		5	23.500	26.500	20.500	21.000
		8	22.000	27.000	17.000	18.000
28		3	26.500	28.500	24.500	25.000
		5	25.500	28.500	22.500	23.000
		8	24.000	29.000	19.000	20.000
	30	3	28.500	30.500	26.500	29.000
		6	27.000	31.000	23.000	24.000
		10	25.000	31.000	19.000	20.500
32		3	30.500	32.500	28.500	29.000
		6	29.000	33.000	25.000	26.000
		10	27.000	33.000	21.000	22.000
	34	3	32.500	34.500	30.500	31.000
		6	31.000	35.000	27.000	28.000
		10	29.000	35.000	23.000	24.000
36		3	34.500	36.500	32.500	33.000
		6	33.000	37.000	29.000	30.000
		10	31.000	37.000	25.000	26.000
	38	3	36.500	38.500	34.500	35.000
		7	34.500	39.000	30.000	31.000
		10	33.000	39.000	27.000	28.000
40		3	38.500	40.500	36.500	37.000
		7	36.500	41.000	32.000	33.000
		10	35.000	41.000	29.000	30.000

注：① 优先选用第一系列，其次选用第二系列；新产品设计中，不宜选用第三系列。

② 公称直径 $d=42\sim300$ 未列入；第三系列全部未列入。

③ 优先选用表中印红色的螺距。

2. 常用的标准件

(1) 螺钉

开槽圆柱头螺钉(GB/T 65—2000)

标 记 示 例

螺纹规格 d=M5、公称长度 z=20 mm、性能等级为 4.8 级，不经表面处理的 A 级开槽圆柱头螺钉：

螺钉 GB/T 65　M5×20

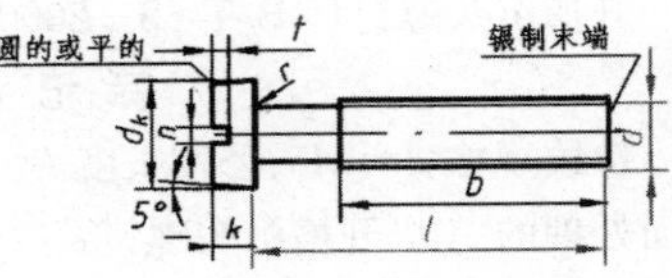

表 A5　　(单位：mm)

螺纹规格 d	M4	M5	M6	M8	M10
P(螺距)	0.7	0.8	1	1.25	1.5
b	38	38	38	38	38
d_k	7	8.5	10	13	16
k	2.6	3.3	3.9	5	6
n	1.2	1.2	1.6	2	2.5
r	0.2	0.2	0.25	0.4	0.4
t	1.1	1.3	1.6	2	2.4
公称长度 l	5～40	6～50	8～60	10～80	12～80
l 系列	5、6、8、10、12、(14)、16、20、25、30、35、40、45、50、(55)、60、(65)、70、(75)、80				

注：① 公称长度 $l \leqslant 40$ mm 的螺钉，制出全螺纹。

② 括号内的规格尽可能不采用。

③ 螺纹规格 d=M1.6～M10；公称长度 l=2～80 mm。d<M4 的螺钉未列入。

④ 材料为钢的螺钉性能等级有 4.8、5.8 级，其中 4.8 级为常用。

开槽盘头螺钉(GB/T 67—2008)

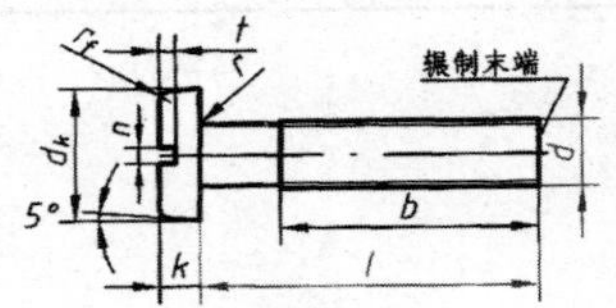

标 记 示 例

螺纹规格 d=M5、公称长度 l=20 mm、性能等级为 4.8 级，不经表面处理的 A 级开槽盘头螺钉：

螺钉 GB/T 67　M5×20

表 A6　　(单位：mm)

螺纹规格 d	M3	M4	M5	M6	M8	M10
P(螺距)	0.5	0.7	0.8	1	1.25	1.5
b	25	38	38	38	38	38
d_k	5.6	8	9.5	12	16	20
k	1.8	2.4	3	3.6	4.8	6
n	0.8	1.2	1.2	1.6	2	2.5
r	0.1	0.2	0.2	0.25	0.4	0.4
t	0.7	1	1.2	1.4	1.9	2.4
r_f(参考)	0.9	1.2	1.5	1.8	2.4	3
公称长度 l	4～30	5～40	6～50	8～60	10～80	12～80
l 系列	4、5、6、8、10、12、(14)、16、20、25、30、35、40、45、50、(55)、60、(65)、70、(75)、80					

注：① 括号内的规格尽可能不采用。

② 螺纹规格 d=M1.6～M10，公称长度为 2～80 mm。d<M3 的螺钉未列入。

③ M1.6～M3 的螺钉，公称长度 $l \leqslant 30$ mm 时，制出全螺纹。

④ M4～M10 的螺钉，公称长度 $l \leqslant 40$ mm 时，制出全螺纹。

⑤ 材料为钢的螺钉，性能等级有 4.8、5.8 级，其中 4.8 级为常用。

开槽沉头螺钉(GB/T 68—2000)

标 记 示 例

螺纹规格 d=M5、公称长度 l=20 mm、性能等级为 4.8 级，不经表面处理的 A 级开槽沉头螺钉：

螺钉 GB/T 68 M5×20

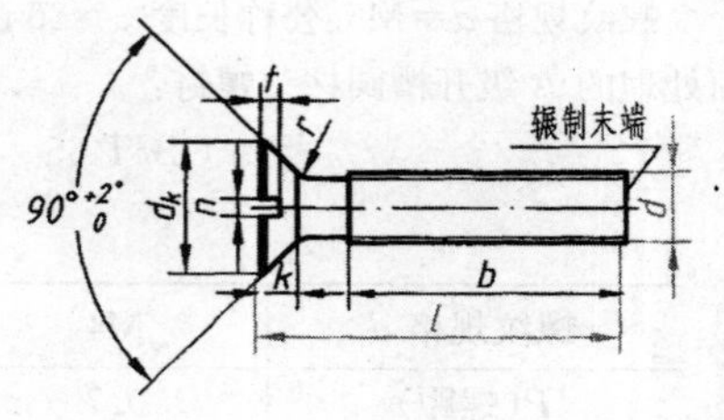

表 A7 (单位:mm)

螺纹规格 d	M1.6	M2	M2.5	M3	M4	M5	M6	M8	M10
P(螺距)	0.35	0.4	0.45	0.5	0.7	0.8	1	1.25	1.5
b	25	25	25	25	38	38	38	38	38
d_k	3.6	4.4	5.5	6.3	9.4	10.4	12.6	17.3	20
k	1	1.2	1.5	1.65	2.7	2.7	3.3	4.65	5
n	0.4	0.5	0.6	0.8	1.2	1.2	1.6	2	2.5
r	0.4	0.5	0.6	0.8	1	1.3	1.5	2	2.5
t	0.5	0.6	0.75	0.85	1.3	1.4	1.6	2.3	2.6
公称长度 l	2.5～16	3～20	4～25	5～30	6～40	8～50	8～60	10～80	12～80
l 系列	2.5、3、4、5、6、8、10、12、(14)、16、20、25、30、35、40、45、50、(55)、60、(65)、70、(75)、80								

注：① 括号内的规格尽可能不采用。

② M1.6～M3 的螺钉，公称长度 $l \leqslant 30$ mm 时，制出全螺纹。

③ M4～M10 的螺钉，公称长度 $l \leqslant 45$ mm 时，制出全螺纹。

④ 材料为钢的螺钉性能等级有 4.8、5.8 级，其中 4.8 级为常用。

内六角圆柱头螺钉(GB/T 70.1—2008)

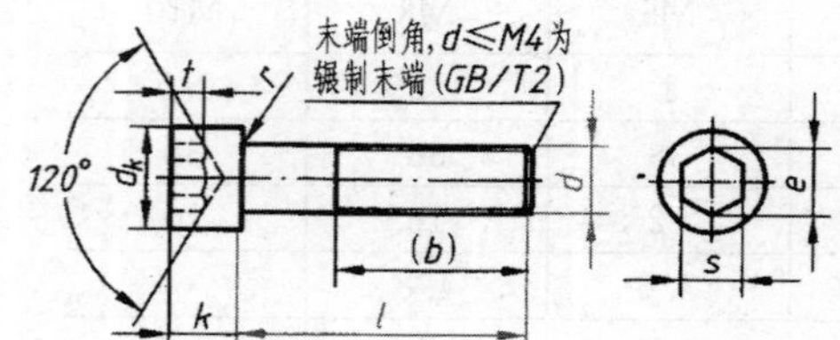

标 记 示 例

螺纹规格 d=M5、公称长度 l=20 mm、性能等级为 8.8 级，表面氧化的内六角圆柱头螺钉：

螺钉 GB/T 70.1 M5×20

表 A8 (单位:mm)

螺纹规格 d	M3	M4	M5	M6	M8	M10	M12	M16	M20
P(螺距)	0.5	0.7	0.8	1	1.25	1.5	1.75	2	2.5
b 参考	18	20	22	24	28	32	36	44	52
d_k	5.5	7	8.5	10	13	16	18	24	30
k	3	4	5	6	8	10	12	16	20
t	1.3	2	2.5	3	4	5	6	8	10
s	2.5	3	4	5	6	8	10	14	17
e	2.87	3.44	4.58	5.72	6.86	9.15	11.43	16.00	19.44

续表

螺纹规格 d	M3	M4	M5	M6	M8	M10	M12	M16	M20
r	0.1	0.2	0.2	0.25	0.4	0.4	0.6	0.6	0.8
公称长度 l	5～30	6～40	8～50	10～60	12～80	16～100	20～120	25～160	30～200
l≤表中数值时，制出全螺纹	20	25	25	30	35	40	45	55	65
l 系列	2.5、3、4、5、6、8、10、12、16、20、25、30、35、40、45、50、55、60、65、70、80、90、100、110、120、130、140、150、160、180、200、220、240、260、280、300								

注：螺纹规格 d=M1.6～M64。六角槽端部允许倒圆或制出沉孔。材料为钢的螺钉的性能等级有 8.8、10.9、12.9 级，8.8级为常用。

开槽锥端紧定螺钉(GB/T 71—1985)
开槽平端紧定螺钉(GB/T 73—1985)
开槽长圆柱端紧定螺钉(GB/T 75—1985)

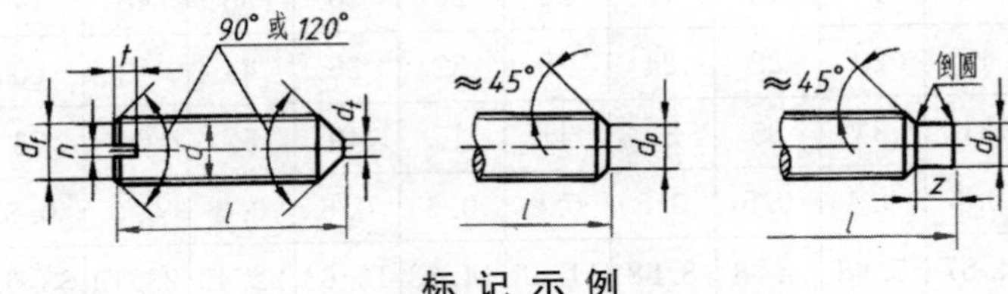

标 记 示 例

螺纹规格 d=M5，公称长度 l=12 mm、性能等级为 14H 级，表面氧化的开槽平端紧定螺钉：

螺钉　GB/T 73　M5×12—14H。

表 A9　　(单位：mm)

螺纹规格 d		M1.6	M2	M2.5	M3	M4	M5	M6	M8	M10	M12
P(螺距)		0.35	0.4	0.45	0.5	0.7	0.8	1	1.25	1.5	1.75
n(公称)		0.25	0.25	0.4	0.4	0.6	0.8	1	1.2	1.6	2
t		0.74	0.84	0.95	1.05	1.42	1.63	2	2.5	3	3.6
d_t		0.16	0.2	0.25	0.3	0.4	0.5	1.5	2	2.5	3
d_p		0.8	1	1.5	2	2.5	3.5	4	5.5	7	8.5
z		1.05	1.25	1.5	1.75	2.25	2.75	3.25	4.3	5.3	6.3
公称长度 l	GB/T 71—1985	2～8	3～10	3～12	4～16	6～20	8～25	8～30	10～40	12～50	14～60
	GB/T 73—1985	2～8	3～10	4～12	4～16	5～20	6～25	8～30	8～40	10～50	12～60
	GB/T 75—1985	2.5～8	4～10	5～12	6～16	8～20	10～25	12～30	16～40	20～50	25～60
l 系列		2、2.5、3、4、5、6、8、10、12、(14)、16、20、25、30、35、40、45、50、(55)、60									

注：① 括号内的规格尽可能不采用。

② d_t 不大于螺纹小径。本表中 n 摘录的是公称值，t、d_t、d_p、z 摘录的是最大值。l 在 GB/T 71 中，当 d=M2.5、l=3 mm时，螺钉两端倒角均为 120°，其余均为 90°。l 在 GB/T 73 和 GB/T 75 中，分别列出了头部倒角为 90°和 120°的尺寸，本表只摘录了头部倒角为 90°的尺寸。

③ 紧定螺钉性能等级有 14H、22H 级，其中 14H 级为常用。H 表示硬度，数字表示最低的维氏硬度的 1/10。

④ GB/T 71、GB/T 73 规定，d=M1.2～M12；GB/T 75 规定，d=M1.6～M12。如需用前两种紧定螺钉 M1.2 时，有关资料可查阅这两个标准。

(2) 螺栓

六角头螺栓——C级(GB/T 5780—2000)

六角头螺栓——A和B级(GB/T 5782—2000)

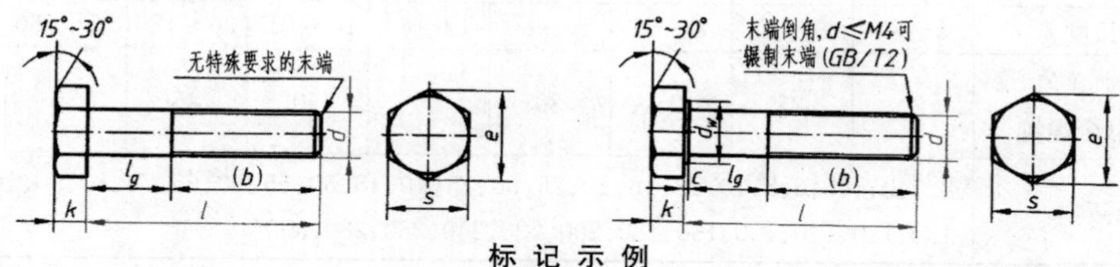

标记示例

螺纹规格 d=M12、公称长度 l=80 mm、性能等级为8.8级,表面氧化、A级的六角头螺栓:

螺栓 GB/T 5782 M12×80

表 A10 (单位:mm)

螺纹规格 d			M3	M4	M5	M6	M8	M10	M12	M16	M20	M24	M30	M36	M42
b 参考	l≤125		12	14	16	18	22	26	30	38	46	54	66	—	—
	125<l≤200		18	20	22	24	28	32	36	44	52	60	72	84	96
	l>200		31	33	35	37	41	45	49	57	65	73	85	97	109
c			0.4	0.4	0.5	0.5	0.6	0.6	0.6	0.8	0.8	0.8	0.8	0.8	1
d_w	产品等级	A	4.57	5.88	6.88	8.88	11.63	14.63	16.63	22.49	28.19	33.61	—	—	—
		B、C	4.45	5.74	6.74	8.74	11.47	14.47	16.47	22	27.7	33.25	42.75	51.11	59.95
e	产品等级	A	6.01	7.66	8.79	11.05	14.38	17.77	20.03	26.75	33.53	39.98	—	—	—
		B、C	5.88	7.50	8.63	10.89	14.20	17.59	19.85	26.17	32.95	39.55	50.85	60.79	72.02
k 公称			2	2.8	3.5	4	5.3	6.4	7.5	10	12.5	15	18.7	22.5	26
r			0.1	0.2	0.2	0.25	0.4	0.4	0.6	0.6	0.8	0.8	1	1	1.2
s 公称			5.5	7	8	10	13	16	18	24	30	36	46	55	65
l(商品规格范围)			20~30	25~40	25~50	30~60	40~80	45~100	50~120	65~160	80~200	90~240	110~300	140~360	160~400
l 系列			12、16、20、25、30、35、40、45、50、(55)、60、(65)、70、80、90、100、110、120、130、140、150、160、180、200、220、240、260、280、300、320、340、360、380、400、420、440、460、480、500												

注:① A级用于 d≤24 mm 和 l≤10d 或≤150 mm 的螺栓;B级用于 d>24 mm 和 l>10d 或>150 mm 的螺栓。

② 螺纹规格 d 范围:GB/T 5780 为M5~M64;GB/T 5782 为M1.6~M64。表中未列入GB/T 5780 中尽可能不采用的非优先系列的螺纹规格。

③ 表中 d_w 和 e 的数据,属GB/T 5780 的螺栓查阅产品等级为C的行;属GB/T 5782 的螺栓则分别按产品等级A、B分别查阅相应的A行、B行。

④ 公称长度 f 范围:GB/T 5780 为25~500;GB/T 5782 为12~500。尽可能不用 l 系列中带括号的长度。

⑤ 材料为钢的螺栓性能等级有5.6、8.8、9.8、10.9级,其中8.8级为常用。

(3) 双头螺柱

双头螺柱:b_m=1d(GB/T 897—1988)

双头螺柱:b_m=1.25d(GB/T 898—1988)

双头螺柱:b_m=1.5d(GB/T 899—1988)

双头螺柱：$b_m=2d$(GB/T 900—1988)

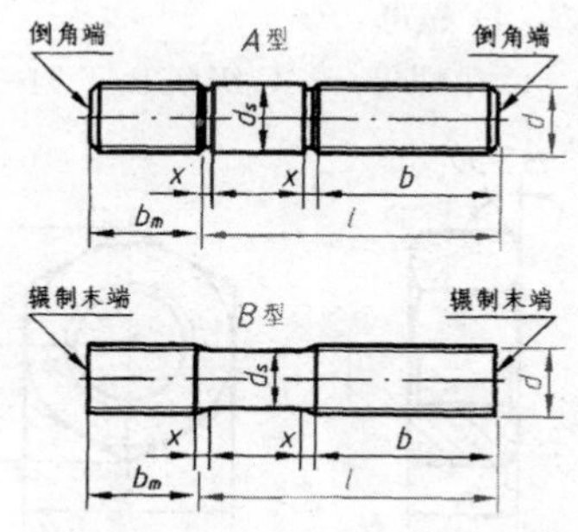

d_s≈一螺纹中径(仅适用于B型)

标 记 示 例

两端均为粗牙普通螺纹，$d=10$ mm，$l=50$ mm，性能等级为4.8级，不经表面处理，B型，$b_m=1d$的双头螺柱：

螺柱　GB/T 897　M10×50

旋入端为粗牙普通螺纹，紧固端为螺距$P=1$ mm的细牙普通螺纹，$d=10$ mm，$l=50$ mm，性能等级为4.8级，不经表面处理，A型，$b_m=1.25d$的双头螺柱：

螺柱　GB/T 898　AM10—M10×1×50

表 A11　　(单位：mm)

螺纹规格 d	b_m 公称		d_s		x_{max}	b	l 公称
	GB/T 897—1988	GB/T 898—1988	max	min			
M5	5	6	5	4.7	1.5P	10	16～(22)
						16	25～50
M6	6	8	6	5.7		10	20、(22)
						14	25、(28)、30
						18	(32)～(75)
M8	8	10	8	7.64		12	20、(22)
						16	25、(28)、30
						22	(32)～90
M10	10	12	10	9.64		14	25、(28)
						16	30、(38)
						26	40～120
						32	130
M12	12	15	12	11.57		16	25～30
						20	(32)～40
						30	45～120
						36	130～180
M16	16	20	16	15.57		20	30～(38)
						30	40～50
						38	60～120
						44	130～200
M20	20	25	20	19.48		25	35～40
						35	45～60
						46	(65)～120
						52	130～200

注：① 本表未列人GB/T 899—1988、GB/T 900—1988两种规格。需用时可查阅这两个标准。GB/T 897、GB/T 898规定的螺纹规格d=M5～M48，如需用M20以上的双头螺柱，也可查阅这两个标准。

② P表示粗牙螺纹的螺距。

③ l的长度系列：16、(18)、20、(22)、25、(28)、30、(32)、35、(38)、40、45、50、(55)、60、(65)、70、(75)、80、90、(95)、100～260(十进位)、280、300。括号内的数值尽可能不采用。

④ 材料为钢的螺柱，性能等级有4.8、5.8、6.8、8.8、10.9、12.9级，其中4.8级为常用。

(4) 螺母

六角螺母——C级(GB/T 41—2000)

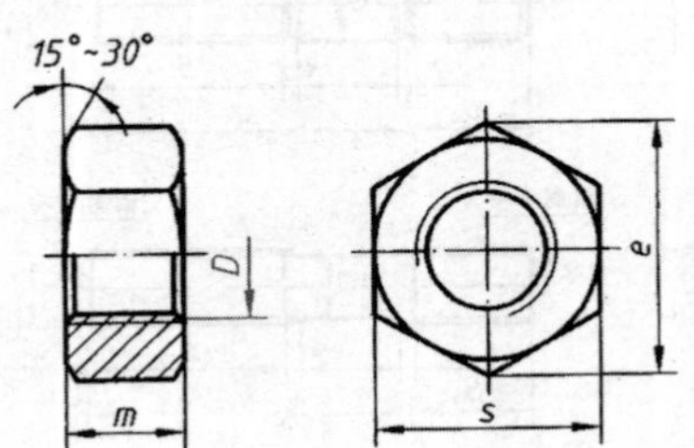

I型六角螺母——A和B级(GB/T 6170—2000)

标记示例

螺纹规格 D=M12、性能等级为5级、不经表面处理、C级的六角螺母:

螺母　GB/T 41　M12

螺纹规格 D=M12、性能等级为8级、不经表面处理、A级的1型六角螺母:

螺母　GB/T 6170　M12

表A12 (单位:mm)

螺纹规格 D		M3	M4	M5	M6	M8	M10	M12	M16	M20	M24	M30	M36	M42
e	GB/T 41—2000	—	—	8.63	10.89	14.20	17.59	19.85	26.17	32.95	39.55	50.85	60.79	72.02
	GB/T 6170—2000	6.01	7.66	8.79	11.05	14.38	17.77	20.03	26.75	32.95	39.55	50.85	60.79	72.02
s	GB/T 41—2000	—	—	8	10	13	16	18	24	30	36	46	55	65
	GB/T 6170—2000	5.5	7	8	10	13	16	18	24	30	36	46	55	65
m	GB/T 41—2000	—	—	5.6	6.1	7.9	9.5	12.2	15.9	18.7	22.3	26.4	31.5	34.9
	GB/T 6170—2000	2.4	3.2	4.7	5.2	6.8	8.4	10.8	14.8	18	21.5	25.6	31	34

注:A级用于 $D\leqslant16$;B级用于 $D>16$。产品等级A、B由公差取值决定,A级公差数值小。材料为钢的螺母:GB/T 6170的性能等级有6级、8级、10级,8级为常用;GB/T 41的性能等级为4级和5级。螺纹端部无内倒角,但也允许内倒角。GB/T 41—2000规定螺母的螺纹规格为M5~M64;GB/T 6170—2000规定螺母的螺纹规格为M1.6~M64。

(5) 垫圈

小垫圈:A级(GB/T 848—2002)

平垫圈:A级(GB/T 97.1—2002)

平垫圈(倒角型):A级(GB/T 97.2—2002)

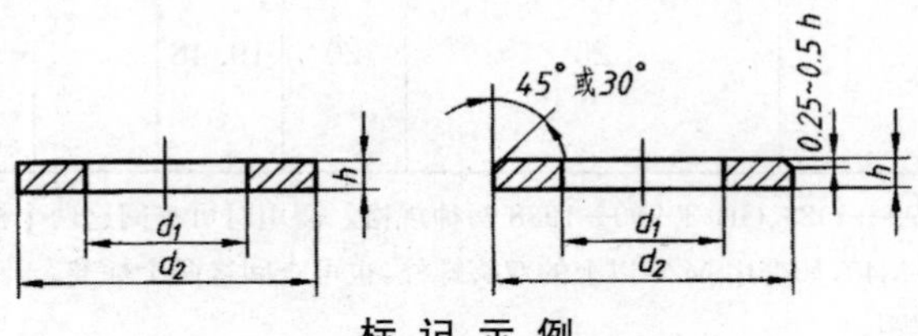

标记示例

标准系列、公称规格为8 mm,由钢制造的硬度等级为200 HV级、不经表面处理、产品等级为A级的平垫圈:

垫圈　GB/T 97.1　8

表 A13　　（单位：mm）

公称规格（螺纹规格）d		1.6	2	2.5	3	4	5	6	8	10	12	16	20	24	30	36
d_1	GB/T 848—2002	1.7	2.2	2.7	3.2	4.3	5.3	6.4	8.4	10.5	13	17	21	25	31	37
	GB/T 97.1—2002	1.7	2.2	2.7	3.2	4.3	5.3	6.4	8.4	10.5	13	17	21	25	31	37
	GB/T 97.2—2002	—	—	—	—	—	5.3	6.4	8.4	10.5	13	17	21	25	31	37
d_2	GB/T 848—2002	3.5	4.5	5	6	8	9	11	15	18	20	28	34	39	50	60
	GB/T 97.1—2002	4	5	6	7	9	10	12	16	20	24	30	37	44	56	66
	GB/T 97.2—2002	—	—	—	—	—	10	12	16	20	24	30	37	44	56	66
h	GB/T 848—2002	0.3	0.3	0.5	0.5	0.5	1	1.6	1.6	1.6	2	2.5	3	4	4	5
	GB/T 97.1—2002	0.3	0.3	0.5	0.5	0.8	1	1.6	1.6	2	2.5	3	3	4	4	5
	GB/T 97.2—2002	—	—	—	—	—	1	1.6	1.6	2	2.5	3	3	4	4	5

注：① 硬度等级有 200 HV、300 HV 级；材料有钢和不锈钢两种。GB/T 97.1 和 GB/T 97.2 规定，200 HV 适用于≤8.8 级的 A 级和 B 级的或不锈钢的六角头螺栓、六角螺母和螺钉等；300 HV 适用于≥10 级的 A 级和 B 级的六角头螺栓、螺钉和螺母。GB/T 848 规定，200 HV 适用于≤8.8 级或不锈钢制造的圆柱头螺钉、内六角头螺钉等；300 HV 适用于≤10.9 的内六角圆柱头螺钉等。

② d 的范围：GB/T 848 为 1.6～36 mm，GB/T 97.1 为 1.6～64 mm，GB/T 97.2 为 5～64 mm。表中所列的仅为 d≤36 mm 的优选尺寸；d>36 mm 的优选尺寸和非优选尺寸，可查阅这 3 个标准。

标准型弹簧垫圈（GB/T 93—1987）

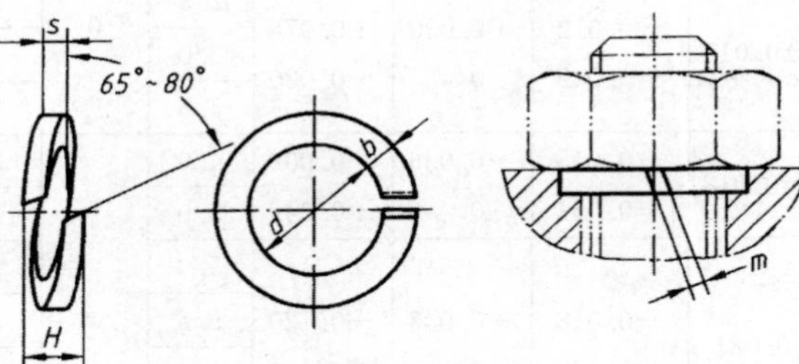

标 记 示 例

规格 16 mm，材料为 65 Mn，表面氧化的标准型弹簧垫圈：

垫圈　GB/T 93　16

表 A14　　（单位：mm）

公称规格（螺纹大径）	3	4	5	6	8	10	12	(14)	16	(18)	20	(22)	24	(27)	30
d	3.1	4.1	5.1	6.1	8.1	10.2	12.2	14.2	16.2	18.2	20.2	22.5	24.5	27.5	30.5
H	1.6	2.2	2.6	3.2	4.2	5.2	6.2	7.2	8.2	9	10	11	12	13.6	15
$s(b)$	0.8	1.1	1.3	1.6	2.1	2.6	3.1	3.6	4.1	4.5	5	5.5	6	6.8	7.5
m≤	0.4	0.55	0.65	0.8	1.05	1.3	1.55	1.8	2.05	2.25	2.5	2.75	3	3.4	3.75

注：① 括号内的规格尽可能不采用。

② m 应大于零。

（6）键

平键和键槽的剖面尺寸（GB/T 1095—2003）

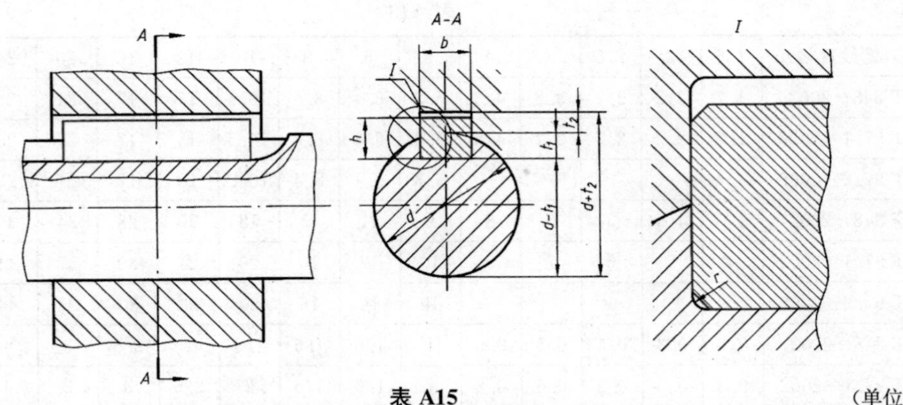

表 A15 （单位：mm）

键尺寸 $b\times h$	键槽											
	宽度 b						深度				半径 r	
	基本尺寸	极限偏差					轴 t_1		毂 t_2			
		正常联结		紧密联结	松联结		基本尺寸	极限偏差	基本尺寸	极限偏差		
		轴 N9	毂 JS9	轴和毂 P9	轴 H9	毂 D10					min	max
2×2	2	−0.004	±0.012 5	−0.006	+0.025	+0.060	1.2		1.0			
3×3	3	−0.029		−0.031	0	+0.020	1.8		1.4		0.08	0.16
4×4	4						2.5	+0.1	1.8	+0.1		
5×5	5	0	±0.015	−0.012	+0.030	+0.078	3.0	0	2.3	0		
6×6	6	−0.030		−0.042	0	+0.030	3.5		2.8		0.16	0.25
8×7	8	0	±0.018	−0.015	+0.036	+0.098	4.0		3.3			
10×8	10	−0.036		−0.051	0	+0.040	5.0		3.3			
12×8	12						5.0		3.3			
14×9	14	0	±0.021 5	−0.018	+0.043	+0.120	5.5		3.8		0.25	0.40
16×10	16	−0.043		−0.061	0	+0.050	6.0		4.3			
18×11	18						7.0	+0.2	4.4	+0.2		
20×12	20						7.5	0	4.9	0		
22×14	22	0	±0.026	−0.022	+0.052	+0.149	9.0		5.4			
25×14	25	−0.052		−0.074	0	+0.065	9.0		5.4		0.40	0.60
28×16	28						10.0		6.4			
32×18	32						11.0		7.4			
36×20	36						12.0		8.4			
40×22	40	0	±0.031	−0.026	+0.062	+0.180	13.0		9.4			
45×25	45	−0.062		−0.088	0	+0.080	15.0		10.4		0.70	1.00
50×28	50						17.0		11.4			
56×32	56						20.0	+0.3	12.4	+0.3		
63×32	63	0	±0.037	−0.032	+0.074	+0.220	20.0	0	12.4	0	1.20	1.60
70×36	70	−0.074		−0.106	0	+1.00	22.0		14.4			
80×40	80						25.0		15.4			
90×45	90	0	±0.043 5	−0.037	+0.087	+0.260	28.0		17.4		2.00	2.50
100×50	100	−0.087		−0.124	0	+0.120	31.0		19.5			

注：① 在零件图中，轴槽深用 $d-t_1$ 标注，$d-t_1$ 的极限偏差值应取负号，轮毂槽深用 $d+t_2$ 标注。

② 普通型平键应符合 GB/T 1096 规定。

③ 平键轴槽的长度公差用 H14。

④ 轴槽、轮毂槽的键槽宽度 b 两侧的表面粗糙度参数 Ra 值推荐为 1.6～3.2 μm；轴槽底面、轮毂槽底面的表面粗糙度参数 Ra 值为 6.3 μm。

⑤ 这里未述及的有关键槽的其他技术条件，需用时可查阅该标准。

普通型平键(GB/T 1096—2003)

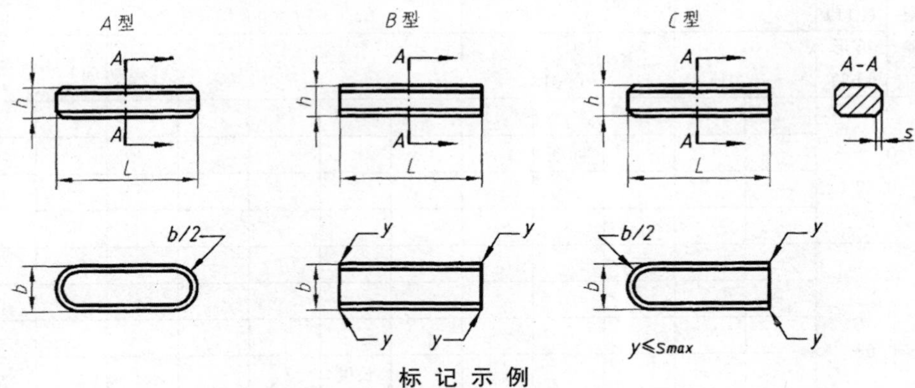

标 记 示 例

b=16 mm、h=10 mm、L=100 mm 的普通 A 型平键：

GB/T 1096　键 16×10×100

b=16 mm、h=10 mm、L=100 mm 的普通 B 型平键：

GB/T 1096　键 B16×10×100

b=16 mm、h=10 mm、L=100 mm 的普通 C 型平键：

GB/T 1096　键 C16×10×100

表 A16　(单位：mm)

宽度 b	基本尺寸		2	3	4	5	6	8	10	12	14	16	18	20	22
	极限偏差(h8)		0 −0.014		0 −0.018			0 −0.022		0 −0.027				0 −0.033	
高度 h	基本尺寸		2	3	4	5	6	7	8	8	9	10	11	12	14
	极限偏差	矩形(h11)	—		—			0 −0.090					0 −0.110		
		方形(h8)	0 −0.014		0 −0.018			—					—		
倒角或倒角圆 s			0.16～0.25			0.25～0.40			0.40～0.60					0.60～0.80	
长度 L															
基本尺寸	极限偏差(h14)														
6	0 −0.36				—	—	—	—	—	—	—	—	—	—	—
8						—	—	—	—	—	—	—	—	—	—
10							—	—	—	—	—	—	—	—	—
12	0 −0.43						—	—	—	—	—	—	—	—	—
14								—	—	—	—	—	—	—	—
16								—	—	—	—	—	—	—	—
18									—	—	—	—	—	—	—

续表

宽度 b	基本尺寸		2	3	4	5	6	8	10	12	14	16	18	20	22
	极限限偏差 (h8)		0 −0.014		0 −0.018			0 −0.022		0 −0.027				0 −0.033	
高度 h	基本尺寸		2	3	4	5	6	7	8	8	9	10	11	12	14
	极限偏差	矩形 (h11)	—		—			0 −0.090					0 −0.110		
		方形 (h8)	0 −0.014		0 −0.018			—					—		
20	0 −0.52								—	—	—	—	—	—	—
22			—			标准				—	—	—	—	—	—
25			—							—	—	—	—	—	—
28			—								—	—	—	—	—
32	0 −0.62		—								—	—	—	—	—
36			—									—	—	—	—
40			—	—								—	—	—	—
45			—	—					长度				—	—	—
50			—	—	—									—	—
56	0 −0.74		—	—	—										—
63			—	—	—	—									
70			—	—	—	—									
80			—	—	—										
90	0 −0.87		—	—	—	—	—					范围			
100			—	—	—	—	—	—							
110			—	—	—	—	—	—							
125	0 −1.00		—	—	—	—	—	—	—						
140			—	—	—	—	—	—	—						
160			—	—	—	—	—	—	—	—					
180			—	—	—	—	—	—	—	—	—				
200	0 −0.15		—	—	—	—	—	—	—	—	—	—			
220			—	—	—	—	—	—	—	—	—	—	—		
250			—	—	—	—	—	—	—	—	—	—	—	—	

注：① 标准中规定了宽度 b=2～100 mm 的普通 A 型、B 型、C 型的平键，本表未列入 b=25～100 mm 的普通型平键，需用时可查阅该标准。

② 普通型平键的技术条件应符合 GB/T 1568 的规定，需用时可查阅该标准。材料常用 45 钢。

③ 键槽的尺寸应符合 GB/T 1095 的规定。

（7）销

圆柱销：不淬硬钢和奥氏体不锈钢(GB/T 119.1—2000)

圆柱销：淬硬钢和马氏体不锈钢(GB/T 119.2—2000)

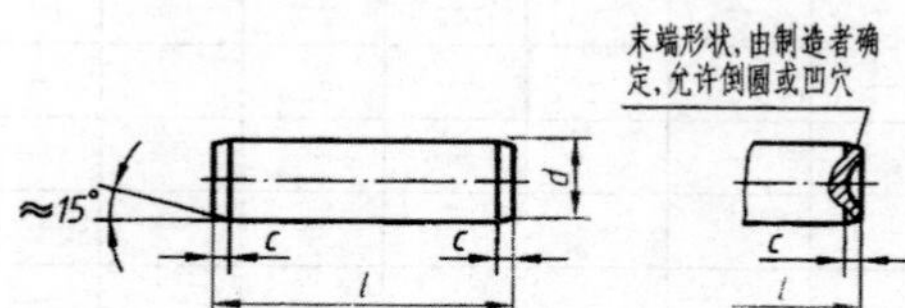

标 记 示 例

公称直径 d=6 mm、公差 m6、公称长度 l=30 mm、材料为钢、不经淬火、不经表面处理的圆柱销：

销 GB/T 119.1 6m6×30

公称直径 d=6 mm、公称长度 l=30 mm、材料为钢、普通淬火(A 型)、表面氧化处理的圆柱销：

销 GB/T 119.2 6×30

表 A17　　(单位:mm)

公称直径 d		3	4	5	6	8	10	12	16	20	25	30	40	50
$c\approx$		0.50	0.50	0.80	1.2	1.6	2.0	2.5	3.0	3.5	4.0	5.0	6.3	8.0
公称长度 l	GB/T 119.1	8～30	8～40	10～50	12～60	14～80	18～95	22～140	26～180	35～200	50～200	60～200	80～200	95～200
	GB/T 119.2	8～30		10～40	12～50	14～60	18～80	22～95	26～100	40～100	50～100	—	—	—	—
l 系列		8、10、12、14、16、18、20、22、24、26、28、30、32、35、40、45、50、55、60、65、70、75、80、85、90、95、100、120、140、160、180、200…												

注:① GB/T 119.1—2000 规定圆柱销的公称直径 $d=0.6$～50 mm,公称长度 $l=2$～200 mm,公差有 m6 和 h8。

② GB/T 119.2—2000 规定圆柱销的公称直径 $d=1$～20 mm,公称长度 $l=3$～100 mm,公差仅有 m6。

③ 圆柱销常用 35 钢。当圆柱销公差为 h8 时,其表面粗糙度参数 $Ra\leqslant1.6\ \mu$m;为 m6 时,$Ra\leqslant0.8\ \mu$m。

圆锥销(GB/T 117—2000)

标 记 示 例

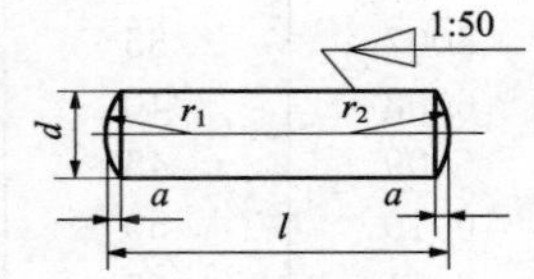

公称直径 $d=10$ mm、公称长度 $l=60$ mm、材料为 35 钢、热处理硬度(28～38)HRC、表面氧化处理的 A 型圆锥销:

销　GB/T 117　10×60

表 A18　　(单位:mm)

公称直径 d	4	5	6	8	10	12	16	20	25	30	40	50
$a\approx$	0.5	0.63	0.8	1	1.2	1.6	2	2.5	3	4	5	6.3
公称长度 l	14～55	18～60	22～90	22～120	26～160	32～180	40～200	45～200	50～200	55～200	60～200	65～200
l 系列	2、3、4、5、6、8、10、12、14、16、18、20、22、24、26、28、30、32、35、40、45、50、55、60、65、70、75、80、85、90、95、100、120、140、160、180、200…											

注:① 标准规定圆锥销的公称直径 $d=0.6$～50 mm。

② 有 A 型和 B 型。A 型为磨削,锥面表面粗糙度参数 $Ra=0.8\ \mu$m;B 型为切削或冷镦,锥面表面粗糙度参数 $Ra=3.2\ \mu$m。A 型和 B 型的圆锥销端面的表面粗糙度参数都是 6.3 μm。

(8) 滚动轴承

深沟球轴承(GB/T 276—1994)

标 记 示 例

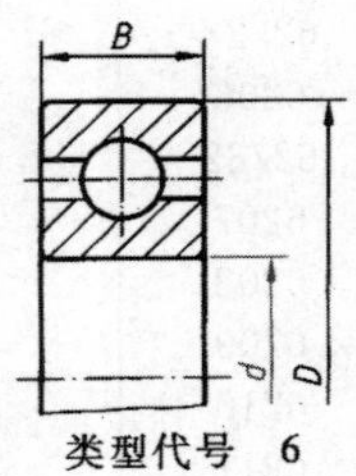

类型代号　6

内圈孔径 $d=60$ mm、尺寸系列代号为(0)2 的深沟球轴承:

滚动轴承　6212　GB/T 276—1994

表 A19 （单位：mm）

轴承代号	尺寸		
	d	*D*	*B*
尺寸系列代号(1)0			
606	6	17	6
607	7	19	6
608	8	22	7
609	9	24	7
6000	10	26	8
6001	12	28	8
6002	15	32	9
6003	17	35	10
6004	20	42	12
60/22	22	44	12
6005	25	47	12
60/28	28	52	12
6006	30	55	13
60/32	32	58	13
6007	35	62	14
6008	40	68	15
6009	45	75	16
6010	50	80	16
6011	55	90	18
6012	60	95	18
尺寸系列代号(0)2			
623	3	10	4
624	4	13	5
625	5	16	5
626	6	19	6
627	7	22	7
628	8	24	8
629	9	26	8
6200	10	30	9
6201	12	32	10
6202	15	35	11
6203	17	40	12
6204	20	47	14
62/22	22	50	14
6205	25	52	15
62/28	28	58	16
6206	30	62	16
62/32	32	65	17
6207	35	72	17
6208	40	80	18
6209	45	85	19
6210	50	90	20
6211	55	100	21
6212	60	110	22

轴承代号	尺寸		
	d	*D*	*B*
尺寸系列代号(1)3			
633	3	13	5
634	4	16	5
635	5	19	6
6300	10	35	11
6301	12	37	12
6302	15	42	13
6303	17	47	14
6304	20	52	15
63/22	22	56	16
6305	25	62	17
63/28	28	68	18
6306	30	72	19
63/32	32	75	20
6307	35	80	21
6308	40	90	23
6309	45	100	25
6310	50	110	27
6311	55	120	29
6312	60	130	31
尺寸系列代号(0)4			
6403	17	62	17
6404	20	72	19
6405	25	80	21
6406	30	90	23
6407	35	100	25
6408	40	110	27
6409	45	120	29
6410	50	130	31
6411	55	140	33
6412	60	150	35
6413	65	160	37
6414	70	180	42
6415	75	190	45
6416	80	200	48
6417	85	210	52
6418	90	225	54
6419	95	240	55
6420	100	250	58
6422	110	280	65

注：表中括号“( )”，表示该数字在轴承代号中省略。

锥滚子轴承(GB/T 297—1994)

标 记 示 例

内圈孔径 d=35 mm、尺寸系列代号为 03 的圆锥滚子轴承：

滚动轴承 30307 GB/T 297—1994

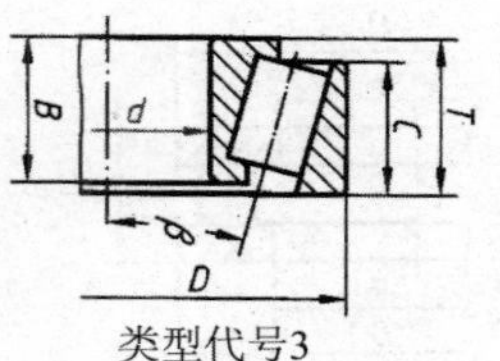

类型代号3

表 A20

(单位:mm)

轴承代号	尺寸				
	d	D	T	B	C
尺寸系列代号 02					
30202	15	35	11.75	11	10
30203	17	40	13.25	12	11
30204	20	47	15.25	14	12
30205	25	52	16.25	15	13
30206	30	62	17.25	16	14
302/32	32	65	18.25	17	15
30207	35	72	18.25	17	15
30208	40	80	19.75	18	16
30209	45	85	20.75	19	16
30210	50	90	21.75	20	17
30211	55	100	22.75	21	18
30212	60	110	23.75	22	19
30213	65	120	24.75	23	20
30214	70	125	26.75	24	21
30215	75	130	27.75	25	22
30216	80	140	28.75	26	22
30217	85	150	30.5	28	24
30218	90	160	32.5	30	26
30219	95	170	34.5	32	27
30220	100	180	37	34	29
尺寸系列代号 03					
30302	15	42	14.25	13	11
30303	17	47	15.25	14	12
30304	20	52	16.25	15	13
30305	25	62	18.25	17	15
30306	30	72	20.75	19	16
30307	35	80	22.75	21	18
30308	40	90	25.25	23	20
30309	45	100	27.25	25	22
30310	50	110	29.25	27	23
30311	55	120	31.5	29	25
30312	60	130	33.5	31	26
30313	65	140	36	33	28
30314	70	150	38	35	30
30315	75	160	40	37	31
30316	80	170	42.5	39	33
30317	85	180	44.5	41	34
30318	90	190	46.5	43	36
30319	95	200	49.5	45	38
30320	100	215	51.5	47	39
尺寸系列代号 23					
32303	17	47	20.25	19	16
32304	20	52	22.25	21	18
32305	25	62	25.25	24	20
32306	30	72	28.75	27	23
32307	35	80	32.75	31	25
32308	40	90	35.25	33	27
32309	45	100	38.25	36	30
32310	50	110	42.25	40	33
32311	55	120	45.5	43	35
32312	60	130	48.5	46	37
32313	65	140	51	48	39
32314	70	150	54	51	42
32315	75	160	58	55	45
32316	80	170	61.5	58	48
尺寸系列代号 30					
33005	25	47	17	17	14
33006	30	55	20	20	16
33007	35	62	21	21	17
33008	40	68	22	22	18
33009	45	75	24	24	19
33010	50	80	24	24	19
33011	55	90	27	27	21
33012	60	95	27	27	21
33013	65	100	27	27	21
33014	70	110	31	31	25.5
33015	75	115	31	31	25.5
33016	80	125	36	36	29.5
尺寸系列代号 31					
33108	40	75	26	26	20.5
33109	45	80	26	26	20.5
33110	50	85	26	26	20
33111	55	95	30	30	23
33112	60	100	30	30	23
33113	65	110	34	34	26.5
33114	70	120	37	37	29
33115	75	125	37	37	29
33116	80	130	37	37	29

推力球轴承(GB/T 301—1995)

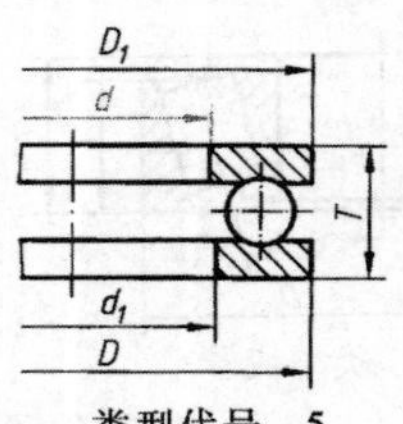

类型代号　5

标 记 示 例

内圈孔径 d=30 mm、尺寸系列代号为 13 的推力球轴承：

滚动轴承　51306　GB/T 301—1995

表 A21　　　　(单位:mm)

轴承代号	尺寸					轴承代号	尺寸				
	d	D	T	d_1	D_1		d	D	T	d_1	D_1
尺寸系列代号 11						尺寸系列代号 13					
51104	20	35	10	21	35	51304	20	47	18	22	47
51105	25	42	11	26	42	51305	25	52	18	27	52
51106	30	47	11	32	47	51306	30	60	21	32	60
51107	35	52	12	37	52	51307	35	68	24	37	68
51108	40	60	13	42	60	51308	40	78	26	42	78
51109	45	65	14	47	65	51309	45	85	28	47	85
51110	50	70	14	52	70	51310	50	95	31	52	95
51111	55	78	16	57	78	51311	55	105	35	57	105
51112	60	85	17	62	85	51312	60	110	35	62	110
51113	65	90	18	67	90	51313	65	115	36	67	115
51114	70	95	18	72	95	51314	70	125	40	72	125
51115	75	100	19	77	100	51315	75	135	44	77	135
51116	80	105	19	82	105	51316	80	140	44	82	140
51117	85	110	19	87	110	51317	85	150	49	88	150
51118	90	120	22	92	120	51318	90	155	50	93	155
51120	100	135	25	102	135	51320	100	170	55	103	170
尺寸系列代号 12						尺寸系列代号 14					
51204	20	40	14	22	40	51405	25	60	24	27	60
51205	25	47	15	27	47	51406	30	70	28	32	70
51206	30	52	16	32	52	51407	35	80	32	37	80
51207	35	62	18	37	62	51408	40	90	36	42	90
51208	40	68	19	42	68	51409	45	100	39	47	100
51209	45	73	20	47	73	51410	50	110	43	52	110
51210	50	78	22	52	78	51411	55	120	48	57	120
51211	55	90	25	57	90	51412	60	130	51	62	130
51212	60	95	26	62	95	51413	65	140	56	68	140
51213	65	100	27	67	100	51414	70	150	60	73	150
51214	70	105	27	72	105	51415	75	160	65	78	160
51215	75	110	27	77	110	51416	80	170	68	83	170
51216	80	115	28	82	115	51417	85	180	72	88	177
51217	85	125	31	88	125	51418	90	190	77	93	187
51218	90	135	35	93	135	51420	100	210	85	103	205
51220	100	150	38	103	150	51422	110	230	95	113	225

注:推力球轴承有 51000 型和 52000 型,类型代号都是 5,尺寸系列代号分别为 11、12、13、14 和 21、22、23、24。52000 型推力球轴承的形式、尺寸可查阅 GB/T 301—1995 或参考书[2]。

(9) 弹簧

普通圆柱螺旋压缩弹簧尺寸及参数(两端并紧磨平或制扁)(GB/T 2089—2009)

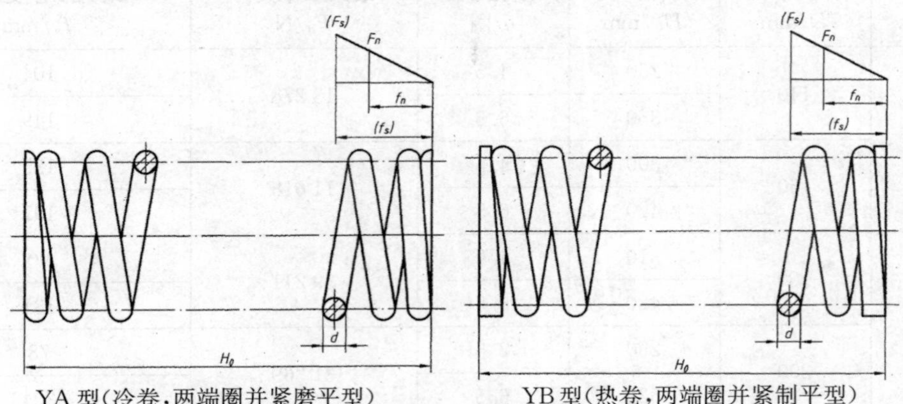

YA 型(冷卷,两端圈并紧磨平型)　　YB 型(热卷,两端圈并紧制平型)

标 记 示 例

YA 型弹簧,材料直径为 1.2 mm,弹簧中径为 8 mm,自由高度 40 mm,精度等级为 2 级,左旋的两端圈并紧磨平的冷卷压缩弹簧:

YA　1.2×8×40　左　GB/T 2089

YB 型弹簧,材料直径为 20 mm,弹簧中径为 140 mm,自由高度 260 mm,精度等级为 3 级,右旋的两端圈并紧制扁的热卷压缩弹簧:

YB　20×140×260—3　GB/T 2089

表 A22 摘录了 GB/T 2089 所列的少量弹簧的部分主要尺寸及参数的数值。

表 A22　(单位:mm)

材料直径 d/mm	弹簧中径 D/mm	自由高度 H_0/mm	有效圈数 n/圈	最大工作负荷 F_n/N	最大工作变形量 f_n/mm
1.2	8	28	8.5	65	14
		40	12.5		20
	12	40	6.5	43	24
		48	8.5		31
4	28	50	4.5	545	21
		70	6.5		30
	30	55	4.5	509	24
		75	6.5		36
6	38	65	4.5	1 267	24
		90	6.5		35
	45	105	6.5	1 070	49
		140	8.5		63
10	45	140	8.5	4 605	36
		170	10.5		45
	50	190	10.5	4 145	55
		220	12.5		66

续表

材料直径 d/mm	弹簧中径 D/mm	自由高度 H_0/mm	有效圈数 n/圈	最大工作负荷 F_n/N	最大工作变形量 f_n/mm
20	140	260	4.5	13 278	104
		360	6.5		149
	160	300	4.5	11 618	135
		420	6.5		197
30	160	310	4.5	39 211	90
		420	6.5		131
	200	250	2.5	31 369	78
		520	6.5		204

注:① 支承圈数 $n_z=2$ 圈,F_n 取 $0.8F_s$(F_s 为试验负荷的代号),f_d 取 $0.8f_s$(f_s 为试验负荷下变形量的代号)。
② GB/T 2089 中的这个表格列出了很多个弹簧,对各个弹簧还列出了更多的参数,本表仅摘录了其中的 24 个弹簧和部分参数,不够应用时,可查阅该标准。
③ 弹簧的材料:采用冷卷工艺时,选用材料性能不低于 GB/T 4357—1989 中 C 级碳素弹簧钢丝;采用热卷工艺时,选用材料性能不低于 GB/T 1222 中 60Si2MnA。

3. 常用机械加工一般规范和零件结构要素

(1) 标准尺寸(GB/T 2822—2005)

表 A23 (单位:mm)

R10	2.50,3.15,4.00,5.00,6.30,8.00,10.0,12.5,16.0,20.0,25.0,31.5,40.0,50.0,63.0,80.0,100,125,160,200,250,315,400,500,630,800,1 000
R20	2.80,3.55,4.50,5.60,7.10,9.00,11.2,14.0,18.0,22.4,28.0,35.5,45.0,56.0,71.0,90.0,112,140,180,224,280,355,450,560,710,900
R40	13.2,15.0,17.0,19.0,21.2,23.6,26.5,30.0,33.5,37.5,42.5,47.5,53.0,60.0,67.0,75.0,85.0,95.0,106,118,132,150,170,190,212,236,265,300,335,375,425,475,530,600,670,750,850,950

注:① 本表仅摘录 1～1000 mm 范围内优先数系 R 系列中的标准尺寸,选用顺序为 R10、R20、R40。如需选用<2.50 mm 或>1 000 mm 的尺寸时,可查阅该标准。
② 该标准适用于有互换性或系列化要求的主要尺寸,如直径、长度、高度等,其他结构尺寸也尽可能采用。
③ 如果必须将数值圆整,可在相应的 R′系列中选用标准尺寸,选用的顺序为 R′10、R′20、R′40,本书未摘录,需用时可查阅该标准。

(2) 砂轮越程槽(GB/T 6403.5—2008)

表 A24 (单位:mm)

磨外圆 磨内圆

b_1	0.6	1.0	1.6	2.0	3.0	4.0	5.0	8.0	10
b_2	2.0	3.0		4.0		5.0		8.0	10
h	0.1	0.2		0.3	0.4		0.6	0.8	1.2
r	0.2	0.5		0.8	1.0		1.6	2.0	3.0
d	～10			>10～50		>50～100		>100	

注:① 越程槽内二直线相交处,不允许产生尖角。
② 越程槽深度 h 与圆弧半径 r,要满足 $r\leqslant 3h$。
③ 磨削具有数个直径的工件时,可使用同一规格的越程槽。
④ 直径 d 值大的零件,允许选择小规格的砂轮越程槽。
⑤ 砂轮越程槽的尺寸公差和表面粗糙度根据该零件的结构、性能确定。

(3) 零件倒圆与倒角(GB/T 6403.4—2008)

倒圆与倒角的形式，倒圆、45°倒角的 4 种装配形式见表 A25。

表 A25

(单位：mm)

形式	图例	说明
开式	R　R　C α　C α	1. R、C 尺寸系列：0.1、0.2、0.3、0.4、0.5、0.6、0.8、1.0、1.2、1.6、2.0、2.5、3.0、4.0、5.0、6.0、8.0、10、12、16、20、25、32、40、50。 2. α 一般用 45°，也可用 30°或 60°
倒圆、45°倒角的 4 种装配形式	$C_1>R$　$R_1>R$　$C<0.58R_1$　$C_1>C$	1. 倒角为 45°。 2. R_1、C_1 的偏差为正；R、C 的偏差为负。 3. 左起第 3 种装配方式，C 的最大值 C_{max}。与 R_1 的关系如下：

R_1	0.1	0.2	0.3	0.4	0.5	0.6	0.8	1.0	1.2	1.6	2.0	2.5	3.0	4.0	5.0	6.0	8.0	10	12	16	20	25
C_{max}	—	0.1	0.1	0.2	0.2	0.3	0.4	0.5	0.6	0.8	1.0	1.2	1.6	2.0	2.5	3.0	4.0	5.0	6.0	8.0	10	12

注：按上述关系装配时，内角与外角取值要适当，外角的倒圆或倒角过大会影响零件工作面；内角的倒圆或倒角过小会产生应力集中。

与零件的直径∅相应的倒角 C、倒圆 R 的推荐值见表 A26。

表 A26

(单位：mm)

∅	～3	＞3～6	＞6～10	＞10～18	＞18～30	＞30～50	＞50～80	＞80～120	＞120～180
C 或 R	0.2	0.4	0.6	0.8	1.0	1.6	2.0	2.5	3.0
∅	＞800～250	＞250～300	＞320～400	＞400～500	＞500～630	＞630～800	＞800～1 000	＞1 000～1 250	＞1 250～1 600
C 或 R	4.0	5.0	6.0	8.0	10	12	16	20	25

注：倒角一般用 45°，也允许用 30°、60°。

(4) 普通螺纹倒角和退刀槽(GB/T 3—1997)、螺纹紧固件的螺纹倒角(GB/T 2—2001)

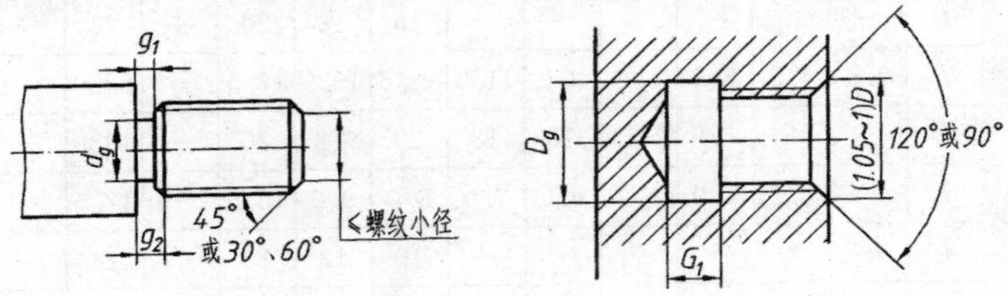

表 A27 （单位：mm）

螺距	外螺纹			内螺纹		螺距	外螺纹			内螺纹	
	g_{2max}	g_{1min}	d_g	G_1	D_g		g_{2max}	g_{1min}	d_g	G_1	D_g
0.5	1.5	0.8	$d-0.8$	2	$D+0.3$	1.75	5.25	3	$d-2.6$	7	$D+0.5$
0.7	2.1	1.1	$d-1.1$	2.8		2	6	3.4	$d-3$	8	
0.8	2.4	1.3	$d-1.3$	3.2		2.5	7.5	4.4	$d-3.6$	10	
1	3	1.6	$d-1.6$	4	$D+0.5$	3	9	5.2	$d-4.4$	12	
1.25	3.75	2	$d-2$	5		3.5	10.5	6.2	$d-5$	14	
1.5	4.5	2.5	$d-2.3$	6		4	12	7	$d-5.7$	16	

(5) 紧固件通孔(GB/T 5277—1985)及沉头座尺寸(GB/T 152.2～152.4—1988)

表 A28 （单位：mm）

螺纹规格 d			3	4	5	6	8	10	12	14	16	18	20	22	24	27	30	36
通孔直径 GB/T 5277—1985	精装配		3.2	4.3	5.3	6.4	8.4	10.5	13	15	17	19	21	23	25	28	31	37
	中等装配		3.4	4.5	5.5	6.6	9	11	13.5	15.5	17.5	20	22	24	26	30	33	39
	粗装配		3.6	4.8	5.8	7	10	12	14.5	16.5	18.5	21	24	26	28	32	35	42
六角头螺栓和六角螺母用沉孔	GB/T 152.4—1988	d_2	9	10	11	13	18	22	26	30	33	36	40	43	48	53	61	71
		d_3	—	—	—	—	—	—	16	18	20	22	24	26	28	33	35	42
		d_1	3.4	4.5	5.5	6.6	9.0	11.0	13.4	15.5	17.5	20.0	22.0	24	26	30	33	39
沉头用沉孔	GB/T 152.2—1988	d_2	6.4	9.6	10.6	12.8	17.6	20.3	24.4	28.4	32.4	—	40.4	—	—	—	—	—
		$t\approx$	1.6	2.7	2.7	3.3	4.6	5.0	6.0	7.0	8.0	—	10.0	—	—	—	—	—
		d_1	3.4	4.5	5.5	6.6	9	11	13.5	15.5	17.5	—	22	—	—	—	—	—
		α	$90^{\circ}{}^{-2^{\circ}}_{-4^{\circ}}$															
用于内六角圆柱头螺钉的沉孔	GB/T 152.3—1988	d_2	6.0	8.0	10.0	11.0	15.0	18.0	20.0	24.0	26.0	—	33.0	—	40.0	—	48.0	57.0
		t	3.4	4.6	5.7	6.8	9.0	11.0	13.0	15.0	17.5	—	21.5	—	25.5	—	32.0	38.0
		d_3	—	—	—	—	—	—	16	18	20	—	24	—	28	—	36	42
		d_1	3.4	4.5	5.5	6.6	9.0	11.0	13.5	15.5	17.5	—	22.0	—	26.0	—	33.0	39.0
用于开槽圆柱头螺钉的沉孔		d_2	—	8	10	11	15	18	20	24	26	—	33	—	—	—	—	—
		t	—	3.2	4.0	4.7	6.0	7.0	8.0	9.0	10.5	—	12.5	—	—	—	—	—
		d_3	—	—	—	—	—	—	16	18	20	—	24	—	—	—	—	—
		d_1	—	4.5	5.5	6.6	9.0	11.0	13.5	15.5	17.5	—	22.0	—	—	—	—	—

注：对螺栓和螺母用沉孔的尺寸 t，只要能制出与通孔轴线垂直的圆平面即可，即刮平圆平面为止，常称锪平。表中尺寸 d_1、d_2、t 的公差带都是 H13。

4. 极限与配合

(1) 优先配合中轴的上、下极限偏差数值(从 GB/T 1801—2009 和 GB/T 1800.2—2009 接录后整理列表)

表 A29　（单位：μm）

基本尺寸/mm		公差带												
		c	*d*	*f*	*g*	*h*				*k*	*n*	*p*	*s*	*u*
大于	至	11	9	7	6	6	7	9	11	6	6	6	6	6
—	3	−60 −120	−20 −45	−6 −16	−2 −8	0 −6	0 −10	0 −25	0 −60	+6 0	+10 +4	+12 +6	+20 +14	+24 +18
3	6	−70 −145	−30 −60	−10 −22	−4 −12	0 −8	0 −12	0 −30	0 −75	+9 +1	+16 +8	+20 +12	+27 19	+31 23
6	10	−80 −170	−40 −76	−13 −28	−5 −14	0 −9	0 −15	0 −36	0 −90	+10 +1	+19 +10	+24 +15	+32 +23	+37 +28
10	14	−95 −205	−50 −93	−16 −34	−6 −17	0 −11	0 −18	0 −43	0 −110	+12 +1	+23 +12	+29 +18	+39 +28	+44 +33
14	18													
18	24	−110 −240	−65 −117	−20 −41	−7 −20	0 −13	0 −21	0 −52	0 −130	+15 2	+28 +15	+35 +22	+48 +35	+54 +41
24	30													+61 +48
30	40	−120 −280	−80 −142	−25 −50	−9 −25	0 −16	0 −25	0 −62	0 −160	+18 +2	+33 +17	+42 +26	+59 +43	+76 +60
40	50	−130 −290												+86 +70
50	65	−140 −330	−100 −174	−30 −60	−10 −29	0 −19	0 −30	0 −74	0 −190	+21 +2	+39 +20	+51 32	+72 +53	+106 +87
65	80	−150 −340											+78 +59	+121 +102
80	100	−170 −390	−120 −207	−36 −71	−12 −34	0 −22	0 −35	0 −87	0 −220	+25 +3	+45 +23	+59 +37	+93 +71	+146 +124
100	120	−180 −400											+101 +79	+166 +144
120	140	−200 −450	−145 −245	−43 −83	−14 −39	0 −25	0 −40	0 −100	0 −250	+28 +3	+52 +27	+68 +43	+117 +92	+195 +170
140	160	−210 −460											+125 +100	+215 +190
160	180	−230 −480											+133 +108	+235 +210
180	200	−240 −530	−170 −285	−50 −96	−15 −44	0 −29	0 −46	0 −115	0 −290	+33 +4	+60 +31	+79 +50	+151 +122	+265 +236
200	225	−260 −550											+159 +130	+287 +258
225	250	−280 −570											+169 +140	+313 +284
250	280	−300 −620	−190 −320	−56 −108	−17 −49	0 −32	0 −52	0 −130	0 −320	+36 +4	+66 +34	+88 +56	+190 +158	+347 +315
280	315	−330 −650											+202 +170	+382 +350
315	355	−360 −720	−210 +350	−62 −119	−18 −54	0 −36	0 −57	0 −140	0 −360	+40 +4	+73 +37	+98 +62	+226 +190	+426 +390
355	400	−400 −760											+244 +208	+471 +435
400	450	−440 −840	−230 −358	−68 −131	−20 −60	0 −40	0 −63	0 −155	0 −400	+45 +5	+80 +40	+108 +68	+272 +232	+582 +490
450	500	−480 −880											+292 +252	+580 +540

(2) 优先配合中孔的上、下极限偏差数值(从 GB/T 1801—2009 和 GB/T 1800.2—2009 摘录后整理列表)

表 A30

(单位:μm)

基本尺寸/mm		公差带												
		C	*D*	*F*	*G*	*H*				*K*	*N*	*P*	*S*	*U*
大于	至	11	9	8	7	7	8	9	11	7	7	7	7	7
—	3	+120 +60	+45 +20	+20 +6	+12 +2	+10 0	+14 0	+25 0	+60 0	0 −10	−4 −14	−6 −16	−14 −24	−18 −28
3	6	+145 +70	+60 +30	+28 +10	+16 +4	+12 0	+18 0	+30 0	+75 0	+3 −9	−4 −16	−8 −20	−15 −27	−19 −31
6	10	+170 +80	+76 +40	+35 +13	+20 +5	+15 0	+22 0	+36 0	+90 0	+5 −10	−4 −19	−9 −24	−17 −32	−22 −37
10	14	+205 +95	+93 +50	+43 +16	+24 +6	+18 0	+27 0	+43 0	+110 0	+6 −12	−5 −23	−11 −29	−21 −39	−26 −44
14	18													
18	24	+240 +110	+117 +65	+53 +20	+28 +7	+21 0	+33 0	+52 0	+130 0	+6 −15	−7 −28	−14 −35	−27 −48	−33 −54
24	30													−40 −61
30	40	+280 +120	+142 +80	+64 +25	+34 +9	+25 0	+39 0	+62 0	+160 0	+7 −18	−8 −33	−17 −42	−34 −59	−51 −76
40	50	+290 +130												−61 −86
50	65	+330 +140	+174 +100	+76 +30	+40 +10	+30 0	+46 0	+74 0	+190 0	+9 −21	−9 −39	−21 −51	−42 −72	−76 −106
65	80	+340 +150											−48 −78	−91 −121
80	100	+390 +170	+207 +120	+90 +36	+47 +12	+35 0	+54 0	+87 0	+220 0	+10 −25	−10 −45	−24 −59	−58 −93	−111 −146
100	120	+400 +180											−66 −101	−131 −166
120	140	+450 +200	+245 +145	+106 +43	+54 +14	+40 0	+63 0	+100 0	+250 0	+12 −28	−12 −52	−28 −68	−77 −117	−155 −195
140	160	+460 +210											−85 −125	−175 −215
160	180	+480 +230											−93 −133	−195 −235
180	200	+530 +240	+285 +170	+122 +50	+61 +15	+46 0	+72 0	+115 0	+290 0	+13 −33	−14 −60	−33 −79	−105 −151	−219 −265
200	225	+550 +260											−113 −159	−241 −287
225	250	+570 +280											−123 −169	−267 −313
250	280	+620 +300	+320 +190	+137 +56	+69 +17	+52 0	+81 0	+130 0	+320 0	+16 −36	−14 −66	−36 −88	−138 −190	−295 −347
280	315	+650 +330											−150 −202	−330 −382
315	355	+720 +360	+350 +210	+151 +62	+75 +18	+57 0	+89 0	+140 0	+360 0	+17 0	−16 −73	−41 −98	−169 −226	−369 −426
355	400	+760 +400											−187 −244	−414 −471
400	450	+840 +440	+385 +230	+165 +68	+83 +20	+63 0	+97 0	+155 0	+400 0	+18 −45	−17 −80	−45 −108	−209 −272	−467 −530
450	500	+880 +480											−229 −292	−517 −580

5. 常用材料以及常用热处理、表面处理名词解释

(1) 金属材料

表 A31

标准	名称	牌号	应用举例		说明
GB/T 700—2006	碳素结构钢	Q215	A级	金属结构件、拉杆、套圈、铆钉、螺栓。短轴、心轴、凸轮(载荷不大的)、垫圈、渗碳零件及焊接件	“Q”为碳素结构钢屈服点“屈”字的汉语拼音首位字母,后面的数字表示屈服点的数值。如 Q235 表示碳素结构钢的屈服点为 235 N/mm^2。 新旧牌号对照: Q215—A2(A2F) Q235—A3 Q275—A5
			B级		
		Q235	A经	金属结构件,心部强度要求不高的渗碳或氰化零件,吊钩、拉杆、套圈、汽缸、齿轮、螺栓、螺母、连杆、轮轴、楔、盖及焊接件	
			B级		
			C级		
			D级		
		Q275	轴、轴销、刹车杆、螺母、螺栓、垫圈连杆、齿轮以及其他强度较高的零件		
GB/T 699—1999	优质碳素结构钢	10	用作拉杆、卡头、垫圈、铆钉及用作焊接零件		牌号的两位数字表示钢中平均含碳量的质量分数,45 号钢即表示碳的平均含量为 0.45%。 碳的质量分数≤0.25%的碳钢属低碳钢(渗碳钢)。 碳的质量分数在 0.25%~0.6%之间的碳钢属中碳钢(调质钢)。 碳的质量分数>0.6%的碳钢属高碳钢。 锰的质量分数较高的钢,须加注化学元素符号“Mn”
		15	用于受力不大和韧性较高的零件、渗碳零件及紧固件(如螺栓、螺钉)、法兰盘和化工贮器		
		35	用于制造曲轴、转轴、轴销、杠杆、连杆、螺栓、螺母、垫圈、飞轮(多在正火、调质下使用)		
		45	用作要求综合机械性能高的各种零件,通常经正火或调质处理后使用。用于制造轴、齿轮、齿条、链轮、螺栓、螺母、销钉、键、拉杆等		
		60	用于制造弹簧、弹簧垫圈、凸轮、轧辊等		
		15Mn	制作心部机械性能要求较高且须渗碳的零件		
		65Mn	用作要求耐磨性高的圆盘、衬板、齿轮、花键轴、弹簧、弹簧垫圈等		

续表

标准	名称	牌号	应用举例	说明
GB/T 3077—1999	合金结构钢	20Mn2	用作渗碳小齿轮、小轴、活塞销、柴油机套筒、气门推杆、缸套等	钢中加入一定量的合金元素，提高了钢的力学性能和耐磨性，也提高了钢的淬透性，保证金属在较大截面上获得高的力学性能
		15Cr	用于要求心部韧性较高的渗碳零件，如船舶主机用螺栓、活塞销、凸轮、凸轮轴、汽轮机套环、机车小零件等	
		40Cr	用于受变载、中速、中载、强烈磨损而无很大冲击的重要零件，如重要的齿轮、轴、曲轴、连杆、螺栓、螺母等	
		35SiMn	耐磨、耐疲劳性均佳，适用于小型轴类、齿轮及 430 ℃以下的重要紧固件等	
		20CrMnTi	工艺性优，强度、韧性均高，可用于承受高速、中等或重负荷以及冲击、磨损等的重要零件，如渗碳齿轮、凸轮等	
GB/T 11352—2009	一般工程用铸造碳钢	ZG 230—450	轧机机架、铁道车辆摇枕、侧梁、铁铮台、机座、箱体、锤轮、450 ℃以下的管路附件等	“ZG”为“铸钢”汉语拼音的首位字母，后面的数字表示屈服点和抗拉强度。如 ZG230—450 表示屈服点为 230 N/mm²、抗拉强度为 450 N/mm²
		ZG 310—570	适用于各种形状的零件，如联轴器、齿轮、汽缸、轴、机架、齿圈等	
GB/T 9439—1988	灰铸铁	HT150	用于小负荷和对耐磨性无特殊要求的零件，如端盖、外罩、手轮、一般机床的底座、床身、滑台、工作台和低压管件等	“HT”为“灰铁”的汉语拼音的首位字母，后面的数字表示抗拉强度。如 HT200 表示抗拉强度为 200 N/mm² 的灰铸铁
		HT200	用于中等负荷和对耐磨性有一定要求的零件，如机床床身、立柱、飞轮、汽缸、泵体、轴承座、活塞、齿轮箱、阀体等	
		HT250	用于中等负荷和对耐磨性有一定要求的零件，如阀壳、油缸、汽缸、联轴器、机体、齿轮、齿轮箱外壳、飞轮、液压泵和滑阀的壳体等	

续表

标准	名称	牌号	应用举例	说明
GB/T 1176—1987	5-5-5锡青铜	ZCuSn5Pb5Zn5	耐磨性和耐蚀性均好，易加工，铸造性和气密性较好。用于较高负荷、中等滑动速度下工作的耐磨、耐腐蚀零件，如轴瓦、衬套、缸套、活塞、离合器、蜗轮等	"Z"为"铸造"汉语拼音的首位字母，各化学元素后面的数字表示该元素的质量分数，如 ZCuAl10Fe3 表示含：$\omega_{Al}=8.1\%\sim11\%$ $\omega_{Fe}=2\%\sim4\%$ 其余为 Cu 的铸造铝青铜
	10-3铝青铜	ZCuAl10Fe3	力学性能高，耐磨性、耐蚀性、抗氧化性好，可以焊接，不易钎焊。可用于制造强度高、耐磨、耐蚀的零件，如蜗轮、轴承、衬套、管嘴、耐热管配件等	
	25-6-3-3铝黄铜	ZCuZn25Al6Fe3Mn3	有很高的力学性能，铸造性良好、耐蚀性较好，可以焊接。适用于高强耐磨零件，如桥梁支承板、螺母、螺杆、耐磨板、滑块、蜗轮等	
GB/T 1176—1987	38-2-2锰黄铜	ZCuZn38Mn2Pb2	有较高的力学性能和耐蚀性，耐磨性较好，切削性良好。可用于一般用途的构件，如套筒、衬套、轴瓦、滑块等	
GB/T 1173—1995	铸造铝合金	ZAlSi12 代号 ZL102	用于制造形状复杂、负荷小、耐腐蚀的薄壁零件和工作温度≤200 ℃的高气密性零件	$\omega_{Si}=10\%\sim13\%$ 的铝硅合金
GB/T 3190—2008	硬铝	2A12（原牌号LY12）	焊接性能好，适于制作高载荷的零件及构件（不包括冲压件和锻件）	2A12 表示 $\omega_{Cu}=3.8\%\sim4.9\%$、$\omega_{Mg}=1.2\%\sim1.8\%$、$\omega_{Mn}=0.3\%\sim0.9\%$ 的硬铝
	工业纯铝	1060（原牌号 L2）	塑性、耐腐蚀性高，焊接性好，强度低。适于制作贮槽、热交换器、防污染及深冷设备等	牌号中的第一位数 1 为纯铝的组别，其铝含量＞99.00%，牌号中最后的两位数表示最低铝百分含量中小数点后面的两位数。例如：1060 表示含杂质≤0.4%的工业纯铝

(2) 非金属材料

表 A32

标准	名称	牌号	应用举例	说明
GB/T/ 539—2008	耐油石棉 橡胶板	NY250 HNY300	供航空发动机用的煤油、润滑油及冷气系统结合处的密封衬垫材料	有 0.4～3.0 mm 的 10 种厚度规格
GB/T 5574—2008	耐酸碱 橡胶板	2707 2807 2709	具有耐酸碱性能，在温度－30～＋60 ℃的 20%浓度的酸碱液体中工作，用于冲制密封性能较好的垫圈	较高硬度 中等硬度
	耐油 橡胶板	3707 3807 3709 3809	可在一定温度的全损耗系统用油、变压器油、汽油等介质中工作，适用于冲制各种形状的垫圈	较高硬度
	耐热 橡胶板	4708 4808 4710	可在－30～100 ℃且压力不大的条件下，于热空气、蒸汽介质中工作，用于冲制各种垫圈及隔热垫板	较高硬度 中等硬度

(3) 常用的热处理和表面处理名词解释

表 A33

名称	代号	说明	目的
退火	5111	将钢件加热到临界温度以上，保温一段时间，然后以一定速度缓慢冷却	用于消除铸、锻、焊零件的内应力，以利切削加工，细化晶粒，改善组织，增加韧性
正火	5121	将钢件加热到临界温度以上，保温一段时间，然后在空气中冷却	用于处理低碳和中碳结构钢及渗碳零件，细化晶粒，增加强度和韧性，减少内应力，改善切削性能
淬火	5131	将钢件加热到临界温度以上，保温一段时间，然后急速冷却	提高钢件强度及耐磨性。但淬火后会引起内应力，使钢变脆，所以淬火后必须回火
回火	5141	将淬火后的钢件重新加热到临界温度以下某一温度，保温一段时间，然后冷却到室温	降低淬火后的内应力和脆性，提高钢的塑性和冲击韧性
调质	5151	淬火后在 450～600 ℃进行高温回火	提高韧性及强度。重要的齿轮、轴及丝杠等零件需调质
表面 淬火	5210	用火焰或高频电流将钢件表面迅速加热到临界温度以上，急速冷却	提高钢件表面的硬度及耐磨性，而芯部又保持一定的韧性，使零件既耐磨又能承受冲击，常用来处理齿轮等

续表

名称	代号	说明	目的
渗碳	5310	将钢件在渗碳剂中加热，停留一段时间，使碳渗入钢的表面后，再淬火和低温回火	提高钢件表面的硬度、耐磨性、抗拉强度等。主要适用于低碳、中碳(含C量<0.40%)结构钢的中小型零件
渗氮	5330	将零件放入氨气内加热，使氮原子渗入零件的表面，获得含氮强化层	提高钢件表面的硬度、耐磨性、疲劳强度和抗蚀能力。适用于合金钢、碳钢、铸铁件，如机床主轴、丝杠、重要液压元件中的零件
时效处理	时效	机件精加工前，加热到100～150 ℃，保温5～20 h，空气冷却；铸件可天然时效处理，露天放一年以上	消除内应力，稳定机件形状和尺寸，常用于处理精密机件，如精密轴承、精密丝杠等
发蓝发黑	发蓝或发黑	将零件置于氧化性介质内加热氧化，使表面形成一层氧化铁保护膜	防腐蚀，美化，常用于螺纹连接件
镀镍	镀镍	用电解方法，在钢件表面镀一层镍	防腐蚀，美化
镀铬	镀铬	用电解方法，在钢件表面镀一层铬	提高钢件表面的硬度、耐磨性和耐蚀能力，也用于修复零件上磨损了的表面
硬度	HBW(布氏硬度) HRC(洛氏硬度) HV(维氏硬度)	材料抵抗硬物压入其表面的能力，依测定方法不同而有布氏、洛氏、维氏硬度等几种	用于检验材料经热处理后的硬度。HBW用于退火、正火、调质的零件及铸件；HRc用于经淬火、回火及表面渗碳、渗氮等处理的零件；HV用于薄层硬化零件

注：代号也可用拉丁字母表示，需用时可参阅书后的参考文献[5]。对常用的热处理和表面处理需进一步了解时，可查阅书后的参考文献[2-3]以及它们所介绍的有关国家标准和行业标准。

参考文献

［1］ 朱辉.画法几何及工程制图[M].上海:上海科学技术出版社,2009.

［2］ 钱可强.机械制图[M].6版.北京:高等教育出版社,2009.

［3］ 谭建荣.图学基础教程[M].2版.北京:高等教育出版社,2009.

［4］ 大连理工大学工程画教研室.画法几何[M].6版.北京:高等教育出版社,2009.

［5］ 大连理工大学工程画教研室.机械制图[M].6版.北京:高等教育出版社,2009.

［6］ 徐茂组,杨裕根.机械工程图学[M].上海:上海交通大学出版社,2005.

［7］ 赵雪松,鲁屏宇.工程制图[M].武汉:华中科技大学出版社,2008.

［8］ 朱冬梅,胥北澜,何建英.画法几何及机械制图[M].6版.北京:高等教育出版社,2008.

［9］ 薛焱,王新平.中文版 AutoCAD 2008 基础教程[M].北京:清华大学出版社,2007.

[10] 崔洪斌,肖新华.AutoCAD 2008 中文版实用教程[M].北京:人民邮电出版社,2007.

[11] 郭清燕,崔荣荣.建筑制图[M].北京:北京理工大学出版社,2011.

[12] 李广慧,李波.机械制图简明手册[M].上海:上海科学技术出版社,2010.

[13] 杨老记,李俊.简明机械制图手册[M].北京:机械工业出版社,2009.

[14] 吕瑛波,王影.机械制图手册[M].北京:化学工业出版社,2009.

[15] 杨惠英,王玉坤.机械制图:近机类、非机类[M].北京:清华大学出版社,2008.

[16] 刘小年,郭克希.机械制图:机械类、近机类[M].北京:机械工业出版社,2005.